JN206908

月着陸船開発物語

MOON LANDER
How We Developed the Apollo Lunar Module

トーマス・J・ケリー
Thomas J. Kelly

高田　剛 訳
Takada Tsuyoshi

プレアデス出版

月着陸船開発物語

妻のジョアンに。
彼女の愛情に満ちた支援がなかったら、
私の月への挑戦はかなわなかった。

MOON LANDER
How We Developed the Apollo Lunar Module
by Thomas J. Kelly

copyright © 2001 by Thomas J. Kelly
All rights reserved including the right of reproduction in whole or in part in any form.
This edition published by arrangement with Smithsonian Books through Susan Schulman
Literary Agency LLC, New York, and through Tuttle-Mori Agency, Inc.

月着陸船開発物語◉目次

第1章　納入までの苦闘……1

第1部　勝利

第2章　月へ行けるかもしれない……13
第3章　月着陸船の提案……37
第4章　最終決定……48

第2部　設計、製作、試験

第5章　難しい設計に挑む……69
第6章　モックアップ……115
第7章　図面発行に苦戦する……130
第8章　重量軽減の戦い……154
第9章　問題に次ぐ問題の発生……169
第10章　日程、コストとの戦い……196
第11章　悲劇がアポロを襲う……209

第12章　自分が設計した宇宙船を作る……223

第3部　宇宙飛行

第13章　宇宙飛行を行った最初の月着陸船　アポロ5号……259
第14章　最終的な予行練習　アポロ9号と10号……266
第15章　人類にとっての大きな飛躍　アポロ11号……285
第16章　巨大な火の玉！　アポロ12号……298
第17章　宇宙からの救出　アポロ13号……307
第18章　不屈の宇宙飛行士の勝利　アポロ14号……319
第19章　大いなる探検　アポロ15号、16号、17号……334
第20章　スペースシャトルの失注……349
結び　アポロ計画が残したもの……360
注……365
訳者あとがき……379
索引……392

第1章 納入までの苦闘

疲れ切って会社の駐車場をとぼとぼと歩いていた。満月の光で自分の影が前の地面に落ちていた。立ち止まって空を見上げた。月が手を伸ばせば触れるくらい近くに見えた。しかし、考えられないほど遠くにあるようにも思えた。四〇万キロも離れているのだ。

ガリレオは月の暗い部分を月の海と名付けた。彼はそこは海だと思ったのだ。エジプト人は月の満ち欠けを記録し、ストーンヘンジを作ったドルイドの人々は、月の出と月の入りの時刻を計算していた。昔から人々は月の神秘的な表面を見つめて、そこに何が存在するのだろうと思ってきた。そして今、ロングアイランドの小さな飛行機工場で働く一介の技術者の私が、その疑問に答えをもたらそうとしているのだろうか？　そんな事は有り得ないように思えた。しかし、翌朝には工場へもどり、宇宙空間で初めて試験飛行を行う月着陸船の製作を指揮していた。この試験飛行は人が月へ行く上で、重要な一歩となるものなのだ。期限までに機体を完成させねばならない事に強い圧力を感じていた。しかし、製造中のトラブルを一つ解決して少しほっとしても、そんな時にまた必ず、機体の電気配線が切れているのが見つかったりして、昼夜兼行の作業スケジュールの中に、配線の修理と再試験のための二時間の作業をつめこむ事が必要になったりするのだった。

我々は月着陸船の初号機のLM‐1号機で、装備品の取付、試験、検査を大急ぎで完了させようとしていた。この機体には地球周回軌道飛行を無人で行い、その間に主な系統が宇宙空間で正常に作動する事を確認するための装備が搭載されていた。LM‐1号機は、巨大な三段式ロケットのサターンV型の前段階の二段式のサターンIBロケットの先端に、月着陸船だけで取付けられ打上げられる。サターンV型ではアポロ宇宙船全体（司令船（CM）、支援船（SM）、月着陸船（LM、レムと発音する）で構成）が月に向けて打ち上げられる。

月着陸船は私の子供の様な存在だ。私は技術的な検討と提案のリーダーを二年半にわたって務め、その結果、グラマン社はNASAの月着陸船の設計、開発、製造の契約を勝ち取る事ができた（最初の月面着陸成功の後、私は「月着陸船の父」と呼ばれるようになった）。月着陸船の仕事は一九六〇年初頭から始まった。私はグラマン社の基本設計部の宇宙グループに配属され、会社の独自作業として、NASAが研究している有人月探査計画の調査と、そこで使用される宇宙船の構想検討を行った。ケネディ大統領が一九六一年五月にアメリカは月に人を送り込むと宣言したとき、グラマン社には他社より優れた提案を作成できる、知識豊富な技術検討グループが出来ていた。

それにもかかわらず、会社の経営者達は、アポロ計画はグラマン社のような小さな会社には大きすぎると判断した。経営陣は司令船と支援船の受注活動で、主契約企業を目指す大企業のゼネラル・エレクトリック社（GE）の下請けとなる事を決定し、我々はGE社の提案チームに司令船の搭乗員室の担当として参加した。ジョー・ギャビン［訳注1］がグラマン社の副社長兼提案活動責任者としてグラマン社のチーム全体を率い、私は技術作業のリーダーを勤めた。結果として、アポロ宇宙船の司令船、支援船の契約はノースアメリカン社が獲得したが、GE社の提案活動に参加したことで、グラマン社はアポロ計画の内容について多くの知識を得て、理解を深めることができた。

その後、グラマン社は月への着陸と探査活動の実行方法の検討でNASAを支援し、月周回軌道ランデブー方式が優れている事を理論的に示す事で、アポロ計画に復帰する事が出来た。我々のグループは、月周回軌道ランデブー方式で必要となる、月着陸船の様々な飛行方式や設計案を考え出した。NASAがアポロ計画で月周回軌道ランデブー方式の採用を決めた時には、グラマン社はそれに対応する準備ができていた。私は一九六二年秋の、月着陸船の提案、受注活動で技術面のリーダーを務め、七社による競争に勝って月着陸船開発の受注に成功した。

契約が結ばれた後、私は主任設計者として、次に設計部長として、グラマン社における月着陸船の技術的責任者となった。私は月着陸船の技術チームを率いた。チームは当初の数十人から、基本設計、細部設計、最終的に製造、組立、試験へと進むにつれ、最盛期には約三千人にもなった。一九六七年二月に、作業の重点が設計から組立と試験に移ると、私は月着陸船の組立、試験作業を担当することになった。

月着陸船が設計図面上の存在から、実機の組立、試験段階になると、作業者は献身的に働いていたが人員不足になり、技術者を必要な訓練と指導を行った上で投入して補強した。新しい重要な技術の開発を行いながらの作業なので、製造作業は遅々として進まなかった。地上支援機材、試験用装置も開発しなければならないし、全ての作業について、その管理のために作業要領を詳細に文書化しなければならない事も重荷になった。

問題を速やかに解決し、打上基地のケネディ宇宙センターに月着陸船一号機を納入する準備作業を完了させる責任を強く感じていた。ケネディ大統領が設定したアポロ計画の目標は、一九六〇年代の終わりまでに人間を月に着陸させる事だが、その期限にはもう三年を切っていた。約束した日程計画にはまだ遅れていたが、一号機の納入に必要な装備の取付と試験作業はほぼ完了していた。一号機のＮＡＳＡによる納入前完成審査は、ニューヨーク州ロングアイランドにある、グラマン社の主力工場であるベスページ工場で、一九六七年六月二一日に予定されていた。

納入前完成審査は公式な審査で、一週間続き、ＮＡＳＡの技術者とその対応をするグラマン社の技術者がそれぞれ二百名以上参加する。審査の目的は、一号機がＮＡＳＡとグラマン社の要求事項を満足していることを確認する事で、そのために組立や試験工程と購入品製造業者における製造記録や試験成績記録が審査される。完成した一号機の実機も審査チームにより審査される。

審査チームは技術的専門分野と系統別の分科会に分かれる。分科会では用意された文書を点検し、審査委員は要求事項を満足していないと思う事項については、指摘事項連絡票を提出する。この指摘事項は審査の共同議長（NASAとグラマン社が担当）がその日の夜に目を通し、処置の区分を決める(注1)。「処置未定」に区分されたものだけが、審査最終日の納入前完成審査会で処置を決定するために審議される。

納入前完成審査は、整然と行う予定だったが、かなり混乱した状況になった。四〇の分科会の四百人を越えるメンバーに、十分な作業場所と会議室を用意するのは大変だったし、審査用の数千もの書類を集め、コピーをし、順番にそろえることにも苦労した。審査の中央事務局は二五番工場の一階の、月着陸船技術部の三つの大きな会議室に置かれた。審査委員の多くは、組立・試験用クリーンルームで、納入のための最終準備作業をすませた一号機の実機の審査も行う。私は納入前完成審査の前に、納入に必要な一号機の作業が全て完了していることを確認していた。

最終日の審査会の準備は、グラマン社の上級副社長のジョージ・ティタートンが指揮した。いかなる事態にも対応すると決心して、背が低く口うるさい副社長は、グラマン社の株主総会の時と同じ様な準備をすることにした。審査会の前日に、会社の飛行機は四号格納庫から、前の駐機場に引き出され、格納庫の広大なスペースの片側には一段高く木製の舞台が設置された。格納庫の天井は楕円のアーチ型で、片側の面には天井までのスライド式のドアがあり、全開すれば一度に多くの人が出入りできる。舞台に向けて数百の折りたたみ椅子が並べられ、広い格納庫内でも声が聞こえるように、放送設備と、上下位置が調節できる巨大なスピーカーが設置された。椅子の列の後方には、カウンターやテーブル、椅子が配置された飲食コーナーが設けられた。大型のスクリーンがステージの対角線上に二台設置され、審査委員と参加者が見えるようになっていた。審査委員長と発表者用に、演壇とマイクが準備された。

納入前完成審査の審査委員長は、ヒューストンにあるNASA有人宇宙船センター所長のボブ・ギルルースだった。NASAの審査委員には、ヒューストンのアポロ宇宙船計画室長のジョージ・ロウ、本部のアポロ計画室長のサミュエル・フィリップス将軍、ハンツビルのマーシャル宇宙飛行センター副所長のエバハード・リーズ、ケネディ宇宙センター所長のクルト・デビュス、有人宇宙船センターの飛行管理部長のクリス・クラフトが含まれていた。グラマン社側には、ジョージ・ティタートン、宇宙事業担当副社長のジョー・ギャビン、月着陸船事業部長のラルフ・トリップ、月着陸船設計部長のビル・ラスク、社長補佐のエドワード・グレイ、それに私が含まれていた。ＮＡＳＡの上級幹部は午前中にベスページ工場に飛行機で乗り込んできた。

混みあってはいたが、飲食コーナーで陶磁器と銀食器で供される昼食を食べた。一時少し前に、舞台上の大きなＵ字型の机の席に着席した。舞台に上がってみると、下からの大勢の人の声に、食器の音も重なってうるさかった。机の向こうのクリス・クラフトに三度話かけようとしたが駄目で、マイクがはいったら会場が静かになってくれないかと思った。

ギルルースは開会を宣言した。普段は穏やかに話すのだが、ざわめきが鎮まるまではマイクに向かって叫ばなければならなかった。スピーカーからは耳触りな発振音が出ていた。参加者が椅子に座ると、話し声は小さくなったが、食器の触れあう音はもっと大きく、耳触りに感じられた。ティタートンは若い技術者に飲食コーナーを静かにさせるように、身振りで合図した。

長い会議が始まった。審査委員会に上程される「処置未定」事項のリストは約四〇項目に絞り込まれていた。各指摘事項は指摘をした審査員が発表し、審査員の上級メンバーがそれに対して意見を述べた。審査委員会は審議を行い、ギルルース委員長は各委員の判断を尋ねた。ギルルース委員長が最終決定をするが、その前にグラマン側の委員長のギャビン副社長の同意を得るようにしていた。

この手順は順当だが面倒で、周囲の騒音と、格納庫の音響効果の悪さに悩まされた。マイクに向かって叫んでも、着席した委員同士でさえ話がほとんど聞き取れなかった。スピーカーが一台追加された。他のスピーカーのように聴衆の方ではなく、舞台に向けて設置されたが、問題は解決しなかった。

このような問題があっても、審査委員会は進められて行った。私はティタートン副社長がだんだん苛立ってくるのと、どこかの時点でＮＡＳＡの審査委員が立ちあがって出て行ってしまうのではないかと言う不安にさいなまれていた。審査委員のギルルース、ロウ、フィリップスは忍耐強く質問を何度も繰り返していた。とうとうギルルース委員長はがまんできなくなった。彼はマイクに向かって皮肉をこめて叫んだ。「お願いします。参加している皆さんは審査委員が発表を聞きとり、話し合えるよう、お席についてお静かにしていただけないでしょうか？」

ギルルース委員長の忍耐力、判断力、良識は審査の結論にも影響した。指摘事項の処置未定項目の検討では、指摘事項を提出した側（告発側）の意見と、指摘を受けた側（被告側）の、それは説明がつくとか、実際には問題ではないとかの見解を注意深く聞き比べて検討した。彼は内容が無い「指摘のための指摘」をすぐに見分けて、それを承認しなかった。

「それを確認するためには、密閉された姿勢制御装置に穴を開ける必要があるのですね？」と、彼は眼鏡越しに指摘事項の発表者に不思議そうに質問した。

指摘した委員はうなずいて「そうです。」と答えた。

「姿勢制御装置は、所定の位置にすでに溶接で取り付けられているのですね？」

「そのとおりです。」

「それなら、治療しようとして病気をもっと悪くする様なものですね。もし病気があるとしてですが。次の指摘事項に行きましょう。」

提出された指摘事項が本当に問題な場合は、審査委員会のメンバー全員で、月着陸船のシステムや開発日程を大きく変更しないですむ、現実的な解決策を探すよう努力した。指摘が有っても、機器によっては納入する前に簡単に取り外して、再試験や交換をする事で、指摘に対応出来る。納入後の再試験または交換で対応する機器もあった。場合によっては問題の機器を省いてしまうことさえあった。例えば、壊れたため三回交換したセンサーがあったが、それは飛行に不可欠なセンサーではなかった。「この上昇用エンジンの酸化剤入口圧力のセンサーは、燃焼不安定が生じた場合、地上試験との比較用にデータを取得するためのものです。実運用では必要ありません。」と審査委員会で私は説明した。

「大変有益な測定項目だが、必要不可欠とは言えないね。うまく作動しなかったのは残念だが、三回も交換したなら、それで十分でしょう。」とギルルース委員長は判断を下した(注２)。審査委員会が、月面探査任務の成功に支障を来すような決定を、あえて行う事はなかった。

審査委員会は忍耐力と対応力で会議を進めていたが、その時低い大きな騒音が格納庫に響き渡った。ティタートン副社長は飛びあがった。怒っていたし、困惑していた。飛行部門が新造のガルフストリームⅡ型ビジネスジェット機のエンジン試験を、いつもの様に格納庫の前で始めたのだ。

手ぶりとマイクに向かって叫んで、ギルルース委員長は会議の中断を宣言した。ティタートン副社長はまず、格納庫の天井までのドアを閉めるよう指示した。音はほとんど抑えられなかったが、室内の温度は跳ね上がった。ロウとギルルースがティタートンの方を向いて、閉会にしようと言いたいようだったが、副社長は急いで外に出て、ガルフストリーム機の機長に試験をやめるように指示した。ＮＡＳＡの委員が配布資料をぱらぱらとめくったり、時計を何度も見ているのが分かった。このままでは数分後には委員たちは帰ってしまい、納入前完成審査事務局は、忙しい日程の中に何とか新たな期日を設定しなければならず、貴重な納入までの一週間がつぶれてしまう事になりそうだった。

突然、エンジンの音が止まった。静かになってほっとした。ティタートン副社長は駐機場から急ぎ足で戻って来た。顔は赤らみ、眼鏡は曇っていた。格納庫のドアは再び開放され、新しい空気が入ってきた。しばらくすると、会場は教会の中のように静かになった。ギルルース委員長はマイクに向かい、もうそれが癖になってしまった大きな声で「これで終わったようですね。」と叫んだ。そして、会場が静かになっていることに気付いて、普通の声に戻って「ティタートン副社長はこんな事はもう二度と起こらないと約束しました。」と締めくくった。

四百人の視線が副社長に集まった。ギルルース委員長の言葉で救われ、彼は笑みを浮かべ、うなずくのがやっとだった。

審査委員会は審議を再開した。一号機の各系統に関する指摘事項の処置が決まり、それに関係する分科会のメンバーと関係者が出て行くと、室内の環境は良くなってきた。人は減り、ざわめきは静まり、温度は下がった。審議を何時間か続けると、分科会のメンバーには指摘事項の処置がどうなりそうか見通しがついてきた。指摘側と対応側は「法廷外」で処置について個別に調整し始めた。議事の進行は速まり、不可能と思われた審議は、午後八時を回ったところで完了した。

そして大事な瞬間が訪れた。ギルルース委員長が、納入前完成審査委員会は、指摘事項の処置完了を条件に、月着陸船一号機の正式な領収とケネディ宇宙センターへの納入を認めると発表したのだ（納入までと、納入後もグラマン社は一号機について責任を負っているが）。その日の私の記録ノートは、指摘事項の対応に関する合意内容が数ページ続いた後、大きな字の「引渡しＯＫ」で締めくくられている（注３）。

グラマン社とＮＡＳＡの担当者は、その晩は徹夜し、翌日も働いて、引渡しまでに必要な処置事項を完了し、検査記録と引渡書類の修正を行った。最後にサインがされたのは、政府が契約業者から製品を受領し、所有権を引取った事を証明する文書、ＤＤ‐２５０だった。ベスページ工場におけるＮＡＳＡの代表者のジョン・ヨハンソンがサインした時には、全員が笑顔になった。

午後、月着陸船一号機の上昇段と降下段は、別々に特製の輸送用コンテナーに入れられ、アポロ宇宙船輸送用にストラトクルーザー輸送機を改造した機体の、巨大な胴体内に積み込まれた。誇りと開放感に包まれながら、私は巨大な機体がベスページ飛行場の一六〇〇メートルの滑走路のほとんどを使って、ゆっくりと離陸していくのを見守った。月着陸船一号機は宇宙飛行への第一歩を踏み出したのだ！

一九六〇年に、ＮＡＳＡが人間を月に着陸させる可能性の検討を始めた事を初めて知って以来、我々は長い道を辿ってきた。この後には、アームストロング船長とオルドリン飛行士のアポロ11号による最初の月着陸に先立って、月着陸船一号機の無人飛行、有人の地球周回軌道飛行、月周回軌道飛行が行われる。月着陸船一号機を納入しても、組立、試験現場では何機かの月着陸船を製作中で、その中にはアームストロング船長が乗る月着陸船イーグルとなる五号機もあるのだ。グラマン社の製作した機体が、無事に飛行を行えるように最善をつくすことが我々の作業方針だったが、そのために必要な大きな努力と、完璧を期すための厳しい道筋はまだ分かっていなかった。しかし、ここまでは熱意を込めて、全身全霊を傾けて作業してきた。その成果はまだ確実ではなかったが、南に向かって飛んでいる一号機は一つの区切りであり、これからもっと大きな成果が達成される事を約束するものだった。

第1部——勝　利

第2章　月へ行けるかもしれない

グラマン社のベスページ工場の五番工場は赤レンガ造りで、とても横に長いので三階建とは見えないほどで、三階に細い窓が横に並んでいるのも、建物を低く見せていた。駐車場と建物の間はきれいな芝生になっていた。米海軍は第二次大戦の際、この工場をグラマン社のために建設した。その頃、この建物には試作機工場が入っていて、技術者達が太平洋戦線での日本との戦闘のために、海軍の主力機であるワイルドキャット戦闘機、ヘルキャット戦闘機、アヴェンジャー雷撃機の、より高性能で強力な型の開発に忙しく働いていた。それ以後、建物は何度も改築、増築され、ついには廊下、小部屋、小さな作業場所、試験室で迷路のようになってしまっていた。訪問客や新入社員はよく迷子になったが、新人社員の私は、クモの巣のように入り組んだ建物で働くのは、秘密結社の一員になったような感じがした。働くには快適な場所だった。

七年前の状況

私は技術部内の聖域である、中二階にある基本設計部門で働いていた。そこは別名「空中庭園」とも呼ばれる、試作機工場の一階の作業台とボール盤の上にぶら下がる形の、軽量ブロック製の奇妙な増築部分だった。この蛍光灯で照明された窓のない部屋では、時間を気にせず作業に集中することができた。

私はコーネル大学の機械工学科を卒業して、一九五一年にグラマン社の推進系統設計部門にはいった。五年間、ラムジェット・エンジンのリゲル超音速ミサイルと、先進的なF11F‐1F超音速戦闘機などのグラマン社のジェット機の、空気吸入系統と排気系統の解析と設計に従事した。一九五六年に私は空軍に徴兵され、ライト航空開発センターの航空機研究所で働いた。そこでは空軍で開発中のF‐104戦闘機、F‐106戦闘機、B‐58ハスラー超音速爆撃機を含む、多くの飛行機の推進系統の仕事をした。

私が空軍にいる間に、ソ連は人工衛星スプートニクを打上げ、宇宙の時代が始まった。宇宙船の設計をしたい気持ちが強くなり、空軍での任期が終わる頃には、航空宇宙関係の会社に面接に行った。一九五八年にカリフォルニア州サニーベールのロッキード社に入り、宇宙用の推進システムとロケットの仕事をした。一年後に昔の同僚が、グラマン社が宇宙関連の事業に力を入れようとしているので、グラマン社に戻るよう誘ってくれた。宇宙事業の可能性を探るため、グラマン社はアル・ミュニアーをリーダーに、基本設計部門内に宇宙事業調査グループを作った。ミュニアーは中背のほっそりした体格で、すぐに笑うが気が短い所もあり、自分の部下の若い技術者に、大きな構想を考えて、不可能に挑戦するように勧めていた。NASAで宇宙関連の開発計画が数多くありそうな事が分かると、グループは六、七名に増員され、基本設計部の先進宇宙システム部門に編入された。グラマン社の経営陣は、まだ未知な点が多い宇宙事業への参入には慎重だったが、有望そうな事業が多そうであり、他の会社がグラマン社より特に優れているとも思えなかったので、宇宙関連の事業への姿勢はだんだん積極的になっていった。

私はNASAの軌道上天体観測衛星への提案の作成に参加し、基本設計部の推進システム・グループで二カ月間忙しく働いた。この軌道上天体観測衛星は、地球周回軌道に設置される大型天体望遠鏡で、その後のより大型のハッブル宇宙望遠鏡のさきがけとなるものだった。軌道上天体観測衛星は八年間以上働き続け、多くの天体観測データをもたらした。推進システムの担当範囲には、宇宙空間における衛星の姿勢と位置を小型のロケット噴射装置により制御する姿勢制御システムや、衛星内部の温度環境を断熱材と外面の表面仕上げを利用して一定に保つ熱制御システムも含まれていた。軌道上天体観測衛星の観測では、指向精度と姿勢安定精度は角度にして〇・一秒の精度が要求されたが、これはニューヨークのエンパイア・ステート・ビルから望遠鏡でワシントンDCのワシントン・モニュメントに照準を合わせるのに相当する精度である。グラマン社ではこの精度を実験室では実現していた。宇宙でも実現できれば、技術的に大きな成果と言える。提案を補強するため、会社は宇宙関連の設備に巨額の投資を行ったが、それには天井の高い宇宙船組立用のクリーンルームや、宇宙空間を模擬する大型の熱・真空試験室も含まれていた。

提案を提出した後、私は推進系統の技術業務に戻ったが、提案が採用されたら、提案書の主要技術者の部分には名前を載せてもらっていないが、軌道上天体観測衛星の仕事をもらえるだろうと思っていた。ある日、ミュニアーは私を呼んで、会社は私に軌道上天体観測衛星は担当させない方針だと告げた。他の宇宙関係の仕事で、もっと役に立つだろうと思われているようだった。

軌道上天体観測衛星の技術的な課題に挑戦するのは面白そうだったので、私はがっかりした。しかし、ミュニアーがグラマン社の宇宙部門の将来にとって、私が重要であり、私を有効に活用しようと考えている事には悪い気はしなかった。数日後、ミュニアーは私をまた部屋に呼び寄せた。

「ケリー君、君にぴったりの仕事が見つかったよ。」と彼は言った。

「何の仕事ですか？」

「人間を月に運ぶ宇宙船の設計はどうかね？」

「冗談でしょう。ロッキードからグラマンにそんな夢物語のために戻ってきたわけではありません。宇宙への進出を真面目に考えているとおっしゃっていましたよね。」

ミュニアーの表情が曇った。軽率な答えで、越えてはならない一線を越えてしまった。

「ケリー君、」と彼はきつい声でいった。「そんな事を言うのは、君が宇宙関係の動向について何も知らないからだよ。NASAは人間を月に送る大計画を考えている。アポロ計画と言う名前で、何十億ドルもかけようとしている。献身的に働く技術者が僕と一緒に働いてくれたら、グラマンはそこに食い込めるはずだ。」

ミュニアーはNASAのアポロ計画を調査しているトム・サニアルに私を紹介すると言った。彼はアポロ計画でグラマン社が何を担当したら良いのか、私とサニアルで検討させたい考えだった。私はその晩、期待に胸を膨らませて会社から帰った。それは希望とか直感だったのだろうか？　頭の中に「これは何か大きな事の始まりかもしれない」という古い歌の歌詞が浮かんだ。

サニアルはグラマン社で、将来は大きな業績を上げると期待されていた。まだ二七歳にすぎないが、エリート揃いの基本設計部で、マーキュリー計画の提案では構造設計を担当した。彼は副主任技術者に任命されたが、それは設計する物を図面と三次元的な見取り図に表現し、まとめ上げる能力だけでなく、ジョー・ギャビンの下で行ったF9Fパンサー戦闘機、クーガー戦闘機の、構造設計の輝かしい実績によるものでもあった。

グラマン社はマーキュリー計画の提案で、一一社での競争に勝利した。次点のマクドネル航空機社とは僅差だった。エレガントと言えるほどの単純な設計で、丸っこい形状の一人乗りの再突入用カプセルは、空力加熱を底部のサーモプラスチック製の遮熱板と側面のベリリウム板で防ぐ設計で、グラマン社の技術陣が独創性を発揮したものだった。競争相手のどの会社もそれまで有人宇宙カプセルの設計をした事はなく、若いグラマン設計陣は独創的で製作しやすい設計でこの競争に勝利した。

しかし、最終的に業者を決める前に、NASAは、上位二社への最大の発注者である米海軍と協議を行った。海軍はグラマン社は少し前にA‐6イントルーダー攻撃機とE‐2ホークアイ早期警戒機を受注しており、作業量が多過ぎて厳しい状況だと回答した。この回答のせいで、NASAはマーキュリー計画の契約をマクドネル社に与えた(注1)。

この失注の後、サニアルは新しい航空機の開発に参加したいと思い、A‐6の設計に参加できる可能性を友人と一緒に探っていた。しかしミュニアーに、新しく編成された宇宙科学グループの一員として基本設計部に残るように言われてサニアルは驚いた。

「宇宙にこそ将来があるんだよ、サニアル君。」とミュニアーは言った。「僕らは、グラマン社が宇宙事業に本格的に参加できるまで努力を続ける。君のような若手には大きなチャンスだよ。」

ミュニアーの言葉には説得力があり、サニアルは宇宙船を設計する事に魅力を感じた。宇宙船の飛行する環境、飛行方式、搭載システムに必要な条件など、全てがこれまでに無いものだった。想像力と才能を備えた若手技術者は、ベテランの航空機設計者と同じくらい、成功できる可能性があった。

四か月間、アポロ計画という、漠然とした空想的な構想をＮＡＳＡの内部で調べ歩いたが、サニアルは自分が正しい選択をしたのか確信を持てないでいた。アポロ計画が始まろうとしている事は確かだが、新しい風変わりな事業なら何にでも熱中するように見えるミュニアーを除けば、社内ではだれもアポロ計画には関心がないように思えた。サニアルは緊急性を感じなくなり、残業はやめ、時々休暇を取って、妻と二人の幼い娘を連れて海岸に行ったりヨットに乗ったりしていた。多分、もっと大きく、もっと優れた業績を上げたいと働き続けるより、リラックスして生活をもっと楽しむべきだと考えたのだろう。しかし、そんな時にミュニアーが彼のところに、予想していなかった相棒を連れてきたのだ。

中二階の基本設計部の奥深くにあるサニアルの席に、ミュニアーは私を連れて行った。そばかすのある、顔の長い、背が高くてきちんとした身なりの男性が我々を迎えてくれた。彼の髪は灰色で、少年のような若々しい顔とは対照的だった。この目立たない隠れ家的な部屋でも、青いブレザーをきちんと着てネクタイを締めていた。

「サニアル君、こちらはケリー君だ。」とミュニアーは明るい調子で言った。「彼はここで君とアポロ計画関連の仕事をするんだ。」

ミュニアーが出て行くと、我々は互いに相手を見定めようとして、ぎごちなく黙って見つめ合っていた。仲間になれるのか、それとも競争相手になるのだろうか？　サニアルはもともと寛大な性格だった。すぐに彼は資料を見せてくれ、アポロ計画について分かった事を説明してくれた。ＮＡＳＡの対外発表、予算、計画書に示されたアポロ計画の着実な進展状況を、分かりやすく詳しく話してくれた。彼はＮＡＳＡが月の有人探査を真剣に考えていることを確信していた。

私は六人分の机があるその部屋の、彼の隣の机に引っ越した。彼の技術的な覚え書きや出張報告、集めた文書をじっくり読んだ。一九六〇年の春、我々はＮＡＳＡの本部、ラングリー研究センター、ルイス研究センターを訪問し、本部でデマーキス・ワイアット、ルイス研究センターでジョージ・ロウに面会した。彼らは慎重な言い回しで、有人月探査は内部で検討されている初期段階であり、ＮＡＳＡの確定した計画にはなっていないと話してくれた。しかし、彼らの関心の高さを見れば、有人月探査が本当に実行されそうな事が分かった。私はアポロ計画が実行される可能性は少なくとも五分五分で、グラマン社はそれに備えておくべきだと思った。

突然、グラマン社は宇宙分野で有力な企業になった。グラマン社は軌道上天体観測衛星の競争に勝ったのだ。航空宇宙企業八社がこの競争に参加したが、第二次大戦のワイルドキャットとアヴェンジャーで有名なグラマン社が、天文学の分野で新しい世界を切り開くこのＮＡＳＡの大型プログラムで勝つ見込みは薄いと思われていた。軌道上天体観測衛星の受注祝賀会の席で、何人かの仲間がこの衛星の仕事に参加するよう誘ってくれた。

「そうならないと思うよ。ギャビンとミュニアーは僕をアポロ計画で使いたいと言っているんだ。」と私は答えた。

「それは何だい？」と口をそろえて質問された。

「有人月探査計画だよ。」

「人間を月に送るんだって？　君は頭がおかしいんじゃないか？」と一人の技術者が馬鹿にして言った。

「ＮＡＳＡは真剣らしい。実現のために何十億ドルもかける計画をしているんだ。」

「良いかいケリー、それはＳＦの世界の話だよ。トル社長やティタートン副社長はそんな話に首を突っ込もうとはしないよ。考えてもみろ、軌道上天体観測衛星の提案をさせてもらっただけでも驚きだったんだから。月旅行なんてどうしたら良いのか分からないよ。」彼が笑って頭を振りながら行ってしまうのを見ると、私は自分の職業人生が破滅に向かっているように思えてきた。

今やグラマン社は宇宙開発で有力な企業になったので、アポロ計画は会社の事業計画で重要性を増していた。一九六〇年七月下旬、ＮＡＳＡは会社向けに計画説明会を開催したが、それには千三百人以上が参加した。この説明会で、ＮＡＳＡは有人月着陸を行う事への関心を表明し、技術的な検討結果を発表した。まだ公式な事業にはなっていないが、ＮＡＳＡのアポロ計画に対する関心は非常に真剣なものだった。

サニアルと私は、有人月探査計画について社内研究を行う小さなグループを作るよう、ミュニアーを説得した。ミュニアーは計画設計部長のウォルター・スコットと話して、一〇人分の予算を認めてもらった。必要とされる空気力学、軌道力学、飛行力学、制御、重量管理の専門家を集めた。サニアルと私は研究の共同リーダーになった。彼は構造も担当し、私は推進系統も担当した。

アポロ計画と月探査活動について、一般向けに出版されているものは全て読み、有人月探査飛行の実現可能性研究の実施計画案を作成した。一九六〇年一〇月にこの研究実施計画案を、ＮＡＳＡが募集した月探査の打上げ段階と月周回軌道段階の研究契約に対して、提案書の形にして提出した。（探査飛行全体の実施計画はまだ求められていなかった[訳注１]）我々はコンベア社、ＧＥ社、マーチン社に負けたが、グラマン社の上層部（ウォルター・スコットとジョー・ギャビン）は社内予算で研究を続けると決めた。

研究での差し迫った課題は、宇宙飛行士が乗って大気圏への再突入を行う宇宙船の形状と空力特性だった。地球脱出速度（秒速一一・二キロ）からの地球大気への突入は、地球周回軌道速度（秒速七・九キロ）からの突入に比べて、空力加熱への対応と、誘導、航法、制御の精度は、よりきびしくなる。帰還する宇宙船は、地球大気の上層に入って来る時には、再突入角度として五・五度から七度と言う狭い角度範囲内で入って来なくてはならない。角度が急すぎると宇宙船は燃え尽きるし、浅すぎると大気の上層で跳ね返されて、太陽系の中をあてもなく永遠にさまようことになる。

再突入後も、宇宙船は大気圏の下層部で音速の数倍程度まで減速した後、着陸地点に到達するための飛行経路の変更もしなければならない。NASAラングリー研究センターの宇宙任務グループの、創造性豊かな技術者のマックス・ファジェが設計したマーキュリー計画のカプセルのようなブラント・ボディ形状（先端が丸まった形状）は、空力的な運動能力がない（揚抗比L／D＝0）。しかし、このような形状では大気との摩擦熱は丸みをおびた底部の広い面積に分散するので、断熱と熱の吸収がよりやさしくなる。NASAエイムズ研究センターのアルフレッド・エガースが考案したリフティング・ボディ形状は、かなりの空力的運動能力（L／D＝0・5から3、4程度）を持ち、指定された着陸地点に向かって数百キロも滑空することができる。しかし、この形状では空力加熱は機首と、主翼と尾翼の前縁に集中し、その部分は数千度の温度に達してしまう[訳注2]。それでも、リフティング・ボディ形状では、宇宙から着陸地点に向かう際の誤差をその運動能力によって修正できるから、誘導、航法、制御系統の精度は多少は楽になる。技術的な比較検討や設計上の妥協点については、いろいろ検討すべき点が数多くあった。

我々のリフティング・ボディの専門家は、気が短く気分屋の、パイプを吸うフランス系の技術者のボブ・ルカだった。ルカは有能で仕事熱心だったが、そのせいか周囲の感情を気にしない事があった。しわがれ声でグラマン社の管理職や仲間の技術者の大半は馬鹿だと嘆く事がよくあった。私に対しては、流体力学の初歩を無知な人間に教える時のような、辛抱強いが見下すような態度だった。

ルカはリフティング・ボディ形状をいくつも設計しては計算を行い、マーキュリー計画のブラント・ボディ形状との比較を行っていた。彼の検討結果は我々の報告書の重要な部分になった。計算と風洞試験に加えて、ルカはお気に入りの形については、バルサと紙で模型を作り、それを駐車場で飛ばしては、そのずんぐりした形を飛行機の設計者達から笑われていた。

一九六一年五月一五日に、有人月探査は実行可能とした報告書をＮＡＳＡに提出した。再突入に関する検討結果は示したが、宇宙船の形状の選定は保留した。ブラント・ボディ、リフティング・ボディ、有翼形状のどれもが、誘導、航法、制御の誤差に対応可能と思われたが、揚抗比（Ｌ／Ｄ）が大きくなるほど許容誤差は大きくできる。揚抗比が大きな形状では材料と設計が難しくなるが、リフティング・ボディ形状は最先端の材料と製造技術を採用すれば実現できそうに思われた。

ＮＡＳＡと契約した会社の研究は、我々の研究より詳しく徹底的なものだった。契約先の三社は、ＮＡＳＡの契約で支払われるのは各社二五万ドルだが、百万ドル以上の費用をかけていた。研究の中間報告では、各社ともそれぞれリフティング・ボディ形状を選んでいた。どこもブラント・ボディ形状を推奨していないのがファジェには気に入らなかった。彼はルイジアナ訛りで、各社は問題を理解していないと批判した。最終報告では各社はファジェの意見を考慮に入れた。ＧＥ社とマーチン社はブラント・ボディ型の司令船を提案し、マーチン社は運動性を多少加えるために可動部を付けていた。マーチン社の九千ページの報告書はページ数が最も多く、三百人が六カ月従事し、三〇〇万ドルを費やした労作だった(注2)。

我々はＮＡＳＡの宇宙任務グループに、契約先の会社の説明会の数日後にグラマン社の検討結果を説明した。我々の投入した人員は平均して一五から二〇名程度で、費用も二五万ドル程度と少なかったが、ＮＡＳＡは説明を熱心に聞いてくれ、関心を持ってくれたようだった。ファジェは再突入におけるブラント・ボディ形状の利点について簡単に説明してくれ、既存の実用的な材料で再突入時の熱に対処できることを強調した。彼の考えでは、リフティング・ボディ形状では既存の高温材料より進歩したものが必要になるので、これ以上の検討はやめた方が良いと言うことだった。しかし、ファジェは我々の研究はＮＡＳＡ自身の研究とも方向性は同じだと言った。我々の研究作業は良い先行投資だったと感じた。

月着陸船の研究と提案では、議論とアイデアの売り込みが上手で、有能な解析技術者である、私の補佐のエリック・スターンが大きな力になった。スターンはアメリカン・ボッシュ・アルマ社でアトラス大陸間弾道弾の慣性誘導装置の仕事をした事で、宇宙飛行で重要な誘導、航法、制御システムについて、実務的な経験を得た。彼はその経験を、空軍や海軍が弾道ミサイル開発で採り入れた、急速に発展しつつあるシステム工学の分野にも活かしていた。私は技術的な問題については、それが彼の経験分野に関係があってもなくても、彼に話して意見を聞いていたが、いつもしっかりした答えを返してくれた。

スターンは背が高くがっしりして、額が大きく、薄茶色の髪は薄くなりかけていていた。顔色は青白く、厚い眼鏡の奥の目は青かった。彼はとても頭が良いように見えた。彼はウィーンで育ち、大戦前に両親とアメリカへ移住したが、ウィーン訛りが残っていて、専門家的なイメージをさらに強めていた。彼はシティ・カレッジで電気工学の学士号を取り、アルマ社で働いている間に、ニューヨーク大学の夜間部に通い修士号を取得した。

スターンと私の関係は良好だった。お互いに尊敬しあい、技術的な問題を真剣に議論するのを楽しんだ。しかし、誰もがスターンの考えに付いて行けるわけではなく、彼の話を理解できない人には、たとえ上司であろうとも我慢できない事があった。スターンの率直な態度に感情を害する人もいた。私は気にならなかったが、後になって、NASAの有力者でも彼に悪い感情をいだく人がいたことを知った。彼はいつも教えたり説得しようとしていたが、他人を馬鹿にする所はなかった。彼の話しぶりには、ルカにはときどきあるような人を見下す感じはなかった。スターンは他の人がいる前でも、私が間違っていると思った時には、それを指摘するのをためらった事はないが、私に忠実で、仕事の能力が高く献身的なので、彼の人間性の細かな点についてあれこれ言う気にはなれなかった。

このころケネディ政権の内部では、宇宙技術でアメリカがソ連から優位性を取り戻すには、どのような宇宙開発をするべきか激しい議論が行われていた。冷戦は激化しており、二つの全く異なる社会体制の間の全地球的な競争は、宇宙にもその場を拡げていた。

一九六一年四月一二日、ソ連はユーリ・ガガーリンを、人類で初めて地球周回軌道に打ち上げた。数日後、アメリカが後押しするキューバのピッグス湾への侵攻は、屈辱的な失敗に終わった。ケネディ大統領はソ連から主導権を取り戻す方法を模索していた。大統領はリンドン・B・ジョンソン副大統領と、新しくNASAの長官に指名されたジェームズ・E・ウエッブに、アメリカの優越性が確立できる「宇宙での偉業」についての勧告を求めた(注3)。今回の航空宇宙企業が提出した月着陸の実現可能性研究の報告書は、大きな事業をもたらすことになりそうだった。

我々がNASAに報告書を提出してから一〇日後、ケネディ大統領は両院合同会議で宣言した。「私はこの国が、一九六〇年代の終わりまでに、人類を月に着陸させ、安全に帰還させる目標の達成に取り組むべきだと信じています。この期間において、これほど人類に深い感銘を与える事業も、宇宙探査にとって長期的にこれほど重要な事業もありません。また、達成するのに、これほど困難で費用がかかる事業もありません。」

空想と研究段階は終わった。アメリカは月に行くのだ！　陰気な基本設計部の部屋で、私とサニアルは自分達の幸運を信じられないでいた。互いに馬鹿みたいに笑いあった。ルーレットの玉は我々の番号の上に止まった。月に行く宇宙船を作るのは、どんな事なのだろう？

「実際に作られるアポロ宇宙船は、僕らが研究したどれにも似てないと思う。」とサニアルは持ちかけた。

「どうしてそんな事を言うんだい？　僕らは良い仕事をしたと思っていないの？」と私は反論した。

「ぼくらの研究はそれなりには良いものだよ。でも当たり前の事を言っただけだと思うんだ。どうやって月に行くかについては、まだ僕らの知らないことがいっぱい有るよ。」

同意せざるを得なかった。「君は正しい。僕らは何を知らないのかさえ知らないんだ。」

我々には月着陸計画に参加できる可能性があった。計画のどの部分に参加できるかを見付けなくてはならない。成功すれば我々は歴史の一部分になれる。

失望、落胆する

ケネディ大統領の発表の後、グラマン社内のアポロ関連の活動の規模は急激に大きくなり、作業も社内に広く展開されるようになった。ジョー・ギャビンはミサイル・宇宙部門の主任技術者としてアポロ計画の研究を担当した。サニアルと私は、研究の技術面のリーダーとなり、ギャビンとミュニアーの指揮を受けることになった。我々の研究グループは、三〇名から六〇名に増員され、その中にはエリック・スターンや、技術部の動的特性解析担当として評価が高い、誘導、航法、制御システムの技術者のボブ・ワトソンも含まれていた。

ギャビンとミュニアーは、月探査飛行の研究活動を強化するため、他の会社と提携する事を考えた。他社の各システムの専門家の協力により研究内容が充実する事と、高いレベルの要員と技術が我々の助けになる事を期待したからだ。まずハネウエル社が誘導、航法、制御の分野で参加し、次に電子システムと計画管理の分野でスペース・テクノロジー研究所（STL）［訳注3］が参加した。どちらも新しいアイデアと研究者を提供してくれた。彼らを、増員されたグラマン社の研究グループと一緒に、重要な飛行機の提案作業用の、基本設計部の中央の広い場所に配置した。ミュニアー、サニアル、私、それにグラマンの何人かは、設計室本体の隣の、仕切りで隔てられた宇宙科学コーナーに残った。

NASAはアポロ宇宙船に対する提案要求を一九六一年七月に業界に送り、八月にワシントンDCで、応募者説明会を開催した。公式の会議の合間の時間、朝食、昼食、夜の時間に、各社は必死で相手探し、つまりアポロ計画に応募する際の提携相手を探していた。各社の責任者達は、まるで喜劇の芝居のように、ロビーの植え込みの陰で、大急ぎで必死になって密談をしていた。

ジョー・ギャビン、宇宙営業部のサウル・フェルドマン、ボブ・ワトソン、そして私が、単独であったり複数で、提携の可能性のある相手と話し合いをした。その日の終わりにメモを比べて見ると、提携相手の候補はもう複数の会社と関係を持っている事もあった。グラマン社を引き込もうとしている会社と同じくらい、グラマン社のチームに入りたい会社がある事が分かった。誰もまだ相手を正式に決めていなかったが、真剣に交渉中の会社は多かった。

公式の説明会でＮＡＳＡはアポロ計画の全体像を説明し、提案要求における主要な要求事項がどうなりそうかを話した。二、三週間以内に提案要求を出し、回答までの期間は六〇日間を予定しているとの事だった。計画は考えていたより大規模だった。提案要求には再突入を行うブラント・ボディ形状の三人乗りの司令船と、無人の支援船が含まれる。支援船には消費物資（ロケットの推進剤、ヘリウム、水、酸素など）、電源装置、電子機器とアンテナ、大型の再始動可能な液体ロケットが搭載される。打上げ時の司令船用の非常脱出ロケット、サターン・ロケット第三段の上の支援船取付用の大型の円筒形構造物も、司令船と支援船の主契約業者が担当する。その他に地上支援機材（ＧＳＥ）が必要で、これは宇宙船の試験と整備、補給に必要だが、それに加えて、人を月に安全に送り込み、帰還させるために必要な宇宙用と地上用の構成品の全てを、正常に機能する一つのシステムにまとめ上げるのにも必要なものだ。

アポロ計画は歴史上で最大の技術的作業になるだろう。ギャビンはピラミッドの建設、飛行機の発明より大きな事業で、我々の創造的能力を最大限に発揮する必要があると考えていた。

ギャビンがグラマン社の首脳陣にアポロ計画の提案要求が間もなく出ると報告すると、会社がそれにどう対応すべきか意見を求められた。サニアルと私はこれまでの研究成果をまとめた、技術的な説明資料を作成した。その中でアポロ計画は実行可能であり、それにはどうすべきか我々には分かっていると書いた。発表の予行演習をギャビンとミュニアーを相手に何度も行った。ギャビンとフェルドマンは経営陣に説明をし、予算を要求した。二人はグラマン社が主契約業者として提案を出す事を強く勧めた。競争に勝てる提案を作成する費用と、契約を獲得した場合に必要な施設や設備の費用を示したが、それはグラマン社の水準では途方も無い額だった。

説明は社内のマホガニー張りの会議室で、大きな楕円形の机の前に座る役員に向かって行われた。グラマンの社長のクリント・トル（タウルを書いてトルと発音する）と、上級副社長のウィリアム・シュウェンドラーもそこにいた。

二人は一九二九年一二月にグラマン社がロングアイランドのボールドウィンで設立された時の創立者である。トルはできたばかりの会社の金銭面と管理面を担当した。茶色の縮れ髪で、言葉を慎重に選んで話し、冗談を言うときもあまり笑わない控えめな人物だが、金縁眼鏡の奥の視線は鋭かった。

シュウェンドラーはグラマン社の前身のローニング社で、設計者兼工場長のルロイ・グラマンにより、技術面で彼の代行となって問題を解決するための要員として採用された。シュウェンドラーは、才能に恵まれたパイロット、技術者、発明家である師のグラマンから、飛行機の設計についての知識を吸収した。ルロイ・グラマンが販売、顧客対応、社内統制に否応なく忙殺されるようになると、シュウェンドラーが主任技術者になるのは必然的な流れだった。シュウェンドラーは後に技術担当副社長となるディック・ハットンや他の技術部門のリーダーを採用して、急激に拡大していく技術部門を導いていった。彼は四角い赤ら顔で、髪の毛は金髪だが薄く細いので、禿げているように見えた。青い目は生き生きとしていて、相手を瞬きもせずにじっと見つめるのだった。

グラマン社で最も古参の社員が二人、会議に参加していた。シュウェンドラーが後任の主任技術者に選んだ技術担当副社長のディック・ハットン、契約、事業管理、販売担当の上級副社長のジョージ・ティタートンの二人だ。社内方針決定グループの最後は、社内で最も尊敬されている解析技術者で、技師長のアイラ・グラント・ヘドリックだった。

役員会議室に行くのは初めてで、何人かは初めて見る顔だった。役員達の迫力に圧倒された。私の発表は予行演習通りスムーズに運んだ。会議のメンバーは私がリラックスできるよう配慮してくれ、適切な質問をしてくれたが、そのほとんどには準備ができていた。大気圏に再突入するときの宇宙船の速度は？　その時の温度は？　宇宙空間での隕石や放射線は問題ないか？　月に到達するために必要な宇宙船の軌道変更を、いつどの程度行うかを宇宙飛行士はどうやって知ることができるのか？　そのような事項を質問された。

シュウェンドラー、ハットン、ヘドリックは技術的な説明を熱心に聞いて、宇宙船の設計と飛行計画の基本を理解しようとしていた。無重力状態について、彼らは興味を示した。飛行機で逆宙返りをした時と同じと考えたようだ。（後に宇宙飛行士の訓練に、逆宙返り的操作で無重力を経験させる事が採り入れられた。）「空中に浮き上がらないように固定しておかないとだめだ。重力が無くなるような逆宙返りをした時に、クリップボードや地図や鉛筆が、操縦室の中で舞い上がったのを見たことがある。」とハットンは言った。

トル社長とティタートン副社長は経営関連の説明を聞いて、必要な投資額に頭を抱えた。二時間以上に渡り熱心に議論をした後、サニアル、私、フェルドマンは退室させられた。その日の午後遅くにミュニアーは部屋に帰ってきて、サニアルと私を呼んだ。検討はまだ続いているが、彼が退室させられるまでに聞いた内容では、主契約者にはならないとの結論になるようだった。彼はそれに対する心の準備をさせておこうと考えて我々を呼んだのだ。

「それは駄目ですよ。」と私は抗議した。「僕らはこんなに良い仕事をしたのに。僕らはアポロ計画の飛行や、宇宙船の設計について誰よりもよく分かっているんだから。」

「お願いしますよ。」とサニアルも口をはさんだ。「提案要求書の中には、僕らのアイデアがいくつも入っている。僕らは有利な立場にいるんですよ。」

「君たちは分からないのか。会社の存続がかかっているんだ。」彼は手を拡げてどうしようもないと言うジェスチャーをしながら言った。「それもこんなSFのような計画にだ。会社中の人間が、我々は気が狂っていると思っているんだぞ。」

「月着陸が不可能ではないことは分かっているでしょう。宇宙飛行は新しい事だが、超音速飛行と同じですよ。単に技術的、物理的、実務知識の問題なんです。グラマンには能力も手段もある。僕らは月に行く事ができるんですよ。」と私は叫んだ。

「ケリー、落ちつけよ」とミュニアーは保護者ぶって言った。「僕に向かってわめくな。僕はただ情報を伝えているだけだ。上がどんな決定をしそうか、君達に言っておこうと思っただけなんだ。」私は怒ったまま家に帰り、その晩はほとんど一睡もしなかった。

翌朝、ギャビンはチームを宇宙科学グループの場所に集めて、グラマン社はアポロ計画に主契約者として立候補しないと発表した。「経営陣はこの仕事は大きすぎると判断した。」とギャビンは言った。「この一つの事業だけに会社全体の存立を賭け、全社員の雇用を危うくすることはできない。費用だけの問題ではない。もし社会全体が注目している中で受注に失敗したら、会社はもう立ち直れない。どこかのチームに参加して、自分の居場所を確保しなければならないんだ。」

「ギャビン、あなたはどう考えているんですか?」と誰かが訊いた。

「僕はいつも楽観的だよ。だからグラマンができると思っているが、会社全体に心配をかけたくない。」と彼は答えた。

「一緒にやっているハネウエルとスペース・テクノロジー研究所はどうなるんですか?」と別の人間が質問した。

「彼らもどこか別のチームに参加しなければならない。」

しばらくぶつぶつ言った後、自分達のこれからを考えるために席に戻った。ギャビンとミュニアーは以前に接触したことのある、主契約業者に立候補する意向を表明している何社かに電話をしていた。一週間経たないうちにギャビンとティタートンは、我々のグループにGE社との提携を伝えた。グラマン社はGE社の提案活動を支援し、司令船を担当するとの事だった。我々はGE社がフィラデルフィアに設置する提案作成本部で、全員がしばらく働くことになった。

数日後、フィラデルフィアへ出発する前に、ギャビンとミュニアーは私をグラマン社の提案活動の技術面の責任者に任命した。サニアルは落胆したが、この決定を潔く受け入れた。ミュニアーの部屋でギャビンとミュニアーに内密に伝えられると、部屋から出て私の席に来て手をそっと握り、私を全面的に支援すると約束してくれた。

GE社はフィラデルフィアの商業地区の、独立記念館と自由の鐘から遠くない場所、ブロードストリート三〇番地のモダンな高層ビルの二階分のスペースを、アポロ計画の提案作成本部にした。GE社の宇宙部門は郊外のバレーフォージの新しい施設に移転したが、このビルや、最初に宇宙部門がいたチェスナット通のビルも含めて、商業地区にいくつかの建物を保有しており、そのため提案作成本部として人員と機材を集めてくるのには便利な場所だった。銀髪で厳しい風貌のＧＥ社のベテラン技術者のローガン・コウルスがアポロ計画の全体管理者で、その上に宇宙部門担当の副社長、ヒリアード・ペイジがいた。ジョージ・アーサーが提案チームの部長で、ラディスラウ・ワルゼッカが副部長だった。彼らはＮＡＳＡとの契約で行った月探査の実現可能性研究の中心メンバーだった。

グラマン社の他のメンバーと一緒に、提案作成本部の近くのホテルに泊まり、週に五、六日働き、家には週末の一日か二日、アムトラックとロングアイランド鉄道で帰った。家と家族から離れて、我々は全てを提案作成に集中し、一日に一四時間から一六時間働くこともしばしばだった。

提案要求への回答期限は一〇月初旬で、ＧＥ社は提案作成作業を強力かつ組織的に進めた。提案作成本部は、広くて設備が完備していた。各社ごとにそれぞれの区域があり、課長、係長には仕切りのあるコーナーや部屋が、一般従業員には仕切りのない大部屋があてがわれた。窓は大きく、埋め込み式の蛍光灯、床にはカーペット、空調完備で明るく快適な環境だった。グラマン社のうさぎ小屋のような基本設計部に比べると、はるかに良かった。ＧＥの区域の近くには、大きな会議室と広い空きスペースがあり、誰でも会議、打合せに使うことができた。

ＧＥ社は毎日の会議と一週間ごとの会議を行う事にしたが、最盛期には六百人を越えた提案チームにあっては、それらの会議によりチーム内の良いコミュニケーションが確保できた。個別の作業目標が与えられ、その作業結果は参加全社から選ばれた、様々な専門分野の技術管理チームが点検した。

ＧＥ社は我々に「紙めくり」方式を教えてくれた。書類スタンドに大きな紙をぶら下げ、ブレーン・ストーミングや会議でのアイデアの展開や記録に使う方法だ。ある会議で、月面着陸について複数の方法の比較検討を実施すれば、提案の評価点数が増え、提案の内容に深みを加えることができるのはないかとのアイデアが出てきた。これはＮＡＳＡの提案要求には要求されていなかった。ＮＡＳＡは着陸方法をどうするかにまだ真剣に取組んでいなかったので、提案要求ではこの件はほとんど触れられていなかった。

提案チームで月への着陸方法について、どんなやり方があるのか、その得失は何かを書き出してみた。参加各社のチームは、その中からどれを検討したいか選ぶよう言われた。私はその晩遅くまでスターン、ワトソン達とどれを選ぶか検討を行い、月周回軌道ランデブー方式に決めた。月周回軌道ランデブー方式では、月を周回する軌道上で母船から月着陸船を分離させ、その着陸船で月に着陸し、その後、月から離陸して月周回軌道に戻り、母船と再び一緒になる。月に行って戻るには、一番シンプルな方式だ。翌日、ギャビンの同意を貰って、月周回軌道ランデブー方式を研究する事をＧＥに申し出た。

スターンのグループは短期間に充実した研究を行い、月周回軌道ランデブー方式での飛行方法を設定し、飛行関連の主要構成品（打上げロケットと宇宙船）の大きさと重量の概算を行い、検討が必要な項目と技術的課題をまとめ上げた。この研究で明らかになった中で最も注目すべき点は、この飛行はサターンＶ型ロケット一台だけですむという事だった。サターンＶ型ロケットはアラバマ州ハンツビルのＮＡＳＡマーシャル宇宙センターで、フォン・ブラウンとドイツ人ロケット技術者達が開発中の巨大なロケットである。他の方式では、少なくともサターンＶ型ロケットが二台か、ずっと大型のノバ・ロケットが必要になる。月周回軌道ランデブー方式の主なリスクは、地球から遠く、地上の誘導施設の援助もあまり期待できない状態で、月周回軌道上でランデブーを行わねばならない事と、月面に着陸し離陸するために、専用の宇宙船を開発しなければならないことだ。

提案要求に対する回答は、ＧＥ社が最終的な編集、製本、発送を担当して、一〇月初旬に完成した。高層ビルの事務所から、普段は行かない贅沢なランチに出てみると、爽やかな涼しい風に驚いた。いつの間にか夏は終わっていたのだ！

提案作業の緊張をほぐすため、妻と私はナンタケット島でコロンブス・デーの長い休暇を楽しんだ。仕事から離れて、短いが幸せな時間だった。島の良い場所を見つけたが、その場所にはその後も子供達を連れて何度も行った。夕方、近くのブランツ・ポイントまでぶらぶら散歩して、本土からのフェリーの最終便が灯台のところで進路を変える時に、暗い水面に船の明かりが華やかに映るのを眺めるのが好きだった。そんな時、私は月を見上げて言ったものだ。「見てごらん。お父さんは月へ行く宇宙船を作ろうとしているんだよ。」「僕らも行けるの？」と子供達はいつも尋ねたが、妻は我々の提案がまだ採用されていないことを知っているので、うれしそうな顔はしなかった。私も提案が採用されるか心配だった。月に行くより契約を取る方が難しいのではと思ってしまった。

一九六一年一一月二八日、ＮＡＳＡはノースアメリカン航空機社をアポロ宇宙船の契約先に選定したと発表した。私は精神的に落ち込んでしまった。殺風景な中二階の基本設計部の雰囲気は、まるで葬式の時の様だった。サニアルと私は、自分達の席の横の黒板に黒い喪章を付け、黒板に書いた。「全員の協力と奮闘に感謝します。次回は勝ちましょう！」

それ以上は言える事が無かった。選ばれなかったことに落胆したし、自分達が主契約会社として提案作成を行っていれば、こんな事にはならなかったのではないかと感じた。ＧＥ社のやり方を否定するわけではないが、集めたチームはあまりにも人数が多く、複雑すぎたように思えた。

巻き返しを図る

気持ちの落ち込みが少し軽くなると、サニアル、ミュニアーと私で相談した結果、残されたチャンスは、ＧＥ社との作業では添え物的だった月周回軌道ランデブー方式を、我々の活動の中心にすることだとの結論になった。ＮＡＳＡに月周回軌道ランデブー方式を売り込み、そこで必要となる月着陸用宇宙船の受注を目指すのだ。月着陸船は風変わりな宇宙船だが、それを作ることにかけては、グラマン社は他のどこにも引けを取らないはずだ。ギャビンとヘドリックは、その方針は良さそうだが、ＮＡＳＡの考えを直接聞いてみるべきだろうとアドバイスしてくれた。ヘドリックは、高速水中翼船の設計に同じ様に興味を持った事がある旧友のボブ・ギルルースに電話をして、ＮＡＳＡの宇宙任務グループとの会合をお膳立てしてくれた。

晴れて寒い、真珠湾攻撃記念日の朝早く、バージニア州の海岸に近い場所にあるラングリー研究センターの飛行場に向けて、グラマンＧ‐１ガルフストリーム・ビジネス機で出発した。参加者にはギャビン、ヘドリック、フェルドマン、サニアル、ワトソン、スターンなどが含まれていた。月周回軌道ランデブー方式に関する我々の最新の研究結果の概要と、月着陸船の設計構想案を説明する予定だった。贅沢な内装のビジネス機の機内の机の上に資料を拡げて、説明したい要点を細かに再検討した。口には出さないが、これがアポロ計画における我々の最後のチャンスだと分かっていた。

ギルルースとファジェがあたたかく迎えてくれた。ボブ・パイランド、オーウェン・メイナード、コールドウエル・ジョンソンなどの宇宙任務グループの技術者が、我々の説明を聞くために集まってくれた。説明は午前中いっぱい続き、ＮＡＳＡからの質問とそれに対する討論があり、参加者はだんだん増えてきた。月周回軌道ランデブー方式の利点を十分に説明でき、月着陸船の設計における主な問題と、設計に際して比較検討すべき事項について、我々がよく理解しているのを示す事ができたと感じた。昼休みのために廊下に出ると、ギルルースがファジェに「彼らに我々がやってきたことを全部教えてやるべきだね。」と言うのが聞こえた。

ビル内のカフェテリアでの昼食後、ファジェは我々の研究結果には感心したし、それはＮＡＳＡ自身の研究結果とも一致すると話してくれた。彼は我々にＮＡＳＡの研究結果を見せるので、それをグラマン社の研究結果と比べようと提案してきた。その後の三時間は、他の方式、つまり月に直接行く方式や地球周回軌道ランデブー方式に対する、月周回軌道ランデブー方式の利点について、技術的な詳しい討論を行った。

我々はＮＡＳＡの月着陸船の設計も見せてもらった。彼らはそれを月旅行船と呼んでいた(注4)。ＮＡＳＡの設計とグラマン社の設計における、全体の形状、装備品の配置、推定重量の比較が特に興味深かった。どちらの設計にもそれぞれの特徴があったが、全備重量はほぼ同じだった。ギルルースとファジェは、アポロ計画の飛行方式は月周回軌道ランデブー方式にすべきだ思っているが、この意見はまだＮＡＳＡの上層部の間では優勢ではないと話してくれた(注５)。二人はグラマン社の月着陸船の設計は出発点として妥当で、将来の受注競争に備えて、設計をさらに進めるように勧めてくれた。

帰りの飛行機の中で、我々は興奮して話し合った。希望が戻ってきた！　ギャビンは月着陸船の主契約者になることを目標にして、来年の社内研究実施計画と必要な予算申請書を作成するよう私に指示した。新しい、素晴らしい挑戦ができる見込みに、気持ちを新たにしてベスページ飛行場で飛行機から降りた。

一二月一二日は強い突風混じりの風で雨が吹きつける、ひどい天気の朝だった。駐車場から五番工場の正面ロビーまで行くだけで凍え上がり、階段を震えながら上がって行った。技術部の推進技術部門の週間定例会議に出る予定だった。宇宙関係で今後の見通しが分からない時期なので、古巣の人達との接点を保つ良い機会だった。

推進技術部門の区画に早目に着き、数人がいるだけの部屋で一人で待っていた。席に座って、下へ行ってコーヒーでも持ってこようかと考えていた時、近くの電話の呼び出し音が鳴りだし、止まらなかった。

受話器を取ると、やっと聞き取れるくらい小さな女性の声が聞こえた。「もしもし……グラマン航空機ですか？」

首筋の毛が逆立つのを感じた。

「お知らせしたいんですが……トム・サニアルさんがお亡くなりになりました……今朝、交通事故で。」

「え、何ですって？　どちらのお方ですか？」

彼女はすすり泣いていた。「お隣です。隣に住んでいる者です。残念です。本当に残念です。他にもお知らせしないといけないので失礼します。」

私は呆然として手にした電話機の受話器を見つめていた。数分後、ギャビンの部屋に行き、電話の内容を話しながら、私は泣いてしまった。

サニアルの死で、グラマン社にとって大事な時期に、彼のアポロ計画に関する広汎な知識と経験が失われてしまった。しかしサニアルに頼っていた設計をまとめ上げる仕事を、研究チームの他のメンバーが彼に代わってやり始めた。残念だが現実的な事実としては、大会社ではどんな人間も代用不可能ではないのだ。

一二月の寒い雨の日になると、あまりにもあっけなく奪い去られた、すぐ身近にいた彼の可能性と長所を思い出し、人生における心ない運命と偶然を思わずにはいられない。人類の最大の冒険的事業に私と共に貢献できたに違いない、優しく穏やかだった彼に対して、哀惜の念に堪えない。

スタートラインに立つ

会社は月周回軌道ランデブー方式と月着陸船の研究を一年間、五〇人態勢ですることを認めてくれた。ギャビンが計画全体を指揮し、私が技術面のリーダーになった。ＲＣＡ社が強力な支援をしてくれることになり、無償で技術者を多数、支援のため派遣してくれた。ＲＣＡ社は電子系統の大部分と、システム工学的検討の一部分を担当した。ＲＣＡ社のリーダーは、浅黒くハンサムで、話しが上手な電子技術者のフランク・ガーディナーだった。三〇人ほどの技術者が、基本設計部のある中二階の事務所に移って来た。

ガーディナーはＲＣＡ社の様々な部門から、研究チームに必要な有能な人材を集めてきた。その中にはカムデン事業所の通信系統の技術者、バーリントン事業所とムーレスタウン事業所のレーダーの専門家、バーリントン事業所の誘導と制御の専門家が含まれていた。このような要員によって、研究の内容に深みが加わり、営業活動でも有利に作用した。

一九六二年一月、我々はＮＡＳＡの、月周回軌道ランデブー方式と月着陸船に関する研究契約の競争に参加した。

自分達の提案が優れていると思ったが、コンベア社が契約を勝ち取った。四か月の期間で、五万ドルの契約である。我々は社内研究を続け、六月に報告書をＮＡＳＡに提出した。そのすぐ後、我々の研究成果をワシントンＤＣにあるＮＡＳＡの本部で、ジョセフ・シェイに説明するよう要請された。

シェイは最近、ＮＡＳＡの有人宇宙飛行担当副長官のブレイナード・ホームズに要請されてＮＡＳＡに入り、月着陸の飛行方式を決定することになった。彼はタイタン大陸間弾道弾の誘導装置の仕事に携わった、経験豊かなシステム・エンジニアで、知性、技術的能力、自信、リーダーシップを周囲に感じさせる人間だった。彼はこの重要な決定を行うのにぴったりの人物だった。

ワシントンでシェイに初めて会った時、彼は私の説明を、難しいが論理的な質問や、深い意味を持つ発言で何度も遮った。ランデブーが確実にできるとなぜ信じているのか？　ランデブーは地球から遠く離れた場所で行われ、地上からの支援は多くを望めない。ランデブーするための軌道修正で、ロケット噴射の許容誤差を計算した事はあるか？　月着陸船の重量推定の確かさは？　もし月着陸船の重量が増えると、打上ロケット全体ではその何倍も重量を増やさなければならない。

月周回軌道ランデブー方式の優位性について、我々はしっかり検討してあり、計算結果にはきちんとした根拠があったので、シェイの追求に耐えることができた。我々の月着陸船の設計案には現実性があり、主要な各部の設計は技術的な裏付けがあった。ジョン・フーボルトも質疑応答に熱心に参加した。まるで博士論文の審査のようだった。

二時間にわたる厳しい追及の後、シェイはにっこりして、グラマンは自発的に有益な研究を実施してくれたので、自分が決定を下す際にはこの研究を考慮に入れると言ってくれた。彼は私の説明と、知識の深さを褒めてくれた。私は厳しい試練をくぐりぬけて、高揚した気分で部屋を出た。

二週間後、ＮＡＳＡはアポロ計画の飛行方式として月周回軌道ランデブー方式を選択したこと、月着陸船の設計、開発、製造の受注者の選定が次に行われると発表した。月着陸船の提案要求は七月下旬に出され、回答期限は九月初旬だった。我々の準備はできていた。準備に三年以上をかけ、グラマン社は丁度良い時期に、良い立場にいる事になった。そして、私は勝利を渇望していた。

第3章——月着陸船の提案

周囲の評判では、我々のグループは高度な能力が必要な難しい仕事のために選ばれた、会社の中核となる事業を作りだすためのエリート集団だと思われているようだった。我々は基本設計部にいたが、そこは「より高く、より速く、より遠く」飛行する新しい機体を生み出すための部署だった。今回の追求すべき課題は究極的なものだった。地球そのものから抜け出し、隣りの天体へ飛行するのだ。私は三二歳の年齢で、人間を月へ送り込み、帰還させる宇宙船の設計、製作に関するＮＡＳＡへの提案で、グラマン社の技術面のリーダーとなったのだ。

しかし、事情を知らない人たちには、我々は会社で現在進行中の仕事には何の関係もない、日陰の場所に閉じ込められた劣等社員のように見えた事だろう。仕事の場所は試作工場の天井からぶら下がった隔離された区域で、工場の磨かれた木製ブロックの床から紺色の目立たない金属階段で上がって行くか、二階の技術部門にある名前が表示されていないドアから通路を降りてくるようになっていた。どちらの階段からも白塗りの軽量ブロックの壁にある青い金属扉の前に着き、中へ入るにはベルかブザーを鳴らすようになっていた。内部は天井が低く、蛍光灯で照明され、エアコンの音がして、現実の世界から離れた異次元へのタイムトンネルのようだった。

我々の事務所は、壁は薄い黄色に塗られた軽量ブロックで、木製の机と椅子を目いっぱい詰め込んであった。事務所の前方の、窓付きの仕切りで囲った小さな部屋は、基本設計部の数少ない恒久的な部員であるアル・ミュニアーの部屋になっていた。ミュニアーは第二次大戦中はワイルドキャットやヘルキャットの設計にも関与した経験豊かな設計者で、グラマン社の宇宙事業への進出の熱心な推進派だった。

技術部の秘書がインターフォンで私にギャビンの部屋に来るように連絡してきた。私は点検していた報告書を置いて、二階へ階段を駆け上がった。技術部へ行くのは良い気分転換になった。技術部の事務所は我々の場所より良かった。室内は広々として、天井は高く、白い吸音タイルがきれいに貼られ、蛍光灯には擦りガラスがはめてあった。ギャビンの部屋はグラマン社としては広かった。壁には趣味の良い濃い色の板が張ってあり、真鍮の金具と縁取りのついた黒っぽいマホガニー製の家具が置かれていた。

ギャビンとミュニアーはもう会議机に座っていて、私と私の補佐のエリック・スターンがそこに加わった。「月着陸船の提案要求書が出たよ。」とギャビンは少しニューイングランド風の発音で、簡潔に言った。「サウル・フェルドマンがヒューストンでさっき受取ったので、明日の朝にはここに届くだろう。提案書は百ページ以内で、六〇日以内に提出だ。ミュニアーとぼくは、君達に会って、必要なものは全部そろっていることを確認したいと思ったんだ。」

ギャビンは四〇代前半で、社内で将来を嘱望されていた。マサチューセッツ工科大学（ＭＩＴ）で航空工学の学位を取得し、戦争中は海軍の航空局に勤務して、一九四六年にグラマンに入社した。すぐに彼はリーダーシップを備えた、有能な航空機設計者だとみなされるようになった。後退翼のＦ９Ｆ-６クーガー戦闘機の主任技術者として、高速作動の非可逆型ボールベアリング式スクリュージャッキで駆動される、水平安定板制御用アクチュエーターの設計を指揮した。この優れた設計のアクチュエーターにより、クーガーは急降下で音速の壁を安全に突破できた。クーガーと、その前身の直線翼のＦ９Ｆ-５パンサーは、どちらも朝鮮戦争で使用された。ギャビンはＦ11Ｆタイガー戦闘機の主任技術者になったが、この機体はグラマン製としては、水平飛行で音速を越すのが可能な最初の機体だった。タイガーは技術的に進んだ点が多い機体で、小規模だが量産された。

ギャビンはボストンの近くのマサチューセッツ州東部で育った。彼の父親は機械いじりが好きで、道具をいろいろ持っていた。幼い頃から、ギャビンは物の動く仕組みに強い興味を持つようになった。八歳の時に近所の草地の飛行場に行った際に、大西洋横断飛行の英雄リンドバーグを見て、空を飛ぶロマンに強い印象を受けた。ＭＩＴでは航空機の技術的な面を学んだ。彼は控えめで大口をたたかない性格で、問題をしっかり考え抜いて、結論を簡単には変えなかった。背が高く、筋肉質で、彫が深いハンサムな容貌だった。ＭＩＴでは優秀なボート競技の選手で、スキーは若いころから上手だった。生まれながらのリーダーで、ピンチや混乱の際にも冷静で、目的をしっかり把握していて、他の人達からたよりにされていた。

ギャビンはミサイルと宇宙関係の技術者のトップで、月着陸船を担当していて、私の上司だった。ミュニアーは基本設計部が提案書作成チームを支援するようにしてくれた。提案作成に必要な技術者、事務所の必要スペース、必要機材のリストを作成した。必要機材の上位には、ＩＢＭの活字ボール交換方式のタイプライターがあった。これは最新型のタイプライターで、グラマンの社内にはまだあまりなかった。必要な技術者の大半は、一九六一年のアポロ宇宙船のグラマンの提案活動に従事し、それ以降も月着陸船関連の研究をしている人たちだった。

ミュニアー、スターン、私は、設計室に提案担当の十数名の技術者を集めて、提案要求が出た事を伝えた。ミュニアーは更に二十数名用の作業場所と机を、基本設計部内に確保すると約束した。それ以外の人は現在の所属部署で仕事をし、必要な時にはここへ来ることになった。中二階の大きな会議室が毎日の提案書作成会議に使えることになり、会議は提案要求を受取り次第すぐに始める事にした。

翌朝、ギャビン、ミュニアー、スターン、私は基本設計部の簡素な内装の会議室で、大勢が参加した、立ったままの会合に出た。グラマンの宇宙営業部長のサウル・フェルドマンが提案要求書を持って来て、ヒューストンからの飛行機の機内で読んできた内容を要約して話してくれた。今回の提案要求は、通常のＮＡＳＡの提案要求とは大きく異なっていた。いつもは、詳しい飛行内容、宇宙船の仕様、技術的要求事項が述べられており、提案側が、要求を満足する宇宙船と各系統の基本設計、ＮＡＳＡが指定した日程計画に対応した製造計画と支援計画、見積り価格を提出することが求められる。

今回、月着陸船については、ＮＡＳＡは飛行内容、技術的要求事項の双方とも、提案された内容をそのまま受入れるにはあまりにも不確定事項が多いと判断していた。そこで、ＮＡＳＡは業者の選定を、どの会社の設計チームが、月着陸船の飛行任務とそのための必要事項についての知識が深いか、適切な設計方針を持っているかに基づいて決めることにした。提案する会社の製造能力、財務内容、品質の実績も評価の対象で、関係する範囲をどこまで理解しているかを判定するために、宇宙船の周辺機材も含めて、計画全体としての予想原価も求められた。

今回の提案要求は通常の官庁の購入仕様書と言うより、大学の航空宇宙設計コースの卒業試験のようだった。提案要求では、技術的事項について一四項目、管理事項について五項目の質問への回答を、活字のサイズから行間隔まで詳細に規定された書式により、百ページで回答することになっていた。技術的な質問は、我々のＮＡＳＡへの回答もそうだが、月着陸船の技術的必要事項について非常に深く考えてあるものだった（注1）。いくつかを要約すると、

1　月近傍の軌道飛行と、月からの離陸とランデブーにおける、飛行方法及びその他の考慮事項について述べよ。

2　以下の月着陸船の系統について、その設計方針を述べよ。電子機器の機上点検修理システム、推進装置、姿勢制御装置、飛行制御装置。

3　操縦系統と誘導系統について、故障時のバックアップ方法はどの程度まで必要と考えているか？　この問題に対する対応方針を述べよ。

4　月着陸船の運用と設計について、外部視界に関する要求はどのような影響を与えるか？

5　微小隕石と宇宙線の危険に対処するため、どのような手段を講じるか？

提案要求では、質問に対する回答を具体な形で示し、設計能力を証明するために、提案への回答と共に、月着陸船の設計案を提出することが要求されていた。しかし、ＮＡＳＡは提案側の設計をそのまま採用するわけではなく、提案の勝者が決まった後、ＮＡＳＡと受注者の技術者が共同して月着陸船の基本設計をまとめることになっていた。

我々は飛行方法と宇宙環境について独自の推定を行い、すでに三種類の概念設計案を作成していた。我々の主な仕事は、自分達の推定内容とＮＡＳＡの要求を比較し、差があればそれが我々の設計に与える影響を評価し、提案に一番適した設計案を選び、提案書の提出期限が来るまでその設計案に手を入れ改善していくことだった。それと並行して、ＮＡＳＡの質問に対する回答案を作成し、それが我々の概念設計案に与える影響について検討した。数日も経たないうちに、この作業にひたすら没頭していた。

最終的には、月着陸船を上下二段に分けて、下側を着陸用の降下段、上側を離陸用の上昇段にした設計案を提出した。降下段には主として、月着陸船を月周回軌道から降下させ、月面に穏やかに着陸させるための、ロケット・エンジン、燃料タンク、降下用推進系統の燃料配管などが装備される。また、酸素、水などの消費物資、降下段用の電池、宇宙飛行士が月面探査用に設置する科学装置が搭載され、着陸用の脚が取付けられる。

上昇段には搭乗員用の区画と操縦室が含まれる。そこは月周回軌道と月面の間を往復飛行する二人の宇宙飛行士が、生活し、食事をし、月面に滞在している時には睡眠をとる場所である。電子機器の大部分がこの部分に装備される。誘導、航法、制御系統、通信機器、レーダー、計測装置、操縦用の一六個の小型ロケットを持つ姿勢制御装置、搭乗員の生命維持用の空気と水を供給する環境制御系統、月着陸船の室内から外に出る時に必要になる宇宙服とバックパックなどが上昇段に装備される。搭乗員区画には二個の出入り口がある。上側の出入り口は司令船にドッキングして乗り移る時のためで、前方の出入り口は搭乗員が出口の前のプラットホームから月面に降りるためのものだ。冗長性を確保するため、外側にドッキング・モジュールを付ければ、どちらの出入り口も司令船に結合できる。

搭乗員区画はヘリコプターに似ていて、宇宙飛行士は大きな気泡型のガラス窓の内側に座り、計器盤は二人の中間

提案書の月着陸船の案（ノースロップ／グラマン社提供）

にある。着陸用の脚は五本の固定式で、ケープ・カナベラル［訳注1］から打上げられる時には、サターン・ロケットの上部と支援船の間の、月着陸船収納部の内部にぎりぎりで納まる。この脚の設計は、ヨットのレーサーなら「規則逃れ」だと言うだろう。脚は転覆限界と地表面沈み込みの要求をぎりぎり満足するが、伸縮式のような複雑な構造ではなく単純な固定式で、月着陸船収納部の内部空間の制限内で、脚と脚の間の間隔と接地面積を確保している。提案を提出した時点でも、私は月着陸船は実際には固定式の脚になるとは思っていなかった。設計する上での前提条件や、着陸船の重量が少しでも変われば、この方式は適用できなくなるからだが、シンプルで軽量なので提案用としては良かった。

この概念設計案は、ＮＡＳＡの要求性能を全て満足し、全てを搭載した状態でも重量は約一〇トンで、提案要求に規定された上限の一一・八トンよりずっと軽い。グラマン社の模型製作職場は、きれいに塗装され、細部まで表現された航空機の展示用模型の製作に慣れているが、我々の「醜いアヒルの子」の模型の製作にも最善を尽くしてくれた。それでもこの機体は、異星人の世界の物のようだった。ＮＡＳＡが研究の中でよく使っていた「虫」の呼び名の方がこの機体には合っているように思えた。

ＮＡＳＡの技術的な質問の中で、最後の質問が要注意だった。それは、月着陸船の設計で重要な考慮事項を五項目挙げよ。重要性の順に記述し、その五項目を選んだ理由を示せ、と言う質問だった。

私はこれが決め手となる質問だと感じ、提出期限まで回答の手直しを続けた。部下の技術者と一緒に、候補になりそうな項目の一覧表を作成し、各項目について重要だと考える理由を書き出した。スターン、ワトソン、ガーディナー、私は、それを見直し、議論をし、ギャビン、ミュニアー、フェルドマン、それに加えて、提案が採用されたら実行組織に配属すると提案書に書かれている、ボブ・ムラネイ、ビル・ラスク、ボブ・カービー、アーノルド・ホワイテイカーのような重要な社員から広く意見を求めた。印刷締切り時点で、スターンと私は最終的に以下の項目に決めた。

１　推進系統の設計と開発
２　操縦系統の設計と開発
３　信頼性
４　重量管理
５　着陸船の形状と配置（注２）

これらがマックス・ファジェと彼の設計者達が考えている項目と一致するのを期待していた。月着陸船に関するラングリー研究所での初めての会合を思い出して見ると、技術的な考え方と理論構成が似ているので、同じ結論になるだろうと考えていた。

提案の計画管理の部分では、提案する会社における、今回と類似した事業の経験とその成績、想定している月着陸船計画の実行組織とその組織の社内での位置付け、設備能力と人員能力、内作品と購入品の区分の予定、そして費用見積りが求められていた。ギャビンとフェルドマンは提案書のこの部分を担当したが、我々技術陣も密接に協力した。技術作業を行う上での必要事項や計画が他の全ての分野に影響するからだ。例えば、技術的質問の一つでは、我々の試験計画と開発計画を説明するよう求めていた。この質問への答えで、今後の開発期間、費用、人員のかなりの部分を占める、月着陸船の試験用供試体の製作や、試験設備、確認試験の概要が決まってくる。技術チームは、設計と試験段階、それに製造段階の一部における必要人員の推定を行った。費用を積み上げ、計画内容と整合性を取るには、何度も繰り返し作業が必要だった。

航空宇宙業界では、提案チームは可能な限り最善の提案を作成するために、期限いっぱいまで全力で作業する。二か月間に渡り約八〇名のチームは、話し合い、議論をし、分析をしてＮＡＳＡの質問に対する回答を作成した。百ページの文章と図に、できる限りの内容を詰め込んだ。そこには機器や部品が描き込まれた大きな全体配置図、各系統の複雑な機能ブロック図、それに大判の開発日程計画表が含まれていた。月着陸船の各システムや主要機能部品について、候補の会社の数を絞って提案を出してもらい、それに基づいて協力会社や製造業者を決定し、提案作成を支援してもらった。チームの全員が休日返上で、一日一四時間から一六時間働く事が普通だった。競争相手も我々に負けず長時間、熱心に働いているだろうから、競争に打ち勝つ唯一の方法は、我々の全てを提案に注ぎ込むことだと信じていた。ボート競技の選手と同様、ゴールを横切るときには、力を使い尽くしているようにしたいと思っていた。

窓の無い、小さな事務所の中の作業で、時間の感覚が無くなって行った。ある晩、全員が仕事をしている最中に、三人の建物設備の作業者が、大きな脚立、パイプレンチなどの工具を持って事務所に入ってきた。我々に対して断りもなく、脚立を立てて頭上のスプリンクラーを外し始めた。私が点検している書類の上に、さびや水滴が落ちてきたので私は飛び上った。作業者は私の怒った顔を見て出て行ったが、自分達が誰の命令で作業しているのか、私がどう思おうとスプリンクラーの作業はしなければならない事を言い残して出て行った。

翌朝、私はミュニアーに事情を話し、提案書作成が終わるまでスプリンクラーの作業をやめるように頼んだ。仕事に戻り、その事を忘れていた。午後遅くになって、ミュニアーの部屋に呼ばれた。彼は作業者に対する私の対応が乱暴で、もっと効率的に作業すれば真夜中まで会社にいる必要はないだろうと注意した。私は反論しようとしたがやめた。ミュニアーの顔を見ると、彼が感情を抑えられなくなりそうな事が分かったからだ。

ミュニアーが冷静さを失う時には、顔が赤くなり、目は細くなり、唇が薄い線になるまで結ばれる。彼は私が傲慢で、無神経で、時間の使い方が下手だと非難した。そして、私がどう思おうとスプリンクラーの作業は必要で、天井の照明の清掃と、塗装の塗り直しも行われると通告した。そして、唐突に話を打ち切ると、私に出て行くように命令した。

その後の三週間は、毎晩、作業への集中の妨げになる設備補修作業があった。まず配管工が天井にスプリンクラーの新しい配管を取付け、清掃員と電気屋が蛍光灯の掃除をし、新しい照明器具を追加し、切れた蛍光灯を交換した。その後には、白い帽子をかぶり、ペンキが付いた作業服の塗装屋が、幅広のローラーで壁と天井の塗装をした。事務所の机と床の上にほこりとごみが降り注いだ。我々が提案書作成作業をしていて、新しい宇宙船の設計に努力している状況を考えると、これは喜劇的とも言える状況だった。作業員が現れると、書類と図面をまとめ、机に布をかぶせ、事務所内の補修作業に影響されない場所の机に移る事で、この事態を切り抜けた。しばらくの間、私はこの契約を獲得する事の重要性を、会社は理解しているのだろうかと疑問に思ったものだ。

提出期限の二日前に、エリックと私は原稿全体を最終的に点検し、印刷、製本のために提案書の編集担当者に原稿と図表を渡した。編集担当者はそれを、近くにある社外の印刷所に最終的な仕上げと印刷のために持って行った。その後、打上げ祝いの昼食会に行き、提案書作成チームの他のメンバーと合流した。ＮＡＳＡに提案書を提出する前だが、昼食会を開いてほしいと言うチームの要望に、気が進まないが同意していた。レイバー・デーの祭日の前の週末が近づいており、チーム員の多くは、月曜日の祭日の前の金曜日に休みを取ることで、休日を延ばしたいと思っていた。長時間の作業をしてきたので、それに感謝していないと思われたくなかった。しかし、レストランに入って、チームのメンバーがカクテルを飲んでいるのを見た時、私は胃が締付けられるように感じた。皆が急に仕事に戻らなければならない事態になったらどうしよう？　私は仕事場の近くでアルコールを飲むのは好きではなかった。

レストランに入って二〇分ほどすると、ウエイターが電話がかかっていると言ってきた。印刷所にいるフェルドマンからだった。問題が二つあった。まず、最終的な割り付けをしてみると、提案書はほぼ一ページ分長すぎた。どこかを短くしなければならない。二番目の問題は、フェルドマンが確認のため全体を読み通して見ると、二つの質問に関して、回答と回答の間で食い違いがあった。どちらが正しいのか？

フェルドマンと私で問題を解決できるだろうと考えて、急いで出て行こうとすると、スターンがそれを見て付いて来た。印刷所は我々の作業場所の建物から、塀を越えたすぐ外の灰色の建物だった。そこではフェルドマンと編集担当者、それに印刷所の担当課長が、割り付けをした原稿を見つめていた。エリックと私がそれに加わり、一時間かけて提案書を百ページ以内にするために削除すべき部分を選り分けた。しかし、回答間の食い違いは解決できず、昼食会から関係者三人を呼びよせなければならなかった。読み直してみると、他にも何か所か怪しい箇所が見付かり、そこを書いた本人から確認しなければならなかった。いくらも経たないうちに、にぎやかなパーティ会場から一〇人ほどがやってきて、提案書の細部を熱心に検討し始めた。彼らの名誉のために言うなら、彼らの担当部分はそのままか、明確化のための小修正程度で済んだが、全ての修正が終わり、もう一度、提案書ができ上がったと言えるようになるまでは、てんやわんやの二時間だった。

翌日の夕方、妻と子供との夕食が終わる頃、フェルドマンから電話がかかってきた。締切りの二時間前に、無事に提案書を提出したとのことだった。やれやれだ！　やっと終わった。これから二週間は、長い間取れなかった休暇を取るのだ。数日間を自宅で過ごした後、妻の両親が子供の世話に来てくれて、妻と二人でバージニア州のウィリアムスバーグとブルーリッジ山脈で過ごす予定だった。異なる時間が流れるタイムトンネルの様な事務所に閉じ込められていた後で、遅くまで寝ていられるし、外の世界をもう一度見られるのだ。待ちきれない気持ちだった。

第4章――最終決定

月着陸船の提案書を提出した三週間後、NASAに提案の要点を説明し、質問に答えるため、月着陸船チームと会社の経営幹部数名と共に、豪華なグラマン・ガルフストリーム機でヒューストンに飛んだ。暗くした講堂で見えない聴衆を相手に、説明し質問に答える事は厳しい試練だったが、完璧な予行練習をしてきたおかげで、無事に終えることができた。

帰りの機内で、トル社長とシュウェンドラー副社長が、私と同じくらい月に行く事に興奮していることに気付いた。帰りなので開放的な気分になったシュウェンドラー副社長は、もし契約を勝ち取る事ができたら、ニューオーリンズの有名なレストランのアントワーヌへ、飛行機で夕食に連れて行ってくれると約束した。トル社長は驚き、副社長の地味な性格を考えると、例え契約が取れても、そうはならないと言い切った。トル社長は友人や周囲の人の事が良く分かっているのだ。副社長の約束については、それ以後、一言も聞く事は無かった。

提案の説明から二週間ほど経った後、社内の月着陸船計画の責任者になったボブ・ムラネイからの電話で、予定していた作業を突然、中断することになった。ムラネイは月着陸船計画を担当しているリーダー達を呼んで、「火災訓練」のために全てを中断するよう指示した。これはグラマン社で、他の全てに優先する、突然で緊急な仕事を意味する（今では業務管理のコンサルタントがもっと格好良く「危機管理」と呼んでいることだ）。

この緊急業務とは、ＮＡＳＡの業者選定委員会からの質問があり、翌日までに回答しなければならない事だった。これは単なる問合せではなく、ＮＡＳＡが我々の提案を評価するに当たって必要とする、追加の情報を得るための質問だった。それは重要な質問で、この事業に対する我々の計画と実行能力を詳しく知るのと、いくつかの技術的要求事項に対する我々の考えを知るための質問だった。フェルドマンはＮＡＳＡに期限を延ばしてもらい、彼からの連絡を聞いてギャビンは小人数のグループを集めて作業させ、回答は自分で持って行く事にした。四八時間以内に我々は三〇ページのミニ提案書を書き上げ、ヒューストンの業者選定委員会の議長のボブ・パイランドに手渡して驚かせた。その際にパイランドに幾つかの回答について説明をし、回答の主旨をもう一度話す事ができた。ニューヨークへ帰る機内では、信じられないほどの冒険的事業に手が届きそうな見込みに目がくらむような感じがして、実現した時の事を空想していた。ムラネイ、フェルドマン、私は興奮を抑えてはいたが、座席で落ち着かない気分だった。

ヒューストンでの口頭説明と緊急作業の後では、受注後の実行計画の作成のような現実的な作業に戻るのは難しかった。毎日のようにうわさが飛び交い、有望かと思えば希望を打ち砕かれたりしていた。うわさを無視するようにし、お互いに「最後まで分からないぞ」と言い合った。それでも、他の人はいざ知らず、私は航空宇宙業界の巨大企業と競争してこの契約を勝ち取ったらどんなに素晴らしいだろうと空想し、月に着陸する有人宇宙船を設計、製造する夢にひたらずにはいられなかった。それはどんな外形になり、どうしたら所定の期間内にそれを設計し、製造できるだろう？　私と仲間達は期待で時間感覚を失い、不確かなうわさで一喜一憂しながら、事態が良い方向に進展してくれると信じていた。

選定業者が発表される一週間前のうわさは、一九六二年一一月六日火曜日の大統領選挙日に関係したものばかりだった。ある人は、選ばれた州や地域の有権者の好感を得るために、選挙の前に月着陸船の契約先が発表されるだろうと言っていた。別の人は失注した側の失望を避けるために、選挙後まで発表は遅らされると言っていた。選挙日が来たが、何の発表もなく、うわさの半分は間違いであることが分かった。

選挙日の翌日の午前八時、私は基本設計部に戻って、その日の計画検討作業に必要な資料に目を通していた。契約作業開始となってからの最初の六カ月間の、必要人員と作業場所の資料を用意して、月着陸船計画の総務担当部長のアート・グロスに会って、設計事務所の必要な面積を説明し、建物内のスペースを確保するつもりだった。人員計画では作業開始を一九六二年一二月一日と想定していたので、設計室の場所は最初は、五番工場の技術部本体の居る階になる。一九六三年二月に新しく二五番工場の宇宙技術センターが完成すると、二年間は人員が増えても十分なスペースが有るはずだったが、設計開始時の五番工場から恒久的な拠点になる二五番工場への移転は、設計チームの作業の勢いを損なわないよう、良く考えて計画することが必要だった(注1)。

会議にアート・グロスが来るのを待っていると、エリック・スターンが満面の笑みを浮かべて部屋に入ってきて、手を差し出して「おめでとう!」と言った。

「どうしたの?」と応じた。

「勝ったんだよ!　今、聞いたばかりだ。」

その時、電話が鳴った。ジョー・ギャビンからだった。「間もなくトル社長にこの地区の議員からの電話があると聞いたところだ。」と彼は言った。「これはまだ正式な発表ではないが、我々が選ばれたようだ。良かった!　公式発表があったらまた電話する。」

私はギャビンの言葉をそのまま、スターンと回りに集まって来た連中に伝えた。皆が興奮して笑顔になっていた時、ギャビンが再び電話して来た。公式発表があり、我々は勝利した!　第六区の議員のジョン・ワイドラー(共和党ニューヨーク支部)がトル社長に電話してきて、公式発表を読み聞かせてくれ、それはすぐにグラマン社に送られてきた。ギャビンは勝利を可能にした私の努力をほめてくれ、彼の感謝の気持ちを月着陸船設計チーム全体に伝えるようにとのギャビンとの会話がまだ終わらないうちに、私の笑顔とOKサインでニュースは机の回りに押寄せてきた仲間に伝わり、熱狂的な歓声が中二階の基本設計部にあふれた。この報せをほとんど信じられないまま、仲間と握手をし、背中を叩いて事務所内を回った。

続く数日はいろいろな活動と興奮の内に過ぎた。会社の経営者全員との会議があり、そこでトル社長、シュウェンドラー、ティタートン、ギャビンの各副社長は、月着陸船チームの努力が実を結んだ事に感謝し、今後の難しい作業を、会社として力を入れて支えて行く事を約束してくれた。近くのレストラン、ボー・セジュール（注２）で月着陸船受注を祝う、グラマン社の経営者を囲む昼食会があり、ジンジャーエールで乾杯した（アルコールは無い。グラマンは仕事と酒は一緒にしない伝統である）。会社のトップ達はグラマン社が、国家の挑戦的事業に参画できることに、強い誇りと喜びを持っていると話した。シュウェンドラー副社長は長々と祝意を述べ、必要な支援を約束した。

近くのホリデイ・マナーの宴会場で、仕事が終わってから月着陸船提案チームのにぎやかなパーティが開かれ、大量のアルコールで祝賀気分が盛り上がった。その日は、ＮＡＳＡの知人、一緒に組んだＲＣＡ社や提案を手伝ってくれた会社から何本もお祝いの電話があった。アポロ司令船と支援船の主契約会社のノースアメリカン社のノーム・ライカーからも電話があり、アポロ計画のチームへのグラマンの参加を歓迎してくれた。アポロ計画のエリート・グループの一員になったのだ。

ＮＡＳＡは一一月中旬に、契約交渉を始めるためにヒューストンに来るように連絡してきた。提案書のもとになった資料を全部持って、全ての分野の担当者が行く必要があった。交渉は数週間の予定だった。総務担当のアート・グロスに交渉チームの面倒を見てもらうことにし、彼はそれをいつもの堂々とした姿勢で引き受けた。数日中に交渉に当たる約八〇名のメンバーを決め、グロスは航空券、レンタカー（四人に一台）、前払金を手配し、ホテルを予約した。我々の交渉団の中の二名が黒人だが、宿泊可能かホテルに確認したところ、今の時代と違い、一九六二年だったので、宿泊はできないと言われてしまった。一軒のホテルは、宿泊客を失いたくなかったので、黒人のメンバーがロビーとレストランを利用しないなら部屋を用意するとの事だった。ホテル側は、もし必要なら、彼らはキッチンなら食事ができると言ってきた！　グロスはNASAから近い順に何軒かのホテルとモーテルに電話した。最後に彼はようやく黒人に目をつぶってくれるホテルを見付けた。ヒューストンのダウンタウンにあるシェラトン・リンカーン・ホテルに交渉団全員の宿泊が予約できた。

NASA自身も月着陸船の契約交渉では、場所の確保が問題だった。クリアレイクの有人宇宙船センターはまだ工事中で何カ月も使えないし、エリントン飛行場の第二次大戦時の兵舎を転用した建物は、急激に膨れ上がりつつあるNASAのアポロ計画の担当者でふさがっていた。ヒューストン南東部の使えそうな建物は、全てNASAがもう借りて使用していたので、NASAは契約交渉の場所を何とかして探し出さなくてはならなかった。

NASAはヒューストン南東部のガルフ高速道で行った所にある、完成したばかりのガルフゲート・ショッピングモールの隣に、不動産業者が建設中の、大規模な庭付き集合住宅のガルフゲート・ガーデンを見付けてきた。その業者から、躯体は完成しているが、内装はまだ終わっていない二棟を賃借し、業者に臨時の事務所にしつらえてもらった。その二棟は、水道、電気、冷暖房、電話、浴室は用意されていて、白く塗った基本的な内装はできていたが、カーペット、フローリング、台所、ドアの多く、作り付けの家具、装飾はまだなかった。住宅を魅力的にするこうした仕上げは、臨時の事務所の使用が終わった後で、工事がされることになった。各戸の間を仕切る壁の数か所に、建物内の移動を容易にするために開口部が設けられ、建物に隣接する駐車場は、メキシコ湾の牡蠣の殻を砕いた材料で仮舗装がされた。建築用の重機の出入りが終わった後で、恒久的なアスファルト舗装がされる。

ガルフゲート・ガーデンでNASAのアポロ宇宙船のプログラム・マネージャーのチャールス・フリックと、月着陸船契約交渉チームに迎えられた。ガルフゲート・ガーデンは赤レンガの二階建の集合住宅群で、建物の角は白い縁取りがあり、窓には白いシャッターがついていて、大規模でなかなか魅力的だった。それぞれの棟には、二世帯用の間取りで、独立した二つの玄関のある区画が一〇戸分から一二戸分あり、植えたばかりの芝生と細い木や植えこみに囲まれ、隣との間隔をたっぷり取ってあった。

ＮＡＳＡはこの区域の中に、静かな通りに面した、隣合わせの二棟の建物を借りていた。我々が着いた時、ＮＡＳＡが借りた建物の外に家具屋のトラックが止まっていて、ＮＡＳＡがレンタルした机、椅子、ファイリング・キャビネットを忙しそうに下ろしていた。内部は清潔な白色に塗装が終わっていたが、あちこちに建築工事のごみがかたまって残っていた。天井からは電気配線がぶら下がっていたし、壁のスイッチやコンセントには表面のパネルがなく、まだ仕上げが終わっていない状態だった。提案の各分野ごとに内容を精査し、契約金額の交渉を行う約三〇の専門チームに、それぞれ部屋が割り当てられた。ＮＡＳＡとグラマンの担当者は、チームごとに新しい部屋で互いに自己紹介を行った。

私はＮＡＳＡの幹部との会議に、ギャビン、ラスク、ムラネイと一緒に出席した。ＮＡＳＡは我々の提案の根拠になっている、技術的な開発計画も含めて、詳しい基礎資料を見たいとのことだった。開発組織、製造、試験、資材調達、人員計画、外注計画、必要工数、原価、日程計画などだ。この資料を確認した後、月着陸船の契約に合意する前に、まず提案の内容で変更が必要な部分について議論することになった。ＮＡＳＡは契約の合意に達するまでには約二週間の期間が必要で、感謝祭（一一月の第四木曜日）までには完了することが目標だと話した。しかし、もし交渉が予定より長引いた時には、感謝祭を過ぎてもグラマン側にはヒューストンに残ってほしいとの事だった。平日は、担当者間の会議を午前一〇時に始め、計画としては午後五時まで続ける事になった。そうすれば、グラマンもＮＡＳＡも午前七時か八時にそれぞれが進捗状況確認会議を始めることができ、夜には必要に応じて担当者間の交渉を続けたり、それぞれの側の個別の問題検討会議、状況説明会議を実施できる。土曜日は必要なら作業を行い、日曜日は休む事になった。この厳しい日程で作業が開始されるのに先立って、ＮＡＳＡは近くのガルフゲート・レストランで双方の交渉チームの発足式の昼食会を開いた。

ＮＡＳＡの交渉チームのトップは、アポロ宇宙船計画室の月着陸船主任のビル・レクターで、有人宇宙センターの業務部長のデイブ・ラングが副だった。レクターはゼネラル・ダイナミックス社で彼の上司だったチャールス・フリックが一九六二年一月にＮＡＳＡに入ってアポロ宇宙船計画室長になると、そのすぐ後に彼にスカウトされたので、ＮＡＳＡに入ってまだ数カ月しか経っていなかった。レクターは一九六一年のゼネラル・ダイナミックス社のアポロ宇宙船提案チームの中核メンバーで、彼の会社は選ばれなかったが、彼個人としてはアポロ計画に参加したいと思い、ＮＡＳＡに入ることにしたのだった。私はこの二年間で、アポロ計画に提案を行った会社を集めての会議や、技術協会の会議で何度か彼に会ったことがあった。彼は友好的で率直な人柄で、技術的なことや計画上の細部、連邦政府の仕事をする際の微妙な事柄に関して、航空宇宙業界の技術者なので良く理解していた。私は会社側の問題や関心事項を重視する彼の姿勢に好感を持った。レクターは背が高く、波打つ茶色の髪、子供っぽいそばかすのある顔つき、団子鼻で、べっ甲縁の眼鏡の後の目はフクロウのように大きくて丸かった。私より若そうに見えるが、多分、同じくらいの年齢だったと思う。彼はＮＡＳＡに入ってまだ短いので、ラングやＮＡＳＡのベテランの助言を重視していたが、とても有能で自分で決断を下す能力があった。重要な合意事項や、契約全体の交渉結果は、有人宇宙センターのギルルース所長、フリック計画室長に加えて、ＮＡＳＡ本部のアポロ計画担当副長官のジョージ・ミラーとそのスタッフの承認が必要だった。

昼食の席では、これから何年か密接な関係を持つ事になるＮＡＳＡの職員と、寛いだ雰囲気で過ごした。彼らの個人的な事柄が少し分かり、グラマンの月着陸船の提案に対してどう感じたのかを知った。全体的には我々の提案は独創的で、月探査飛行とそれに関連する技術的問題について深い知識があることが分かったが、いくつかの分野では考えが甘く、単純化しすぎていると受け取られていた。交渉がどうなるのか見ものだった。

最初に、私はボブ・カービー、アーノルド・ホワイテイカー、エリック・スターンと一緒に、ＮＡＳＡのオーウェン・メイナードと彼のスタッフに設計の全般的な方針について説明をした。ＮＡＳＡは我々に、月着陸船に関する要求内容、飛行計画、宇宙環境への対応などは、ＮＡＳＡとグラマンが月着陸船のモックアップ審査までの数カ月を、共同して作業して行く間にだんだんと明確になって来るだろうと説明してくれた。つまり、ＮＡＳＡはグラマンが提案した月着陸船の設計案をそのまま採用するのではなく、グラマンと共同して発展させていく計画だった。ＮＡＳＡは設計の方向付けをし、主導権を持ち、宇宙工学についての知識をグラマンに提供する。グラマンは詳細設計を行い、設計、製造、試験について責任を負う。月着陸船が成功するかどうかの責任は、ＮＡＳＡとグラマンが共同で負っていて、双方がいかに協力して持てる能力を発揮できるかにかかっている。しかし、契約上では、グラマンの行うべき作業は、技術的な成果、目標価格、日程によって明確に定義される。この商議においてグラマンがなすべき事は、今後の一年間で月着陸船の設計がどう具体化して行くかを推測し、それに沿って設計作業方針、製造計画、コスト、日程計画を見直し、その結果を月着陸船の最初の契約に反映する事だった。

我々はこの商議の目的がそうだとは明確に認識していなくて、最初はＮＡＳＡがリードして進んで行った。例えば、オーウェン・メイナードは我々の固定式の五本の着陸用の脚に疑問を投げかけた。ＮＡＳＡは月着陸船の重量がかなり増えることは不可避で、そのため、月着陸船の脚の接地面積をもっと大きくする必要があり、それには折畳み式の脚が必要になると考えていた。そこで、技術的な構想を変更して、より複雑な折畳み式の脚を設計し開発するために、コストと日程が増える分を見積もるよう提案してきた。私の「規則逃れ」の着陸装置の提案はごく短命で終わってしまった。

我々はこの商議の核心に踏み込んで行った。いくらも経たないうちに、グラマン社の担当者はＮＡＳＡに、自分達の提案の前提条件の正しさに関して疑問をぶつけるようになっていた。本格的に開発作業を一年間行った時点で、月着陸船の設計や開発計画がどうなっているかを、数日間かけて一緒に推定してみると、提案の内容を考え直す必要が有る事が分かった。政府機関と民間業者の契約交渉としては異例だが、政府側はグラマンの推定が不十分で、簡略化され過ぎている箇所を何度も指摘し、必要となる設計はもっと複雑で、費用がかかりそうだと指摘した。ＮＡＳＡは契約金額を切り下げるのではなく、増額するように交渉してきたのだ！

グラマン側の朝の全体会議で、この増額に向けての交渉は、計画全体でなされていることを知った。地上支援機材や補給分野では、NASAはグラマン社が作業範囲を大幅に過小見積りしていて、必要な地上支援機材や部品補給の重要な分野を見逃していると考えていた。また、アポロ計画において、NASAが製造時の試験や技術開発のための試験をどのように実施させてきたかを、グラマン社が認識していないことにも気付いた。例えば、グラマン社はGE社が製作し、グラマンのベスページ工場や、ケネディ宇宙センターの月着陸船の確認試験を行う場所に設置し、その操作も行う自動試験機について、その機能や仕様についてほとんど知識が無かった。宇宙船の組立工程と試験確認作業において、作業者のあらゆる行為を文書化する事に関して、NASAの厳密な規定がある事を知らなかった。NASAが、宇宙船もしくは飛行に関連する構成品について作業をする場合、作業の各段階ごとに手順を文書化し、検査員が確認する事を要求するとは、想像もしていなかった。例えば、配管に支持用のクランプを取りつける作業では、

手順45　部品番号AN269972の支持クランプを、見取り図に示された位置の部品番号LDW390－22173－3に取りつける。

手順46　クランプのゴム製グロメットは、配管にクランプの金属部が接触しないよう、適切な位置にあることを確認する。

手順47　クランプの穴を、構造部品の部品番号LDW270－13994－1の穴に合わせる。

我々が漠然としか理解していなかったこのような要求を、NASAに指摘されて見ると、その要求を適用する事によって費用と日程の見積もりは増える事になった。

契約交渉が進展してくると、月着陸船で必要な作業の範囲が急激に広くなってきた。マーキュリー計画、ジェミニ計画、アポロ計画における有人飛行の経験を利用して、NASAは非常に協力的に、我々の提案で過小に見積もっている分野を明確にし、作業がどのように増えるか説明してくれた。しかし、NASAでさえ十分に把握してない分野

もあった。例えば、月の表面の特性、月軌道に入るための航法と月面着陸の難しさ、月面における宇宙飛行士の運動能力、宇宙空間と月面の環境条件などだ。このような事項については、推定に基づいて合意に達するのだが、月着陸船としてはどうしても、より複雑で困難な状況を想定せざるを得なかった。

期限としている感謝祭まで交渉が終わらないことは、はっきりしてきた。提案の内容で、見直しや再見積もりが必要な分野があまりにも多かった。チームのメンバーには、がんばって作業を行えばクリスマス前には帰れるかも知れないが、作業が長引いて帰れない事も考えておくように話した。家に残っている家族には、できるだけ穏やかにこの状況を知らせた。

私は、この後の数年間、一緒に働くことになるＮＡＳＡの指導者達との交友関係を深めて行った。ＮＡＳＡの月着陸船担当の技術部長のオーウェン・メイナードは私の直接の相手だった。彼はカナダ人の若い技術者で、年齢は私に近く、友好的、外向的な人柄で、控えめでドライなユーモアのセンスがあるので、彼とは仕事がしやすかった。メイナードは中肉中背で、髪は茶色、目は細くて斜視で、ときどき謎めいた目配せをした。ＮＡＳＡの人達の柔らかい南部訛りや中西部訛りに慣れると、メイナードの歯切れの良いカナダ訛りはとても違って聞こえた。彼の話には、「エー?」（語尾を上げる）が良くはいっていたが、それは疑問ではなく、ニューヨーク人の「ウフー」とか「そうだね」にほぼ相当する間投詞とか同意の表現なのだ。アウト（out）をウートとか、アバウト（about）をアブートと言うのも彼がカナダ育ちであることを示していた。もちろん、メイナードもグラマンの「ヌーヨーカー（ニューヨーカーの訛り）」は風変わりなアクセントで話すと思っていて、我々が不躾にも彼の言葉遣いを指摘すると、彼も我々のアクセントがおかしいことを辛辣な調子で指摘するのだった。

彼は人間的に親しみ易いだけでなく、一緒に仕事をすると、彼の経験と技術的経歴から得る所が大きかった。彼はＮＡＳＡのラングリー研究所に入る前には、カナダのアブロ社で航空機の設計をしていた。彼はギルルースの宇宙任務グループの初期のメンバーであり、明晰で独創的なマックス・ファジェの下で、コールドウエル・ジョンソンと一緒に働いていた。メイナードとジョンソンは、宇宙任務グループの月着陸の様々な飛行方式に関する所内研究の大部分を担当し、ジョン・フーボルトの月軌道ランデブー方式を最初から支持していた。彼らは宇宙任務グループ自身の月着陸船の構想設計案を作成し、それが月着陸船の業者選定委員会で、提案業者の設計案との比較の基準として利用された。契約交渉の間、メイナードは宇宙任務グループの着陸船の設計案を見せる事を拒否していた。彼は見せてしまうと、グラマン側がその設計案に必要以上に影響され、独創性が抑えられてしまうと考えたのだ。我々との議論において持ち出された数多くの技術的な質問や懸念は、ＮＡＳＡの設計案とグラマン社の提案の設計案との違いから来ているのだろうと思った。

マーシャル宇宙センターの業務部長のデイブ・ラングも付き合いやすい人だった。彼は背が高く、いかつい顔つきで、黒い髪はオールバック、眉毛はもじゃもじゃで、プロのポーカー・プレーヤーのように賢明で慎重そうな風貌だった。彼はカウボーイ・ブーツ、紐ネクタイ、白いステットソン帽が好みで、彼のテキサス・オクラホマ訛りと相まって、私には典型的な中西部人のように見えた。彼はいかにも抜け目が無さそうに見えたが、とても友好的で協力的だったので、彼を好きにならずにはいられなかった。グラマンとＮＡＳＡの交渉担当者が合意できない場合に彼に相談すると、彼は常識的な妥協案を出して、両者を少なくとも部分的には満足させてくれた。グラマンの管理職達は、ＮＡＳＡとの重要な会議には、いつも会議では前向きな対応をしてくれるので、ラングの出席を要請するようになった。ＮＡＳＡの月着陸船契約担当課長のジム・ニールはラングの部下で、ラングの契約交渉や問題解決についての前向きな姿勢を見習って仕事をしていた。

感謝祭の週の初めに、ＮＡＳＡの人たちは交渉相手のグラマンを、彼らの家庭で感謝祭の夕食を共にするよう招待してくれた。ラスクと私はジム・ニールの家に招かれ、ニール、彼の妻、二人の幼い娘と、彼らの農場風の家で、テキサスらしい暖かで日差しに恵まれた午後を楽しんだ。我々は家に残っている家族の事を少し話し、詰め物をした七面鳥を食べた。その後、フットボールの試合を見たり、ニールの子供たちと芝生で遊んだ。ＮＡＳＡの人たちがこのような温かい態度だったので、グラマンの人間は、自分達がアポロ計画の一員として、歓迎され価値を認めてもらっていると言う気持ちになった。

我々のなすべき作業の範囲が大きくなったので、それに対応して、これからの作業の計画も重要になった。人員、事務所の広さ、設備の所要は増えるばかりで、その再見積もりのために、カービー、ホワイテイカー、スターンと月着陸船部門の管理職が参加して、グラマン側で多くの会議が行われた。また、要求されている、着陸船へのシステム工学の適用についても議論した。

システム工学は、目的を達成するための必要条件を定量的に分析し、それを宇宙船や地上支援設備に属する各システムやサブシステムに分割して割り当てるための、論理的な手法である。各システムは、この任務上の要求やシステムに対する要求に対応して設計や性能計算が行われ、試験で確認される。各系統の物理的特性、機能的特性、相互の関係やつながりを図示するのに、標準化された手法が用いられる。各系統の機能や性能は要求事項と比較して評価され、試験による実績値によって見直しが行われる。宇宙船のハードウエアの形態を細部まで厳密に管理することは、システム工学では不可欠な作業だ。設計、製造、試験、飛行の各時点の形態は、最初から最後まで細部に渡って厳密に管理される。

スターンはアーマ社で経験を積んで、グラマン社では数少ないシステム工学のエキスパートになっていた。この事だけでも彼は月着陸船の仕事でかけがえのない存在だった。ＮＡＳＡはアポロ計画では、空軍のシステム工学的手法をそっくり要求していたからだ。スターンは手法に精通していただけでなく、複雑な問題を本質的な構成要素に素早く分解し、実行可能な解決策の提案ができる、技術的な洞察力を持っていた。

我々の提案の中で、地上支援機材（ＧＳＥ）ほどＮＡＳＡから厳しく批判された分野はなかった。地上支援機材の主任技術者のディック・スピナーは、ＮＡＳＡが地上支援機材の提案内容は検討不十分でひどい過小見積りだと評価した事に、個人として打ちのめされていた。私は彼と一緒になって、もっと充実した内容に作り直した。彼はＮＡＳ

Aに厳しく批判されたことで、自信を取り戻すのに励ましを必要としていた。私は、地上支援機材の必要条件を明確に把握できない状況で、海軍の機体での経験を活用して、グラマンの誰より良くやったと彼を慰めた。彼は私を疑わしげに見て、自信を失った表情を浮かべたまま、地上支援機材の一覧表に戻っていった。

契約交渉の重要な項目として、日程計画と提出物件に関する見直しがあった。NASAは我々の提案には試験用の供試体、つまり実物大模型（モックアップ）とか、システムを単体又は組合わせて試験するための部分的な機能試験用の供試体が、十分に含まれていないと判断していた。我々の提案には、NASAの提案要求書に指定された一〇機の月着陸船に加えて、月着陸船のモックアップ、推進系統の試験用供試体が二種類（上昇用と降下用）、誘導及び航法用シミュレーター、アンテナ試験用モックアップが含まれていた。それだけでは不十分とのNASAの指導に従い、推進系統に実機の重量を模擬しない作動実証用の供試体と、実機と同じ重量の供試体、電波暗室内での機能試験と電磁干渉試験用の実物大の電気・電子系統試験模型、NASAのヒューストン試験場の巨大な宇宙空間真空・温度環境試験室で試験するための有人仕様の試験用の機体を追加した。また、納入品にサターン・ロケットの開発試験でサターン・ロケットに搭載される、月着陸船の質量を模擬した供試体を追加した。宇宙飛行に使用する月着陸船（LM）、モックアップ（M）用の識別番号に加えて、供試体（LTA）、試験用機体（TM）にも識別一貫番号を付けることにした。一九六二年の一二月が飛ぶように過ぎていく中、こうした追加分の費用と日程の見積もりも行った。

NASAはまた我々の外注計画の変更も要求した。RCA社はグラマン社の月着陸船の提案の支援に大きな労力をつぎ込み、その見返りにかなりの部分の担当として提案書に入れてもらっていた。グラマン社はRCA社を、多くの機器や構成品を含むサブシステムの幾つか担当する「準主契約会社」としてNASAに提案した。RCA社の担当分の中には、RCA社が製造するのではなく、購入する物もあった。NASAはそれは不必要に複雑で、コストも上がるし、意思決定にも時間がかかると考えた。また、グラマンの製品に対する責任範囲が明確でなくなる事を懸念した。NASAは地上支援機材の分野でもグラマン社が全責任を持つように主張し、RCA社を外すことを要望してきた。

確認試験用の自動試験装置は、ＮＡＳＡがＧＥ社から直接に購入してグラマン社に支給するし、他のシステム用の機材については、ＮＡＳＡは出来る限り司令船、支援船の地上支援機材と共通にすることを希望していた。更に、搭載電子機器の統合作業も、我々はＲＣＡ社に委託すると提案していたが、グラマン社に戻すよう要求してきた。ＮＡＳＡの見解では、システム統合作業こそ技術的な核心部分であり、主契約会社が実施しなければならないものだった。

このどれもがＲＣＡ社の月着陸船担当部長のフランク・ガーディナーには受け入れ難いものだった。ガーディナーはＭＩＴの卒業生で、米海軍の太平洋艦隊や海軍航空局に勤務していたことがあった。彼は背が高く、ごま塩頭で、日焼けした四角い顔をしていた。彼はシャツや上着の袖にハンカチを差し込む奇妙な癖があり、ハンカチが袖から見えていた。そのため、彼は手品師で、いつかある日、袖からウサギなどの、何か驚くような物を取り出すのではないかと感じる事があった。彼とはポーカーはしない方が良さそうだと思っていた。外見はプロのギャンブラーのようだったが、ガーディナーは率直で、約束を守る人物だった。構想検討と提案作成作業では、彼はＲＣＡ社の所在地が異なるいくつかの部門をまとめて、グラマン社の提案作成に貢献してくれた。彼は技術的な事項、特にレーダーと電子機器については非常に貢献してくれた。

ＮＡＳＡはグラマン社の環境制御系統と燃料電池の製造業者の選定にも異議を唱えた。業者選定ではどちらも、業者間の評価の差は小さかったが、我々は司令船、支援船で決まっていた業者とは別の業者を選んだ。（我々は環境制御系統にプラット・アンド・ホィットニー社を、燃料電池にハミルトン・スタンダード社を選んだが、これは司令船、支援船とは逆の選定だった。）ＮＡＳＡは業者選定における上位二社について、司令船、支援船との共通性を最大にすることを要求条件に加えて、業者の選定を見直すように依頼してきた。各社から修正をした提案書を出してもらい、慌ただしく二週間をかけて司令船、支援船の担当業者と同じ会社になるように我々の選定結果を変更した。

ＮＡＳＡの契約担当者との総括会議は、開発実施計画、技術作業方針、費用と日程の見積りを修正した結果について両者が合意に達しようとする段階になると、だんだん時間が長くかかるようになった。一九六二年一二月二三日、デイブ・ラングはグラマンに、一九六八年一〇月換算金額で三億八五〇〇万ドル相当となる月着陸船契約の最終案を提示した。グラマンの提案における当初の見積り金額は三億四五〇〇万ドルだったので、契約交渉により契約予定金額は一一％以上も増加した事になる。ギャビンはもう少し時間をかけて、交渉過程で増加した作業範囲と、それに対して認められた金額とを比較しないと、ＮＡＳＡの提案金額に合意する決断ができなかった。

ギャビンの記憶では、クリスマスに帰省するためガルフゲート・ガーデンを出たのは、彼が最後だった。ラングはギャビンに、これはグラマンにとって最高の条件だと言って、ＮＡＳＡの提案に合意するよう迫ったが、ギャビンはもう少し考えてからと先延ばしにした。

クリスマスイブのために、ともかく確保できた飛行機便で家に帰った。もう一度家族のもとに帰り、妻や四人の幼い子供と楽しい休暇を過ごすのは、とても心安らぐことだった。妻は家を花や照明できれいに飾ってくれていた。妻に温かく迎えられ、子供達が抱きついてきて笑って喜ぶのを見ると、ヒューストンにどうしてこんなに長く滞在してしまったのだろうと思ってしまった。

ベスページ工場に戻った最初の日から、月着陸船計画用に従業員番号を特別に設定することについて、社内の対立が始まった。月着陸船の提案で、グラマンは管理体制の刷新を表明していた。月着陸船関係の従業員全員に、他とは別の特別な従業員番号を付与することで、月着陸船に専任である事を明確にする計画だった。計画では、ジョー・ギャビンは月着陸船担当副社長になり、その仕事に専任の会社役員として、必要な人員や会社の経営資源を自分の権限と責任で管理する。提案書では、グラマンの月着陸船計画の組織を、社内における「単一製品会社」にすると記述していた。この方法を採用するのは、歴史的に米海軍重視のグラマン社で、ＮＡＳＡの仕事が同等に扱われる事を保証するためだった。このような組織は、アトラス、ポラリス等の弾道ミサイルの開発において、担当の西海岸の航空機メーカーの社内における人員と経営資源の配分について、「別々だが同等」の権限を求める顧客の要求を満足するための、プロジェクト別の組織にならったものだった。

月着陸船用の従業員番号制度は、提案書提出前から、社内の月着陸船担当側と技術部門との間で意見が食い違っていた。月着陸船を受注した事で、既存の技術部門にとって、これは可能性から現実の問題になった。ＮＡＳＡはグラマン社に、グラマン伝統の海軍機の事業に対して、月着陸船計画が社内的な優先度や人員に関して、同等の権限を持つ事を確実にするように要求した。月着陸船専門の組織がどのように運営されるのか、社内の他の部門からどのように支援を受けるかについて、詳しい説明を求められた。そのため技術部門との社内調整では、妥協の余地はほとんどないように感じていた。

技術部門の幹部や各プロジェクトの主任技術者との会議で、我々は新しい組織にする理由（顧客のＮＡＳＡはそうしなければ納得しない）と、なぜそうした方が会社全体として良いのかを説明した。技術部の幹部の意見は別れた。何人かはやってみる事に乗り気で、航空機だけでなく宇宙関連の技術や設備から得るものがあるのではないかと考えた。自分達の権限が損なわれるとして、相変わらず反対する人もいた。この問題は一月中旬に、技術担当副社長のディック・ハットンと技師長のグラント・ヘドリックが技術部門の管理職を集め（そこにはラスクと私も出席した）、我々が提示した月着陸船計画の組織に協力するように命じたことで決着がついた。これで私は重荷から解放され、ラスクと月着陸船の設計と開発に集中できるようになった。

従業員番号の件では技術部門との関係が悪くなったが、社内で月着陸船計画に対する評価が高まってきているのを感じた。八社が提案に参加した激しい競争に勝利したことで、グラマンの名声、事業基盤、将来の競争能力は大いに高まった。社内で我々はもはや変わり者の宇宙好きの集団ではなく、会社の将来のために大きな役割を果たすと思われるようになった。

このころ、グラマンの社内でも、所在地のロングアイランドでも、アポロ計画は急に有名になっていた。私は航空宇宙関係の専門家の団体である、米国航空宇宙協会（ＡＩＡＡ）のロングアイランド支部の一般向け講演の計画を担当していた。グラマン社の提案書の作業が始まる前、私は一九六二年一一月にグラマン社のベスページ工場で開かれるＡＩＡＡの夕食会で、ワシントンＤＣのＮＡＳＡ本部のアポロ計画室に所属しているディック・ヘンリー空軍少佐の、アポロ計画に関する講演をＮＡＳＡに依頼してあった。その日は以前から決まっていたが、私はヒューストンで契約交渉をしていたので出席できなかった。グラマン社の月着陸船受注の発表から二週間後と言うタイミングのせいで、地域の反応は大きかった。ロングアイランドでのＡＩＡＡの夕食会は、出席者は通常は五〇人から六〇人だが、今回は五百人以上から参加の申し込みがあった。

グラマン社は希望者全員を受け入れることにして、スピーカーがある一番大きな食堂に三百人分の席を用意し、入りきれない人は別の食堂でテレビ中継で見てもらうようにした。参加者の多くはこの地区の航空宇宙関係の製造業者で、グラマン社から月着陸船の仕事をもらう事を期待して参加していた。その人達に対して、グラマン社の購買部門は、月着陸船計画の作業内容が分かり次第、着陸船に関係する業者に対する説明会を開くと発表した。地域の新聞やテレビもヘンリー少佐の講演会に来ており、報道を受けてグラマン社の人事部には職を求める人が数多く押し寄せ、後日、我々が月着陸船で有能な人材を採用するのに役立った。

月着陸船はグラマン社内だけでなく、ロングアイランド全体でも話題になった。隣人や知人は道で会うと、私におめでとうと言ってくれ、グラマンのこの新しい挑戦的な仕事での成功を祈ってくれた。一月中旬に、技術部の部屋にはいって、月着陸船のために用意された広い区画を見た時、仕事の始まりを実感した。部屋の横に広い廊下があるが、そこを見たとき目を疑った。真新しいＩＢＭの電動タイプライターが、月着陸船の作業用に、梱包箱にはいってうずたかく積まれていたのだ！　提案書を書くために、このタイプライターを三台入手したいとどれほど頼んだかを思い出すと、驚きだった。その後の何週間か、社内でこのことを自慢せずにはいられなかった。

一九六三年一月一四日、ＮＡＳＡ有人宇宙センターのギルルースはベスページ工場にジョー・ギャビンを訪問した。彼らはまだ合意に達していなかった契約内容について決定を下し、契約金額と最終的な契約書の文面に合意した。それを受けて、ＮＡＳＡはグラマン社に月着陸船の開発を進めるよう指示を出した。いよいよ始まったのだ！　契約は公式には三月初旬に、改定された契約金額三億八七九〇万ドルで調印された（注４）。

　ＮＡＳＡがグラマン社と月着陸船の契約をしたことを公表すると、一年前にアポロ宇宙船の主契約会社に選ばれたノースアメリカン社のさまざまなレベルの幹部達から、お祝いの電話があった（注５）。ノースアメリカン社は司令船と支援船から構成されるアポロ宇宙船を設計、開発し、月着陸船とアポロ宇宙船の組合わせについて、打上げロケットとの適合性を保証することになっていた（注６）。ノースアメリカン社は月着陸船収納部も設計し製造する。この収納部は円錐形の上を切り取った形状で、四枚の曲面のパネルで構成されている。打上げ時にはサターン・ロケットの上部に取付けられ、月着陸船を収納し、その上に司令船と支援船が取付けられる。また、打上げ時脱出装置も開発する。これはチタン合金の管を組んだ細長い塔状の構造物に固体ロケットを取付けたもので、サターン・ロケットが打上げの時やその直後に爆発したとき、司令船を分離して上昇させ、宇宙飛行士の安全を確保することを目的とした装置だ。ＮＡＳＡの有人宇宙センターと共同して、ノースアメリカン社は打上げ時脱出装置と司令船のパラシュート式回収装置を、固体ロケット（リトル・ジョー２型）で試験することを計画していた。

　ノースアメリカン社は、ノースアメリカン社（司令船、支援船、宇宙船全般統合）、グラマン社（月着陸船）、ＭＩＴ計測研究所（宇宙船の誘導、航法装置）、ＧＥ社（信頼性と品質保証、自動試験装置）から構成されるアポロ宇宙船開発チームで、リーダー的存在だった。ノースアメリカン社はアポロ宇宙船関連で、最初に製造業者に選定された航空宇宙企業で、グラマンよりずっと大きな会社である。彼らがグラマンを歓迎してくれる姿勢はとてもうれしかった。

　ジョー・ギャビン、サウル・フェルドマン、私はカリフォルニア州ダウニイにあるノースアメリカン社の工場を訪問した。そこではノースアメリカン社のアポロ計画担当取締役のジョン・ポープ、技術部長のノーム・ライカー、プロジェクト主任技術者のチャールス・フェルツが丁重に応対してくれた。彼らは古い第二次大戦時の組立工場を見せてくれたが、これは大戦中はコンソリデーテッド・ヴァルティー社がＢ‐24爆撃機の製造に使っていた工場で、アポロ計画用にきれいに塗装し直されていた。全体的にはこの工場は、グラマン社の第二次大戦時の工場とあまり違っていなかった。しかし、隣のアポロ計画用会議場に入ると、戦時中の地味な内装と違い、モダンな機能的で趣味の良い内装になっていた。

広いエントランスホールには分厚いカーペットが敷かれ、特注のロールスクリーンが懸かっていて、アポロ計画用の主会議室に通じていた。主会議室は会議室と発表会場を兼ね、一五〇名を収容できる。カーペットが敷かれ、快適な家具が置かれ、最高の視聴覚設備とエアコンが設備されていた。ポープはこのような施設が必要だと我々に教えてくれた。NASAは会議の時間がとても長くなるので、会議室の快適性と効率性を強く要求するとの事だった。

ベスページ工場に帰ると、ギャビンとフェルドマンは施設の改善計画を作成させた。ノースアメリカン社には及ばないものの、それまでに比べれば大幅な改善になる。しかし何も起こらなかった。ティタートン、シュウェンドラー、トルなどの首脳陣は、このような贅沢の必要性についてとても懐疑的だった。会社の初期からの社員と、その顧客の海軍は、質素で飾らない環境でずっと仕事をしてきたのだ。グラマンは質素で保守的な質実剛健のイメージを大事にしてきて、それは海軍も同じだった。首脳陣は、海軍側が、このベスページ工場でNASA用の贅沢な会議室を見たら、これまでの見劣りのする施設で満足するだろうかと我々に言った（無理も無いことだ）。NASAも海軍も、どちらもアメリカ政府のために働いているのではないか。首脳陣はまた、口には出さないが、我々月着陸船計画の担当者が、単に自分の地位を偉そうに見せかけ、自尊心を膨らまそうとしているだけではと思っている感じもした。

一九六七年六月の月着陸船一号機の散々だった納入前完成審査で、それまで海軍とは上手く行っていた質素なイメージが、NASAのアポロ計画の管理者達には違和感を与えていたことがはっきりした。我々は後日、四年以上前にアポロ計画に参加している他社が勧めてくれた改善をとうとう実施したが、それはあまりにもささやかで遅すぎた。

第2部—設計、製作、試験

第5章——難しい設計に挑む

「おめでとう、とても幸せそうだね。」

「素晴らしい。幸運を祈ります。」

「とてもうれしそうですね、私もうれしいです。」


クリスマス休暇の一〇日間に、親類縁者や友人からのお祝いの言葉を数多くもらったので、気持ちの高ぶりを抑えきれない程だった。私は航空宇宙技術者として、今世紀で一番の、夢のような仕事を手に入れた。私は人類が地球以外の天体に初めて着陸する宇宙船を設計し製造するだけでなく、NASAから、私の想像力を自由に働かせ、グラマン社とNASAの事前研究、提案書の内容の全てを、もう一度新しく考え直してみるよう勧められた。これまでの検討結果を出発点にして、全く最初から、思い通りに設計を始めることができる。何と言う自由だろう！　悩んできた疑問を、より深く掘り下げる事ができるようになった。空気力が働かないなら、我々の提案ではなぜ月着陸船の外形をきれいな曲面にしたのだろう？　機能的に要求されるままの形状にした方が良かったのではなかったか？　月面への着陸はどのようにするのか、そして着陸する月面はどうなっているのだろう？　搭乗員二名だけで月面から安全にロケットで離陸できるだろうか？　検討すべき興味深い問題が数多くあり、発想力と技術力の全てを投入することが必要だった。月着陸船の再設計を新たな気持ちで始めるために、しばらく取れなくなる休暇が取りたくなった。

一九六三年一月中旬、五番工場北側のソフトボール球場の跡地に、月着陸船の技術部門用の新しいビルである二五番工場が完成し、そこへ移動した。五番工場は赤レンガ造りの第二次大戦時の建物で、技術部、基本設計部、試作工場が入っていた。新しい二五番工場の建物は、三階建で一万七〇〇〇平方メートルの床面積があり、まだ人が入っていないのでとても大きく思えた。グラマン社の他の建物と同じ飾り気のない簡素な感じで、壁は明るいベージュ色に塗った軽量コンクリート・ブロック製、強化コンクリートの床はベージュと黒の斑点がはいったビニールタイル張りで、白い天井には無数の蛍光灯が埋め込まれていた。それでも、この建物は新しくて綺麗で、我々が開始する挑戦に満ちたプロジェクトへの希望と同じく、床は磨かれて明るく光っていた。各階の壁には、細い横長の窓が連なっていた。窓側の部屋の内側は、上が空いた、ガラスをはめた間仕切りで仕切られていて、内部に自然光が入るようにしてあった。間仕切りをした部屋が窓側の部屋からの通路に沿って並ぶ箇所もあったが、事務所の大半は航空宇宙業界で標準的な、多くの席を並べた大部屋になっていた。最初に移動してくる設計グループの係長の机は、係員の新品の机と椅子の列に合わせて配置してあった。

ビル・ラスクと私は五番工場に面する二階の南側の、中央に窓が有る大きな部屋に入った。我々は、月着陸船の技術部長と主任技術者として、一緒に協力して仕事をしようと決めていて、部屋を共有する事で二人の間のコミュニケーションを良くしたいと思った。我々のベージュ色の金属製の机は一般の机と同じで、背中あわせに配置され、ラスクのは外向きに、私のは内側の事務所の方向に向いていた。部屋の端には大きな金属製の机と黒板があり、その横の間仕切りにはコルクボードが掛けられていた。間仕切りの向うは、主として我々が使用する大きな会議室が有った。会議室には新しい家具が入れてあった。壁際の黒板の前には金属製の机が置かれ、座面と背もたれがビニール張りの、金属製の椅子が何列か置かれていた。

提案書作成中にラスクが月着陸船計画チームに加わってから、私はラスクを知り、尊敬するようになった。彼は四〇代半ばで、背が低くがっしりしていて、髪はウエーブがかかった濃い茶色で、縁なしの四角い眼鏡をかけていた。物静かな外見なので生真面目に見えたが、楽しそうに目を輝かせていることがよくあった。彼の落ち着いて和やかな性格とさりげないユーモアのおかげで、彼とは一緒に働きやすかった。彼の航空機設計と設計総括業務でリーダーとして働いてきた経験は、私には参考になり見習うべき点が多々あった。

ビル・ラスクは一九四三年にアイオワ州立大学の機械工学の学位を取得すると、すぐそのままグラマン社に入社した。彼はアイオワ州から東には来たことがなく、ロングアイランドはニューヨーク市のような都会でないことにほっとした。ベスページ地区とその周辺では住居を見付けにくかったので、ラスクはグラマン社の従業員だけを入れる下宿屋にはいった。数か月後、彼と三人の新入社員はハンティントン・ベイ・ヒルの海岸近くの夏用の別荘だった家を借りることにした(注１)。

ラスクはスポーツが好きで、アイオワ州立大学ではフットボールをやりたいと思っていた。背が低く、へん平足で視力が良くなかったので選手にはなれなかったが、チームのマネージャーになって選手の装備や遠征の移動の世話をした。戦争でも彼は徴兵基準を満たしていなかったので徴兵されず、その代わりに国防産業で働くよう指示された。彼は飛行力学と航空機設計を専攻し、大学へ求人に来る航空機産業の担当者の面接を熱心に受けていたほどだったので、それは大歓迎だった。

グラマンでは彼は最初は構造設計から始めたが、他の系統の設計もできるし、リーダーシップを取る才能もあった。彼はすぐにＷ２Ｆ対潜機の主任技術者になった。この機体は、グラマンが総合的な航空電子兵器システムとして完成させた、初期の機体の一つである。ラスクは複雑な航空機を、基本構想から細部設計、製造、飛行試験にいたるまで、何機も手掛けたことがあり、それと同じ道筋を月着陸船で我々はたどろうとしているのだ。彼の立派な実績を知ってみると、彼の謙虚で控え目な態度に感心した。

我々は、月着陸船技術部の運営を、一緒に協力しあいながら行った。朝と夕方に話し合って情報を共有し、お互いが相手の代わりを務める事ができるようにした。彼とはこれまでの職務経験を参考に作業を分担したが、分担分野だけに閉じこもるのは避けるようにした。

ラスクと同じ部屋に入ろうと考えた時、見落としていたのは彼が葉巻を吸うことだった。私は煙草を吸わないので、部屋に煙草の煙が充満すると、涙は出るし、まぶたが赤くなってかゆくなるので、我慢ができなかった。建物の施設管理係に、ラスクの机の真上の天井に排気用の換気扇を取りつけてもらった。これで問題は解決した。灰色の煙が換気扇から吸い出され、部屋に煙草の煙がほとんど残らないのを見て満足した。

私は直面している設計作業に熱心に取りかかった。月着陸船の契約交渉の席で、ＮＡＳＡは、グラマンを選定したのは提案書の設計案のためではないとはっきり言っていた。今や契約が結ばれたので、ＮＡＳＡは、設計の前提条件となっている重量と、系統設計における冗長性を見直し、ＮＡＳＡの全面的な助言と承認を受けながら、基本設計をやり直す事を要求した。ラスクと私は提案書作成メンバーに新規メンバーも加えて、新しい前提条件の下で、提案書の設計のやり直しを三カ月で行う作業計画を立てた。新しい前提条件で重要な点は、月着陸船の全備重量の目標値が一〇・〇トンから一一・三トンに増えた事と、単一の故障が搭乗員の安全性を損なわないようにする事だった。この安全性の確保は、冗長性や設計の単純化、適切な安全率の設定で実現する事にした。私は設計チームに、設計を新しい目で考え直すよう指示した。今回、我々が設計するのは実際に製造して月へ飛ぶものだからだ。これはもう提案のための演習問題ではない、本物の宇宙船を設計するのだ！

一九六三年二月初旬の朝、妻から電話がかかってきた。妻が会社へ電話してくることは滅多にないので、心配しながら電話に出た。妻は不安そうな声で、私の父が大変な状況なので、すぐに帰ってくるようにと私に言った。外の冷たい新鮮な空気と明るい日光に当たりながら、頭の中には様々な悪い予想が渦巻いた。妻は非常に重大な事態でなければ、私にすぐに帰るようになどと言わないことは分かっていた。

妻の青ざめた顔を見た時、最悪の事態であることが分かった。父はロングアイランド鉄道へ出勤する途中に、心臓

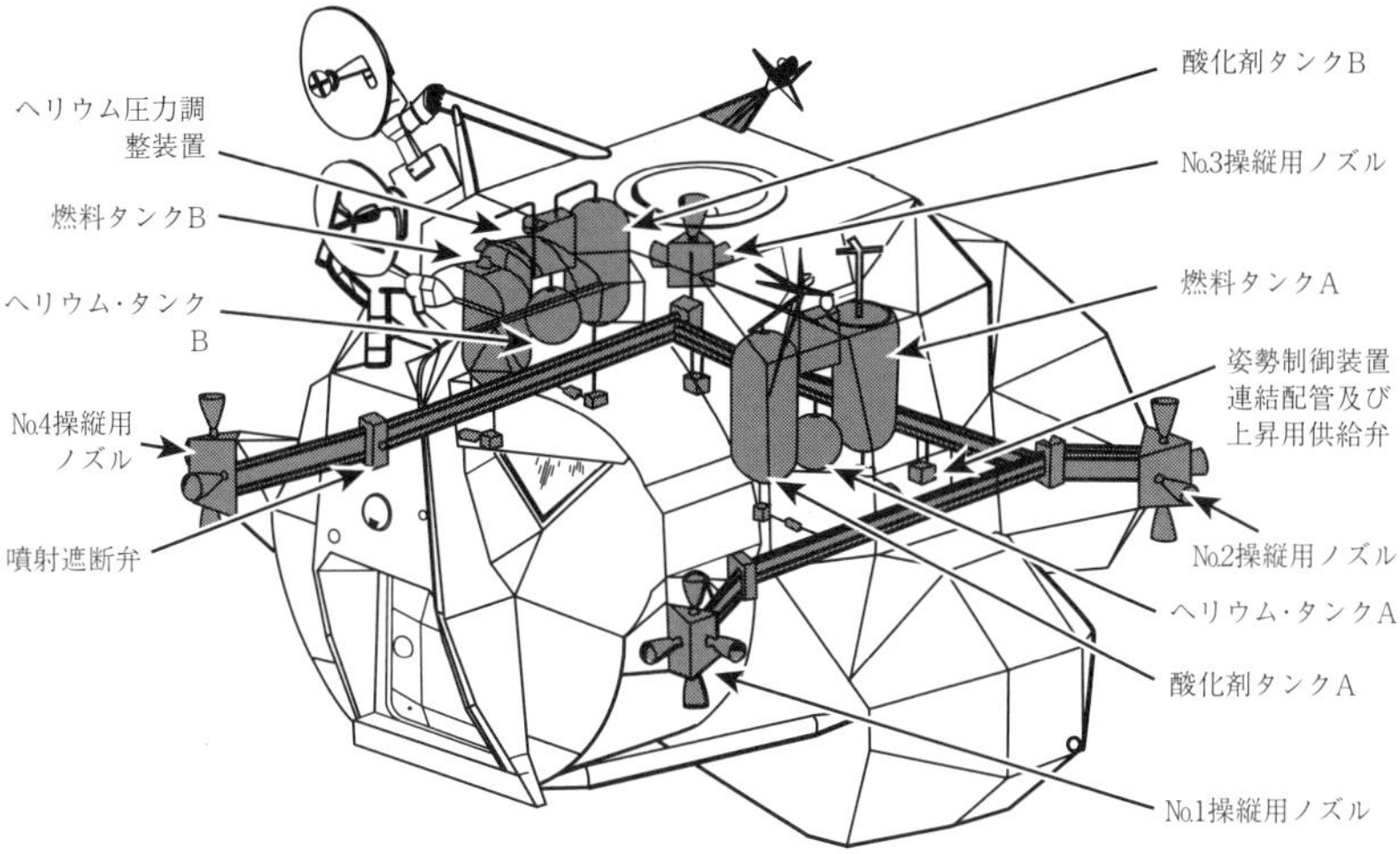

姿勢制御系統の配置図（ノースロップ／グラマン社提供）

発作で亡くなったのだ。我々はクイーンズのロングアイランド鉄道のジャマイカ駅へ、父の遺体の確認のために行かねばならなかった。ショックを受け、両目に涙を浮かべて、妻にすがってしばらく座り込んでいた。僅か二日前に、自分が子供のころ住んでいたメリックの家に両親を訪問し、父の写真を撮ったばかりだった。その時は四人の子供を連れて行った。八歳、六歳、四歳、それにやっと二歳半の息子の四人だ。楽しい訪問で、父と母は孫と一緒に遊んで、楽しませてくれた。

ジャマイカ駅で妻と私は地下の小さな部屋に通された。木の机の上に、父は背広にワイシャツを着て、ネクタイをきちんと締めて横たわっていた。父はまるでちょっとうたた寝をしているようだったので、目を開いて起きあがり、我々と一緒に家に帰れるのではと思った。父は普段どおりで、とても死んでいるようには見えなかった。しかし、父は亡くなったのだ。取り返しのつかない事態が心に浸み込むにつれ、私は再び体を震わせて泣いた。

それからの四日間は、親戚や友人からのお悔やみ、励まし、慰めを貰ったが、記憶は定かではない。カリフォルニアから来た私の兄弟とその妻、ニューヨーク州北部から来た叔母と、従姉妹とその夫などの親戚は、母の所に泊まり込んで葬儀を手伝ってくれた。家族、友人、父を知る多くの人たちから、お悔やみと励ましの言葉を貰った。最後に父をブルックリンのホーリークロス墓地の、父の両親の眠る区画に葬り、普段の生活に戻るため家に帰った。

父の予期してなかった突然の死は、人生はアポロ計画だけではないことを、身に沁みて思い起こさせてくれた。私は社内であまりにも仕事に没頭していたので、日常の世界との接点を失っていた。父親の死は、家庭や家族と仕事の間で、もっと上手くバランスを取る必要性を思い出させてくれた。しかし、私の反応は全く反対だった。父の死の悲しみから逃れるため、仕事にもっと没頭しようとした。月着陸を実現させる仕事は現実性を増して来ており、その仕事をしていると、日常の問題を忘れて、仲間と共に解決すべき興味深い問題に取組むことができたからだ。

月着陸船の基本的な形態の決定

この時期、グラマンで月着陸船の仕事をするのは、とても面白かった。悲しみが収まると私は仕事に戻って、毎日熱心に仕事をした。その年（一九六三年）は多くの有意義な設計検討会を行い、風変わりな月着陸用の宇宙船の形を決めるために、創造性と想像力を総動員して作業を行った。この宇宙船はこれまでにない初めての物なので、先例に縛られたり従う必要は無かった。ＮＡＳＡはその年のほとんどの期間を、基本設計を固め、それを実物大のモックアップにする事に費やすのを許してくれた。

私はある土曜日の検討会をはっきりと記憶している。それは姿勢制御装置グループのオジー・ウィリアムズやボブ・グロスマンなどとの検討会だった。我々は姿勢制御装置の構成品の配置を再検討していた。特に、上昇段の一六個の操縦用ノズルの装備場所と冗長性が問題だった。ほとんど一日がかりで、黒板にいろいろな系統配置図と操縦用ノズルの取付位置を描いて、それぞれの案の重量、冗長性、操縦用ノズルが故障した場合の操縦能力などを一覧表にした。上昇段の操縦用ノズルの近くが排気による汚染で影響されないか等の、技術的問題、実用上の問題を議論した。この実用上の観点から、当初の四個の操縦用ノズルが前方窓付近にある配置案は、排気が窓を曇らせる可能性があるので採用しない事にした。
「それではどこに装備しようか？」と私は尋ねた。「これまで考えた配置案はどれも無視できない欠点があるようだ。何かまだ考えていない配置がないだろうか？」私は黒板の前で参加者の方を向いて立っていた。全員が一生懸命考えた。

グロスマンが突然立ちあがって私からチョークを受取った。彼の顔は輝いていた。彼は勢い良く黒板の書き込みを消すと、図を描き始めた。「これだ、どう思う？」と描きながら彼は言った。「操縦用ノズルを窓に対して四五度の角度にして、排気を遠ざけるんだ。操縦用ノズルを各軸ごとの組にして、直角に組み合わせて装備する。比較表に書きこんで比べて見よう。」

グロスマンは黒板の比較表に、この配置案を急いで書き込んで行った。彼は興奮で息を弾ませていた。それは他の案より優れているようだったが、その案に決める前に、さらに一時間ほどその得失を議論し続けた。四つの操縦用ノズルをまとめたユニットが四個、搭乗員室の中心線から四五度の位置にあり、各ユニットのノズルのうちの二個はメイン・ロケットの推力の方向とその反対方向で、他の二個は推力の方向に直角な方向で互いに九〇度の角度で取付ける。この姿勢制御装置は、完全に二重の冗長性を持つシステムで、A系統とB系統から構成され、それぞれが燃料、酸化剤、ヘリウムのタンクを持ち、他系統とは独立した八個の操縦用ノズル（四個の操縦用ノズルをまとめたユニットを二個）と関連部品で構成される。単一の故障が生じた場合、また想定される多くの二重故障の場合にも、宇宙船の各軸回りの操縦能力を維持できる。その晩、我々は難しい問題を解決し、新しい使い物になる系統を考え出したことで意気揚々と会社から引き揚げた。

この初期設計の段階で、私の下に互いに協力し合う二人の非常に有能な補佐役を持つ事ができて、とても幸運だと感じていた。ボブ・カービーは着陸船に装備されるサブシステムの主任技術者で、設計部門を担当していた。アーノルド・ホワイテイカーは着陸船の主要システムの主任技術者で、解析部門を担当していた。ホワイテイカーは海軍のＴＦＸミサイル・システムへの提案で、提案作成チームのリーダーを務めた事があり、カービーは彼の補佐だった。ＴＦＸでは、ミサイリアーと呼ばれる亜音速の攻撃機に、先進的なミサイルを搭載する計画だったが、提案の評価中に、海軍の将来計画の方針が変わりキャンセルされた。この計画の中止は、我々が月着陸船の提案書を作成している時だったので、カービーとホワイテイカーに月着陸船計画の設計で重要なポストに来てもらう事ができた(注2)。

ボブ・カービーは背が高く、スポーツマンらしい体型で、真っ直ぐなパイプで煙草を吸っていたが、そのため一九五〇年代の映画スターのように見えた。しかし彼は広い範囲に興味と知識欲を持つ、実戦的な設計技術者だった。グラマンでは彼は構造設計から始まり、武器系統設計のリーダー、次に操縦装置、計器盤、射出座席、前方風防とプレクシガラスのキャノピーを備えた操縦室を設計した。各系統をまとめ上げる操縦室設計グループのリーダーを務めた事で、彼は高く評価されるようになった。新設されたウエポンシステム部門の長となったが、この部門は横断的に専門的な技術者を集めて、ウエポンシステムを分析、設計し、まとめ上げて航空機に搭載し、任務に必要な機能、性能を発揮できるようにするものだった。例えば、カービーのグループは、Ａ‐６イントルーダー攻撃機の攻撃システムの総合的な精度、イーグル・ミサイルの撃墜率、Ｅ‐２ホークアイ早期警戒機の任務有効度などの分析、評価を担当していた。こうして各専門分野を横断的にまとめ上げることで、カービーは空軍のシステム工学便覧が作成される前から、設計現場で学んで、システム工学を実践的に適用できるようになっていた。彼は広い範囲でシステム設計の経験を積み、様々な任務に関連する仕事やミサイル、航空機を担当して来たので、次に月着陸船を担当する事は合理的であり当然だった。

カービーの部屋は彼が広い範囲に興味を持っている事を反映していた。設計に関連した部品があちこちに置いてあった。爆弾投下装置の断面模型、射出座席のアクチュエーター、キャノピーをロックするラッチなどだ。それぞれに、その設計となるまでのさまざまな問題の歴史が秘められていた。彼の机と壁には、グラマン社以外の彼の人生を示す写真が飾られていた。一枚は皮のフライトジャケットと略帽で、戦闘機の前でポーズをとる一九歳の若者の写真だった。カービーは激しい戦闘があったイタリア戦線で、Ｐ‐51ムスタングでドイツ軍機を二機、撃墜している。彼に戦争体験を尋ねてみると、彼は控え目に、若い時だったがとても恐ろしかったと話してくれた。他には奥さんと二人のきれいな娘さんの写真が飾ってあった。

カービーは週末には、ロングアイランドの風が強いグレート・サウスベイで、一七フィート級のヨットで競技に参加する優秀なヨット乗りでもあった。いつも優勝チームの一員だったので、月曜日になると厳しい突風、危機一髪の回復、感動的なゴールインの話をよくしてくれた。

部下の係長達はカービーに敬服し、彼を尊敬していた。彼は部下が技術的な問題を解決するのを手伝い、管理上や個人的な事項について適切な助言をしていた。正しいと思うと、部下を熱心に擁護し、上司であるラスクや私や他の誰にでも、自分達の論点を尊重するように主張するのだった。彼は議論が巧みで、余程の事がない限り冷静さを失う事は無かった。

カービーと私は、着陸船の形態を検討して改良するために、構造と推進系統で、記憶に残る設計検討会議を何度か行った。提案書におけるグラマンの設計案は、計算重量が一〇トンで、ＮＡＳＡの制約条件をかろうじて満足していた。この条件が契約交渉の過程で一一・三トンまで拡大されたので、細心の注意を払って作成した設計構想の基盤が崩れてしまい、もう一度考え直さなくてはならなくなった。

アーノルド・ホワイテイカーは優秀なシステム技術者で、問題をどのように把握し分析すれば、現実的な解決策が見付かるかについて、本能的な感覚を持っていた。彼は背が低く、痩せて禿げていて、輝く青い目、とがった鼻をしていた。彼の知的探究能力は、問題を解決するための、説得力のある論理的な方法を見れば明らかだった。ホワイテイカーは質問に答えたり意見を述べる前に、じっくりと慎重に考える癖があって、相手を戸惑わせることがあった。

ホワイテイカーとカービーは同じ年齢で、私より四歳年上だった。ホワイテイカーは第二次大戦中は海軍にはいったが、実戦には参加しなかった。マサチューセッツ工科大学（ＭＩＴ）を出た航空技術者で、アデルフィ大学で応用数学の修士号を得た。チャンス・ボート社で短期間働いた後、チャンス・ボート社がコネチカット州からテキサス州に移転する際に、グラマン社に移った。彼は操縦系統解析グループのリーダーになって、航空機の操縦系統の特性を解析する方法を開発した。後退角を持った超音速機では、エルロン、エレベーター、フラップ、ラダーは油圧で動かされるが、その特性を数学的に解析し、コンピューターでシミュレーションする作業は、それまでより複雑になって来ていた。ホワイテイカーはこの分野ではグラマン社内の第一人者だった。彼は航空機産業で関心を集めていた、操縦翼面のフラッター、遷音速領域における舵効きの逆転、機力操縦系統の不安定といった問題を担当していた。

ホワイテイカーは強力なリーダーであると共に、才能に恵まれた解析技術者だった。彼は設計者達が実際に機体の設計に利用できる設計方法を得るために、研究と解析を熱心に行った。彼は海軍への提案でグラマンが勝利した、二段式固体ロケットのイーグル空対空ミサイルの主任技術者だった。私は彼が担当の係長達の前で、ミサイルの機体からの分離時の運動の解析方法を黒板に書いた時の事が記憶に残っている。彼は黒板を図や数式で埋めながら、うつむいて歩きまわりながら考え、新しいやり方を紹介するときには煙草の煙を吹上げていた。印象的なやり方で、係長達はその場で、その問題についてそれぞれが担当する課題と期限を与えられていた。

海軍はイーグル・ミサイルの計画を、戦略計画の変更により、飛行試験を始める直前にキャンセルした。海軍はその代わりに、ミサイリヤーと呼ばれる亜音速の機体で、各種の任務に対して一つの基本型から開発した種々の型のミサイルを使用することにした。ホワイテイカーは契約がなされていたイーグルミサイルの開発担当から、その後継のＴＦＸ（Ｎ）ミサイルに対する提案作成チームを担当することになった。

ホワイテイカーは着陸船の設計のあらゆる面で大きな役割を果たした。システムの分析と統合、構造解析、熱力学、重量、動特性解析、電子系統、システム単位の試験は、全て彼が指揮した。ホワイテイカーとカービーは、着陸船の設計が具体的に決まっていく際の、重要な技術検討会議の多くで、創造的な考え方で大きな貢献をした。

　提案書の月着陸船の設計案では、上昇段、降下段は円筒形の構造で、五本の固定脚が付いていた。降下段には降下用推進装置があり、その主要な構成品としては降下用ロケット・エンジン、六個の球形の推進剤タンク（燃料用が三個、酸化剤用が三個）、二個の球形の加圧用ヘリウムのタンク、関連する配管類があった。降下段には着陸用の脚が取付けられると共に、月面で使用される科学調査用機材の収納場所と、着陸用レーダーが備えられていた。

　上昇段には上昇用推進装置があり、その主要な構成品としては上昇用ロケット・エンジン、四個の球形の推進剤タンク（燃料用、酸化剤用が各二個）、球形の加圧用ヘリウムのタンク、関連する配管類、姿勢制御装置があった。姿勢制御装置は、小型のロケット噴射ノズルを、四個を一つのユニットにして四箇所に合計一六個装備し、それに加えて球形の燃料タンク、酸化剤タンク、加圧用タンクを持っていた。上昇段には搭乗員室があり、座席、計器盤、操縦装置、ヘリコプター型の丸くふくらんだ窓がついていた。電源系統には燃料電池、水素と酸素のタンク、配電盤、スイッチ類が、環境制御系統には水タンク、酸素タンク、送風機、配管が装備される。電子機器も全て上昇段に装備されるが、それには、誘導、航法、制御系統、通信機器（可動式指向性アンテナ、無指向性アンテナを含む）、計測機器、ランデブー用レーダーが含まれる。搭乗員室にはドッキング用ハッチが二箇所あり、一つは上方（または頭上）に、もう一つは前方についていた。この全てがあまりにもきっちりと詰め込まれていたので、基本的な条件や仮定が少しでも変更されると、設計全体が収拾がつかなくなってしまいそうだった。

　全備重量が一一・三トンに増えると、降下用推進系統のタンクが大きくなり、固定式の五本の脚で転覆限界を確保しようとすると、月着陸船収納部にはもはや収納できなくなる。着陸用の脚は折りたたんだ状態から展開する複雑な形になったが、その代わりに降下段の直径の許容値は大きくしてもらった。

　提案書の降下段の構造は、打上げ時に月着陸船と月着陸船収納部の間に作用する荷重に対しては効率が悪い構造だった。月着陸船収納部を横断する形の、背の高い桁構造が必要だった。そうなると、降下段の基本的な構造は円筒形ではなく、十字形にした方が良さそうだった。十字形にすると今度は燃料タンクは六個ではなく四個が良く、必要量の燃料を搭載するには球形より円筒形の方が良くなった。十字の形にすると、十字の各先端を、月着陸船収納部への取付部に利用すると共に、脚の取付け部用の頑丈な構造にする事ができる。十字形に部材を配置した間の空いた場所は、軽量構造部材で囲えば、月面に設置したり、月面探査で宇宙飛行士が使用する機材の収納場所になる。比較的短期間のうちに、着陸船の降下段の再設計は基本的には完了した。

上昇段の再設計はもっと長い期間を要したが、それは上昇用推進系統、搭乗員室、電子室への接近方法のような、相互に関連する複雑な要因が数多く含まれていたからだ。これらの条件に対する最適解は、降下段の再設計で支配的だった形状的な条件より、性能、信頼性、重量を考慮して決められた。

上昇段の形態で最も基本的な要素である上昇用推進系統の燃料タンクの数は、私も担当者も、対称形を優先する設計の原則にとらわれ過ぎていたので、一九六三年半ばになるまで真剣に検討しなかった。提案書の燃料タンク四個の案は、通常の対称形の配置だった。上昇用推進系統は月面からの帰還には絶対的に必要なので、信頼性を最大限にするために設計を見直してみた。我々は設計の単純化を重視する事にした。上昇用推進系統本体と主要構成品のほとんどは、重量の制約から多重化できないので、上昇用推進系統の信頼性はできる限り単純な設計にすることで確保する事にした。単純化した設計にして、安全率を十分に大きくし、地上試験を徹底的に実施することが重要になる。

我々の提案した設計でも、かなり単純化はしてあった。高圧ヘリウムによる圧送（ポンプ不要）、自己着火性（着火装置不要）、アブレーション冷却（繊細な冷却液通路不要）、一定推力による使用（制御の単純化）を採用していた。配管、機能部品、継手の数を最低限にした設計にした。月面から月周回軌道まで上昇するのに必要な推進剤の余裕は少ないので、こうすれば致命的になりかねない推進剤の漏洩の可能性が小さくなるからだ。

月着陸船推進系統の設計班長のダンドリッジは、タンクを二個にすることも含めて、タンクの装備方法を再検討する事を私に提案した。ダンドリッジは背が高く、赤ら顔で、感じが良くて自信のある態度で、意見を述べる時は明るく分かりやすい、気取らない話し方をしていたが、その背後には技術的に慎重な分析と判断があった。スティブンス・インスティチュートの機械工学の卒業生で、エアロテック社で燃料系統の制御装置と精密部品の設計と試験を行った。またカーティス・ライト社でナバホ・ミサイルのラムジェット・エンジンの制御装置を設計し試験を行った。グラマン社に入社してからは、ミサイルや宇宙関係の提案で推進系統の設計の中心となったが、それには軌道上天体観測衛星やイーグル・ミサイルのような採用されたものも含まれている。イーグル・ミサイルのロケット・エンジンの開発では、彼はエアロジェット・ゼネラル社に一年間、グラマン社の駐在員として行っていた。仕事を離れると、彼はコントラクト・ブリッジのライフ・マスターで、クリベッジの名手でもあり、数学的なセンスが必要なゲームの経験を、技術的な問題の解決にも活かしていた。

カービーと私は、推進担当と構造担当の技術者と何回か会議を開き、タンクが四個と二個の二つの場合を検討した。タンクの形は球形と円筒形を、材料はアルミニウムとチタニウムの双方を検討した。タンクを二個にした場合は、上昇段は非対称で変わった形になる。これは、上昇用ロケット・エンジンの推力線の線上に、上昇段全体の重心がなければならないので、満載時の燃料タンクと酸化剤タンクの間の距離は、それぞれの重量の比に反比例した距離になるからだ（この比は酸化剤と燃料の密度比と、適正燃焼用の混合比の積として求まる）。その結果、ダンドリッジも認めたように、着陸船はおたふく風邪で片方の頬だけがふくれたような外観になった。

外観はどうであれ、タンク二個案は単純化の観点からは優れていて、重量も軽くなる。チタニウム製にすればさらに軽くなる。私はチタニウム製のタンク二個にする案を採用することに決めて、ＮＡＳＡに報告した。

ＮＡＳＡはこのような外観が大きく変化する変更には慎重で、設計条件から外れた場合についてさらに検討するように指示した。四個のタンクを対称形に装備する案では、タンクの圧力、配管の圧力損失などの違いにより酸化剤と燃料の消費率が設計値と少し異なっても重量のバランスは保たれるが、タンク二個案ではそうはならない。燃料と酸化剤の消費率が設計値から外れた状態で使用すると、重量のバランスが取れなくなる。それにより機体が傾こうとするので、着陸船の姿勢と軌道を維持するために、姿勢制御装置を作動させて釣り合いを取らなければならない。我々はそのような場合を種々の条件で検討して、姿勢と軌道の維持が可能で、そのための姿勢制御装置の推進剤の消費量増加分は、タンクを二個にした事による重量軽減分より小さい事を確認した。こうした検討結果を受けて、月着陸船のモックアップＭ‐１号機をタンク二個の設計にして一九六三年九月のＮＡＳＡの審査を受ける事にしたが、ＮＡＳＡの承認には一二月までかかった。

革新的な電気機器の実装方式

もう一つの技術的な面における革新的で興味深い項目に、電子機器の実装方法があった。カービー、計測系統の技術者のベン・ゲイロ、誘導、航法、制御系統の技術者のジャック・ラッセル、ＲＣＡ社のフランク・ガーディナーの意見に従い、我々は着陸船の電子機器について、早い時点で決断を下していた。月着陸船の設計の時点で、電子産業は重要な転機を迎えていた。個別のトランジスターで回路を作成する方法は、シリコン・チップの上にエッチングで作成される集積回路（ＩＣ）に置き換えられ始めていた。シリコン・チップ上の回路技術の時代の始まりだった。新しいＩＣは民生用にも軍用にも急速に開発が進んでいたが、確実な統計的信頼性の数値が得られるだけの使用実績にはまだ到達していなかった。しかしこれまでの実績では、ＩＣの信頼性はトランジスター回路より高く、重量、容積、消費電力、冷却の要求も少なくて済むようだった。私は将来性を見込んでＩＣを広範囲に使用すべきだと感じた。信頼性担当システム・エンジニアのジョージ・ウィーシンガー、主要協力会社のＲＣＡ社、ＮＡＳＡと相談して、我々は部品選定方針を決めた。そこでは、すでに認定を受けた部品に加えて、軍用規格の厳しい認定取得試験を始めたばかりの部品も使用して良い事にした。もしその部品が認定されなかったら、代用品を探さなくてはならない。実際にはそのような事態は滅多になく、この前向きの方針によって、電子装備は一九六五年に細部設計が確定するまで、急速に進歩する最新の技術動向について行く事ができた。

私はベン・ゲイロとジャック・ラッセルに月着陸船の電子機器実装要領の規定を作成するように指示した。この規定は月着陸船の電子回路のほとんどが組み込まれる電子機器について、形状、配置、冷却方式、コネクター、部品実装方法などの基準を定めたものだ。ＲＣＡ社の有益な助言もあって、簡潔で、頑丈で、整備性に優れている事と言う私の要求を満足する、先進的な実装設計ができた。この設計には二つの特徴があった。一つ目は基板に回路や部品をワイヤー・ラッピングで取付けることだった。このやり方はシピカン社が始めたもので、基板の下に回路から突き出したピンとピンを、専用工具でより合せる方法だ。この方法は厳しい振動環境でも、多くの試験で証明されているように確実性が高く、それでいて、修理で回路部品を交換するときには、ピンのよりを戻せば交換ができる。

二つ目の特徴は、熱伝導による回路の冷却で、回路と基板に埋め込まれた銅の細い板を利用して、ＩＣやトランジスターの発熱を、電子機器の外箱の中央部にある基盤取付用のアルミニウムのレールに伝える方法だ。この外箱のレールは、月着陸船側の取付部の押出し型材のレールにボルト止めされる。月着陸船側のレールの内部は、環境制御系統からのエチレングリコールと水の冷却液がポンプで流されている。電子機器の伝導冷却は、宇宙計画での利用が最初だった。地上や航空機での冷却は、ファンやブロワーを使った空冷方式が普通だが、宇宙の真空中では空冷方式は使用できず、月着陸船内の気圧が低い状態でも使用は難しい。

電気機器の調達先を最終的に決定するのに必要な、電子機器実装規定の作成と発行を速やかに行うよう努力した。ＮＡＳＡの承認後、その規定を電子機器の調達に適用し、電子機器の取付け部の設計をするのに使用した。上昇段では与圧される搭乗員室の後方の外側に、電気機器ラックを取付ける事にした。ラックには冷却用のレールを縦方向に平行に並べて、そこに電子機器の外箱がボルトで取付けられる。環境制御系統からの配管を通して、冷却用レール内を水とエチレングリコールを混合した冷却液が流れる。電子機器ラックと搭乗員室の後部隔壁の間のスペースには、水タンク、酸素タンクなどを取付ける。この部分全体を後方装備品室と呼んでいた。

月着陸船の電子機器の設計が、この規定に従って行われるのをうれしく感じたが、後にはこの設計で良かったと、もっと思うようになった。この規定に従って製作された月着陸船の電子機器は、信頼性が高く、問題を生じなかった。開発試験用の飛行計測装置（月着陸船の最初の三機のみに使用）とか搭乗員室内部の表示装置のように、この方法で製作しなかった他の電子機器は、整備が難しく、故障率も高かった。

搭乗員システムと操縦室

提案書の月着陸船は、内部にヘリコプターの操縦室に似た、小型の与圧された区画があり、そこに航空機用の座席と計器盤が付くが、普通の飛行機のような操縦桿とラダー・ペダルではなく、ハンド・コントローラーが装備されていた。前方と上方にハッチがあり、冗長性を確保するため、どちらもドッキングに使用できる。月着陸船の契約交渉の際、ＮＡＳＡは宇宙服とそのバックパックの大きさの先行情報と、搭乗員用の装備品と月面で採取して持ち帰る標本の収納用の容積が、搭乗員区画内でどの程度必要かの情報を提供してくれた。こうした条件が分かると、我々の設計のままでは容積が不足するので、搭乗員区画を全面的に設計し直す事が必要になった。

搭乗員用装備班のジョン・リグスビイ班長とジーン・ハームス副班長、それに人間工学班のハワード・シャーマン班長は、有人宇宙飛行における搭乗員の装備、人間工学、医学的な事項について、ＮＡＳＡ、マクドネル・ダグラス社、ノースアメリカン社から多くを学ぶ必要があることに気付いた。彼らは月着陸船の作業開始後の三カ月間のほとんどを、ＮＡＳＡやこれらの会社で、米国がこれまで蓄積した宇宙における搭乗員に関連した経験を学ぶことに費やした。彼らは宇宙服を着てみて、簡単そうに見える作業も、加圧されてこわばった宇宙服を着用した状態ではとても難しくなることを実地に体験した。無重力の影響と船外活動における問題点について、マーキュリー計画、ジェミニ計画の宇宙飛行士や搭乗員システムの技術者と意見交換をした。ジェミニ用の船外活動用バックパックと、アポロ用の試作品を見学した。宇宙環境で影響を受ける、食事、排泄、休息、睡眠等の現実的な事項に加えて、照明や装備品の収納に関しても意見交換をした。モックアップのこれまでとは違う製作方法や、水槽や懸吊装置を用いた無重力の模擬方法についても学んだ。ＮＡＳＡの科学者は、月の表面の状態と、探査時に遭遇するかもしれない問題について、最新の見解を提供してくれた。彼らはベスページ工場に戻ると、こうした知識や航空機の搭乗員用システムの経験に基づいて、月着陸船の再設計を始めた。

ラスク、カービー、私は搭乗員区画の設計をする際の、互いに矛盾する要求について彼らと検討会を何回も行った。私は提案書の設計の窓ガラスが大きい事が気になっていた。ガラスは非常に重く、構造材としては信頼できず、窓が大きいと搭乗員室からの熱の出入りが大きすぎる。再設計すると、搭乗員室の内部容積は提案書の二倍以上になったので、このままの設計では重量が大きくなり過ぎてしまい、どこかで重量を減らす事が必要になった。しかし、着陸地点を搭乗員が見るための視界は、提案書の視界かそれ以上を確保しなければならない事も全員が分かっていた。

リグスビイ、ハームス、シャーマン達が黒板に搭乗員室内部の三面図（三方向それぞれからの図）を描いて検討していたときに、解決策がひらめいた。「座席をやめたらどうだろう？」

これは素晴らしい、既成概念を覆す発想で、午後は見取り図を描いたり、理論付けを考えたり、三人で議論したりで慌ただしく過ぎた。翌朝、三人は何枚かの図面を持って私の部屋に来て、社外に提案できる新しい搭乗員室の設計ができたと、興奮して話した。会議室にラスクとカービーも来て、二人の宇宙飛行士用に再設計した、座席のない月着陸船の搭乗員室の内部の図面の説明を聞いた。座席のあった位置で、二人の宇宙飛行士は、宇宙船の操縦、上側のハッチを司令船にドッキングさせること、宇宙服とバックパックを着たり脱いだりすること、月面上で休憩すること、上方や前方のハッチを通って着陸船から出入りすることなど、様々な作業を行う。見取り図でざっと説明を受けると、この配置案の方が良いことに意見が一致した。

かさばる座席が無いので、搭乗員室の使用可能な容積はずっと大きくなった。着陸船の任務時間は比較的短く（当

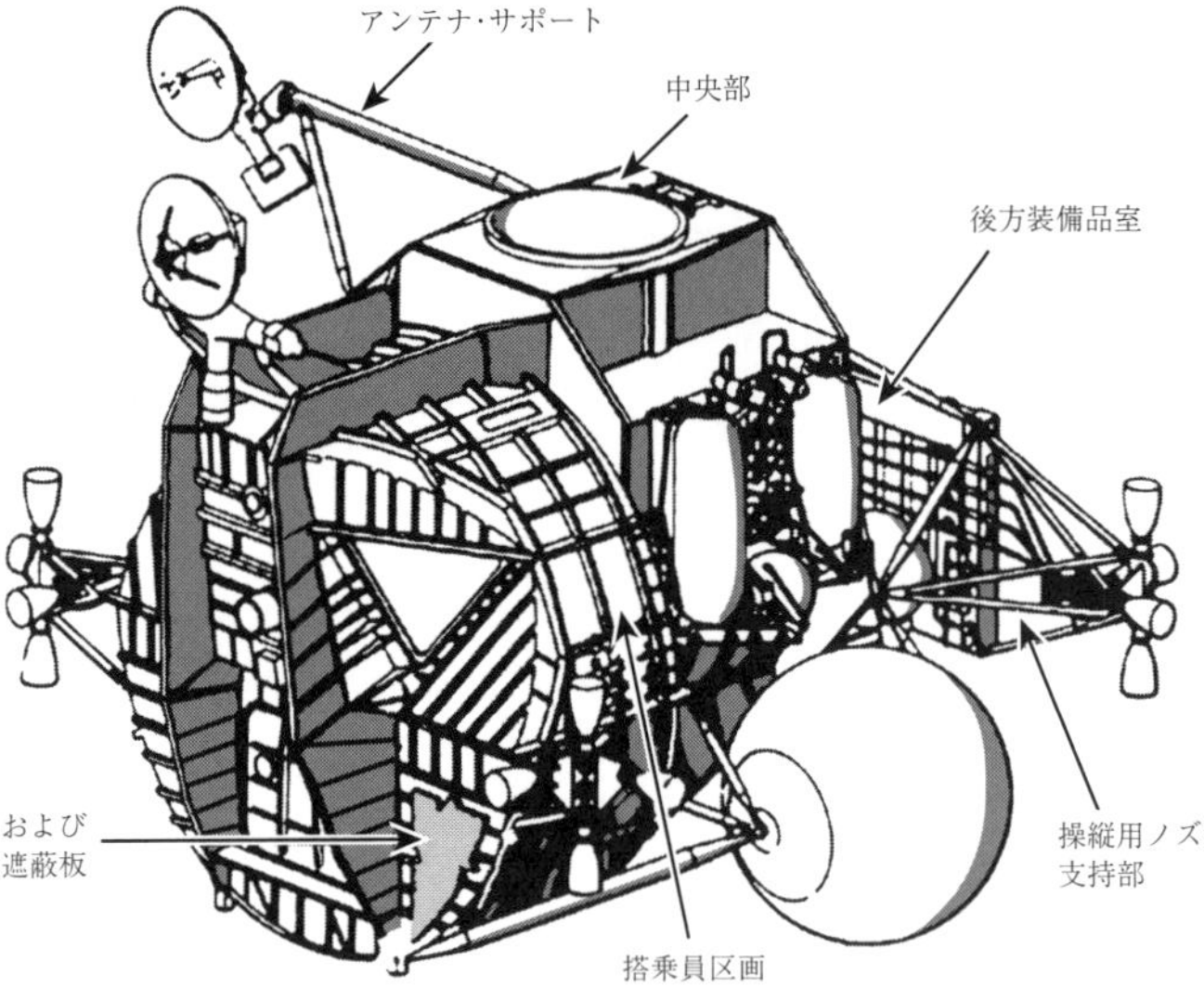

月着陸船の上昇段（ノースロップ／グラマン社提供）

初は二日間）、飛行中は無重力、月面上では月の重力は小さい（地球上の六分の一）ので、宇宙飛行士に座席は必要ではない。月着陸船のロケット点火時も三分の一Ｇを越えない(注3)。無重力では、体を支えるために何らかの拘束装置が必要だが、ハームスは床面に取付ける足の固定具と、宇宙飛行士の腰のベルトにケーブルをクリップで止め、プーリーを介してばねで引っ張る仕組みの構想を見取り図に描いて来た。ハンド・コントローラーの横の取手と肘かけも体を固定するのに役立つ。

一番の利点は、立った位置では操縦者の目の位置が窓に近くなり、そのため外を見る際の視界を同等にするのに、窓ガラスの面積がずっと小さくても済む事だ。窓の形については様々な形が考えられるが、同等の視界を確保できる事を条件に、平板の窓から検討を始めることで意見が一致した。ウイル・ビショッフとレン・ポールスラッドが検討に加わり、新しい搭乗員区画の構造配置図を作成することになった。ハームスとポールスラッドは、構造と搭乗員用の装備の構想を固めるために、搭乗員区画の簡素な実物大モックアップを発泡プラスチックの板で作ることにした。

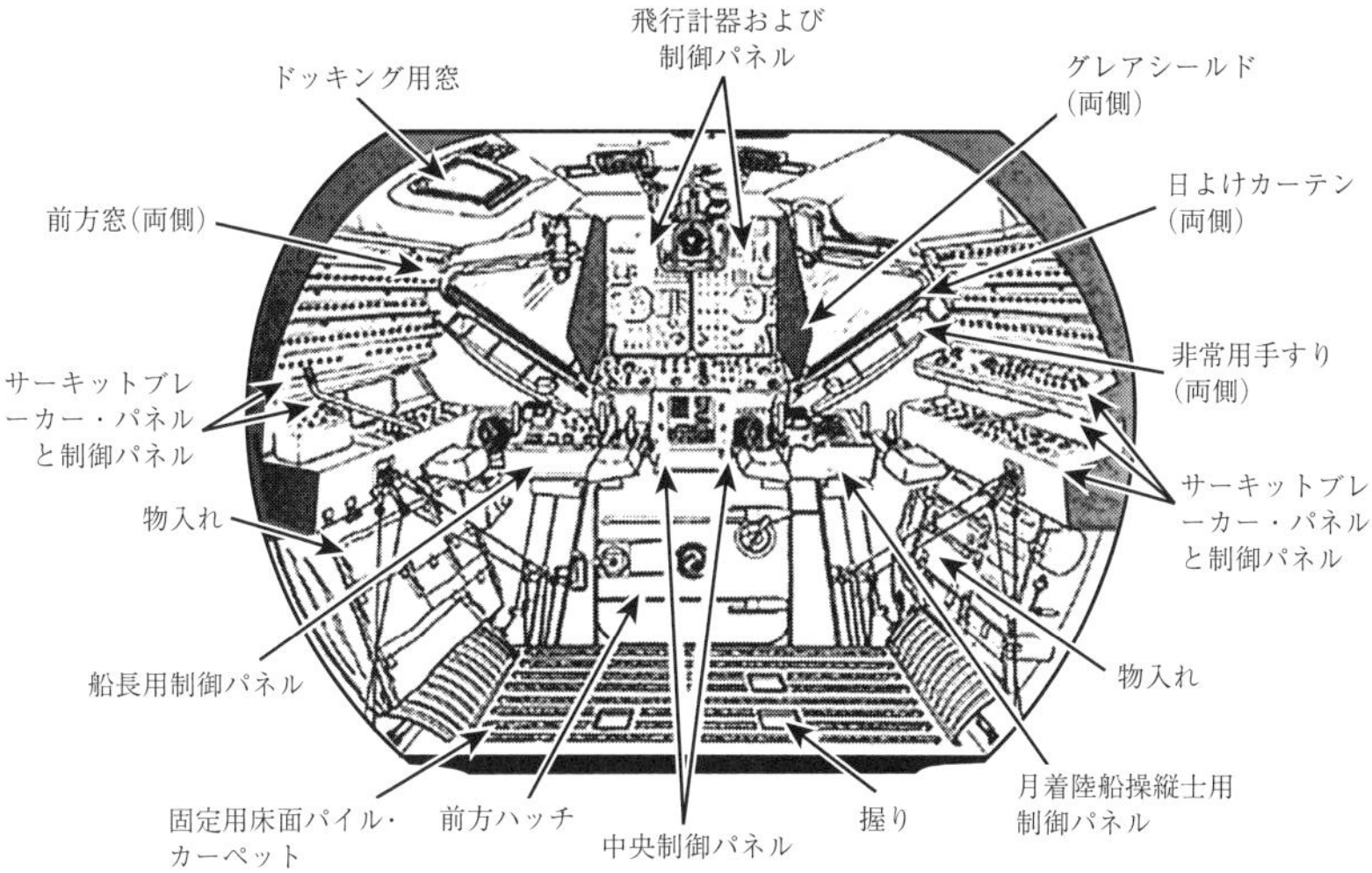

月着陸船の搭乗員用区画と操縦室（ノースロップ／グラマン社提供）

　私は簡単な作りのモックアップの製作場所を毎日訪れて、これから製造され飛行することになる、月着陸船の搭乗員区画の形ができ上がっていくのを見ていた。窓の形状については、コンピューターを使用した検討作業で、平面の窓にして、下側と外側に少し傾けることに決めた。こうすると小さな三角形の窓を左右に二枚設けるだけで、当初の大型で曲面の窓より大きな視界が得られた。平らな形状で、内部からの圧力がかかる搭乗員区画の前方隔壁には、構造的に必要な剛性を確保するために、前方ハッチ両脇の外部に背の高い桁構造を追加した。操縦室後方の室内に上昇用ロケット・エンジンの上端が円筒形に突き出すが、その両側は搭乗員用装備や宇宙服とバックパックの収納と、網状のハンモックを吊るす休息用スペースのための空間に利用できる。ドッキング時の操縦用に小型の四角い窓が、船長席の上に設けられた。

　ＮＡＳＡとこの新しい構想を検討し始めると、それは直ちに好意的に受入れられ、月着陸船担当のドン・アイセル飛行士が見に来て、この構想が宇宙飛行士として受入れる事ができるのを確認した。（「Chariots for Apollo」ＮＡＳＡの歴史家Ｃ・Ｇ・ブルックス他著、によると、着陸船の座席を無くするアイデアは、ＮＡＳＡの搭乗員システムの技術者、ジョージ・フランクリンとルイ・リチャードが考え出したとしている。私の記憶ではグラマンが思いついたと思うが、どちらにしてもＮＡＳＡとグラマンの搭乗員システムのチームは非常に密接かつ協力的に作業していたので、考え出したのは双方の功績として良いだろう。）一九六三年九月にＮＡＳＡの審査を受ける木製モックアップＭ‐１号機用に、この設計の図面を発行した。月着陸船の設計のジグソーパズルの重要な一枚が、こうして正しい位置にはめ込まれた。

機構的装備と爆破装置

革新的な構想と細部まで慎重な注意を必要としたもう一つの設計分野に、機構的装備と爆破装置がある。機構的装備には、着陸用の脚、ドッキング機構、ハッチ、装備品収納区画などの様々な機構的な装備が含まれる。爆破装置には、上昇段と降下段の切り離し装置、推進系統の作動開始用の装置が含まれる。これは機構設計班のビルジリオ・スチュリアル班長と、マルセロ・ロマネリ副班長の担当分野だった。この才能に恵まれたペアは、長年に渡りグラマンの艦載機で必要な、複雑な機構の設計、製造、試験に従事してきた。そうした機構の中でも特に、操縦装置（エルロン、フラップ、ラダー、エレベーターの操作系統）、脚の引込機構、主翼折畳み機構、射出座席、キャノピー分離機構、着艦フックの展開、引込機構を担当してきた。月着陸船で設計する機構はそうした機構とは違うが、海軍のパイロットがグラマンの機体で飛行する時に、彼らの安全性を左右する多くの機構より難しいものではなかった。

我々が提案した固定式の脚には、細部では大きく変更されたが、実際に飛行した月着陸船で使用された革新的な設計が採用されていた。重量軽減と、普通の油圧式や空気圧式の緩衝装置では宇宙空間で漏洩を起こす可能性があることから、乾式の緩衝装置にする方が良いと考えた。提案書では乾式緩衝装置としては、何らかの柔軟な化合物をケースに入れたものを想定していたが、設計が進んで展開式の四本脚にすると、短いストロークで十分なエネルギーを吸収できる新しい材料が必要になった。スチュリアルとロマネリは適切な材料を探した結果、圧縮されるとつぶれるタイプのアルミ・ハニカムを探し出した。ヘクセル社は操縦舵面の内部用に、特に断面がテーパーして薄くなる後縁部用に、軽量で剛性と強度が高いアルミ・ハニカムを開発していた。ヘクセル社はこの材料の新しい用途を探していて、月着陸船の脚用の、効率が高いエネルギー吸収装置にできそうだと考えた。ロマネリは試験用の脚柱を何本か設計し、ヘクセル社はその脚柱用にエネルギー吸収用のハニカムの円筒形の部品を製作した。最初の試験結果は非常に有望そうだった。一〇センチ程度の直径の円筒形のハニカムは、圧潰時の圧縮される長さが六〇センチから九〇センチの場合、月着陸船の着陸時に必要なエネルギー吸収量を確保できる事が試験で証明された。私はスチュリアルにこの方向で設計を進めるよう指示し、ヘクセル社にはエネルギー吸収用のハニカムの、最適な特性のものを開発することを承認した。

スチュリアルとロマネリの設計した脚は、設計上の制約がある中では、考えられる限り最も単純な構造の脚になった。ばね力で展開する方式で、格納状態（アップロック）からは爆発作動のカッターで解放して展開する。展開位置での固定は各脚柱ごとにある二重の機械的なダウンロックで行う。一度展開すると、引き込む必要は無い。最終的な設計では、四本の脚柱のそれぞれの圧縮ストロークは八〇センチに、接地パッドの直径は九四センチにした。これは月の表面の状態が良く分からないので、月着陸船が着陸表面が柔らかい場合でもめり込み過ぎないようにするために、いろいろ考えた結果の値である。

月着陸船の設計中でも、月の表面の状態については専門家の間でも意見の相違があった。月面からのレーダー電波の反射の測定結果では、月の表面は多孔質の可能性もありそうで、これをコーネル大学の著名な天体物理学者のトーマス・ゴールドは、月の表面の大部分が細かい砂で深くまで覆われている可能性があると解釈していた。しかし、目視観測とレーダー観測によると、表面の多くは大きな石や岩盤が露出しているように見えた。このため、広い範囲の着地条件について考える必要があり、全ての状況に対応できる設計を検討する事にした。

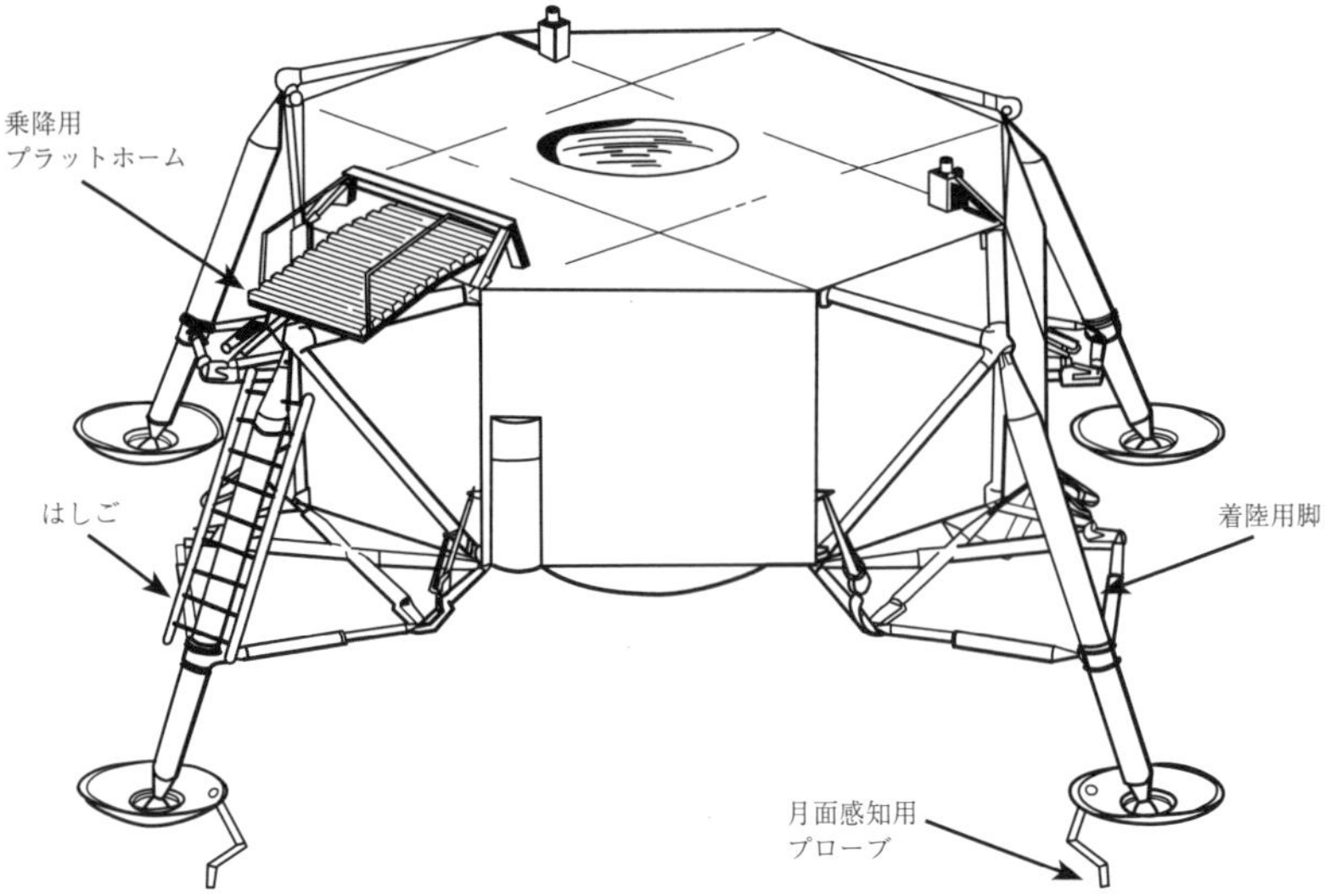

月着陸船の降下段（ノースロップ／グラマン社提供）

着陸用脚の最も基本的な配置を決めること、つまりトレッド（反対側の接地パッドとの距離）とその高さ（接地面から降下段の下面までの距離）を決めるには、システム工学的に複雑な検討が必要だった。計算と地上でのシミュレーター試験により、飛行制御グループは予想される接地時の速度の範囲の推定を行った。この速度範囲は、コンピューターによる計算や、人間によるシミュレーター試験を何百回も行った結果の、接地時の速度の分布確率に基づいて決められた。結果を統計的に分析し、NASAとも協議して、月着陸船の設計に用いる接地時の速度の限界として、次の値をNASAに提案し、承認してもらった。（一）水平方向の速度が無い場合、垂直方向の速度は毎秒三メートル、（二）水平方向の速度が毎秒一・二メートルの場合、垂直方向の速度は毎秒二・一メートル、（三）機体の姿勢は接地点の地表面に対して六度以内。

　この接地時の条件を、想定される着陸する月面の状態に対して適用しなければならない。月面の状態は、着陸候補地点を調査しているNASAの専門家の意見を参考して考えた。その結果、設計を行うための月面の状態として、次の条件を設定した。（一）接地点全体として最大六度の傾斜、(二) 六〇センチのくぼみと突起、(三) 表面の摩擦係数は氷と岩の摩擦係数の中間の値。

ディック・ヒルダーマンが率いる構造解析班は、構造班及び機構設計班と密接に連携しながら、月着陸船と脚で、想定される種々の配置と寸法、接地時の速度と月面の状態の全ての範囲に対して、様々な組み合わせを考えて計算を行った。月着陸船と脚の位置に関して必要な寸法の範囲を求めるため、試行を繰り返し、数千回のコンピューターによる計算を行った。計算には何カ月もかかり、一九六六年になっても、まだ再計算と手直しを行っていた。しかし、一九六三年八月にはモックアップM-1号機のための設計を確定し、それ以後の着陸用の脚の寸法の変更は、一〇センチ以下だった。

計算作業を進めて行くと、いくつかの条件の組み合わせが重要であることが分かり、新しい配置を検討する際にまずその条件を試してみる事で、時間を節約することができた。例えば、着陸船の転覆は、水平方向の速度が最大(毎秒一・二メートル)で、下り六度の傾斜面に、月着陸船が傾斜の方向に六度傾いた状態で接地するのが最も厳しい条件になる。接地後は、最初の表面は氷で、下り坂を想定最大速度で滑り降りている最中に、接地パッドが堅い岩の突起に衝突する条件で考える。エネルギー吸収と地面からの間隔が最も厳しくなる条件は、月着陸船が降下率最大(毎秒三メートル)で、六〇センチの深さのくぼみと六〇センチの高さの岩が散在する月表面で、くぼみと岩に脚の二本ずつが同時に接地する場合である。

脚の設計担当者達は、構造解析班が考え出した厳しい着陸条件の組合せに、真正面から取組んだ。彼らは不可能とも思われるきびしい着陸条件を、可能であれば余裕を持って満足させる事を、自分達に対する挑戦と受取って対応した。時には、ある条件の組合わせが生じる可能性はあまりにも小さいので、脚がそのために頑丈で重くなりすぎないように指示する事もあった。最終的には月着陸船は高さが六・九メートル、脚の先端を結ぶ円周の直径は九・三メートルになったが、これは設計時点での情報に対して、慎重に対応した結果だった。後になってみると、この着陸用の脚の設計は、とても余裕を持たせた設計だったことが判明した。実際の飛行では、宇宙飛行士は接地降下率毎秒一・

二メートル以下で、壊れ物を扱うように巧みに着陸させていた。エネルギー吸収用の脚柱が一五センチ以上縮むことは無かったし、月面の状態は概して予想より厳しくなかった。

月着陸船を司令船にドッキングさせる機構は、技術的課題としては興味深いものだった。この機構は単純かつ強度が十分で、絶対的に信頼性が高い必要があった。なぜなら、ドッキング機構が故障してドッキングが正常にできなくなると、宇宙飛行士は各宇宙船間の移動を、危険度がより高い代替え手段の、宇宙服を着て外に出る船外活動で行わねばならなくなるからだ。我々が提案した設計案は、両端にドッキング機構を持つ円筒形のドッキング・モジュールで、片側が司令船のドッキング用リングに結合し、反対側が月着陸船の上方または前方ハッチに結合するものだった。これは、月着陸船でドッキング用ハッチがどちらも利用できるように考慮したためだった。

一九六三年半ばにノースアメリカン社は、二つの宇宙船を結ぶトンネル内で、搭乗員がドッキング装置の取付け、取外しを行う方式の、プローブ・アンド・ドローグ方式のドッキング装置の設計を始めた（注４）。この方式では、各宇宙船のトンネルは長さ四五センチ、直径八〇センチのアルミニウム合金製の円筒で、ハッチの上（外側）に取付けられていて、どちらのトンネルの先端にも金属製のドッキング用リングが付いている。司令船のトンネル内に取付けた棒状のプローブは、月着陸船のトンネル内の円錐形のドローグに挿入され、ばね力でロックするラッチで固定される。この機構とドッキング操作は、空軍のプローブ・アンド・ドローグ方式の空中給油装置に似ていて、軍用機のパイロットにはなじみ深いものである。その点がプローブ・アンド・ドローグ方式の大きな長所で、グラマンの両端にドッキング機構を装備するモジュールは採用されなかった。

プローブがドローグに押し込まれてラッチがかかると、プローブを引き込んで、月着陸船と司令船のドッキング用リングを密着させる。司令船側のドッキング・リングの一二個の捕捉ラッチが、月着陸船側のリングにスプリングの力でかかると、構造的に強固で気密性のある結合状態になる。ドローグは月着陸船側のトンネルの三個の固定用ラグで保持される。司令船の飛行士はドローグをドッキング後に取外す。また、司令船の飛行士は、折畳み式のプローブを取外して、司令船側のトンネルの取付金具に取付ける。

グラマン社の構造設計班は、ＮＡＳＡの宇宙飛行士、技術者及びノースアメリカン社と密接に連携して、双方の宇宙船の間で構造的、機構的、機能的にハッチ、トンネル、ドッキング・リング、関連機構が、互いに正しい相互関係になるように設計した。月着陸船と司令船の間の重要な物理的、機能的なインターフェースは、インターフェース管理図面で管理されるが、この図面は宇宙船の製造会社が作成し、ＮＡＳＡが承認し、以後の改定の管理も行う。大がかりな地上試験をグラマン社とノースアメリカン社が共同で実施した。ランデブーとドッキングの飛行実証が、アポロ９号により地球周回軌道で、アポロ10号により月周回軌道で行われた。こうして細部にまで配慮したことは、効果があった。アポロ11号でコリンズ司令船飛行士が、ドッキング機構がトンネル内で取外せなくなるのではと心配した事が有ったものの、月への全ての飛行において、ドッキング機構は正常に機能した(注５)。

構造設計班は爆破装置サブシステムと呼ばれる、安全上で重要な部品の設計も担当していた。このサブシステムには二種類がある。爆破力が強い爆薬を用いる爆破装置と、爆破力が比較的弱い推進薬を用いる圧力カートリッジの二種類である。前者の爆破装置には、月面から上昇する際の上昇段と降下段の分離用の部品があり、二つの段を結合している爆発ナットと爆発ボルト、両者の間の電線や配管を切断して分離させるための切断装置が含まれる。着陸用の脚を引込位置（収納状態）に保持し、点火されると脚を開放して展開させるアップロック開放装置もこの区分に入る。圧力カートリッジとしては、ヘリウム貯蔵タンクから姿勢制御装置、上昇用推進装置、降下用推進装置に高圧のヘリウムを導くための、通常は閉じているが爆破で開放する弁がある。ヘリウムを貯蔵タンクに閉じ込めたままにし、推進剤タンクを使用直前まで圧力がかからない状態にしておくことにより、貴重な推進剤や加圧用ヘリウムが宇宙空間で漏出する可能性を減らす事ができる。

こうした装置は、点火装置を低い電圧で試験して、電気的な導通が有る事を確認する以外には、使用する前にその作動を確認する事ができない。そのため、その作動の確実性は、冗長性設計（点火装置や爆薬の二重化、ナットとボルト双方の爆破、カッターの刃の二重化など)、製造工程の厳重な管理、各製造ロットから統計的に抜出したサンプルによる点火試験によるしかない。一個でも試験で不合格になると、ロット全体が不合格になり、原因探求のための製造工程の査察が行われる。迷走電流や電磁干渉による不時発火を防ぐため、アースや電磁シールドに注意を払った。これらの装置の安全上の重要性が分かっているので、スチュリアルとロマネリはグラマン社の技術者の中でも、月着陸船が飛行している時は一番神経質になっていて、最後に作動する爆破装置により上昇段が離陸を完了し、上昇段と司令船のドッキングで捕捉ラッチがかかって機構的装備の役割が完了すると、やっと彼らはほっとしていた。彼らの機構的な装置と同じく、爆破装置はアポロ宇宙船の飛行で、完璧な実績を残した。

月着陸船の信頼性の向上

爆破装置サブシステムに代表されるように、一九六三年から一九六四年にかけて、設計の初期段階では信頼性の問題を私は非常に意識した。信頼性関連の要求事項を明確にし、それを現実的な設計方針やガイドラインとして表現していくのに貢献したのは、副主任技術者のホワイテイカー、システム分析・統合担当部長のスターン、月着陸船信頼性グループ長のワイシンガーだった。

ＮＡＳＡは信頼性については、飛行全体を包括する広い範囲を対象とする要求数値を定めた。各アポロ宇宙船の飛行について、搭乗員の安全については０・９９９の信頼性(致命的な事態は千飛行に一回)、任務の成功率は０・９９(任務の中断は百回に一回)だった。この包括的な信頼性目標は、ＮＡＳＡにより月着陸船を含む、飛行関連システム全体の各要素それぞれに割り当てられた。それに基づく不信頼度(＝１－p)を月着陸船の各システム、サブシステムに割り当ててみると、各システムに許容される故障確率は一万分の一以下の値になった。

設計側にしてみると、この信頼性目標はあまり助けにはならなかった。現実的に言えば、それを実証することはできない。なぜなら、許容される失敗確率があまりに低いので、証明するには何百回、いや何千回もの試験を繰り返すことが必要になる。しかし、故障確率を計算することで、システムの設計における各種の案を比較することはできる。このような計算の結果の数値が実際の場面に当てはまるかどうかは疑わしいが、部品の冗長性やシステム構成を変更した場合の計算をすると、システム全体での信頼性がどの程度変化するのかは分かる。

システム分析の結果や代替え案の検討結果を数多く調べた結果、私は月着陸船の信頼性をできるだけ高めるために、適用すべき現実的な設計方針を幾つか考えた。それらは、

１　現状の技術水準で実現可能な最高のシステムと構成品を選ぶこと。

２　可能な限りシステム・レベルで冗長性を持たせること。出来れば異なる方式を採用する。

異なる方式による冗長性の例としては次の例がある。月周回軌道でのランデブーで、第一優先は月着陸船がランデブー用レーダーを使用してランデブーしていく方法。第二は司令船が月着陸船を目視するか、または望遠鏡で追尾用ライトを見てランデブーしていく方法。第三は、地上監視レーダーが月着陸船と司令船の双方を追尾してランデブーに導く方法。この三種類の方法を使用できるようにする。またもう一つの例としては月着陸船と地球の間の通信で、第一優先は月着陸船のＳバンドの可動アンテナを使用する方法、第二は月着陸船のＳバンドの無指向性アンテナとＵＨＦ帯の無指向性アンテナを、司令船の可動アンテナで中継する方法、第三は月着陸船の無指向性アンテナで地球と直接交信する方法。この三種類の方法を用意する。

同等のシステムにより冗長性を確保する例としては次の例がある。姿勢制御装置は完全独立のＡ系統とＢ系統があり、どちらも月着陸船を制御する事ができる。電源系統は完全独立のＡ系統とＢ系統があり、どちらも全ての負荷について、系統全体の全電力の半分を供給できる。さらに重要負荷に限定した半独立の配電系統があり、爆破装置についてはそれとは別の完全に独立した配電系統と、蓄電池からの電源の供給がある。

３　できるだけ上位の部品レベルで部品の冗長性を確保する。

部品レベルの冗長性は、重量や機能的な制約からシステム全体を多重化することができない系統も含めて、ほとんどの系統で適用した。例えば、上昇用推進系統と降下用推進系統では、ロケット・エンジンや推進剤のタンクのような上位のレベルは多重化できないが、その下のレベルの弁、圧力調整器、圧力配管は多重化した。環境制御系統では、搭乗員室の耐圧構造の外壁や宇宙服は多重化できないが、部品レベルでは多くを多重化した。

４　単純化に努め、安全率を十分に取る。

この設計指針は推進系統や、多重化が不可能であったり、多重化による信頼性の向上の効果がない構成品について、系統機能を守るための基本原則となった。ＮＡＳＡはアポロ計画全般について、構造設計における安全率を設定した。予想される最大応力に対して、降伏点応力は一・一倍、破壊応力は一・五倍だった。これにより宇宙船の重量目標を達成するためには、「必要最小限」にする条件は守りつつ、適切な余裕が確保できた。

５　種々の環境下及び破壊応力も含む負荷のレベルにおける、広範囲かつ徹底的な試験の実施。不具合は記録に残し、原因が究明され、設計、製造、運用における是正がされるまで調査を続ける。

特に有益だった試験は、システムや機器の受領時の振動試験で、これで修正すべき設計上と製造上の欠点が判明した。ジョー・ギャビンは試験不合格の原因を容赦なく追跡し修正することで、設計を改善し信頼性を向上させる活動を推進した。ギャビンはずっと「偶発的な故障なんてない。試験におけるどの失敗にも特定の原因があり、それを発見し是正しなければならない。」と言い続けていた。

我々はこうして信頼性確保の方法を決め、設計の各段階ごとにＮＡＳＡの助言と承認を得て、それを月着陸船に適用した。その結果として、月着陸船の部品点数が著しく増え、それにより重量も大幅に増加した。一九六四年一月、ＮＡＳＡは月着陸船の制限重量を一三・三八トン（満載状態で、搭乗員の重量は除く）まで引き上げることを承認した

(注7)。我々は一一・三四トンの目標重量の達成に努力することに同意したが、推進剤のタンクは制限重量に合わせて容量を大きくした。重量の管理は、設計が見取り図から製造図面、現物へと進むにつれて重要性を増し、一九六五年には私にとってもっとも大きな課題になった。

一九六三年半ばにおけるアポロ計画全般に係るＮＡＳＡの決定が、宇宙船の設計と月着陸飛行計画を大きく単純化する事になった。アポロ宇宙船と月着陸船の双方の受注競争の時点では、電子機器の飛行中の整備と修理が要求されていた。内蔵された試験回路が、機器や部品の故障を検出した場合、司令船と月着陸船の搭乗員室に交換用の機器や部品が搭載されているものは、搭乗員が手作業で交換する事になっていた。月着陸船の提案においては、我々はこの方式を守る事にして、その内容の分析と実行方法の大半はＲＣＡに担当してもらったが、私はこのやり方が好きになれず、月着陸船の契約を受注してからは、それを変更してもらうよう働きかけてきた。

私は多くの理由から、飛行中の整備は信頼性を改善できず、低下させると思っていた。例えば、故障検出用に内蔵された試験回路そのものが複雑で、対象機器の重要な個所にセンサーや試験用接続部が必要だが、その事自体が故障する個所を増やすことになる。故障した部品を飛行中に交換するために必要になるコネクターや機械的な取付部は、工場のクリーンルームで熟練した作業員のみが作業をする固定式の取付け方法に比べて信頼性が低い。飛行中の整備を可能にするために、電気配線やコネクターは、気密シールやポッティング（硬化型パテによる防水シール）のような保護対策ができなくなるので、湿気や室内で漏れた液体がかかることで、ショートしたり腐食しやすくなる。飛行中の整備を広範囲に適用すると、電子機器のほとんどは、搭乗員区画内の接近可能な場所に配置しなければならなくなり、その搭載のための場所が必要になるし、室内の熱負荷も大きくなる。交換用の機器や部品は搭乗員区画内に収納しなければならないので、室内の湿度の高い環境にさらされることになる。予備の機器や部品の数量は、完全とは言えない故障率の推定計算結果で決まるので、それにより使用されない予備品の重量は無駄になる。その重量は機器や部品の冗長性を高めるのに利用した方が良い。反対する理由は数多くあり、説得力があると私は思った。オーウェン・メイナードと彼のＮＡＳＡの月着陸船技術者のグループも、飛行中整備の廃止について私と同じくらい熱心になった。

ＮＡＳＡの内部でも飛行中整備の構想に対して強力な反対論が出てきた。ヒューストンの飛行運用本部長のクラフトは、月着陸船の飛行任務中は、搭乗員は故障した機器の交換作業をする時間はないと主張した。ジョージ・ミラーが一九六三年九月に、ＮＡＳＡの本部で副長官になって有人宇宙飛行の全体の指揮を引き継ぐと、彼はこの問題に対する意見を一時的に保留した。その後すぐに飛行中整備の構想はアポロ宇宙船では適用されない事になった。その代わり、搭乗員は故障を発見するのに、システムの表示装置、警報系統、ヒューストンの飛行運用センターの支援を利用することになった。スイッチで切り替える事ができる予備回路が系統中に用意され、搭乗員室内の全ての電子機器は、湿気と汚染から守るためにシールやポッティングが施された。これにより我々設計者は、できるだけ多くの電子機器を搭乗員室の室外に装備することで、搭乗員室をより小型にし、月面での任務で必要な様々な要求により柔軟に対応できるようになった。このＮＡＳＡの決定が、アポロ計画の成功に貢献したと私は思っている。

クリスマス・プレゼント計画

一九六三年の秋、ノースアメリカン社はグラマン社とＭＩＴに、アポロ計画の総合的な日程計画を作成しているダウニイ工場の特別作業班に参加するよう依頼してきた。一九六二年にノースアメリカン社が作成した日程計画は、それ以後の遅れにより意味が無くなっていた。目標とすべき詳細な日程計画がなければ、ノースアメリカン社は宇宙船全体の取りまとめ役としての仕事ができない。特別作業班はアポロ宇宙船開発試験計画を作成した。これは司令船と支援船、月着陸船、誘導、航法、制御システムだけでなく、サターン・ロケットも対象に含めて、サブシステム、地上試験、飛行試験の、総合的かつ詳細な日程計画をまとめたものだ。この新しい日程計画の原案は、特別作業班からヒューストンの有人宇宙センターに、クリスマス・プレゼント計画の成果として、クリスマスの直前に提出された。

グラマン社のダウニイ工場への派遣チームは、レイノルド・ウィットとテオドール・ムーアマンが率いた。この二人は経験豊かな試験技術者で、ウィットは技術部門の構造試験グループの地上試験担当、ムーアマンは飛行試験部門の飛行試験担当だった。二人とも組織的にうまく仕事ができる、有能なリーダーだった。彼らはベスページ工場の試験技術者の名簿を参考に、臨時に彼らを支援するために一〇人から二〇人の試験技術者を派遣チームに選んだ。ウィットとムーアマンは、受注後のＮＡＳＡとの契約交渉では、開発試験費の見積りを担当したので、月着陸船のサブシステムの、地上試験と飛行試験の間の複雑な相互関係や前後関係についてよく理解していた。アポロ宇宙船開発試験計画を作成する過程で、彼らは月着陸船の開発状況が、司令船と支援船、誘導、航法、制御システム、サターン・ロケットに与える影響や、逆にそれらから受ける影響を検討し、明確にすることができた。この特別作業班の活動は、アポロ計画に関係する全ての会社全てにとって非常に有益だった。

クリスマス・プレゼント計画における月着陸船の部分には、一〇機の月着陸船の計画が含まれていた。最初の二機は無人の飛行試験用、六機は地上試験用で、そのうちのＬＴＡ‐２号機はハンツビルで打上げ時の振動に対する試験用、ＬＴＡ‐10号機はノースアメリカン社タルサ工場における、月着陸船収納部への取付け確認と、重量模擬試験用、ＬＴＡ‐１号機はベスページ工場の社内用で、電子系統の試験、部品製作、組立、完成検査の支援用、ＬＴＡ‐８号機はヒューストンにおける熱と真空状態の影響調査用、ＬＴＡ‐３号機とＬＴＡ‐５号機はベスページ工場における構造と振動試験用だった。地上試験には推進系統の、実機重量に合わせてない供試体と、合わせてある供試体の双方について、ベスページ工場の低温試験場で燃料を流す試験と、ホワイトサンズ基地におけるロケット燃焼試験が含まれる。月着陸船の最初の無人飛行試験は一九六七年後半に予定されており、地上試験用の機体は一九六六年と一九六七年にそれぞれの試験に使用される計画だった。

グラマン社が飛行計画作成をリードする

月着陸船の設計がだんだん固まってくるにつれ、月着陸飛行がどのように行われるのかを、もっとよく理解しないと答えられない疑問が出てきた。例えば搭乗員区画の設計は、月面における宇宙飛行士の活動に大きく影響される。宇宙服を着用するのはどの時点か？　月着陸船の船内で宇宙服を着たり脱いだりするのは何回で、どれくらいの空間が必要か？　月面から採取して持ち帰る標本の大きさ、重量、種類は？　一つの疑問からいくつもの疑問が生まれる。電源系統の容量や負荷サイクルを決めるには、探査任務における行動内容を、時系列的に詳細に知る事が必要になる。飛行中の作業の時間的な順序と、その際に電源を入れる機器を調べる必要がある。熱量の計算も同じ事で、環境制御系統の能力を決めるのに、熱負荷の変動を知る必要がある。通信システムに対する使用条件、負荷サイクル、アンテナの位置決めと使い方は、飛行計画の詳細が分からないと決められないが、これは月着陸船の他のどの系統についても同じだ。私は設計をするのに、基本となる飛行を定義する必要があることに気付いた。

ラスクと私は、アポロ計画関連の全ての会社について、各社が担当分の設計で必要な条件を決めるには、設計の基準となる飛行を定義する必要がある事を社内に説明した。我々はトム・バーンズにグラマンのこれまでの月周回軌道ランデブーに関する検討を基に、探査飛行全体の実行要領の詳細を記述する作業を行うよう指示した。ＮＡＳＡ、ノースアメリカン社、ＭＩＴとの会議においても、我々はこのアイデアを非公式に持ち出してみた。

一九六三年九月に、ノースアメリカン社とＮＡＳＡの間でアポロ宇宙船の契約が結ばれたすぐ後(注９)、有人宇宙センターのアポロ宇宙船計画室長はチャールズ・フリックからジョセフ・シェイに交代した。シェイは一九六一年にスペース・テクノロジー研究所（ＳＴＬ）から、ＮＡＳＡに新設された有人宇宙飛行室に、ＮＡＳＡの長官のジェームズ・ウェッブと有人宇宙飛行担当副長官のブレイナード・ホームズにスカウトされてやってきた(注10)。タイタンやミニットマン弾道ミサイルに関係していたころから、航空宇宙業界では卓越したシステム・エンジニアとして知られていて、ホームズの首席補佐官となり、論争になっている月面に着陸するための飛行方式を決める作業を担当する事になった。シェイは圧倒的な知力を持ち、討論が巧みで、議論では説得力があり、強力なリーダーだった。彼は長身でハンサム、運動選手のような体格でアイルランド人的な整った顔立ちだった。顎が出ていて、顔は白く、くっきりとした眉、黒い髪を短く刈っていた。彼は驚くほど活力に満ちていて、そのためほとんどの議論で相手を圧倒するので、アポロ計画全体が彼の優れた知恵と判断力を頼りにするようになった。彼は法廷弁護士のような巧みさで、反対する側の議論を徹底的に打ちのめす事ができたが、素晴らしいユーモアのセンスもあり、軽妙で独創的な冗談で会議を活気づけることもしばしばだった。

私がシェイに、月着陸船の設計要求条件を明確にするためには、飛行の内容をもっと具体的に決める必要があることを話したところ、彼は他のメーカーにも参加してもらって、グラマン社が飛行内容の検討会を開催したら良いと、私にボールを投げ返してきた。こうしてアポロ月飛行計画作成チームが一九六四年一月に結成された。バーンズがリーダーになり、二五番工場の一番大きな会議室に場所を取り、チームにはノースアメリカン社、ＭＩＴ、ＮＡＳＡ有人宇宙飛行室にも加わってもらった。バーンズは素晴らしいリーダーだった。親しみやすく、建設的で、個人的な好き嫌いや特定の組織へのこだわりは全くなく、彼はチーム全員の自信とやる気を高めた。彼は優秀なシステム技術者で、問題を追及する際に核心を突く「もしそうなら」と言う質問を容赦なく投げかけることで、問題を把握する新しい見方や解決方法を何度も導き出したことがあった。彼はとても気楽な感じだが、それでいて発想を刺激するやり方で質問を持ち出すので、他のチーム員は新しい見方をする事ができ、それがチーム全体に役立っていた。

作成チームは月面探査飛行の基本的な目的を定義することから始めた。一番大事な目的は、「二人の宇宙飛行士と科学機材を、月の地球に面する側に着陸させ、安全に帰還させる事」である。次の目的は一一三キログラム以上の科学機材を月面に運び込み設置することと、四五キログラム以上の月の岩石と土壌を持ち帰ることだ(注11)。推進チームは設計基準飛行として、打上げから着水、回収までの飛行内容を全て分析し、詳しく記述した。また、起こりうる故障モードや緊急事態を調べ上げて、それらが飛行計画や宇宙船の設計条件に与える影響を具体的にはっきりさせた。

飛行計画の作成と分析の作業を四ヵ月間、ＮＡＳＡやメーカーの技術者に何十人も参加してもらい徹底的に行った。地球と月と宇宙船の正確な位置関係に基づき、機体の姿勢変更と軌道変更に必要なロケット噴射の正確なタイミングを設定して、打上げと軌道飛行に関する正確な計算を行うために、設計基準飛行を行う日を選ぶ必要があった。推進チームは一九六八年五月六日を打上げ日に選んだ。マーキュリー計画やジェミニ計画で開発されたのと同じ、分刻みの飛行中の行動予定を用いて、三名の宇宙飛行士と二機の宇宙船（司令船と月着陸船）について、それぞれが独立して飛行する局面まで含めて詳細な行動予定を作成した。飛行を行う際に必要な、搭乗員、宇宙船、地上の支援組織の作業が、設計基準飛行の時間的経過の中に書き込まれ、関係するシステムの性能と精度に関する要求を決めるために、飛行軌道の計算と誤差の分析が行われた。その結果、アポロ計画で最も詳細な飛行計画を作成でき、設計要求を明確化し、飛行を行う際の基本的な規則と探査飛行計画を決めるための良い基礎資料となった。

設計基準飛行を検討することで、司令船と月着陸船のドッキングで必要な事項がはっきりした。最初のドッキングと月着陸船収納部から月着陸船を引き出すことは、司令船に乗った搭乗員が行う。ドッキングして二つの宇宙船が固定されると、通路となるドッキング・トンネルを船室と同じ圧力にして、搭乗員は二つの宇宙船の間を自由に移動できる。月からの帰還に際しては、ランデブーのための操縦は月着陸船の二人の搭乗員が行うが、司令船側からドッキングを行う事もできる。この場合は、ドッキング操作は最初の場合と同じだが、司令船に残った搭乗員一名だけで行わねばならない。ドッキングには月着陸船の上側のハッチだけが使われ、月着陸船の前面のハッチは月面での出入りに使用される。

この設計基準飛行は、機器製造会社の技術者にとっては、担当する各システムや構成品の設計に必要な設計条件を決めるのに、非常に参考になった。グラマンでは設計基準飛行を設定する事で明確になったり、必要になった事項を一覧表にするための正式な手順を定め、それらの事項を月着陸船の本体、システム、構成品の設計仕様と比較してお互いに整合性を取り、必要に応じて設計仕様を修正した。こうする事で、我々が設計したり外部の業者に出している製品が、月に着陸し帰還するという最終的な目的に対して、機能を正しく発揮できることが保障される。

設計基準飛行の作成担当者は、飛行の各段階における各種の故障発生状況を考え、可能な場合にはそこからの回復方法を書き出した。重要な飛行の局面において、必要な精度も算出した。例えば、月へ向かう際の中間軌道修正では、速度の調整は毎秒〇・九から一・二メートルの精度で行わねばならない。そうでなければ宇宙船は月面に激突してしまうだろう。地球への再突入の際には、司令船は角度にしてわずか二度の範囲内で突入しなければならない。角度が大き過ぎれば大気圏への突入で流星のように燃え尽きてしまうし、角度が浅すぎれば、司令船は大気圏で跳ね返されて、太陽を永遠に回り続ける軌道に入ってしまう。

アポロ月飛行計画推進チームの緊急対応計画の大きな成果に、月着陸船の「救命ボート」構想の検討がある。往路における司令船、支援船の種々の故障を検討していて、何人もの計画作成者が、緊急時には月着陸船の推進装置、誘導・操縦装置、生命維持装置などを、司令船・支援船が再突入のため地球の大気圏の近くまで戻るために利用できることに気付いた。この救命能力を持たせるために、月着陸船の酸素、水、充電された電力といった消費物資は、基本的な任務で必要な量より一〇から一五％増やさなければならない。月着陸船はまだ図面の上の存在だったので、我々はタンク類の容積をその分だけ大きくしておくことにした。消費物資を余分に積むかどうかは、後で決めればよい。アポロ月飛行計画推進チームの報告書にこの事が記載されてから六年後、この搭乗員の救出に決定的な役割を果たす機能は、アポロ13号で劇的な形で用いられた。

危険人物

月着陸船の系統を他の系統と比較して調べていた時、月着陸船と司令船の双方に搭載されるＭＩＴの誘導、航法、制御装置の信頼性予測値に疑問を持った。グラマンが担当している、緊急用誘導装置の信頼性予測値を計算していて、ＭＩＴは間違っているのではないかと感じるようになった。そこでＭＩＴの誘導、航法、制御装置の信頼性予測値に疑問があることを持ちだしたが、それはグラマンにとって悲惨な結果になった。

グラマンの誘導、航法、制御系統の担当者は、ＭＩＴの装置はＭＩＴが言っているより百分の一の信頼性しかないと信じて、我々にもそのように信じさせた。その見解は主として、ＧＥ社の報告書に記載されている、ポラリス、タイタン、ミニットマン弾道ミサイル計画における、誘導装置の部品の平均故障間隔（ＭＴＢＦ）のデータを、グラマンとして解釈した結果によるものだった。これはグラマンで働いている、以前にハネウエル社にいた信頼性技術者が言いだしたことだが、彼は悪意を秘かに持っていたかもしれない。（ＭＩＴはアポロ計画の誘導、航法、制御装置の競争でハネウエル社に勝ったが、この技術者はハネウエル社の提案チームに属していた。）アポロ計画局にグラマンがこの結論の報告書を提出すると、アポロ計画室、ＭＩＴ、ＮＡＳＡは非常に困惑した。

ジョー・シェイは一九六四年一月初めに、全ての関係者を集めた会議を開き、真実を見つけ、間違いを犯した者を罰しようとした。我々はヒューストンのアポロ計画室の立派な会議室に集まった。ＮＡＳＡ、ＭＩＴ、空軍、ベルコム社の誘導、航法、制御システムの専門家など約三〇名が出席し、議長は有人宇宙センター所長のギルルースの代理のジム・エルムスと、アポロ宇宙船計画室長のジョー・シェイだった。グラマンのギャビン、ラスク、ホワイテイカー、私は、きびしい表情のＮＡＳＡやＭＩＴの参加者の正面に座った。シェイは全員に会議の状況はテープレコーダーに録音されると通告した。

エルムスは全員を歓迎して、この会議はアポロ誘導システムの信頼性に関する疑問を解決するための、技術的な討論を行うための会議だと述べ、司会をシェイに譲った。シェイは黒い眉の下から我々をにらみつけ、マイクに向かってかがみ込んだ。彼の両手は机の上で堅く握りしめられ、ＭＩＴ卒業生の金の指輪が見えた。

皆さん、我々は重大な問題に直面しています。その問題と言うのは、グラマン社がＭＩＴの誘導システムの信頼性は、他のシステムに比べて二桁劣っていて、ＭＩＴの機器を選んだためにアポロ計画は危機におちいっていると思っていることです。この問題の核心は、信頼性が劣ると言う結論を出す上で用いたデータを評価し、その有効性を証明することです。

私はこの会議で白黒をはっきりさせたい。ＭＩＴのシステムの信頼性が他のシステムと比較して、基本的な相違があるのかどうかをはっきりさせたい。グラマン社かＭＩＴのどちらかが、この会議から、間違っていました、悪いのは全部私です、と自分の間違いを認めて出て行く事になるでしょう。

シェイは胸を叩いて強調した。彼は信頼性データの評価で重要な点を、学校の生徒に教えるような調子で説明してくれた。信頼性データについて、その出所、精度とデータ取得時期、採用した故障の妥当性、それらすべてはアポロ計画に匹敵するような事業から選びだして評価しなければならない事を説明した。

ホワイテイカーがグラマン側の見解を説明した。

彼はグラマン社が入手できた慣性航法装置の信頼性データを分析したところ、ＭＩＴの百万時間当たり一〇回の故障率に対して、百万時間当たり八九四回の故障率になるようだと述べた。この結果にグラマン社は当惑し、月着陸船の緊急用誘導装置の設計で、慣性航法装置はジンバル式プラットホーム方式だけでなく、ストラップダウン方式も検討する事にした。ＭＩＴや他の誘導装置の会社と議論したが、この信頼性の違いの原因を解明できなかった。もしグラマン社のデータの評価方法や使用したデータの出所で、見逃していた点があるならグラマン社は修正に応じると述べた。

ホワイテイカーはグラマン社が使用したポラリス弾道弾のデータを説明した。データの大部分は、自社設計のＭＩＧジャイロと、ＭＩＴ設計のＩＲＩＧジャイロの双方を製造している、ハネウエル社ミネアポリス工場からのデータだった。ハネウエル社のデータでは、ＭＩＧジャイロの方が故障率がずっと低かった。

次にホワイテイカーはタイタン弾道弾のデータを説明した。グラマン社はタイタン弾道弾についてはわずかなデータしか入手できなかったが、そこでは高い故障率が示されていた。タイタン弾道弾の誘導、航法、制御装置はＭＩＴのアポロ用の装置に類似しているので、グラマン社はそれを自分達の故障率の計算に使用した。

「タイタン弾道弾のデータはもっと多く有るはずだと思わなかったのか？」とシェイは苛立った声で行った。彼はかつて、ゼネラル・モータース社のＡＣ電子事業部でタイタンⅡ型の誘導装置の開発を指揮していた。「君達は入手できなかったデータも、全て高い故障率を示しているだろうと言っているんだね。でもそれは、すぐに分かるように間違っているんだ。」

事態はもっと悪くなった。ホワイテイカーが、グラマン社が使用したミニットマン弾道弾のデータを見せると、空軍からの参加者はそのデータは適用できないと言った。そのデータの全てが、予告から三〇秒後に発射できるミサイルの数に関するもので、設計における信頼性予測用のものではないとの事だった。ホワイテイカーは打ちのめされて席に戻った。

デイヴ・ホーグがＭＩＴ側の反論を行った。グラマン社の百万時間当たり八九四回の故障から始めて、彼は丹念に、間違って入っていたり、除外されていたデータを訂正していくと、その数は減る事を証明していった。グラマン社のデータは、ＧＥ社の報告書の対象期間である一五万八千時間の使用で報告された一三〇回の故障を基にしている。ＭＩＴはＧＥ社からもっと詳しい結果を入手していて、そこでの全ての故障を一覧表にして、一つ一つ報告書の間違いを訂正していくと、その結果は三八万時間の使用で一一八回の故障になった。修理したジャイロの起こした故障と、後になって廃止された設計に起因する故障を除くと故障件数は六〇件になり、故障率は百万時間当たり一九六回になった。その値に対して、ポラリス、タイタン、ミニットマン弾道弾の装置の細部が、アポロ計画のものと違っている部分を考慮に入れなければならない。ホーグは順を追ってこの補正の根拠を説明し、その結果として故障率が低くなった事を説明した。二時間に渡る論理的な説明で、彼はＭＩＴの故障率は百万時間当たり二〇回に下がったと述べた。ただ公表している百万時間当たり一〇回は正確ではなく、計画管理者の楽観的判断が入っていることを認めた。

信頼性の推定値の算出方法と使用方法の責任について、一般的な議論をした後で、シェイは会議を終える事にした。「この会議は目的を達成できたようだ。ギャビン副社長、君の会社が間違っていたことに何か疑問があるかね？」「何もありません。皆さんにご迷惑をおかけしました。申し訳ありません。」ギャビンは青ざめていた。ＭＩＴは、グラマン社がＧＥ社の信頼性データを正しく理解し解釈できるほど、深い検討をしなかった事を明らかにして、グラマン社の検討結果を粉々に打ち砕いてしまった。我々はがっくりとうなだれて退室した(注12)。

この件でアポロ計画におけるグラマン社の評判は下がったし、私自身の評価もしばらくの間は下がった。シェイを始め他の人達も、グラマン社は他人の領域に干渉する危険分子で、明らかにチーム・プレーヤーではないと見なした。グラマン社を信頼できないと思い、他の人の間違いらしい所を見付けると、すぐさまそこに非難を向けるグラマン社の独善的な姿勢に驚いていた。その後の何年間もＭＩＴとは緊張関係が続いた。アポロ計画の飛行支援を一緒に行うようになって、やっと関係が改善された。この件のせいで、ＮＡＳＡでの、グラマン社については、細部まで監視、監督が必要との見方がますます強くなった。

創造性と規律の両立

一九六三年になり、設計作業が進むと、ラスクと私は月着陸船の設計をしゃにむに進めて行く当初のやり方は、もっと統制された体系的なやり方に変えて行かねばならないことに気付いた。私は最初の頃は、全く新しく歴史的な物を作り上げるのだと言う、高ぶった気持ちだった。「月着陸船の外観がどうあるべきか誰も知らない。こんな事はまだ誰もやった事がない。」と、最初のころの計画会議で部下に何度も言ったことがある。挑戦する事におそれを感じつつ、それを達成する可能性に心を躍らせていた。しかし、設計がどんどん複雑になり、日程管理や、担当者の業務能力と担当させる業務の関係の適正化など、必要な管理活動が増えて来ると、設計作業を進めて行く上でより緻密な管理手法が必要になってきた。

まず、月着陸船設計会議を定期的に行うようにした。毎週の関連技術者との会議はビル・ラスクか、彼が不在の時は私が議長を務め、月着陸船のシステムやサブシステムを担当する班長、システム及びサブシステム担当副主任技術者（ホワイテイカー及びカービー）、直接の担当者など、総勢三〇名程度が参加した。この会議では、先週の作業進捗状況、来週の作業予定など、全体的な事項の報告を受けた。特に注意を払う必要のある問題や作業について検討し、必要に応じて作業の中心となる担当者を割り当てた。ＮＡＳＡの最新の指示、動向、計画されている作業についても、会議で説明した。この会議は一時間以内となっていて、会議で討論した事項を中心に、各技術グループからの定例報告もはいった週間総括報告を作成し配布した。

私は設計担当者会議を、毎朝八時から私の会議室で行った。この会議では一つのシステムなりサブシステムについて、八人から一二人程度の技術者が参加して、主として一つの問題に絞って作業の進度、問題の解決方法、作業管理の方針を検討した。カービーとホワイテイカーはこの毎朝の会議にほとんど出席し、ラスクも議題によっては出席した。会議には、議題となるシステム、サブシステムの班長と副班長が出席し、システム分析・統合グループのエリック・スターンなども、ほとんどの会議に出席した。この設計担当者会議は、月着陸船技術部の全てのグループについて、少なくとも二週間に一回は回ってくるよう予定が組まれた。

この設計担当者会議は一時間の予定だったが、検討内容によってはもっと長くなることもあった。私は毎日の午前一〇時までの二時間は、この会議のために空けておくようにしていた。毎日、設計担当者会議を開くのは労力も時間も必要だったが、それだけの価値は十分あった。月着陸船の設計で、成功した設計のアイデアの多くは、この会議での徹底的な議論から生まれた。私は設計担当者会議で、次回の予定議題を決めるように努めていたが、毎日の作業の進捗状況によっては変更や修正をすることがよくあった。ジョー・ギャビンが主催する毎週火曜日一〇時からのプロジェクト会議は、設計担当者会議とは重ならないが、ＮＡＳＡの審査、訪問、会議とは重なることが多く、設計担当者会議を遅らせたり、日程を変更することもたびたびだった。私は主任設計者として、それに続いて技術部長として働いた四年間を通して、忍耐強くこの設計担当者会議を行ってきたが、この単純な方法で、自分が直接に作業を指導し、リーダーシップを取る事ができ、月着陸船の設計と開発において、多くのばらばらな要素を、統制のとれた集合体にまとめ上げることができたと思っている。私は月着陸船の設計担当者達を、素晴らしい交響楽団の様に感じていた。そこでは各セクション（各システム、サブシステムの担当班）はその楽器の演奏（知識と技能）に優れていなければならず、時には演奏全体の成功がかかるソロ演奏（問題を解決、または重要な日程を守る）もできなければならない。注目を浴びる場面が来た時には、どの月着陸船の設計班もそれにふさわしい、「映画スター級」の対応ができる存在になっていた。

月着陸船の技術作業として、もう一つ重要だったのは形態管理だった。これは元々は、空軍と海軍の弾道ミサイル計画で国防省が開発した手法で、ＮＡＳＡは形態管理について詳しく規定した基準と手引書を適用する事にしていた。こうした要求はグラマン社に取って初めてだったが、我々はアポロ計画で要求されている品質と信頼性の水準を達成するためには必要だと思った。そこで形態管理と言う新しい業務分野について、ＮＡＳＡで研修を受けるために、何人もの優秀な係長を派遣した。形態管理の要求に対応するために、設計チーム内に形態管理班を設置したが、他の全ての技術グループも形態管理活動に影響を受けた。

形態管理活動は、設計の細部まで文書で定義し管理するだけでなく、システム工学のプロセスを一定の決まったやり方で実行するためのものだった。システムの持つべき機能、性能は、アポロ計画の最も上位の任務と目的から始まって、順次、システムの下の階層に向けて、より詳細な設計や性能に対する要求内容に展開（区分化）されていく。最終的には部品、構成品、組立品の購入や製造で使用される、調達仕様書、設計仕様、図面のレベルにまで展開される。この作業も確実に実行する必要がある、新しい設計業務だった。

この形態管理活動を行い、文書化をするために、図面を利用した。最上位のレベル１は一枚の大きな図面で、そこには月着陸船を構成する全てのシステム、サブシステムがそれぞれに枠内に記入され、主要な相互関係については枠と枠を線で結び、そこに入力と出力が記入してある。レベル２は系統機能図で、各システム、サブシステムごとに、一枚の大きな図面にその主な構成要素と部品、それらに対する入力と出力が示されている（注13）。レベル３は、システムとサブシステムを機能的な構成要素まで分解し、入力、出力を詳細に記入し、性能上の要求事項を示してある。レベル４、５、６は部品を製造し、組立てるための普通の図面で、詳しくなるにつれて下位のレベルになる。上位のレベルの図面が下位の図面を呼び出すことにより、図面全体が体系的につながって一つの系列になる。

レベル２の系統機能図は、設計を練り上げ、設計方針や機能的冗長性の確保のための重要な決定を行った最初の二年間では特に役に立った。この系統機能図はシステム構成のいろいろな案について、信頼性を計算上で比較する際の主要な手段であり、選択結果を文書化して残すのに役立った。レベル２の図面はエリック・スターンと彼のシステム分析・統合グループが作成した。主任設計者として、カービー、ホワイテイカー、スターン、該当するシステム、サブシステムの担当課長との検討会議を行った後に、図面に最終的に承認のサインを行う事にしていた。

一九六三年一一月下旬に、サブシステムの一つのランデブー用レーダーについて、グラマンの担当者やＲＣＡのフランク・ガーディナーと検討会議を行った。我々は図面を拡げて、一時間半議論をした。その時点では、二、三の小さな修正をすれば承認できると考えた。その後、私はジョー・ギャビン、ボブ・ムラネイ、ビル・ラスク達とギャビンの会議室での会議に参加し、そこでギャビンとムラネイから、二人が昨日出席したヒューストンでのＮＡＳＡのアポロ計画管理会議の結果を聞いていた。突然、ドアがはじける様に開いて、動転した様子の男が飛び込んできて叫んだ。「大統領が撃たれた。テキサスで撃たれた！」

衝撃的なニュースによる沈黙を破って、ギャビンが普段の落ち着いた態度を捨てて興奮して言った。「そんな事があるはずがない！　そのニュースはここへ来る途中で聞いたが、間違っている。」

ギャビンは自分の部屋に戻り電話をかけた。他の何人かも電話をかけに行き、残ったメンバーは驚いて不安を感じていた。電話を掛けに行ったメンバーが戻ってきたが、その悲しげな表情は最悪の事態であることを示していた。ギャビンは帰ってきて、がっかりした口調で自分が間違っていたと言った。大統領は本当に狙撃され、死亡した。悲しく暗い雰囲気になった。会議はもはや誰もそんな気になれないので、そのまま中止になった。

私が部屋に戻ると、スターンがランデブー用レーダーの修正したレベル２の図面を持って待っていた。彼を見て、私は彼がもう悪いニュースを聞いていることが分かった。しかし彼は、ケネディ大統領自身がこのアポロ計画の達成期限を決めたのだから、ケネディ大統領は我々が前進し続けることを望んでいるだろうと私に話した。

二人だけで図面が決められた通りに修正されていることを無言のまま確認し、図面にサインをし、運命的な一九六三年一一月二二日の日付を記入した。作業が終わったとき、技術部の部屋にはほとんどだれも残っていなかった。ニュースは午後遅くに入ってきて、ほとんどの人は、帰宅して悲しみにひたると共に、家庭でいやしを求めたいと思ったのだ。アポロ計画を始めた若い大統領の殉教とも言える死は、関係者全員にとって、全ての障害を乗り越え、彼が我々に課した目標を達成しようと強く決意させるものだった。

月着陸船に関するその他の変更

一九六四年後半から一九六五年にかけて、他にも重要な設計変更があった。前方ハッチは円筒形のドッキング・トンネルとドッキング・リングが付くために円形だったが、より大きな四角いハッチに変更され、ドッキング・トンネルやドッキング用の装備は取付けない事になった。この変更は一九六四年一〇月の、金属製モックアップＭ‐５号機の審査で、宇宙服を着てバックパックを背負った宇宙飛行士が、円形のハッチをくぐりぬけるのは難しい事が実証された事で確定した。月着陸船の二つのハッチでドッキングできる能力の放棄は、司令船のドッキング用ハッチが一つだけなので、それが故障すると月着陸船のハッチの数に関係なく、宇宙船間の移動は船外活動で行わなければならないと言う理由で決定された。四角い形で、ドッキング・トンネルがないため、前方ハッチからの出入りはずっとやさしくなり、月面に降りるための梯子の上端に、小型のプラットホームを付けることができるようになった。これで月面に降りたり、戻ってきて入るのがより安全で容易になった。

月着陸船の制限重量は一九六四年一一月に、再び引き上げられた。打上げ時で一四・五トン（搭乗員を含まず）になり、それに伴い推進剤のタンクの大きさも変更された。この重量増加はＮＡＳＡが行った、地球から月への軌道の見直しによる燃料量の削減、ランデブー時の司令船・支援船の燃料消費量の余裕分の削減により可能となった。月着陸船の着陸前の空中停止時間も一分削られて九〇秒になった。月着陸船の重量増加は、これがサターンＶ型ロケットから絞り出せる限界だった。月着陸船の重量増加の勢いは、毎月弱まる事を知らず、そのために、難しくて費用がかさみ、日程計画にも遅れをもたらす再設計に追い込まれる事が心配だった。数か月後には、重量増加は私の最大の関心事になった。

それに加えて、一九六五年二月に、数カ月に及ぶ設計検討の結果、ＮＡＳＡは月着陸船の電源を燃料電池から蓄電池に変更する事を承認した。この変更にＮＡＳＡは大賛成だったが、それはＮＡＳＡが月着陸船と司令船・支援船の双方のために開発中の、水素と酸素を使用する燃料電池システムが次第に複雑になって行く事に不安を感じたからだ。我々の当初の提案では燃料電池を使用する事になっており、契約後にグラマンは業者を募集したが、司令船・支援船用の燃料電池も開発しているプラット・アンド・ホィットニー社が競争に勝った。「全蓄電池型」の電源系統に変更するために燃料電池をキャンセルした時には、プラット・アンド・ホィットニー社はすでに二年間を開発に費やしていた。

燃料電池は水の電気分解と逆の原理で電力を作り出す。気体の水素と酸素を、ニッケル製の目が細かな金網がはいった触媒反応器で化合させ、電力と副産物として水を発生する。この装置はアポロ計画においては、重量当たりの発電量が蓄電池より大きく、そのため同じ能力なら相対的に軽量なのが魅力的だった。飛行時間が長くなるほど総使用電力量は大きくなり、重量的に蓄電池に対する燃料電池の優位性が高くなる。燃料電池から排出される水は、冷却に使えるし、飲料用にも使える可能性が有る事も有利な点である。

一方、燃料電池の主な欠点は、蓄電池に比較すると複雑な事だ。水素タンク、酸素タンク、反応室（セル）とそれに付随する配管、バルブ、圧力調整器、制御装置、計測装置が必要になる。それに対して蓄電池は自己完結型の装置で、蓄電池本体以外には電源系統に監視用計測装置と充電回路を組み込めば良いだけだ。

ＮＡＳＡの月着陸船技術部長のオーウェン・メイナードは、最初から月着陸船における燃料電池の必要性には懐疑的だった。ヒューストンでの契約交渉の最初の頃の会議で、彼は私になぜ蓄電池でなく燃料電池を提案したのかと質問してきた事がある。私は、電源系統の重量が二百キログラム以上軽くなるので、燃料電池を提案したと説明した。一年半後、燃料電池の設計が進むにつれて、その重量が増えてくると、メイナードはもう一度、燃料電池と蓄電池の比較検討を実施するよう指示してきた。燃料電池の重量が増加していくのに対して、蓄電池は技術が進歩して重量当たりの電力が大きくなり、重量が軽くなっていた。

グラマン社とＮＡＳＡは、蓄電池を用いた単純な電源系統を、重量的に燃料電池を使用した場合に近くできる方法を探しながら、両者の比較検討作業を六カ月以上、共同で行った。月周回軌道への慣性飛行中に電源を入れる機器を最低限にし、宇宙飛行士のバックパックの電池を再充電するのをやめることにより、月着陸船の必要総電力量を減らす事ができた。降下段の蓄電池は強制冷却だったのを自然冷却にし、五個の蓄電池を四個に減らすことで、さらに電源系統を単純化できた。信頼性計算の比較では、蓄電池の方が信頼性が相当高くなるという予測が確認できた。

ジョー・シェイは司令船・支援船用の燃料電池の開発で、初期のころの試験で問題が発生すると、この蓄電池と燃料電池の比較に、個人的に興味を持つようになった。彼はメイナードに、月着陸船で蓄電池に変更することの妥当性検証作業を、グラマンと一緒に集中的に行う事を勧めた。（司令船、支援船では蓄電池に変更する可能性は全く無かった。飛行日数が月着陸船の二日に比べて一〇日と長く、そのため蓄電池にすると重量の増加が大きすぎる。）二月中旬には蓄電池を使用する電源系統の設計を完了した。燃料電池に比べて重量は九〇キログラム重くなったが、信頼性が向上し、運用上も簡単になるので、この重量増加は許容できると考えた。ＮＡＳＡのメイナードと私は共同でこの変更を提案し、シェイは検討結果を精査し、月着陸船の開発日程への影響も考慮した上で提案を承認した。

月着陸船の大きな設計変更は、最終の後期型四機について、月面滞在時間の延長のための変更と、月面車の追加、科学調査用機器の搭載量増加を行ったのを除けば、燃料電池から蓄電池への変更が最後だった。一九六五年の前半からは、月着陸船の技術作業は、宇宙空間と月面専用の有人宇宙船を設計するという、冒険的で創造的な挑戦から、細部にいたるまで図面化し、月着陸船が確実に任務を果たせることを試験と解析で証明する、根気と忍耐を必要とする作業に移って行った。月着陸船の主任設計者として、私は次の三点に特に注意を払った。図面を期限通り出図すること、月着陸船の重量を制限内に収めること、重大な技術的問題を解決することの三点だ。技術作業の楽しい段階は終わった。残されたのは、実際に設計、製造、試験をやりとげて、月着陸船がその大胆な目標を達成できるようにするか、それとも失敗して人類の知的な思い上がりを象徴する存在となってしまうのかが決まる事だけだった。我々は不可能にも見えた開発を、一歩ずつ段階を踏んで進める事でやり遂げ、月着陸船の製造は、製造工程を基本作業まで分解する事で、普通の作業者でもできるようにした。私はこれからの月着陸船の開発、実用化と言う歴史的な任務を、グラマン社が達成できる事に自信を感じていた。

第6章　モックアップ

私は十代の頃、上手ではなかったが、模型飛行機を作るのが好きだった。バルサ材の骨組みに紙を貼り、ドープや塗料を塗ってピンと張るようにする仕上げ工程が特に好きだった。模型を作るのが私より上手な同級生とよく一緒に作り、手伝ってもらって格好良い模型飛行機を何機か作った。私の模型飛行機の大半は、外観が格好良い機体を、その細部まで表現したものだった。ゴム動力で飛ばすことができる模型で、作るとちゃんと飛ぶことを確認していたが、私の関心は飛ばす事より作る方が主だった。模型の中でも特に手間をかけて作ったのは、低翼単葉のワコだった。複座の操縦席に可動式の風防をかぶせ、星型エンジンを模擬し、固定脚に流線型の整形カバーを付けた。濃い青と白に塗装したその模型は、私の模型の中でも一番見栄えのするものだった。

うれしい事にまた模型を作れる事になった。今回は月着陸船の実物大模型であるモックアップだ。モックアップは複雑な形状と構造の月着陸船について、装備品の取付状況を確認し、宇宙飛行士や地上作業員が飛行、打上げ準備、整備の際に必要な作業ができる事を確認するために必要だった。ヒューストンでの契約交渉の結果、月着陸船の全体モックアップや部分モックアップを、何種類も作成することになった。その後、数カ月検討して、最初の一年間では三種類のモックアップの製作をする事にした。上昇段と搭乗員区画を対象とした木製のM‐1号機、機体全部を対象とした木製のＴＭ‐１号機、機体全体を細部まで模擬した金属製のＭ‐５号機の三機だ。

モックアップＭ‐１号機

搭乗員区画の設計が、平面を使用した筒形の形状で、搭乗員が立って操縦し、窓は三角形で斜めに傾けた形に決まって来ると、その妥当性を合板と発泡スチロール板で作った搭乗員区画の前半部分の簡単なモックアップで確認した。そのモックアップを基に、もっと完全な形のＭ‐１号機の製作用に、上昇段のタンク、ロケットの排気ノズル、電子機器区画、アンテナ、その他の外部装備品を追加した図面や見取り図を作成した。一九六三年の春と初夏の期間をかけて、各設計班はこのモックアップの細部までの図面を作成した。ＮＡＳＡのＭ‐１号機の正式な審査は九月中旬に決まった。

ＮＡＳＡの審査員名簿を見た時、期待が高まるのを感じた。面識があったり、定期的に顔を合わせるギルルース、ファジェ、メイナード、レクターなどに加えて、マーキュリー計画の宇宙飛行士と、有人宇宙飛行運用部長のウォルター・ウィリアムズが含まれていたのだ。マーキュリー・セブンの宇宙飛行士達、スコット・カーペンター、ゴードン・クーパー、ジョン・グレン、ガス・グリソム、ウォリイ・シーラ、アラン・シェパード、ディーク・スレイトンは世界的に有名な宇宙飛行士のパイオニアだった。彼らがベスページ工場へ来て、仕事の仲間として我々と一緒に作業するのだ！　私は彼らに会うのが楽しみで、彼らの貴重な宇宙体験からいろいろと学びたいと思った。

Ｍ‐１号機は五番工場のモックアップ室に設置されたが、同じ建物内で海軍の機体のモックアップ審査も行われていた。五番工場はほぼ正方形で、広くて天井が高く、床は黒いアスファルトの磨きタイル張りで、壁は軽量コンクリート・ブロック製だった。天井には大型の鉄骨トラス構造が屋根を支えているのが見え、そこから何列もの蛍光灯照明が吊り下げられていた。大型のモックアップを室内で移動させるために、天井クレーンが設置してある。天井までは三階分の高さがあった。片側の壁の二階と三階の高さの部分には、壁の向こうの試験室と基本設計部に通じるバルコニーと細い通路があり、腰の高さまでの金網の柵がついていた。この部分は「空中庭園」と呼ばれていた。バルコニーからは審査中のモックアップ会場の全体を見渡すことができた。モックアップの追加の照明用に、必要な場合はスポットライトを天井とバルコニーに設置する事ができる。Ｍ‐１号機には特別な照明は不要だったが、低い段の上に設置したので、登りやすくするための階段は必要だった。モックアップの前には、金属製の会議机と演壇を置き、肘かけ付きの折畳み椅子を何列か並べた。巨大な室内用の拡声装置として、小型のスピーカーと演壇にマイクロフォンを準備した。

一九六三年九月一六日、モックアップ室はＮＡＳＡとグラマン社の関係者でいっぱいになり、室内は忙しそうな話し声でざわめいていた。ジョージ・ティタートンとジョー・ギャビンが来訪者に、グラマン社にとって初めてのアポロ計画の正式な審査への参加に謝辞を述べ、ボブ・ギルルースが、モックアップ審査が行える事と、グラマン社がアポロ計画のチームの一員に加わった事をうれしく思っていると挨拶した。大人数のＮＡＳＡの審査チームのために、その他にも会議机と椅子が用意されていた。ウォルター・ウィリアムズとマーキュリー計画の宇宙飛行士達は、モックアップの正面中央のギルルース、メイナード、レクターの隣に着席した。宇宙飛行士達は、恐縮しながらやって来るグラマンの社員に、審査が始まるまで忙しくサインをしていた。

続く二日間、宇宙飛行士と技術者達はＭ‐１号機のあらゆる部分を詳しく調べ上げた。グラマン社の乗員用システム班のリーダーのジョン・リグスビイとジーン・ハームス、人間工学班長のハワード・シャーマンは、ＮＡＳＡ側担当者のヒューストン乗員システムグループのジョージ・フランクリン達と一緒に、宇宙飛行士達に月着陸船の室内で行う様々な作業を実際にしてもらった。宇宙飛行士達は着陸船の船室に、バックパックの模擬品（できが悪く、窮屈過ぎた）を背負って前方ハッチから出入りをし、操縦装置のハンド・コントローラーを動かし、操縦士、副操縦士の位置から窓を通して見える視界を確認し、表示装置や操作機器を評価し、室内の装備品収納場所を確認した。月着陸船を操縦している時や、休憩したり睡眠を取っている時の、体を支える方法（拘束方法）を何種類か試して、それについて意見を述べた。宇宙飛行士達は操縦時の立った姿勢や、窓からの視界が広いことを気に入ってくれた。窓から前方の脚の接地パッドが見えるか質問があったが、それは見えるはずだった。宇宙飛行士のために、床の接地パッドの位置に、その大きさでチョークで円を描いて、窓から見えることを確認してもらった。

リグスビイとハームスは、飛行士が操縦する位置に立った時に、その位置を保つのを補助するための、鋼索をプーリーを介してばねで引っ張る装置を実演してみせた。この装置は片側の端を船室の床に固定し、反対側の端を宇宙飛行士のベルトにクリップで取付ける。操縦する位置に立った時に、宇宙飛行士のブーツを差し込めるスリッパ型の拘束装置も準備していた。多少の調整と修正をする事を条件に、これらの装置は宇宙飛行士に承認してもらえた。休憩や睡眠時に体が動かないようにする装置については、あまり賛成してもらえなかった。Ｍ‐１号機では、休憩する時は、上昇用ロケット・エンジンの腰までの高さの円形カバーの後方の後部隔壁にもたれかかり、睡眠時は網状のハンモックで体を拘束するようにしていた。これはしぶしぶ暫定的に承認してもらえたが、できればもっと良い方法を考えてほしいと要望された。

審査が進むにつれて、私達はＮＡＳＡの重要人物の間で、グラマンに対する態度に違いがあることに気付いた。何人か、特にボブ・ギルルース、ジョン・グレン、ウォリイ・シーラは、有人宇宙飛行チームに新規に加入したグラマン社に、とても歓迎的で協力的だった。彼らは月着陸船を設計する上で役立ちそうな経験を、我々に熱心に話してくれた。それも我々を専門的能力を備えた仲間、同輩として扱ってくれ、率直な態度で話してくれた。それとは異なり、特にウォルター・ウィリアムズとアラン・シェパードは、グラマン社を宇宙関係では修行中の新参者で、自分達とは同じレベルには無いと考えている事がはっきりしていた。それは直接的ではないが、彼らから漏れ聞こえてくる会話や、グラマンの担当者が発表している時に、互いにささやき合ったり、肘でつついたり、くすくす笑ったりすることで分かった。見下すような態度の人もいたし、侮辱的な態度の人までいた。メイナードやレクターはそんな様子を見て、我々に無視するよう助言してくれた。そんな態度を取るのは、グラマン社や我々に個人的に含む所があるのではなく、マーキュリー計画の宇宙飛行士の何人か例をあげて、彼らはだれにでもそんな態度を取ると話してくれた。

九月一八日にモックアップ審査委員会が開かれた。メイナードが審査委員長で、NASAではレクター、クリス・クラフト、ディーク・スレイトンが、グラマン社では私とカービーが審査委員だった。指摘事項は二、三〇しかなく、それらは簡単に処置できるものだった。大半は小変更か、すでに問題と分かっている事についてさらに検討をするようにと言うものだった。宇宙飛行士達が譲らなかった事項は、姿勢・飛行命令指示計（エイト・ボールと呼ばれていた）も含めて、両方の飛行士用に同じ表示装置を装備する事だった。M‐1号機ではいくつかの表示装置を二人の飛行士の共用にしていたが、それはベテランの宇宙飛行士達には受入れられず、我々はその要望に従うしかなかった。

審査委員会はM‐1号機を、双方が合意した変更を実施する事を条件に、合格にした。私は搭乗員区画の設計の基本方針が宇宙飛行士に受入れてもらえ、設計を進めていける事にほっとした。我々はアポロ計画における最初のハードルをクリアできた。それも余裕を持ってクリアできたのだ。

家に帰ると、妻は五人目の子供の出産が近づいており、その晩、妻は落ち着かず、気分がすぐれなかった。朝、妻は間もなくのような感じがするので、会社へは行かないように私に頼んだ。午前の中ごろにはハンチントン病院に入院し、しばらくすると体重四キロの可愛い女の子が生まれ、ジェニファーと名前を付けた。子供は昔ながらの方法で医師が取り上げ、私がかかわる余地はなかった。病院のロビーで心配しながら待っていると、看護婦が無事出産と知らせてくれた。出産後、新生児はすぐに妻から引き離されたが（その当時はどうしてこんな習慣だったのだろう?）、妻は子供を見たいと言い、看護婦は我々の宝物である子供を連れてきてくれた。私は新生児室のガラス窓越しに生まれたばかりの娘を見た。

M‐1号機の審査が終わったところだったので、私は二、三日休みを取り、意気揚々と妻と子供を、明るい日差しのなか家に連れて帰った。四人の息子達は歓迎のキスをした（唇には細菌が付いていたかもしれないが）。私は現在の境遇をとてもありがたく思った。私は全てに恵まれている。才能があり、美しく、愛情あふれる妻、五人の育ちつつある素晴らしい子供達、充実して楽しい職業人生。これ以上何が必要だろう？

モックアップTM‐1号機

次のモックアップは、月着陸船の上昇段、降下段を含む、木製の原寸大のもので、一九六四年三月のモックアップ審査までに反映できる細部設計の結果をできるだけ盛り込んだ。ここでの重点事項は搭乗員区画関連の事項、特に宇宙飛行士の体を支え、拘束する仕組み、表示装置と操作装置、装備品の収納方法、照明と、月面に降りる方法だった。上昇用エンジン、降下用エンジン、環境制御系統の装備品、レーダーアンテナ、通信用アンテナなどの装備品については、それらの精密な模型をモックアップに組み込むことができた。宇宙飛行士が月着陸船を操縦するハンド・コントローラーの、操作可能な模型が両方の操縦席に取付けられ、支持、拘束用の装備を付けた状態で操縦する位置に立って、操縦装置を動かす際の感触を確かめることができるようになっていた。

M‐1号機の審査以降に、設計が変更された箇所は全て大急ぎでTM‐1号機に反映されていた。技術者の手書きのスケッチや現場指示によって作成した部分もあった。そのため、三月二四日にモックアップ審査が開かれた時には、審査員にはその時点の最新の設計になっている月着陸船を見てもらう事ができた。マーキュリー計画の宇宙飛行士では、ディーク・スレイトンだけがこの審査に出席した。他の飛行士達は、飛行の最盛期を迎えていたジェミニ計画の搭乗員に指定されていたため都合がつかなかった。一九六二年四月に選定された第二グループの宇宙飛行士の何人かが参加した。エド・ホワイトとピート・コンラッドは、月着陸船を特に詳しく見るように指示されて参加していた。

グラマン社はM‐1号機のモックアップ審査で、宇宙飛行士は特別な存在として対応する必要があることを学んだ。彼らと同じ職業の操縦士を通じて調整しないといけない。飛行機の操縦をしない技術者や管理者は、いかに有能であろうと、彼らから全面的に尊敬され評価される事はない。グラマン社の月着陸船のコンサルタントをしている操縦士のジャック・ステフェンソンに、彼の本来の仕事である技術的なコンサルタント業務、シミュレーターの操縦と開発関連の業務は続けるが、ＮＡＳＡの宇宙飛行士との連絡役を優先するように依頼した。ステフェンソンは海軍のベテラン操縦士だったし、空軍のテストパイロット学校修了の経歴を有している。彼は二七機種で四四〇〇時間以上の飛行時間を持ち、宇宙飛行士達と同じテストパイロットである。彼はグラマン社ではＡ‐６イントルーダー攻撃機で、複雑な兵装系統の技術開発試験と、搭乗員の操作性や機体との適合性の評価を担当する主任飛行士だった。ステフェンソンは月着陸船の提案では、内容の検討と提案書作成を支援し、契約後は月着陸船に専従していた。

ステフェンソンの仕事の範囲が拡がったので、彼に補佐を付けることにした。彼はスコット・マクラウドを選んだ。マクラウドは元は海軍の戦闘機パイロットで、後退翼のＦ９Ｆ‐５戦闘機を含め、多くのグラマン製の機体で飛行してきた。グラマン社では飛行試験部門で製造機の飛行試験を担当し、組立ラインで完成した機体の試験飛行を行っていた。ステフェンソンとマクラウドは、ＴＭ‐１号機で宇宙飛行士と一緒に仕事をし、共に問題解決に当たることで、宇宙飛行士達と個人的な連帯感を築いていた。

ＴＭ‐１号機の審査の前、我々は月面で外に出る方法をいろいろ考えていた。候補になった方法を評価するため、リグスビイとシャーマンは、「ピーターパン装置」と名付けた装置を設計した。これは鋼索とプーリーを使った装置で、モックアップ室の天井クレーンから吊り下げて、宇宙服を着た人間の重さの六分の五を負担する装置だ。この装置でおおよそだが、地球上の重力の六分の一である月面上の重力を模擬できる。試験をする人を胸、腰、腿のベルトでピーターパン装置に接続し、天井クレーンを試験する人の動きに合わせて動かすことで、月面上でどんな動作ができるか、どの程度難しいのかを評価することができた。

月面に出て行く方法、月面から月着陸船の船内に戻る方法をいろいろ試してみて評価した。我々は結び目でこぶをつけたロープを使って宇宙飛行士は月着陸船を出入でき、滑車を利用して科学機器と月面で採集した標本のコンテナーを上下できると思っていた。そのためには、宇宙飛行士がハッチから出てきて、ロープで降りる態勢を整えるために、その場で立つことができるプラットホームを前方ハッチの前の、脚の取付部の上に設置する必要があった。このプラットホームは「玄関ポーチ」と呼ばれていた。ステフェンソンとハームスは宇宙服を着た状態で、審査の数日前に試してみた。時間がかかり、難しいが、やれない事はないことが分かった。ピーターパン装置に慣れ、装置につながれた状態で動きまわるには、時間をかけて練習する必要があるので、評価ができる人間は限られていた。ＮＡＳＡの意見を聞く必要があると思った。

公式のモックアップ審査では八〇名のＮＡＳＡの技術者、宇宙飛行士がＴＭ‐１号機を審査し、百件以上の指摘事項が出た。その内の五二件が審査員会にかけられた。操縦装置の操作感覚や位置、船室内の装備品収納場所、サーキットブレーカーの位置、その他搭乗員区画内の細部を改善する事になった。宇宙飛行士のエド・ホワイトがまる一日かけて、グラマン社が提案した、月面に降りるのにロープを使い、滑車装置で荷物を上下させる案を評価したが、その結果、この方式は不合格と宣告されてしまった。ホワイトの意見では、これはよく行う普通の作業なのに、この方法は難しすぎるし不必要に危険だとのことだった。一九六四年五月を目標に、別の方法を考えてエド・ホワイトや他のメンバーにより、ピーターパン装置を使用して評価してもらうことになった。室内の照明、特に電子発光方式のパネルは改善が必要と判定された。照明の審査も五月に（月面へ出る方法の評価と同じ時）、宇宙飛行士により実施されることになった。

月着陸船が、上部ハッチに加えて前方ハッチでもドッキングできる能力が必要かは、ＴＭ‐１号機の審査チームが検討を行った。前方ハッチでのドッキングは、グラマン社が提案書で持ち出したものだが、冗長性確保のために必要とはされなくなっていた。必要理由で残っていたのは、ドッキングのために接近していく時、前方ハッチの方が見やすい事だった。月着陸船は司令船・支援船とのランデブーのとき、自分から近づいて行く事になっていた。月着陸船の操縦士は、ドッキングする際に通常の位置、つまり操縦用の位置に立って、前方窓から司令船・支援船を見ながら操縦する。もし月着陸船が月からの帰還時に前方ハッチでドッキングできるなら、ドッキングの最終段階で司令船の操縦士に月着陸船を捕捉しドッキングを行う操縦を引き渡す時に、月着陸船の姿勢はそのままで良い。上側のハッチを使用する場合には、最後に月着陸船の向きを九〇度変える事が必要になるが、そうすると上側のハッチと司令船のハッチの位置関係が見えない。

私は幾つかの理由から、前方ハッチのドッキングはやめても良いのではないかと考えた。そうすれば、前方用ドッキング・トンネルは不要になり、月着陸船の前方部の構造の設計で、ドッキング時の衝撃荷重を考慮しなくても良いので重量を軽くできる。また、前方ハッチをより大きくしたり、円以外の形状にする場合に、設計上の自由度が増す。さらに、ハッチのロック機構も単純化できるかもしれない。グラマン社とＮＡＳＡの技術者の双方から、操縦士の真上の天井に、ドッキングで接近して行く際に司令船を見られるように、小型の四角い窓を追加する案が提案された。

ＴＭ‐１機の審査の際に、宇宙飛行士のホワイト、コンラッド達がこの案を評価した。彼らは宇宙服を着て、通常の操縦位置に拘束されている状態で、頭を後ろにそらして頭上の窓から外を見てみた。彼らはこの上を向いた姿勢で、月着陸船の操縦と、計器盤と頭上の窓の間を視線を往復させる事は楽ではないことを確認した。しかし、彼らの結論は、この上を向いて行うドッキングのための操縦は、多少やりにくいが、できないわけではなく、無重力状態ではもう少しやりやすくなるかもしれないという事だった。宇宙飛行士の賛成意見に基づき、審査委員会は最終決定をする前に、ヒューストンの有人宇宙センターで一カ月の検討とシミュレーター試験をする事を認めたが、上部ハッチだけをドッキングに使用する案は有望そうだった。

ＴＭ‐１号機では電子機器の大半は、上昇段の与圧された船室の後方の外側に取付けた。電子機器（ブラック・ボックス）は、二列に向かい合った縦のラックに取付け、機器に地上整備の際に近づくために横にはしごを付けた。審査で各機器を一列に、後方に向けて縦のレールに取付ける、より簡単な装備方法がＮＡＳＡから提案され、検討をすることになった。

ＴＭ‐１号機の設計上の幾つかの検討事項について、ＮＡＳＡの審査を受けた。降下段の科学機器の収納場所、アンテナの位置、上昇段と降下段の間を船外活動で移動する際の飛行士の手すり、降下段のロケット・エンジンのノズルの地面からの間隔などの件だった。審査で話し合ううちに、これらの事項や他の事項についても、解決方法のアイデアがＮＡＳＡ、グラマン社双方から出された。社内の製造部門との検討会で、船室の前面の設計と製造方法についてもＴＭ‐１号機を利用して議論をした。船室の前面は平面になっていて、板金構造で内部の圧力に耐える設計で、複雑な形状と角度をしていて、前方ハッチや窓のような大型の開口部がある。私は重量を節約し、空気の漏洩を防ぐために溶接構造にしたかったが、形状的にそうできないように思えた。

ＴＭ‐１号機のモックアップ審査は楽観的な雰囲気で終了した。船室の設計の細部については多くの事項が解決し、未解決の問題の多くも、ＴＭ‐１号機を評価用に使用した事で、解決への道筋が見えてきた。その後の二カ月間、宇宙飛行士のホワイトとコンラッドは、ＴＭ‐１号機とピーターパン装置で評価作業を続け、グラマン社の搭乗員システム、構造設計、機構設計技術者は月面へ出て行くための、ずっと良い方法を考え出した。ハッチの前のプラットホームを大きくし、手すりを付け、前方の脚柱にはしごを取付けるのだ。宇宙飛行士は前方ハッチから後ろ向きに這い出し、そのままの向きでプラットホームを横切り、はしごを降りる。月面から戻る場合には、はしごに向かって立ち、プラットホームにはしごで上がり、ハッチを前向きのままくぐりぬける。月面の岩の標本を詰めた容器は、片手で運び（重力が地球の六分の一なので可能）、プラットホームに置いてから、ハッチの内部に押して入れる。月面に出て行く方法は、全体的に簡単で安全になり、より自然な感じになった。この設計は一九六四年五月のＴＭ‐１号機の補足審査で承認された。その補足審査では船室の照明と電子発光式のパネルも承認されたが、この電子発光式パネルはピート・コンラッドが熱心に推奨したものだった。ヒューストンにおける上部ハッチによるドッキングの検討作業の結果も良好で、月着陸船の前方ハッチを使用するドッキングの要求は削除された。設計部門と製造部門で検討を進めた結果、船室前面の構造は溶接とリベット接合を併用するハイブリッド方式が選ばれた。こうした重要な決定がなされたことで、計画されている最後の月着陸船のモックアップ審査に向けて、我々が月着陸船の設計と、月着陸船の基本的な使用方法の細部を決めていくための条件が整った。

M-5号機

ラスクと私はモックアップM-5号機を、部品の相互干渉の確認、機器の配置と操作方法の検討、製作方法の決定のための、精密な補助手段として利用するつもりだった。ほとんどの部分が金属製で、部品はスケッチ図ではなく、正確な寸法を指定している図面から作られる。M-5号機の製作は、月着陸船用の図面発行システムと形態管理システムの実地確認の機会であり、新しく編成された月着陸船製造部門にとって最初の試金石となるものだった。協力企業や購入先から、機器や部品の正確な模擬品を受領したが、それにはロケット・エンジン、姿勢制御用噴射装置、環境制御装置、タンク、アンテナ、飛行情報の表示装置と操作装置が含まれていた。物によっては船内の制御機器、手すり、拘束装置などのように実飛行用の試作品を使う事ができた。電気系統ではワイヤー・ハーネスとコネクター、流体用システムでは配管、機能部品に、実機で用いる規格の物を使用した。こうして取付けられた部品などは、実機の形状と取付け状態を正確に模擬しているが機能はしない。上昇段と降下段の表面には、実機の外面を覆う微小隕石用シールドを模擬した、薄くて光沢のあるアルミニウム・ホイルをかぶせた。きらきらと光る金属製の覆いをまとったM-5号機は、風変わりな宇宙生物の様に見えた。この奇妙な物体を作ったのは我々なのか、はたまた月に住む小人の宇宙人なのだろうか？　この月着陸船の姿は、月面にある方がしっくりするように思えた。

M-5号機の製作にはグラマンの図面が四百点以上と、それより多くの協力企業の図面が必要だった。一九六四年半ばになると、月着陸船設計部は、製造部門への図面発行スケジュールを守るための悪戦苦闘の、第一回目を経験することになった。間もなく我々の最大の関心事となる問題に初めて直面したのだ。ボブ・カービーはM-5号機の設計作業を自ら指揮し、月着陸船設計部からの出図の促進と、関連する他部門との調整を担当した。審査前の二週間は、設計部門と製造部門はＭ‐５号機を期限までに完成すべく、二交代で昼夜兼行、休日抜きで作業を続けた。

審査の一週間前に、困った問題が発生した。Ｍ‐５号機をモックアップ室に搬入して据え付けてみると、前方の脚柱を収納時の折り畳み位置から展開位置まで動かすのが、機体と設置してある床面との間隔が不足しているので、審査で実演できない事が判明した。Ｍ‐５号機は脚を展開した状態で床面に置かれているが、脚を折り畳んでから展開するのを実演しようとすると、折畳み機構の形状の関係で、脚が展開の途中で一時的だが、Ｍ‐５号機が置かれている床面より下がるのだ。足の下に台を置いてＭ‐５号機を上げれば、展開作動の実演に必要な間隔は確保できるが、Ｍ‐５号機はモックアップ室の床から七五センチ上になってしまい、それでは月面に出る作業の評価ができない。恥ずかしい事だったが、コンクリートの床に溝を掘り、そこを前方の脚が展開する時に通り抜ける案を採用せざるを得なかった。設計部門はこの問題を事前に予測できなかった事で、散々批判された。

審査は一九六四年一月六日に始まり、ＮＡＳＡの宇宙飛行士と技術者が百名以上参加した。審査は一〇月八日まで続き、その間、有人宇宙センター所長のボブ・ギルルース、マーシャル宇宙飛行センター所長のフォン・ブラウン、それにヒューストンの有人宇宙センターの幹部のほとんど全員が審査員に加わった。ＮＡＳＡはＭ‐５号機のできが良いのと、細部まで模擬されている事に好感を持ち、各部分を詳しく調べて審査を行った。フォン・ブラウンはとても喜んでいた。彼ははしごを上り、前方ハッチから船室に入り、内部を詳しく見て回った。外に出た時、プラットホームからマーシャル宇宙飛行センターの仲間に興奮した声で呼びかけた。「君たちもここまで上がっておいで。中に入ってごらん、素晴らしいよ。」（注１）

宇宙飛行士のロジャー・チャフィーが宇宙服と模擬品のバックパックを着用して、床面からＭ‐５号機に出入りするのを実際に行った。彼は前方ハッチをくぐりぬける際に、大きなバックパックが何度も引っかかるので苦労した。彼はカービー、リグスビイ、ハームスと一緒に、私にも出入りするのを見ているように要求し、確認作業が終わると、前方ハッチが円形なのは間違っていると宣言した。バックパックの角ばった形に合わせて、幅より高さが若干大きい、四角い形のハッチが必要だった。実演の結果に納得したので、彼の指摘事項が審査委員会に上程されると、我々は彼の意見に従うことにした。前方ハッチでのドッキングがなくなったので、円形である必要はもう無くなっていた。

M‐5号機の審査委員会はメイナードが議長で、私とカービーがグラマン側の委員として出席した。我々はモックアップ室の床の、M‐5号機の前に置かれた大型の会議机に、参加者に向かって着席した。机の上のマイクロフォンとスピーカーを使って話す事にし、指摘事項の提出者は演壇でスライドを大型のスクリーンに投影して、指摘事項の内容を説明した。会場には二五〇名以上が詰めかけ、座席は全て埋まり、はみ出た人は壁際に立っていた。ギルルース、フォン・ブラウン、宇宙飛行士とNASAの幹部も何人か来ていて、会場の混雑で発表内容を見たり聞いたりするのが難しいのに、議事の進行を興味深そうに見守っていた。全部で一四八件の変更が提案され、委員会は一二〇件を承認した。大半の変更は軽微なもので、大がかりな再設計を必要とする変更はなかった。前方ハッチの形状変更さえすぐに対応可能だった（注2）。マックス・ファジェはモックアップにとても感心して、設計用モックアップはかくあるべきだと言ってくれた。彼はノースアメリカン社のモックアップは、もっぱら販売促進用の小道具で、グラマン社のものは技術部門の設計用の物だと言ってくれた。

M‐5号機の審査は、グラマン社の管理職達にとって、NASA側とアイデアを交換し合い、彼らの関心事や見解を知る良い機会だった。ギャビン、ムラネイ、ラスク、私の全員が、マックス・ファジェ、クリス・クラフト、宇宙飛行士のチャフィー、ホワイト、コンラッドとの意見交換で得るものが多かった。ファジェは才能に恵まれ、鋭い直感力を持つ航空宇宙分野の設計者だった。彼は実際に自分の目でM‐5号機を見て、設計をもっと改善したり単純化する事について、多くの非公式な提案をしてくれた。彼は月面に出るためのはしごとプラットホームはとても気に入ってくれたが、チャフィーと同じく、ハッチをもっと大きく、角型にする事を勧めた。

クラフトは探査任務と飛行運用の観点から審査してくれた。彼は月着陸船の内部で、宇宙飛行士が様々な作業で必

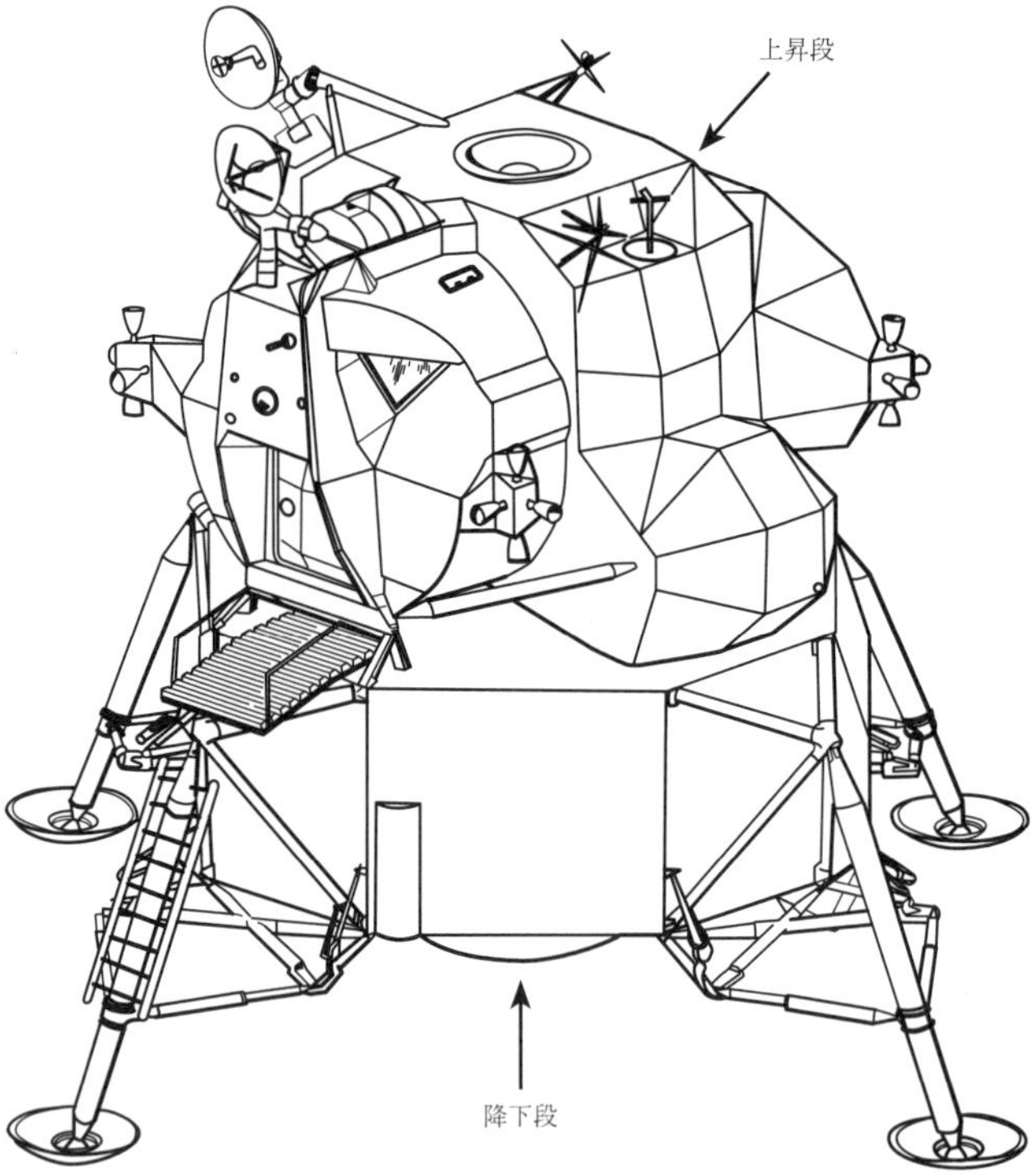

月着陸船の最終的な形態（ノースロップ / グラマン社提供）

要となる行動と、地上の飛行運用関係者がそれをどのように支援したら良いのかを我々に質問した。彼は宇宙飛行士関連の設計上や運用上の事項を、もっと簡略化できないか再検討するよう要望した。彼の言葉で我々は搭乗員の時間と体力が、推進剤、水、電力、酸素と言った他の消費物資に比べて、もっと大事な事をしっかりと認識できた。貴重な搭乗員の時間と体力を、できるだけ節約できる設計にしなければならない。宇宙飛行士達は彼らが操作したり、使用する物を評価し、改良することにはとても協力的だった。中でも特に、操縦席、計器盤、飛行制御装置、装備品収納場所、ドッキング操作方法とそのための装置、宇宙船から出入りするための設備に関して、彼らの細部にわたる指摘、提案は月着陸船の成功にとても役立った。あらゆる細部まで彼らは目を配り、指摘、提案は実用的かつ単純で、適用しやすかった。

Ｍ‐５号機の審査は、ＮＡＳＡが月着陸船の設計を承認して終了した。基本設計段階はこれで終わった。これからはこの実物大のモックアップを、実際に機能し信頼できる月面着陸用の宇宙船に仕上げるのがグラマン社の使命だった。私も同僚も、この設計全般に係るＮＡＳＡの審査に合格したことを、とても誇りに感じた。また、必要な設計変更もその程度や範囲は大きくないことにほっとしたが、すぐ分かるような変更事項にはもっと前に気付けば良かったと反省もした。

Ｍ‐５号機の審査委員会の閉会後、私は自分のノートとメモを持って、参加者が帰った後にＭ‐５号機の室内に入って、もう一度、内部を見まわしてみた。それからはしごを降りて、宇宙船の回りをゆっくり歩いた。私の目に映ったのは、このモックアップを実用の宇宙船に仕上げるのに必要な、数千に及ぶ詳細な設計が必要な部分だった。モックアップ室はほとんど無人になり、誰かが室内の照明を消し始めた。薄暗くなった中で、私はもう一度Ｍ‐５号機を眺めた。そこに立つ奇妙な形をしたＭ‐５号機の姿に、将来のある日に、不思議な、荒涼とした別世界のような月面に立つ、月着陸船の姿を重ねて見ていた。その日を実現させるために、我々がなすべきことは山ほどあった。急いで取りかからねばならない。

第7章――図面発行に苦戦する

基本設計が終わると、月着陸船の技術作業の重点は、製造部門が使用する図面、仕様書、その他の技術書類を発行することに移った。毎週のプロジェクト会議は、出図計画に対する進捗状況を調べ、各所で生じている遅れを回復するための対策の検討に時間が掛るようになった。月着陸船の総括責任者のボブ・ムラネイはこうした会議で技術部門に厳しい姿勢だった。技術部門が約束した出図予定を守れなかった時は、はっきりと不快の念を示した。出図遅れは繰り返し起きたので、技術部門は計画管理面では信頼を失った。ラスクと私はこの慢性的な問題を解決しなければならなかった。

毎週の設計会議で、ボブ・カービーと設計のリーダー達は進捗状況を調べ、問題があれば解決方法を考えた。まだ細部設計の初期段階だったので、作成が必要な図面点数の予測は航空機用の推定方式を用いて、重量と複雑さを考慮して算出した大まかなものでしかなかった。図面の予想点数は設計内容がだんだん具体的になるにつれて増え続け、一週間で百点以上増えることもよくあった。グラマン社が契約に基づいて設計し製造する納入品目も絶えず変わっていた。サブシステムの適合性を証明するためにどのような試験が必要かを検討すると、その結果によっては、納入品目になっている試験用供試体や試験装置が、追加されたり削除される事があった。最大の未知数は地上支援機材だった。地上支援機材が関係する部分の月着陸船の設計が終わり、飛行中の使用方法や地上での試験方法が決まらないと、地上支援機材の内容が確定しない。私は地上支援機材では、脱出不能な泥沼にはまりこんだように感じた。地上支援機材のこのあいまいな状況を打開するには、何か思い切った行動が必要だった。

図面作成作業量の予測値は容赦なく増え続けた。一九六五年から一九六六年にかけて、予測図面点数は数千点から五万点以上に増加し、その内の一万点以上が地上支援機材の分だった。また、仕様書と購入仕様書は約千点、試験、点検用の手順書も数百点が必要だった。計画全体が変動する作業量予測に振り回され、計画管理担当や製造部門は技術部門が納入品目の内容を決めるのを待つしかなく、しっかりした製造工程計画、日程計画、費用見積もりができないでいた。

一九六五年と一九六六年は、週別や月別の図面の発行予定点数のグラフを描いてみると、山の様な作業量をこなさなければならない事は明らかだった。グラフには内訳として製品別の必要図面、つまり飛行用の機体、試験用の機体、モックアップ、試験装置、特殊試験機材、地上支援機材別の点数が描かれていた。図面発行予定のグラフは、二五番工場のスライド式の黒板に掲示されたが、そこでジョー・ギャビンとボブ・ムラネイは毎週、計画管理会議を行った。発行予定の線に対して実績が記入されたが、それは予定より遅れていた。グラフには、それまでの遅れを回復するための新しい目標期日や、最新の予定図面点数が書き加えられた。発行計画を修正し、実績を記入するために、ボブ・カービーと設計部門のリーダーは多くの時間を費やした。

ある日の午後遅くに、ほっそりとして金髪でそばかすのある男性が、自分の希望を話すために私の部屋にやって来た。彼の名はビル・クラフトで、元は構造設計をしていて、その時はE‐2Cホークアイ設計チームの副主任技術者をしていた。彼は良い地位にいたが、宇宙計画に魅力を感じ、私の下で月着陸船の仕事ができないかと思ったのだ。我々は夕方まで話し込んだ。我々の相性は良さそうだった。図面を作成し、製造部門と一緒に現場で問題解決をしてきた彼の知識と経験に感心した。また、彼の協力的で率直な態度も気に入った。頭を傾け、目を細めて彼は私に話しかけた。「僕にはあなたが考えている事が分かりますよ。自分の仕事を狙っている奴が来たと思っているんでしょう。でも僕はあなたに取って代わろうなんて思っていませんよ。僕は図面を早く仕上げさせ、現場がその図面で物作りをするのを手伝った経験は有るんです。あなたは今、そんな人間を必要としていると思うんです。」

ラスク、ムラネイ、ギャビンと相談したが、全員がクラフトと仕事をしたことがあり、高く評価していた。私は彼に副主任技術者になってもらった。クラフトが最初に取組んだのは、図面の発行を速めるのと、製造部門と図面発行計画を調整し、内容を説明する事だった。彼は難しい仕事に熱心に取組み、忍耐力と折衝能力で、適切な図面発行計画を設定し、期日通りに発行する事に大きく貢献してくれた。

地上支援機材

地上支援機材（ＧＳＥ）については、地上支援機材の設計部と製造部が参加する定例会議を毎週行う事にした。地上支援機材の納入品目は多種多様かつ複雑であり、飛行用の機体とは異なる分野のものだからだ。地上支援機材は航空宇宙業界では比較的新しい専門分野だったが、その重要性はこのところ急激に大きくなっていた。グラマン社では地上支援機材は生産技術部の材料・工程グループが設計していたが、このグループはもともとは冶工具の設計と、特殊工程用の機材、作業要領を製造部門に提供するためのグループだった。地上試験機材を製作するのは、製造部門の冶工具職場か、機械装置とか流体装置を扱う機材・工程職場が行っていた。こうした職場は小さく、比較的お金もかけられておらず、飛行機そのものを製作する本流の製造部門、生産技術部門からは孤立した存在だった。

月着陸船計画では、地上試験機材設計部は私とラスクが担当し、我々二人とシステム技術部門、サブシステム技術部門が、作業を指示する事にした。航空機（またはミサイル）設計部門ではなく、生産技術部に属する組織だったので、彼らの伝統と文化は違っていた。月着陸船の製造部門に組み込まれた、装置・工程グループについても同じことが言えた。こうした地上支援機材のグループとは、私はそれまでほとんど関係がなかったので、勉強することが多く、これから一緒に働いて行く上で、多くの人と良好な関係を構築する必要があった。

数百の地上支援機材の品目が決まったが、その品目はさらに増え続けた。様々な種類があったが、一番複雑なものはＮＡＳＡへ納入するものだった。そうした品目には、「６１０３３酸素補給カート」のように、五桁の製品番号と品目名が与えられた。ベスページ工場における月着陸船の最終組み立てと試験に使用された後、こうした納入品はそれが使用される月着陸船と一緒に納入され、ケネディ宇宙センターやホワイトサンズ試験場で使用された（グラマン社はニューメキシコ州にあるＮＡＳＡのホワイトサンズ試験場で、ロケットの高々度試験施設を運用しており、そこで月着陸船の上昇用推進システム、降下用推進システム、姿勢制御装置の作動試験を行った）。工場支援機材と工場試験装置は納入用ではなく、グラマン社内での組立や試験で使用される。この種類のものは、「３０２２上昇段作業用足場」のように、四桁の識別番号が与えられた。アダプター、試験用の配線キット、取付用キットなど、こまごまといろいろな品目があり、必要になった時に製作したり改造して使うことがよくあった。地上支援機材図書グループは、こうした装置の取付作業説明書や使用方法説明書の作成を担当していた。

ＮＡＳＡのジョー・シェイは、ノースアメリカン社もグラマン社も地上支援機材への取組みが不十分だと知って、彼の部下で最も強力な管理者の一人であるロルフ・ランズクロンを、地上支援機材の「皇帝」に任命した。人使いが荒く、献身的で博識なランズクロンは地上支援機材の問題に、取りつかれたように取組んだ。黒い髪をオールバックにし、黒い角縁の眼鏡を掛け、ダークスーツを着たランズクロンは、航空宇宙関係の管理職と言うより弁護士のように見えた。

力強いリーダーシップで、彼はすぐに月着陸船の地上支援機材関係者の尊敬を集めるようになった。彼は厳格な監督者だったが、しかし他の人に対するのと同じように自分にも厳しかった。彼の核心を突く鋭い質問や意見は、個人攻撃である事は滅多にないが、我々の間違いや欠点を容赦なく暴き出すものだった。

ランズクロンは我々全員に、緊急事態である事の認識を叩きこんだ。彼の言いたい事は単純だった。月着陸船の地上支援機材の混乱状態は、早急に解消し適切な管理下に置かなければならない。そうしないとアポロ計画全体がグラマン社の無能さゆえに遅れてしまい、その結果、関係者全員にとって大変な結果になると言う事だった。彼は毎週、ベスページ工場で地上支援機材の会議を行ったが、そのために前日にノースアメリカン社でも同じような会議を行った後、ロスアンゼルスから夜間便の飛行機で駆けつけてきていた。会議は朝早く午前七時からだった。グラマン社の通常の始業時間の午前八時は彼にとっては遅すぎた。グラマン社の地上支援機材関連のリーダー全員が二五番工場の大会議室に集められた。ランズクロンは彼らに向かって座ると、全ての地上支援機材の納入品目について、順を追って進捗状況、問題点、対応策を報告させた。大きな掲示板が用意され、そこに納入品目ごとの進捗状況表が掲示された。

会議は長時間続き、つらいものだった。ランズクロンはあいまいな答えを許さなかった。彼が質問する人間が、言い訳の中で誰か別の人間のせいだとほのめかすと、ランズクロンは直ちにその人間を会議に呼んで、その是非を確かめるよう指示した。もし報告内容が不十分だった場合は、その部分を会議が終わるまでに調べさせ、報告させた。会議は昼食のための中断もなしに、午後八時、九時まで続くこともよくあった。会議の初めにランズクロンは机の上に、目立つようにリンゴと一杯の水を置くが、それは全員が知っているように彼の昼食なのだ。グラマン側の人間は弁当を持ってくるか、一人二人でそっと抜け出し、五番工場のカフェテリアで大急ぎで何か食べていた。

最初に何回かこの地上支援機材の会議を行った後、ランズクロンはギャビン、ムラネイ、私に地上支援機材の管理に関する会議を開くよう要請した。会議で、彼はグラマン社の状況に衝撃を受け、困惑していると話した。冷静かつ体系的に、彼はグラマン側のデータを基に、グラマン社が地上支援機材の日程計画に対して何の進捗もしてないばかりか、さらに遅れが拡大し続けている事を指摘した。彼の衝撃的な評価は、グラマン社のＧＳＥの管理職は能力が無く、グラマン社は会社として地上支援機材関連の能力が不足していると言うものだった。彼は経営側からの強力な対応策を要求した。ギャビンとムラネイはグラマン社が地上支援機材の面では能力が不足している事を認め、対応策を決めるのに時間がほしいと言った。そうだろうとランズクロンはにやりとしながら、二週間の猶予をくれた。彼が部屋を出て行く前に、次回の対策効果確認会議の日取りが決められた。

私はその時には知らなかったが、地上支援機材については、ＮＡＳＡからの圧力に加えて、海軍からの圧力も強くなっていた。海軍はグラマン社の航空機と複雑化しつつある機体の各システムについて、会社として、艦上運用と整備に使用する地上支援機材をもっと増強するよう求めていたのだ。その結果、グラマン社の社内の組織は大きく変わって、総合後方支援（ＩＬＳ）のために新しい部門が作られた。これまでの伝統的な技術、飛行試験、製造と言った部門と同格の組織として、総合後方支援部はグラマンの航空機や宇宙船が運用される場面で、運用者を支援するのに必要な全ての活動と、製品の使用に責任を持つことになった。その担当範囲には、地上支援機材の設計と製造、補用品の選定、後方支援所要分析、技術刊行物と取扱説明書が含まれていた。それまでの材料・工程技術部と特殊工程用機材・作業要領製作部も新しい部門に入り、総合後方支援部の人員が増えたため、技術部門と製造部門の作業場所の一部を移動させて場所を作った。この新しい組織の部長に選ばれたのはエドワード・ダルヴァだった。彼はグラマンの古参社員で、Ｗ２Ｆ早期警戒機、Ｅ‐２Ａ早期警戒機システムの開発で、主任技術者、管理職を担当した実績があった。ダルヴァはそれまで無視されてきた日陰の活動に、活力と「やればできる」精神を巧みに吹きこんだ。彼は総合後方支援分野におけるグラマンの売上を大幅に増やし、会社の経営基盤の一角を担う重要な分野に仕立て上げ、グラマンの製品の総合的な能力を向上させる事で、顧客の満足度を高めた。

しかし月着陸船計画では、地上支援機材部門が立ち直るのを待っていることはできなかった。今すぐ助けが必要なのだ。ギャビンとムラネイは月着陸船の地上支援機材の管理体制を強化しようとした。グラマンの月着陸船の地上支援機材主任技術者のディック・スピナーと、製造部門の部長のボブ・ワジェンセルは、ランズクロンには全く歯が立たなかった。ランズクロンの猛攻の前に、気の毒なほどしおれてしまうことがよく有った。Ｆ10ＦやＦ‐１１１計画で実績を残し、鋭い感覚を持つ技術者のジョン・クールセンが技術部門を、特殊工程用機材・作業要領製作部の副部長のトニイ・オッドが製造部門を担当する事になった。二人は、月着陸船の地上支援機材の管理体制を強化するため、他から有能な人材を引っ張ってきた。ギャビンとムラネイは、社内の治工具や特殊工程用機材・作業要領製作用のあちこちの現場に分散していた、月着陸船の地上支援機材の製造と試験設備を一か所にまとめると共に、能力を向上させる計画にも着手した。ランズクロンとの短時間の対策状況確認会議で、こうした変更が説明されると、彼は分かったと頷き、新しい担当者が成果を上げる事を期待していると言った。

私が地上支援機材にかける時間が増え、ランズクロンの毎週の会議は、短時間の時もあったが可能な限り出席した。それでも自分が主催する地上支援機材技術部との二週間に一回の会議は続けていた。地上支援機材に慣れて来ると、地上支援機材のベテランのように振る舞い始めた。地上支援機材の品目名を、その四桁や五桁の番号で考えたり、言ったりした。時には、地上支援機材の会議での会話は、ジョークの番号を誰かが叫ぶと他の人達が笑ったと言う、伝説的なお笑い芸人の大会のように聞こえるときがあった。

一九六六年遅くには、月着陸船の地上支援機材製造部門は、ロングアイランドのショセットにある改装された建物に移った。この建物は、前の持ち主のスポーツ用品チェーンの名前をとって、ダベガ・ビルと呼ばれていた。地上支援機材の設計、製造の要員が大幅に増員され、クールセンの効果的な指揮と彼のチームの熱心な努力、それに加えて会社の総合後方支援部門の支援が増えた事により、地上支援機材の状況は徐々に好転した。納入品目は変更がなくなり、スケジュールを作成しそれを守る能力も向上した。一九六七年前半の最盛期には、地上支援機材の設計、製造部門では千五百人以上が働いていた。地上支援機材の合計金額は、一九六二年に契約した時の月着陸船全体の金額以上になった。計画の最初のころには地上支援機材がいかに過小に見積もられていたかが分かる。

ランズクロンはシェイにより、アポロ計画で難航している他の会社を担当させられたが、一九六七年に組立工程と検査でいろいろ問題が生じると、グラマンに再び来るようになった。彼の指導は、対応するのが苦痛だったが効果的であり、グラマン社とアポロ計画全体の成功に大きく貢献した。

形態管理と日程計画

アポロ計画の管理作業は、その対象範囲、関係先の数、計画の構成要素間の相互関係の多さで、航空宇宙業界でこれまで例を見ない壮大な作業だった。アメリカ全土に拡がる数千の機関や会社の、一七万五千人以上の作業について、それらの作業と成果をうまく組合わせ、日程を合わせ、その製品が他の製品と関係する場合には、技術的なインターフェース用の資料を作成する必要がある。関係各社の相互に関係する日程計画を設定し、進度を把握しなければならない。予想外の試験の失敗や納入の遅延で、技術的な作業方針や計画の変更が必要になった場合には、こうした日程計画全体を、迅速に改定できなければならない。

このような複雑な管理に対して、ＮＡＳＡは空軍や海軍の開発中の弾道ミサイル計画を手本にした。空軍からは形態管理、海軍からはＰＥＲＴ（計画評価審査手法）と言った重要な管理手法を採り入れる事にした。

形態管理はアトラス、タイタン、ミニットマン弾道ミサイル用に開発され、使用された手法で、航空宇宙関連の飛行体とその地上支援機材について、その形態を組織的、体系的に、細部に至るまで定義し管理する手法である。実際の飛行体が図面の指定と異なるために、予期しない故障を起こす事を防ぐため、ミサイルや宇宙船の膨大な数の部品、構成品を厳密に管理する事が必要不可欠なのだ。ＮＡＳＡの有人宇宙飛行計画の指導者達は、有人準軌道飛行を実施する前の最終確認としての、無人のマーキュリー宇宙船をレッドストーン・ロケットで打上げるのを見ていたときの恐ろしい出来事で、早くからその教訓を学んでいた。ＭＲ‐１と呼ばれたその宇宙船は、一九六〇年一一月二〇日、発射台上で無惨にもおそろしい失敗をしてしまった。レッドストーン・ロケットが点火され、数秒後に発射台から少し上がった所で、突然エンジンが停止した。レッドストーン・ロケットは発射台に戻ったが、マーキュリー宇宙船は、打上げから着陸までを対象に事前にプログラムされていた緊急手順に従い、緊急避難用のロケットに点火してレッドストーン・ロケットから分離し、レーダー捕捉用のチャフを放出した後、ドローグ・シュートを放出してメイン・パラシュートを展開させ降下した。レッドストーン・ロケットは何の支えもなく発射台に立ったままだったが、燃料タンクは加圧状態のままで、管制室からの制御回路は切れていた。幸い火災や爆発は起きず、最終的にはＮＡＳＡの作業員が勇敢にも発射台に行って、作動待機状態にあるレッドストーン・ロケットを作動停止状態にすることに成功した。

この事故の原因は形態管理の失敗であることが判明した。ロケットの実際の部品が設計通りではなかったのだ。前回の打上げの後、作業員が今回のロケットの下端に差し込むプラグのピンの、二本の内の一本を六ミリ削った。このプラグは打上げ塔の根本からレッドストーン・ロケットの底部に差し込む配線のプラグで、彼は削ったことを誰にも言わなかった。設計では、ロケットが二・五センチ上がったところで、底部のプラグが抜け、レッドストーン・ロケットは内部電力に切り替わる事になっていた。しかし、二本のピンのうち一本が他より早く接続が切れると、ロケットのエンジンは直ちに停止する回路になっていた[訳注１]。コネクターのピンの一本を削ってもう一本より短くした事で、まさにこの事態が生じた。レッドストーン・ロケットが発射台の上で派手な爆発を起こさなかったのは、ＮＡＳＡにとって非常に幸運だった。そのような事態になっていたら、有人宇宙計画全体が中止に追い込まれていただろう。この際どかった事件は、ギルルースやフォン・ブラウンを含めて、その場に居合わせた全員に、ＮＡＳＡ全体で統制のとれた形態管理活動が必要だと決心させた(注１)。

空軍の形態管理システムは徹底的で厳格なもので、「３７５シリーズ」と呼ばれる五巻のマニュアル（業務実施要領）にまとめられていた。ＮＡＳＡは若干の修正を加えた上でそれを採用し、その実行方法の教育を契約先の会社に対して行った。私は空軍の形態管理の講習を受講し、その後でＮＡＳＡのビル・レクターと月着陸船にはどうやって適用したら良いか話し合った。Ｍ‐５号機のモックアップ審査が、形態管理マニュアルで言う所の、計画の内容確定段階の完了に相当する基本設計審査であろうという事には二人の意見が一致した。基本設計審査の後は、形態の大きな変更はＮＡＳＡとグラマン社で構成される月着陸船形態変更管理委員会の事前承認を得ないと適用できない。無人の月着陸船の設計開発段階は、ＬＭ‐１号機の引き渡しの前の細部設計審査で終わり、有人月着陸船の設計開発段階はＬＭ‐３機の引き渡し直前に終わる(注２)。細部設計審査後は、形状、取付、機能に関する変更は、全ての部品、構成品について、形態変更管理委員会の承認なしには適用できなくなる。形態変更管理委員会と言う名前そのものに、この管理システムの厳格さや規律が現われている。形態管理を適正に実行するには、管理に関係する要員全てに対して、継続的に教育を行って、その重要性を教え込まねばならないが、その教育と関連情報の提供が大きな負担になる。海軍がまだグラマンの機体に形態管理を要求してきてなかったので、月着陸船がグラマン社にとって、厳格な空軍の３７５形態管理活動を経験する最初の機会だった。

ＰＥＲＴの日程計画作成・管理システムは、海軍のレイバーン提督によりポラリス潜水艦弾道ミサイル計画で、大型プロジェクトとしては初めて使用され、ミニットマン弾道ミサイルなどで改良版が使用された。国防省で計画管理用の標準手法として採用され、ＰＥＲＴの日程計画とネットワークの作成用に、コンピューターのソフトウエアがいくつも開発された。ＮＡＳＡは、アポロ計画での使用も含めて、全組織で共通に使用するため、ＰＥＲＴのバージョンの一つを採用した。形態管理と同じく、月着陸船がグラマン社にとってＰＥＲＴを使用する最初の機会だったので、担当者にＰＥＲＴシステムとその適用方法について教育を受けさせた。一九六四年には形態管理とＰＥＲＴの適用について、グラマン社の従業員のために多くの研修会を開催した。

ＰＥＲＴの特徴の多くは、アポロ計画に適していた。コンピューターを利用して、各種の作業に柔軟に対応できる日程計画を作成することが可能だった。各作業の完了予定に「最短、最長、最も可能性大」の日程を入力することで、日程計画が不確実な場合にも対応できた。ＰＥＲＴ図表には、各作業項目の間の関係が記入できた。そこには各作業項目が記入され、それが他の作業項目を実施する上での前提条件なのか、それとも平行して作業できるのかを示す記号が表示される。コンピューターのソフトを利用して、ＰＥＲＴでは、設計、製造、試験の各作業項目とその成果について、個別に下位のレベルまで詳しい日程計画を自動的に作成する事ができた。コンピューターを使って、ＰＥＲＴの計画全体の細部までの詳しいネットワーク図の情報から、宇宙船本体とか試験計画とかその他見てみたい項目別に、全体計画と関連づけた日程計画を作成することができた。

ラスクとムラネイは月着陸船日程管理グループを作って、ＰＥＲＴを勉強させ、実際の計画管理にＰＥＲＴを使えるようにしてくれた。日程管理グループ長はラリイ・モランで、会社の技術部門の日程管理グループから来ていた。ラリイは背が高く、痩せていて精力的で、日焼けした顔にはそばかすがあった。黒い髪はオールバックで、すぐに笑ったり微笑んだりしていた。彼はヘビースモーカーで不健康そうに見えた。製図板の上のネットワーク図や日程表をかがみ込んで見ていたが、唇に煙草をくわえているので、煙草の煙が辺りに漂っていた。彼は生来のリーダーで、抜群のユーモアのセンスがあり、長時間の作業の際には彼のグループをなごませていた。

ラリイ・モランは日程管理のプログラマー部隊を養成したが、彼らは単なるＰＥＲＴの作業員以上の存在だった。彼らは作業項目間の相互の関係について、他のどのグループより理解していて、日程管理上の問題が生じると、総括責任者や設計の管理職が、遅れを取り戻したり、予期していない出来事や必要性が生じたときの対策を考え出すのを積極的に支援してくれた。日程管理の担当者は自由に月着陸船の関係先を歩きまわり、ＰＥＲＴのネットワーク上の作業項目の進捗状況を把握して、二五番工場の大会議室の日程管理状況図に記入していた。ギャビンとムラネイは毎週のプログラム会議で、モラン本人と日程管理状況図を利用して日程管理上の問題を見付け、解決方法を検討していた。総括的な日程計画表と進捗状況は、ＰＥＲＴのデータベースから引き出されて、ＮＡＳＡが管理しているアポロ宇宙船全体のＰＥＲＴのネットワークに組み込むために、ＮＡＳＡヒューストンのコンピューターに送られた。

モランのグループと彼らの作成するＰＥＲＴ図表は、ラスク、カービー、ホワイテイカー、クールセン、私が技術作業を計画し日程管理をする際の一番有力な手段になった。ネットワーク図には図面作成と、その図面を作成するために必要となるホワイテイカーのシステム工学グループの解析作業の日程計画が全て入っていた。ネットワーク図の使用法に慣れて来ると、主要な試験関連の作業もそこに追加した。図面点数の見積りと完成予定は、過去の経験、現在設計している内容、手持ちの作業量と人員を基に、各設計グループのリーダーが決めていた。ボブ・カービーが地上試験用、飛行用の機体の担当で、ジョン・クールセンが地上支援機材の担当だった。彼らは部下に対して、毎日、日程計画を守れるか質問しては激励をし、期限を守る事を要求した。時間がかかったが、彼らの粘り強い努力は徐々に効果を現し、必要な図面点数の増加の勢いと、設定した図面作成日程計画に対する遅れは、一九六五年と一九六六年には減少してきた。

山のような作業

出図が必要な図面の点数は最初からとても多い上に、一九六五年には急激に増え、一九六六年には毎週、四百点以上の出図が必要になった。それでも計画通りに出図する事を厳しく要求されていた。技術者の人数は一九六五年、一九六六年は増え続け、二五番工場はいっぱいになった。技術者達は仕切りの無い大部屋で、製図板や机を五列に並べて働いていた（通路へ出るには、中央の人は左右どちらかの人の後を通って出る必要があった）。グループのリーダーは一日に何回も職場を回って、もうかなり完成した図面は作業を切り上げさせて製図係へ回したり、でき上がった図面は図面発行係へ回し、ＰＥＲＴ図表にその状況を入力していた。関係他グループとの情報交換が不十分な事に起因する問題や、その他何であれ図面の完成の障害となる問題は、グループのリーダーが解決に努めた。二五番工場の一階の一角には、特大の図面や原図［訳注２］作成用の大型の合板製の机が置かれていた。机は九〇センチの高さで三メートル四方の大きさだった。技術者や製図員が机に乗って大判のヴェラム紙や、白く塗ったアルミニウム板に直接、治工具用のテンプレートを描いていた。これはその後、外形通り切りぬかれ、月着陸船の外板や構造物の形状を決めるための治具の型板として使用される。二五番工場の一階から三階の広いフロアは巨大なミツバチの巣箱の内部のようで、様々な作業が行われ、ざわめきがあふれていた。

二五番工場と床面積がほぼ同じ、二階建の三五番工場が一九六五年に完成した。これで二五番工場の過密状態が少し解消され、増え続ける技術者のためのスペースができた。一九六六年には月着陸船の技術者の数は最大に近づいてほぼ三千人になり、五番工場と三〇番工場の一部まで設計事務所に使う事が必要になった。アート・グロスと彼の施設管理グループは事務所の移動、拡大、配置換えに忙殺されたが、そうした作業は進行中の技術作業をできるだけ邪魔しないように実行された。

製図グループは会社の技術部門の中では古くからある部門で、技術担当副社長のディック・ハットンの時代からの存在である。ハットンはグラマン社の創立の時に、主任技術者のビル・シュウェンドラーが最初に採用した製図員兼技術者だった。製図員は設計者が基本的な設計図面を描くと、それを引き継いで、製造現場が理解したり使いやすいように、寸法、注記、違う角度からの図の追加を行って図面を仕上げるのが仕事だ。製図員は組立図と技術的指示事項を基に、部品の図面も作成するし、断面図や斜めからの図を作成して、設計者が何かを付け加えたり変更する際の図面作成の準備もする。月着陸船の設計には四百名以上の製図員が働いている事もよくあったが、この人数は新規に技術者を採用したり、派遣社員で確保する事ができた。技術者と製図員の残業時間を調整することで、所要人員の増減に対応していた。

社内の製図部門はハワード・クリアーが、月着陸船の製図グループはロス・チャンドラーが指揮していた。この二人は航空機設計のベテランで、私のような若造の主任技術者とか、さらに言えば、ＮＡＳＡのような新しい政府機関の指示は、簡単には聞き入れようとしなかった。クリアーは父親然とした風貌で、髪はゴマ塩、縁なし眼鏡を掛け、製図に関する事なら自分が最高権威だと考えているようだった。彼は甲高い声をしていて、私と議論をしていて頑固に妥協しないときなど、その声が私には耳障りだった。チャンドラーは黒髪で、いつも唇に葉巻をくわえていて、もう少し若いように見えた。彼は、もう全て分かっていると思っているような、我慢しているが苛立っているような表情をしていた。

ヒューストンのシェイから図面の発行を督促されたので、二人と会議をして、製図作業も含めた月着陸船の技術作業全体の進捗状況と所要人員の見積りを質問した事がある。彼らは個々の図面にまで分解した詳しい作成予定表を引っ張り出して、それを一ページずつ説明した。クリアーは金切り声でその正当性を主張し、チャンドラーは私の方に葉巻の煙を吹きつけた。説明が終わったとき、彼らの所要人員予測が元々の数字より増えていないのにほっとして、私は早々に退散した。それからは彼らに関係する事はラスクに頼む事にした。ラスクは彼らの事を良く分かっていて、チャンドラーに葉巻の煙を自分からも吹きつける事ができるからだ。

月着陸船の図面発行グループは、製図部門出身の有能で若いアル・カラマニカが率いていた。彼には、発行管理グループがこれまでよりずっと複雑な機能を果たすように改革する任務が与えられていた。航空機で図面発行管理の仕事は、定形的な記録管理の仕事で、図面発行に必要な承認を強度、熱力学、荷重などの解析計算部門からもらって記録してから、図面を製造部門と顧客に対して発行する仕事だった。このグループは、発行済の図面に対して変更を指示する図面変更票（ＥＯ）についても、所定の記録を行って発行する。月着陸船に形態管理を厳格に実施する事になると、図面発行グループは形態管理システムの実施および推進活動を担うことになった。彼らはＮＡＳＡの規則に従って図面と図面変更票を処理し、正式に発行する前に、形態変更管理委員会の承認がなされていることを確認する。図面発行グループは形態変更管理委員会の事務局として、技術部門の形態管理の実施状況を監督する人員を提供し、月着陸船計画の他の作業について監視、指導を行う品質管理部門とも密接に連携をとりながら作業を行った。

技術図面の究極の目的は、月着陸船の製造部門に設計情報を提供して、彼らが宇宙船と地上支援機材を製作できるようにする事である。製造部門は計画管理部門から日程計画を守るよう厳しい圧力を受けており、製造現場が効率的に生産活動ができるよう、順序良く図面を発行してもらう事を必要としていた。技術部門と製造部門の密接な連携が必要不可欠だった。第二次大戦以来の航空機生産のベテランで月着陸船の製造部長のフランク・メッシーナと、技術部長のビル・ラスクは他の機種でも一緒に働いたことがあり、どちらも何が必要かが分かっていた。技術部門と製造部門合同の、生産計画委員会が作られ、製造部門の所要に合わせて図面が発行されるように調整することになった。技術部門からはビル・クラフトが、製造部門からはビル・ブリューニングが代表となり、毎日会議を開いて、技術側の図面発行の予定とその可能性を、製造側の希望する図面入手期日や発行の順序と比較して調整した。その結果、製造側は作業の順序を最適にできる図面発行計画にしてもらい、次にどの図面が発行されて来るかを知る事ができるようになった。

特別に作業日程が厳しく、一日、いや一時間が重要となる場合には、時間を節約するために、あえてリスクを承知の上で、基本的な図面の発行管理システムを適用しない時もあった。必要な時期が迫っている図面については、強度、荷重等の承認がまだ無い状態で、先行版を発行することを許可した。我々は製造側にどんなリスクがあり、解析計算による点検の結果、図面のどこが変更されそうかを説明し、それで節約できる時間がリスクに値するか、製造側に決めてもらった。私はこのような緊急手段が好きにはなれず、できるだけ使わないようにしていた。

残念な事に、設計図面の作成順序は、製造側の希望とは逆の順序になるのが自然の流れだった。設計者は設計している物の全体像や組立品をイメージし、構成品がどのように組み込まれるのかを示す、手書きの略図や組立図面を最初に描く。そこから製品を構成する部品を一つずつ抜出して部品図を描く。その部品図は、製造部門が製作できるよう、寸法、材料の規格、指示事項が記入されて完成する。当然ながら製造部門としては、原材料と購入品を入手して部品を製作できるよう、最初に部品製造図を発行してもらう事を希望する。それらを組み付ける組立図は、部品が全部そろった後で良い。しかし、生産技術部は組立用治具を計画し設計するために、組立図面を早期に必要とする。生産計画委員会はこうした相反する優先度に対応すべく最善をつくした。

一九六五年が過ぎて一九六六年になっても月着陸船の日程計画に対する圧力が弱まることはなかった。月着陸船はアポロ計画の主要構成品の内で、最後に要求が固まり契約が結ばれたので、グラマン社は他社より一年遅れて作業を開始した。NASAのジョージ・ミラー副長官とジョー・シェイ計画室長は、グラマン社が日程を守れるかどうかに特別の注意を払っていて、我々の作業進捗状況には全く満足していなかった。

M‐5号機のモックアップ審査の直前に、ギャビン、ムラネイ、私は月着陸船の管理能力の件で、ヒューストンの有人宇宙センターへ、ジョー・シェイとビル・レクターから呼び出された。シェイはNASAは司令船・支援船の最初の地球軌道飛行を、一九六六年二月にサターンⅠCロケットで打上げて実行する予定だと話した。そして月着陸船の軌道飛行を一九六七年二月に実施したい意向だった。グラマン社のこれまでの実績では、彼らから見てグラマン社がそれに間に合う見込みは無かった。グラマン社の実績では、「日程遅れ率」は〇・八だった。つまり予定した五週間分の作業に対して四週間の遅れが生じていた。

「君達の管理能力は他の分野でも同じくらい悪い。」とシェイはがっかりした口調で言った。「君達の予想費用は契約時よりすでに二倍になり、まだ増え続けている。月着陸船の重量は毎週増え続けていて、収まる気配もない。どこから見ても君達の実績は極端に悪い。グラマン社はノースアメリカン社より良くやるだろうと期待していたが、もっと悪いようだ。ここに居る君達は、我々がグラマン社で頼りにしている人達だ。もし君達が上手くやれないなら、我々はトル社長とティタートン副社長に、誰か別の人間を探すように言わなければならなくなる。」私はこのあからさまな言葉に、内心では震えあがった。シェイの我々に対する忍耐は限界に来ている。

シェイはグラマン社の管理面の重大な不具合を列挙した。彼は管理が不十分なので、余分な問題を引き起こしていると言った。例えば購入品の手配が遅れている事、地上支援機材の納入が遅れた上にできが悪い事、人員増強のペースが遅い事などだ。彼はグラマン社と協力企業との関係についても、社内の担当が細分化されていて、そのために主要な協力企業との間で、まとまったパッケージとしての購入ができず、チームとしての連帯感を得られていないと非難した。最も残念なことは、NASAのアポロ計画に対する基本的な考え方を、グラマン社が理解し、受入れない事だと指摘した。彼はその実例をたくさん持ちだした。信頼性については、NASAの方針は注意深く設計し、地上試験を徹底的に行って設計の弱点を洗い出し、対策を確認することだが、グラマン社はそうはしてない。グラマン社は誘導、航法、制御装置に関するＭＩＴとの議論などを見ると、統計的な考え方が分かっていない。グラマン社はＮＡＳＡの選んだ、電子系統の機器単位の整備方式（地上においてのみ機器単位で交換）、認定試験の方法（壊れるまで試験する事が常に要求されるわけではない）、有人飛行への前提条件（主として地上試験の結果により決定）などに反対しているように感じられる。地上試験装置、姿勢制御装置、通信装置などについて、ＮＡＳＡから繰り返し要請を受けたにもかかわらず、ノースアメリカン社と共通の装備品を採用する努力をほとんどしてこなかった。このような指摘をいくつも受けてしまった。

最後にシェイはグラマン社の態度が傲慢だと非難した。「グラマン社は誇り高い会社で、君達も誇り高い人達だ。しかし、これまでの技術的な決定をしてきたやり方は良くない。」彼は解決方法が見つかるまで問題の存在を認めようとせず、解決方法が見つかるとＮＡＳＡにそれを押しつけて承認させようとするグラマン社の姿勢を感じていた。彼は実例として、船室の前方隔壁で、構造をＮＡＳＡに断りもなくリベット構造に変更した例を持ち出した。ＮＡＳＡは何カ月間も前方隔壁は全て溶接構造だと思っていたのだ。同様に、上昇段のタンクを二個にする設計案についても、ＮＡＳＡがそれを知る前に検討をかなり進めてしまっていたし、蓄電池を三個から二個にしたときもそうだった。どの場合についてもグラマン社は、こうした変更をすべきかどうかを決めるのに必要な分析を十分にしていないと指摘した。彼は技術的な問題が生じた場合には、ＮＡＳＡも問題解決に一緒に参加するので、ＮＡＳＡに話すように要求した。

これはとても恥ずかしい叱責だったが、シェイはこうした欠点を修正し、ＮＡＳＡとグラマン社の間で、再び一体感を構築するための道筋を示して、会議を前向きに締めくくってくれた。その道筋とは、問題が繰り返し起きる分野について、考え方や方針が異なる場合には、会議を何回も行って問題を徹底的に調べ上げて解決していく方法だった(注３)。

私はこの会議で言われた事に動揺した。非難の多くが私個人に向けられていて、問題の大半が私の担当分野にあると感じた。ＮＡＳＡとの食い違いの幾つかは、私の理解とは異なっていた。例えば、私は統計的な評価方法で信頼性を確保するより、現実的な設計を行い、それを試験で実証していくやり方でやってきたし、ＮＡＳＡの電子機器の飛行中の整備を廃止する決定については、熱心な提案者だった。このように非難されるのは、グラマン社の月着陸船技術部門にあって、私が自分の考え方を説明し、理解してもらうのが不十分だったからだろう。日程計画を守れないと言う非難は真実だった。毎週のプロジェクト会議で、説明や言い訳はあっても、実績はひどいものだった。傲慢と言われた件については、自分はそうならないように努力してきたし、自分の部下がＮＡＳＡや他社をけなした時は必ず注意していた。私はグラマン社は有人宇宙飛行に関しては新参者であり、優越感を持つような根拠など無いと感じていた。

Ｍ‐５号機の審査の後、ラスク、カービー、ホワイテイカー、私は図面作成の問題に取組んだ。毎週のプロジェクト会議、私の開く毎日の設計担当者会議で、図面が発行できない要因を探し出し、それを解消する対策を講じた。技術者の増員計画は承認され、実行された。我々はこれまでの人員規模で良いと思っていたが、シェイに我々の技術作業の欠点を指摘されてみると、我々のなすべき仕事はずっと多い事が分かった。アポロ計画の名前を出すだけで、全国から有能な技術者を募集しやすかった。月着陸船設計部門は三五番、五番、三〇番工場にまで作業場所を拡げ、残業も許可したし派遣社員も導入した。生産計画委員会では、製造部門の作業が順調に行くように話し合い、技術部門は図面発行の期限を守るよう努力する事になった。

こうした活動の成果で作業は進んだが、そのペースは遅く、着実ではなかった。予期していなかった問題や作業の複雑化によって、計画的に遅れを解消しようとしてもうまく行かなかったし、計画全体に対する要求の明確化や我々の理解が深まると、納入品目が増える結果となり、それも悪い方向に影響した。それはまるでフラクタル幾何学のようだった。目の前の課題を詳しく見れば見るほど、もっと細かな課題が見えてくるのだ。時には、増え続けている今後の作業量の見込みに、もう対処不可能なように思う事もあった。設計部門の中には挫折感が拡がり始めた。出図に対する圧力は厳しかったし、どれだけ仕事をしてもまだ十分ではなかった。我々の出す図面点数は徐々に増加し、一週間に五〇点から百点に、次には二百点になり、まだ増え続けていた。しかし、計画に合わせるためには、毎週四百点以上の図面を出す必要があった。

ＮＡＳＡがグラマン社の作業能力に不満を持っている事は、グラマン社の経営陣の関心を引くことになった。上級副社長のジョージ・ティタートン、技師長のグラント・ヘドリック、飛行試験部長のコーキー・メイヤーと話す機会が多くなった。

ヘドリックは有能な技術者で、第二次大戦中に、構造の強度計算担当としてグラマン社に入社した。そのころ彼が技術コンサルタント会社のパーソンズ・ブリンカホフ社のために設計していた橋梁の建設が、当分の間は中止になったからだ。彼は航空機構造に関して、解析能力が高く、基本的な工学の原理をうまく適用して問題を解決できることで、設計部門を率いるビル・シュウェンドラーとディック・ハットンに高く評価された。彼は戦争中のタイガーキャット戦闘機、ベアキャット戦闘機、アルバトロス飛行艇の構造設計により、一九四七年には主任構造設計技術者の地位についた。その職位に着く事で、彼はビル・シュウェンドラーの「グラマン鉄工所の鍛冶屋の親方」と言う非公式の称号を引き継いで、グラマン社の飛行機の頑丈さの保証人になった。彼はその後、空力、構造解析、構造設計担当の技師長になった。航空宇宙業界で広く尊敬されるグランド・ヘドリックはグラマン社を代表する技術者だった(注4)。

ヘドリックは中背でがっちりしていて、髪は薄茶色、縁なし眼鏡の後の目は賢明そうだった。上位にランクされるアマチュアのテニス選手で、ほっそりとした運動選手らしい体形だった。彼はアーカンソー州ファイエットビルの出身で、アーカンソー大学で土木工学の学位を取得していた。育った環境の影響は、彼の技術的な問題に対する、現実的で堅実な取組み方に現れていた。彼は事実を重視し、根拠のない理論や予想は採用しなかった。部下には厳しく、問題をよく検討して、結論を出す前に他の案はないのか徹底的に分析するよう指導していた。彼の厳しい基準を満足させられなかったら、次のチャンスがあることは滅多になかった。グラマンの社内の構造設計の世界では、彼は指導者として、また設計された航空機の安全性の保証人として尊敬されていた。私は彼をよく知らなかったので、最初は彼の評判と、てきぱきと突っ込んだ質問をしてくることに、少し気おくれを感じていた。

ヘドリックが月着陸船の技術作業への関与を増やしてくれて、とてもありがたかった。彼は毎週、会社の技術部門の管理職達と会議を開いており、私は月着陸船の作業の支援を依頼するときは出席した。どちらの側も会議の議題を選ぶ事ができた。この会議は月着陸船の問題を解決するために、グラマンにおける最高の人材を活用することを目的とした、有益な会議だった。ヘドリックは複雑な議論や計算に惑わされる事はなく、問題の原因になり得る設計上の弱点を発見する事にかけては、並みはずれた能力を持っていた。ＮＡＳＡの上級構造解析技術者のジョー・コタンチックは、ヘドリックのグラマンにおける仕事ぶりを見て、彼を緊急作業班に指名した。この緊急作業班はサターン・ロケットにおける「ポゴ」と呼ばれる深刻な問題を解決するために、マーシャル宇宙センター、ヒューストン有人宇宙センター、関係各社から集められた特別チームである。ポゴは、ロケットの縦方向の振動で、ロケット・エンジンの推力が変動すると、その影響で燃料ポンプの入口圧力が変化し、それによって推力がもっと大きく変化する事で生じる振動である。このポゴ現象がひどくなると、サターン・ロケットが壊れてしまう心配さえあった。この現象が起きるのは、推力の増加がロケットの加速度を増加させ、それが燃料タンクの底部の圧力増加、ひいては燃料ポンプ入口圧力の増加をもたらす、実際の飛行の時だけである。現象が理解できれば、この振動をコンピューターで解析するための数学モデルに表現できる。グラント・ヘドリックはＮＡＳＡの解析担当者が、ポゴ問題の実用的な解決策を作り上げるのに貢献した。ヒューストンでのコタンチックとＮＡＳＡの構造の専門家が出席している重要な会議で、ヘドリックは大きな会議室の机の上に拡げられた、最新のサターン・ロケットの飛行中の計測結果を調べたが、その内容を読み解くのに一時間近くをかけた。作業をしながら質問をし、その計測結果の示す意味を考えた。それから彼はあるデータを指して、この数値はおかしいと指摘し、もう一度調べることを要求した。

ヘドリックは正しかった。彼の鋭い観察力の基づく指摘で、ＮＡＳＡは解析作業を正しい方針で行う事ができた。

その後も、月着陸船で難しい問題が起きると、彼は何度も助けてくれた。

メイヤーとティタートンの関与は、あまり有益でない時もあった。メイヤーは飛行試験部の能力の高い管理職を、気前よく月着陸船に協力させてくれた。彼らは難しい試験の実施中に予期してなかった問題が生じた時、その場で日程計画を変更して処理する事を何度も経験していて、それが月着陸船でも役に立った。しかしメイヤーの気前の良さの裏には理由がある場合があった。メイヤーは月着陸船に関係している昔の部下と個人的に連絡を取っていて、それを利用して自分の目的のために会社の経営陣に働きかける事があった。例えば、彼は完成検査と最終試験の業務を、月着陸船部門から飛行試験部門は移すよう、社内的な運動をしたことがあった。

ジョージ・ティタートンの関与についても、プラスの面とマイナスの面があった。プラスの面としては、彼は月着陸船計画に必要なら、予算、人員、施設、備品など何でも提供してくれる、社内的な影響力があった。納得が行くと彼は迅速かつ効率的に、追加が必要となったものを自由に入手できるようにしてくれた。これは一九六五年、一九六六年の態勢を拡大する時期にあっては、とてもありがたい事だった。彼はまた、人使いが荒く、厳しい管理者で、高い達成目標を設定し、それに対する言い訳は受け付けなかった。彼はすぐにジョー・シェイと仲良くなったが、それは彼らが似た者同士だったからだ。

マイナスの面としては、分割と対立を利用するティタートンの管理手法がある。彼の取る手法は、技術、製造、飛行試験部門を互いに対立させ、どちらにも辛辣な言葉やあざけりの言葉を浴びせかける事だった。仕事を離れると彼は愛想が良く、機知に富み、思いやりがある、完璧な紳士なのだが、関係者の前で業務上の権力を行使する際には、彼は難しい人間になってしまうのだった。

ティタートンは長年苦しんできた現場の作業員の擁護者を自任していた。作業員は現場に関心のない、学究型の技術者（彼は「石頭」と呼んでいた）に戸惑い、苛立たしく思ってきたと言うのだ。私は技術部門と製造部門の間の、率直でごまかしのない協力関係とチームワークが、我々が目的を達成する上での唯一の方法だと信じていたので、彼の

NASA の関係者が月着陸船のモックアップをベスページ工場で見ているところ。
左から右：ジョー・シェイ、トム・ケリー、ボブ・ギルルース、ジョー・ギャビン
（ノースロップ / グラマン社提供）

発言とは反対の姿勢でやって行こうと思った。

一九六六年初頭、月着陸船の図面作成は大きく進展した。四月一八日のメモにはその前の週に五五六点の図面を発行したと書いてある。その内三五六点は飛行用の機体の図面で、二百点は地上支援機材の図面だった（注５）。我々はとうとう日程計画に追いついた。しかしそれは一年半以上に及ぶ長い戦いだった。これからは次の新しい

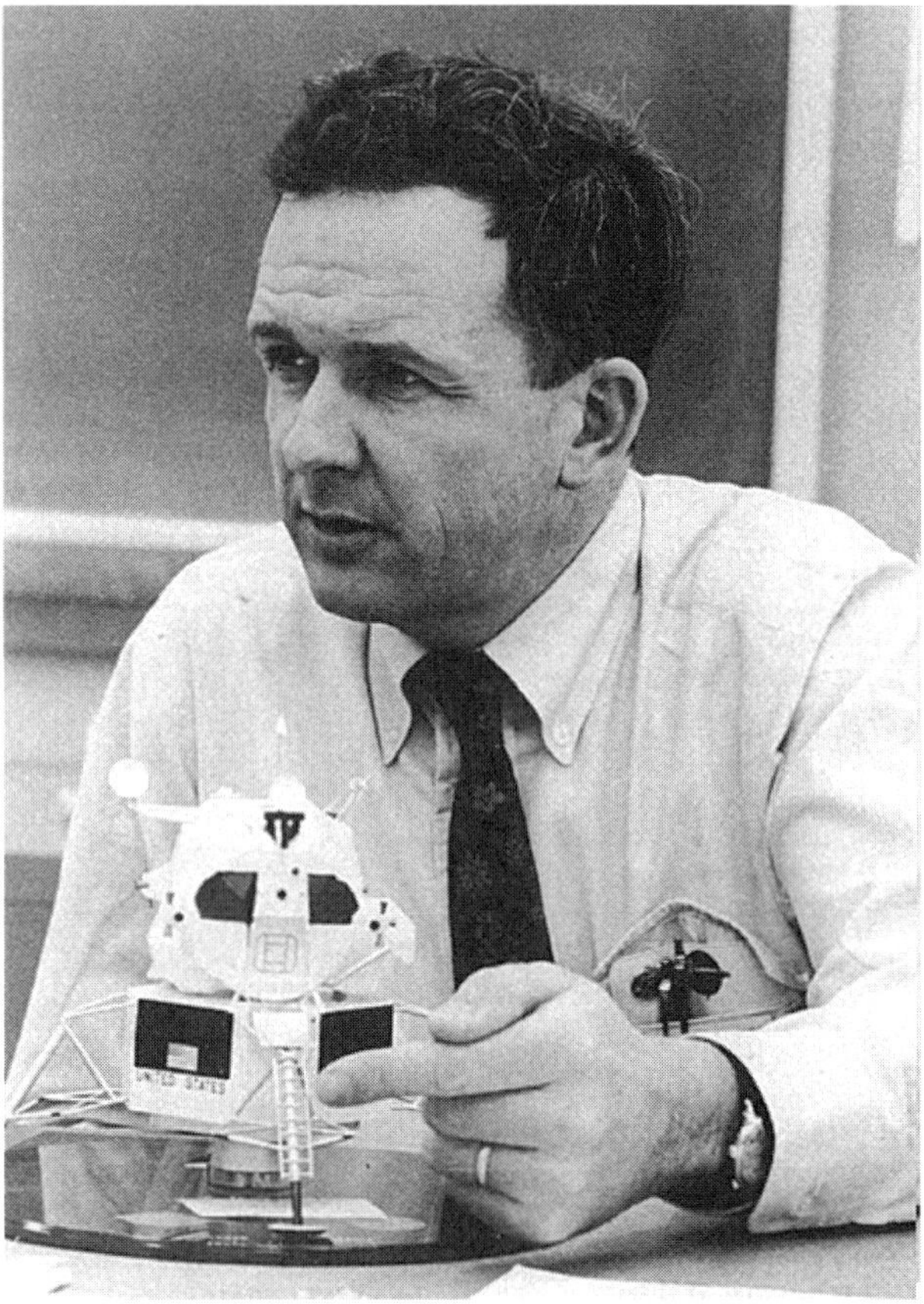

ベスページ工場のオフィスにおけるトム・ケリー
（ノースロップ / グラマン社提供）

局面に挑戦しなければならない。月着陸船の最終組み立てと試験をやり遂げるのだ。それには数百の試験計画書や作動試験手順書の作成とその実証、試験を細部まで文書化し、それを自動試験機のプログラムに組込み、グラマンとNASAの品質保証部門の確認を受ける事が必要だった。図面作成の高い山を越えたと思ったら、次の乗り越えるべき高い山がすぐそばに迫っていた。

普通の仕事にすぎないのか？

このような身をすり減らすような仕事が続くと、仕事に対する情熱が薄れてきた。月着陸船はありふれた仕事になり、高い圧力がかかるので、つらく苦しいと感じるようになってきた。人類を月に連れて行く宇宙船を建造すると言う喜びを、ほとんど忘れる所だった。でもそんな事にはならなかった。毎月、満月になった月を見ると、あの月へ行くための仕事をしているのだと言う、熱い気持を改めて感じるのだった。かかって来る圧力、厳しい期限、日程を守るための努力、社内の主導権争いも、全て耐える価値があると思った。私はシェイの怒り、ティタートンのあざけりにも耐える事ができた。我々の月着陸船が初めて宇宙飛行士を乗せて、原始のままの月面に着陸した時には、こんな苦労は何でもないものになる事が分かっていたからだ。子供が生まれて来る時のように、輝かしい新しい始まりの前に、苦しみは忘れ去られるのだ。

私は失敗するかもしれないと言うことは全く考えなかった。判明したときに組み込む小規模なものも含め、全ての月着陸船の作業を、PERT上の数千の要素に組み入れる事で、仕事を達成できない心配を打ち消す事ができた。PERTのネットワーク図を追って作業を進めて行けば、月に行けることは確実だった。唯一の懸念は月に着陸するのがいつになるのか、そしてその時に私は自分の評判を落とさずに、この計画にまだ残っていられるだろうかと言うことだけだった。

第8章—重量軽減の戦い

グラマン社が契約をする前から月着陸船の重量はもう増え始めていた。実際に設計を始めると、重量は驚くほどの勢いで増えて行った。グラマン社の提案書の設計では、重量は一〇・〇トンと推定していた。しかし、契約交渉の過程でNASAと話し合った結果、重量を一一・三トンにまで増やすことで合意に達した。一九六四年二月に、推進剤のタンクの大きさを決める時には、目標重量は一三・四トンにまで増えていた。この重量はモックアップのTM‐1号機とM‐5号機のタンクの大きさを決める上での基準重量になった。設計推定重量はすぐにこの目標重量を超過し、目標重量の引上げと、月着陸船の推進剤タンクの大型化が必要になった。

月探査飛行の飛行経路と打上げロケットの推力は決まっているので、月着陸船の重量の増加は極めて影響が大きかった。月着陸船の上昇段の重量が一キロ増えると、月着陸船を月面に着陸させ、上昇段で離陸して月軌道まで戻り、司令船／支援船にランデブーするのに必要な燃料は三キロ増加する。つまり重量の増加率は四で、上昇段の自重が一キロ増えると、地球からの打上げ時の月着陸船の重量は四キロ増加する。月面に残される降下段に関しては、重量増加率は二・二五である。この数値は戦闘機や攻撃機などの軍用機と比べてはるかに大きい。これらの飛行機では重量増加率が一五パーセント、つまり一・一五を越えることは滅多にない。

一九六三年と一九六四年において、月着陸船の重量を押し上げた主な要因は、信頼性の要求、飛行運用上の要求、設計内容の詳細が明確になった事だった。我々が採用した信頼性確保のための方法は、機能や構成品に冗長性を持たせたり、それが可能でない場合には安全率を大きく取る事だった。これは設計の考え方としては妥当なものだが、ほとんど冗長性を持たない提案書の設計案に比べると重量は大きくなった。

飛行運用上の要求内容が、アポロ飛行計画作成チームの作業によって、だんだんはっきりと分かってきた。飛行計画作成チームが設定した設計基準飛行は、月着陸船の重量に影響する運用上の多くの要求事項を推定するための基礎となった。飛行運用上の要求とは、月着陸船で電力を必要とする機器のデューティ・サイクル（オン／オフ回数）、酸素で船室の与圧を行う回数、宇宙船の太陽に対する角度と、それで決まる熱負荷の量と冷却水の所要量、月着陸船で必要な消費物資（水、酸素、電力、推進剤）の量などだ。設計基準飛行には、重量に影響する様々な情報が含まれていた。その情報を詳しく検討し、飛行運用上の要求に対する理解が深まるにつれ、重量は増えていった。

一九六三年に、モックアップＭ‐１号機での検討により上昇段の形状が大幅に変更されると、設計内容は短期間のうちに大幅に変化した。一年後のモックアップＭ‐５号機で、月着陸船の基本的な設計内容が確定した。設計重量は最新の形状、機器の配置を基に見直されたが、いつものようにそれまでより増加した。

月着陸船の重量が最初のころは急激に増えたことに関して、過去の例を参考に見てみると、多くの飛行機や宇宙船に関して蓄積された実績データによれば、最初の大まかな設計と、基本構想段階の搭載システムによる初期の重量は、最終的な製品の重量より二〇％から二五％少ないのが普通だ。この差は主として、当初の重量の推定には、多くの構成品や設計の細部が入っていないためだ。図面から算出した重量は、通常は実際の製品より五％から一〇％少ないが、これは締結部品の数、切り欠きの形状、取付けられる部品などが細部まで決まっていないので、重量計算では概略の値しか入れてないからだ。部品や組立品の重量を実際に測定して実測重量が求まるまでは、推定重量は低くなりがちだ。月着陸船の設計が概要図から部品製作用の製造図に移行し、推定重量に対して計算重量、実測重量の比率が高まるにつれ設計重量は増加した。

　重量が増える理由があるにしても、月着陸船の止めどがない重量増加は、アポロ計画全体の問題になっていた。コールドウエル・ジョンソンは、月着陸船が任務を果たすには重くなり過ぎるのではないかと心配していた。ジョンソンの意見は無視できなかった。彼はＮＡＳＡの宇宙任務グループで月着陸船の設計案を作成した人物で、出来上がって行くグラマンの設計について、いつも改良、簡略化、重量軽減の可能性が無いかと詳しく点検していた。私は月着陸船の設計で、いくつかの選択肢が有る場合には、ジョンソン、メイナード、ファジェから有益な助言を貰っていた。

　一九六四年の一〇月中旬、カービー、ホワイテイカー、私の三名はオーウェン・メイナード、コールドウエル・ジョンソン、ＮＡＳＡヒューストンのアポロ飛行計画部のウィリアム・リーと、月着陸船の重量の状況とタンク容量の各種の案を検討するために、長時間の会議を行った。ＮＡＳＡ側は月着陸船の重量の増加の過程と現状の分析を実施してきて、先の見通しが良くないと思っていた。彼らは月着陸船の重量は、現時点における推定重量の一三・七トンからさらに一二％から一五％増加すると推定していた。これではサターンＶ型ロケットの打上げ能力から決まる、月着陸船に割り当て可能な限界重量の一四・五トンを越えることになる[訳注１]。彼らは重量軽減のために実現可能と思われる、月着陸船の設計変更案や、月探査飛行の実施要領や軌道を変更して、サターンＶ型ロケットの月着陸船に割り当て可能な重量が増やせないかといったアイデアを出してきた(注１)。我々は一カ月をかけて、これらのアイデアに加えて我々のアイデアも検討する事を条件に、月着陸船の目標重量の変更と、重量管理の方法を改善する事を提案した。

　我々は月着陸船の目標重量を、地球打上げ時に一四・五トンとする事を提案した。この場合、上昇段の重量は四・九トンとした。これはサターンＶ型ロケットで、月着陸船に割り当てが可能な最大の重量である。また、重量軽減の方法も数多く提案した。それには、降下段の推進剤タンクの加圧に高圧のヘリウムガスの代わりに超臨界ヘリウムの使用、月面着陸の際の空中停止時間を二分間から一分間に削減、電源として燃料電池の代わりに蓄電池の使用などが入っていた。蓄電池に変更しても重量は軽くならないかもしれないが、電力供給系を大幅に単純化でき、信頼性が向上する見込みがあるのでこの案を提案した。検討を提案した項目に、ランデブー用レーダーを恒星自動追尾装置〔訳注2〕やレーザーに変更する案もあった。飛行方式の変更に関する提案には、月へ向かう軌道を自由帰還軌道ではない軌道にする事、司令船・支援船の軌道中間修正用の燃料の予備分を減らす事が含まれていたが、どちらもサターンV型ロケットの有効搭載量の中の、月着陸船に割り当て可能な分を増やせる事になる。いろいろ議論を重ねた末にこれらの案はメイナード、リー、ジョンソンに承認してもらい、翌日にはジョー・シェイにも了解してもらった。シェイは私にこれが月着陸船に許容できる重量の限界であり、グラマンがしっかり重量を管理しないとアポロ計画全体が難しい状況におちいる事をはっきりと通告した(注2)。

ラスクと私は全ての設計会議で設計重量を減らすよう指示し、重量軽減の可能性のある事項を見付け出し、評価する方式を設定した。毎日の設計担当者会議では、こうした変更をNASAと形態変更管理委員会の承認を得た上で適用するかどうかを、検討し決定するための時間が増えた。それでも毎月の重量状況報告では重量は増え続け、グラマンとNASAの管理者の間で苛立ちが高まった。重量が増えた原因には、協力企業や専門業者からの装備品の重量増加もあった。一九六五年三月に、NASAのビル・レクターは私に、協力企業に重点を置いて強力に重量軽減活動を行い、そこにグラマンの月着陸船計画推進室が継続的に参加し指導する事を強く求めた(注3)。

仕事外の出来事で月着陸船に専念できない事もあった。一九六五年三月二七日に、妻は三・六キロの立派な男の赤ちゃんを出産した。五人目の息子、六人目の子供で、ピーターと名付けた。子供の面倒を見るのと、妻の退院のために二日間会社を休んだ。気が咎めなかった訳ではない。私は採用したばかりの蓄電池式の電源系統の設計を完成させるのに加え、重量軽減活動や図面出図促進活動のただ中にいたからだ。私は仕事の渦に飲み込まれていたが、夜中の授乳は私が担当した。

レクターからの、より厳格で効果的な重量軽減活動をグラマンが業者と一緒に行う提案があったすぐ後に、アーノルド・ホワイテイカーも協力企業や専門業者からの装備品の重量の管理を強化するための方策を提案してきた。彼はグラマンが購入先に指示する変更要求の中に、重量増加分の許容限度を入れる事、協力企業から変更を提案をする場合には、その中に重量への影響の予測値を含める事を私に勧めた。変更を適用した後には、実測重量の変化分の測定と記録を行う。協力企業の重量管理の成績により、報奨金の支給額を決める事にする。ギャビンとムラネイは、すぐにホワイテイカーの提案を実行に移した(注４)。しかし、協力企業への重量管理を強化した後でも、重量報告書を見ると、またしても重量は増え続けていた。一九六五年七月には、月着陸船は管理目標の一四・五トンを超過していると報告する羽目におちいった。

ラスクと私は月着陸船の重量増加の傾向を抑え、重量を減らすために、特別な緊急処置を強力に行う事が必要だとの結論に達した。たとえそれで同じくらい重要な、図面発行予定から遅れる事になったとしてもだ。我々は重量削減活動を開始した。先頭に立つのは重量管理班長のサル・サリーナ、機体設計班長のレン・ポールスラッド、構造解析班長のディック・ヒルダーマンで、月着陸船の構造から重量を削減する作業を行った。ケミカルミリング〔訳注３〕、精密機械加工、代替え材料を、より多くの部品に適用することで、構造部材の配置を大きく変更する事無く、かなりの重量軽減ができた。しかし将来の重量増加の余裕を確保するには、一一〇〇キロから一四〇〇キロの重量削減が必要なので、残念ながらこれでも十分ではなかった。

グラント・ヘドリックから月着陸船にも使える、Ｆ‐１１１戦闘機でグラマンが最近使用して成功した方法を教えてもらった。グラマン社はゼネラル・ダイナミックス社の主製造分担会社として、空軍と海軍の共通機種であるＦ‐１１１機の、全ての機体の後部胴体と尾翼の製造と、海軍型の設計と最終組み立てを担当していた。ゼネラル・ダイナミックス社とグラマン社の合同チームは、月着陸船の担当業者指名から数週間後に、Ｆ‐１１１戦闘機を受注した。受注前に大々的に基本設計とモックアップによる検討を行ったにも拘わらず、細部設計を進めて行くと空軍型、海軍型双方とも重量が増加し、エンジンの能力の限界を越えてしまった。重量と性能の目標を達成できなければ中止になりそうなＦ‐１１１計画を救うため、ゼネラル・ダイナミックス社とグラマン社の合同チームは、ＳＷＩＰ（スーパー重量軽減活動）と呼ばれる、思い切った対応策を取ることにした。もう機体とシステムの図面の大半は完成し、製造部門に渡っていたにもかかわらず、ベテランの設計者から構成される独立したＳＷＩＰチームが、重量軽減の観点から設計の全面的な見直しを始めた。ＳＷＩＰチームはＦ‐１１１の計画管理班と調整しながら作業したが、彼らの提案が無視されないように、Ｆ‐１１１の総括責任者であるプログラム・マネージャーに直接報告するチャンネルも持っていた。重量軽減案の採用基準として、一キログラムの重量軽減に要するコスト増加分の判定基準が設定された。Ｆ‐１１１ではそれは一キログラム当たり一一〇〇ドルだった。ＳＷＩＰはＦ‐１１１では成功した。重量増加が食い止められただけでなく、重量は幾分か減りさえした。変更に要した費用は大きかったが対応可能で、日程上の影響も対処が可能だった。ＳＷＩＰはＦ‐１１１計画を救った。

一九六六年初頭にロイ・グラマンは会長職から退き、クリント・トルが代わって会長に就任した。レベリン・ルー・エバンスがグラマン社の社長になった。エバンスは弁護士で、海軍航空局の法務部に勤めた後、グラマンに主任顧問弁護士として入社した。彼は販売や契約獲得に向いていて、事業開発担当副社長になると、グラマンの海軍との密接な関係をさらに強化し発展させた。カリスマ的で魅力的な指導者のエバンスは、グラマン社の最新の重要顧客であるＮＡＳＡにもすぐに受入れられた。彼は月着陸船の社内の状況を調査して、技術的、日程的、費用的に様々な問題が有る事に驚いた。全社的なレベルで直接的に監督を行うため、ジョージ・ティタートン上級副社長を長とする経営レベル技術査察委員会（ＥＴＲＢ）を設置した。ＥＴＲＢの最初の会合で、ギャビンが月着陸船のＳＷＩＰを担当する事が決まり、そのころＦ‐１１１戦闘機計画での仕事が終わりかけていたＳＷＩＰチームに作業させる事になった。

一九六五年七月に、私は月着陸船のＳＷＩＰを任される事になった。ＳＷＩＰチームはエド・トビンが班長、ポール・ウィーデンヘーファーが副班長の一二人の技術者のチームで、活動期間中は私の指揮下に入る。彼らはどこにでも首を突っ込む事ができ、グラント・ヘドリックに直接報告できるようになっていた。ＮＡＳＡの上層部はこの計画が気に入った。グラマン社が重量を管理するために、強力な手段を取った事を喜んだ。ビル・リーはジョー・シェイからＮＡＳＡ側の担当者として、私と共同してＳＷＩＰチームを指揮するよう指示された。

だれもがＳＷＩＰチームに重量軽減策を提案する事ができる。従業員提案制度が積極的に利用された。グラマン社はＳＷＩＰへの提案の評価を行い、ＮＡＳＡに採用を勧告する事ができた。我々は毎週、ＮＡＳＡと一緒に、詳しい検討を行うＳＷＩＰ会議を開催した。通常はベスページ工場で行い、ビル・リーは毎回出席し、メイナード、ジョンソンなどのＮＡＳＡの技術者も何度も参加した。社内的にはＳＷＩＰチームは週に何回も月着陸船の技術部門や製造部門の管理職と会議を行い、ＳＷＩＰに関係する数百の重量軽減項目と提案、関連するグラマン社と協力企業の数千の図面を検討した。各項目は判定条件に照らし合わせて評価された。この判定条件は検討と議論を重ねて、上昇段の品目については、重量一キログラムの削減に対してコスト増二二〇〇ドルに設定された。ＳＷＩＰ適用項目の全てがＬＭ‐１号機に間に合った訳ではない。適用に時間がかかる項目は、ＬＭ‐３号機、ＬＭ‐４号機から、場合によってはＬＭ‐５号機から適用した。それでも、様々な設計変更を製造中の機体に適用しなければならないのに、軌道に乗りかけていた製造スケジュールはそのままだったので、製作工程への影響は大きく、絶えずＰＥＲＴのネットワーク図と日程計画の修正が必要だった。

トビンとウィーデンヘーファーは、重量軽減については徹底的で粘り強く、アイデアが豊かだった。彼らは月着陸船の各系統がどのように働くのか、どのようにして設計荷重、安全率、材料が選定されたかを調べたが、それにより、これまでの月着陸船の設計の考え方が正しかったかどうかをもう一度考えてみる事ができた。技術者によっては、自分の設計をあれこれ言われる事にいらだつ者もいたが、トビンとウィーデンヘーファーの質問や設計内容の分析はとても論理的だったので、誰も文句を言うことはできなかった。彼らの提案に従って、主要な協力企業の工場でもＳＷＩＰの会議を行った。ＳＷＩＰ検討項目の半分以上が、協力企業の担当分に関係するものだった。

ＳＷＩＰチームは専任で重量軽減活動を行っていたが、その結果を採用するかどうかは、グラマン側では私が自分で決める事にした。ジョー・シェイ、ジョー・ギャビン、私の三名は、二五番工場の大会議室で、意識を高めるための大規模な会議を開き、ＳＷＩＰ活動の正式な開始と、アポロ計画の関係者に紹介し、二人はこの活動の成否に懸かっている事を説明した。我々はトビンとウィーデンヘーファーを月着陸船の関係者に紹介し、二人はＦ‐１１１戦闘機で何を行い、それがどんなに成功を収めたかを簡潔に話した。二人は月着陸船でもう一度、同じ事ができると自信を持っていた。私は月着陸船の技術部門の管理職は、全員が重量軽減についてしっかりと取組む必要があり、各自に割り当てられた軽量化を実現する責任があることをはっきりと説明した。それに続く活発な質疑応答では、技術者達は重量軽減に前向きの姿勢を示したが、他の優先事項とどうバランスをとれば良いのかと言う、もっともな疑問も持ち出された。我々はＳＷＩＰの適用基準に、重量対費用の判定条件に加えて、日程と信頼性の条件も加える事を約束した。

私の毎日の設計担当者会議と、毎週のＳＷＩＰ会議は重量軽減活動の中心になった。ＳＷＩＰ会議は通常は三時間から四時間かかった。トビンとウィーデンヘーファーは採用の可能性のあるＳＷＩＰ項目の一覧表を示し、新規項目を紹介し、各項目の現状を説明した。ある項目が採用、修正の上採用、不採用の決定を下せる状況になると、ＳＷＩＰチームのところへ、そのサブシステムの担当者か設計リーダーに来てもらった(注5)。ボブ・カービーは毎回、ＳＷＩＰ会議に参加し、彼のサブシステム・グループが決断したり、実行状況をフォローするのに力を貸した。設計担当者会議にはＳＷＩＰチームは通常は参加しないが、当日の会議で対象とするサブシステムにＳＷＩＰ対象項目が含まれている場合には、会議に参加してその内容を詳しく検討した。

ＳＷＩＰ活動ではまず、各サブシステムを部品、構成品にまで分解して、それぞれの目標重量を設定することから始めた。この目標重量は、そのサブシステムの担当者とその上司、主要協力企業や専門業者の代表と一緒に検討を行って設定した。サブシステムとその主要構成品の図面、技術仕様書を再検討し、重量軽減ができそうな方法を探した。大半の図面は製造部門に発行済みで、システムの構成品の多くもある程度は開発用の試験が進んでいたので、変更が日程計画や費用に与える影響についても検討を行った。こうした会議を行った結果、担当の技術者とその上司、担当企業はＳＷＩＰの目標重量を受入れた。

私は大きな重量軽減が達成できる可能性が大きい「大物」の項目に集中的に取組んだが、軽減重量が小さいからと言ってＳＷＩＰチームの細かい網をくぐりぬける項目は一つとして無かった（五〇グラム以上の軽減項目を対象としていた）。大物の項目は構造関係が一番多かったので、最初に構造関係に取組んだ。月着陸船の構造部品のほとんどは、再設計、余肉の削減、材料の変更が可能で、機体設計班はいろいろな方法で、できる限り重量軽減を行った。材料技術部門は軽量な代替え材料を探すのに中心的役割を果たし、製造工程でのケミカルミリング加工法を確立したが、これは構造部品の重量軽減で大きな効果があった。

降下段の推進剤タンクの加圧を、超臨界状態のヘリウムで行うことも、重量軽減では重要な項目だった。この項目を実現できるかどうかは、実機に関しては、推進系統設計班の開発能力と極低温用タンクの製作を担当するギャレット社のエアリサーチ事業部、地上支援機材に関しては、流体用地上支援機材部と、地上支援機材用の極低温タンクと関連部品を担当するビーチ航空機社に懸かっていた。私もＮＡＳＡも超臨界ヘリウムへの変更をためらっていたが、地上支援機材の設計を見て、この取扱が難しい超臨界ヘリウムがケネディ宇宙センターのアポロ発射台で、充填や抜取りが可能なことに納得したので、考えが変わった。

私は電源系統で、燃料電池の代わりに蓄電池を使うことにも、大きな関心を持った。この変更は信頼性向上を目的としたものだった。蓄電池を使えば、複雑な燃料電池そのものだけでなく、非常に複雑な水素タンク、酸素タンク、配管や関連部品も無くせるからだ。ＳＷＩＰの一員として、私はその変更をしても、重量の増加が小さいことを確認しておかねばならなかった。蓄電池のメーカーの約束した重量の妥当性と、燃料電池システムの重量の現状の、双方について確認をした。燃料電池の製造業者のプラット・アンド・ホイットニー社は、類似のシステムを使用する月着陸船、司令船・支援船の双方のために、燃料電池の試作型の製造と試験を進めていた。グラマン社は蓄電池の製造業者のイーグルピシャー社とヤードレイ社双方から、電気的特性の試験結果と、重量の実測データを入手した。一九六五年二月二六日、シェイは月着陸船については、イーグルピシャー製の蓄電池に変更することを許可した（注６）。

環境制御システムではかなりの重量軽減ができた。製造業者のハミルトン・スタンダード社の協力を得て、環境制御系統設計班はこの重要で複雑な系統で十数キロを削減した。考えうる様々な案を検討した結果、酸素供給装置には重量が最小になる方式を採用した。降下段については、液体酸素を利用することも検討したが、高圧（一九〇気圧）の気体酸素タンクを使用することにした。月面から離陸してランデブーするまでに必要な酸素は、上昇段のずっと小型でより圧力の低い気体酸素のタンク二個で供給する。月着陸船の船室内に装備される環境制御装置の構成品の、収容用や取付け用のトラス構造をチタン製に設計変更する事と、部品の重量を削減する事で、さらに重量軽減ができた。

月着陸船の重量軽減への関心が高まると、月着陸船と司令船・支援船との月軌道でのランデブー用の機能で、重複した機能を削減しようとする圧力も高くなった。ランデブーする時に相互の位置関係を知るために、一九六四年の時点では月着陸船と支援船の双方にランデブー用レーダーがあったが、一九六五年二月には支援船のレーダーはやめになり、代わりに光学的追尾用ライトが月着陸船に加えられた。そのすぐ後で、一九六四年一一月に重量軽減の一環で我々の提案を検討した結果、ＮＡＳＡのクライン・フレージャーは月着陸船のレーダーもやめて、光学的装置だけにすることを提案した。月着陸船の恒星追尾装置（スター・トラッカー）と支援船のキセノン・ストロボライト、それに月着陸船の飛行士が六分儀を手持ちで操作する光学システムだけにすることで、四〇キログラムの重量と三〇〇〇万ドルが節減できると試算された（注７）。我々は月着陸船を光学的ランデブー装置も装備可能とするよう指示され、一九六五年八月にＡＣエレクトロニクス社が光学的追尾用ライトの開発担当に選定された。

その年の後半に、ミラー、シェイ、ロバート・ダンカンは、彼らが呼ぶところの「ランデブー用センサーのオリンピック」を、一九六六年四月完了を条件に開催することに決めた。その目的は、ＲＣＡ社のランデブー用レーダーと、光学的システムの双方を、実験室レベルで試験を行い、両者の性能を比較することだった。この比較が始まる前から、宇宙飛行士室はレーダーの方が運用上で柔軟性があり、独立して使用できることから、レーダーを強く支持していた。レーダーはランデブーにおける重要な諸元である相対距離（目標までの距離）と接近速度（目標に近づく速さ）を直接的に測定できるのに対して、光学的システムは相対距離をＶＨＦ（超短波）無線機から得るので、リアルタイムの接近率は得られない（注８）。

一九六六年六月、競合するＲＣＡ社とヒューズ航空機社から試験結果の説明を受け、グラマン社はＲＣＡ社のレーダーを残し、月着陸船側の光学的システムは採用しないことを勧告した。ＮＡＳＡのセンサー・オリンピック検討委員会は、レーダーを選ぶことに同意した。光学的システムはもはやレーダーに比べてコスト的に有利ではなくなっていた。開発が進むにつれて、光学的システムの必要費用は、レーダーの費用とほぼ同じ程度まで大きくなる事が分かった。それでも光学的システムはレーダーより軽量ではあったが、一九六六年半ばにはＳＷＩＰが大きな成果を上げていたので、この重量軽減分を特に重視する必要はなくなっていた。ＮＡＳＡの決定は、宇宙飛行士のスレイトンとシュワイカートの、レーダーの方が良いとする強硬な意見にも強く影響されたものだった。ジェミニ計画におけるランデブーは、機上で相対距離と接近率が表示されるランデブー用レーダーを使用して非常に上手く行ったので、宇宙飛行士達はアポロ計画でも、この最近の実証済みの経験と手順をそのまま継承すべきだと主張した。

ＳＷＩＰ活動は苦しく、高くついた。日程管理計画と製造工程計画を設定する上で、大きな混乱を引き起こしただけでなく、設計側としても、不安を持ったまま設計図面や工程仕様書を発行せざるを得なかった。私は重量軽減の必要性と、安全性、信頼性、整備性の確保の必要性の、二つの必要性の間で板挟みになっていた。私は安全性について妥協したことは無く、信頼性についての妥協はほとんどしなかったが、整備性の低下を許容したことはよくあった。その代償として、その後の宇宙飛行用の月着陸船の組立、検査、機能試験、作動試験を担当した二年間、私は何度も整備性の問題に悩まされる事になった。

整備性の観点で、私が下した最悪の選択は、細い二六ゲージの電線とミニアチュア・コネクターを、電圧の変化は伝えるが電流はほとんど流れない信号用の配線に使用したことだろう。月着陸船ではこのような電線を、合計すると何千メートルも使用しているので、この電線を採用しただけでも百キログラム以上の重量軽減になったが、その代償として電線の破断が頻発し、宇宙船の船内で電線のコネクターの脱着が難しくなった。後期の機体（ＬＭ‐４号機およびそれ以降）ではより強度が高い銅合金の電線に変更することにより、電線の破断問題は無くなった。

グラマン社の製造部門はアルミニウムなどへのケミカルミリングの技術を向上させていたので、この加工方法を構造の板材や、機械加工の金具に広く適用した。ケミカルミリングでは、通常の機械加工ではできないようなポケット形状などが加工できるので、荷重伝達経路以外はほとんど余肉をなくした、重量的に最適な設計にすることができる。この加工方法で大きな重量軽減ができた。残念なことに、後になってケミカルミリングは、ある種の材質や部品形状の場合に応力腐食割れが起きやすいことが判明した。部品の取付けで、接合部が密着していない状態で締結部品を締付けると、応力が掛ったままになり、ロングアイランドやケネディ宇宙センターの塩分を含んだ湿った空気にさらされると、応力腐食割れが発生する。ケミカルミリングした部品の取付けをしてから何カ月か後に、部品が割れているのが見つかった事が何度もあり、ベスページ工場やケネディ宇宙センターで、再検査と修理が何回も必要になった。

超臨界ヘリウムの欠点は、それを使用する宇宙船のシステムも地上支援装置も複雑になる事と、それに加えてＮＡＳＡ、軍、装備品製造業者もこのようなシステムを使った経験が無かった事だ。超臨界ヘリウムは絶対零度（摂氏マイナス２７３度）より僅か数度上の温度に保たねばならず、断熱と真空に関して最高の技術が必要で、系統の全ての部品の製作に極度の注意を払わねばならない。アポロ９号の打上げの時は、これがどんなに際どい事かを思い知らされた。

他にも多くの変更を行い、その内の幾つかは、実際には問題が起きなかったが、いろいろ心配はした。重量軽減になる場合には、鋼鉄に代えてチタンを使用した。チタンは成形や機械加工が難しく、より高価だった。チタンは生産量が少なく、アポロ計画の高い優先度をもってしても、大型の鍛造材は予定通り入手できない事があった。

宇宙船の船室の外板は、ケミカルミリングにより、構造強度の安全率を満足するぎりぎりまで、板の厚さを正確に削り取った。その結果、搭乗員用の船室の円筒形部分のアルミ外板は、厚さが〇・三ミリ、つまり家庭用アルミフォイルの三枚分の厚さだった〔訳注４〕。この厚さでは、外板は工具を落としたり、足を置くだけで簡単に破れてしまうので、社内の組立と検査、ベスページ工場とケネディ宇宙センターでの機能試験、作動試験の間は、堅いプラスチックの保護パネルをかぶせていた。

大物の重量軽減項目に加えて、月着陸船の全てのシステムと設計を詳しく見直すことで、重量を減らした。個々には数十グラム程度でも合計すればかなりの重量になる削減項目もあった。月着陸船の外表面を覆う、微小隕石防護膜と兼用の断熱用ブランケットを再設計することで、相当な重量軽減ができた。このブランケットの構造としては、ＦＲＰ製の絶縁用棒材を下の支持構造に貼りつけ、その上に微小隕石用の厚さ〇・一三ミリのアルミ板と、僅か〇・〇〇三ミリの厚さしかないアルミ蒸着のマイラー膜を多数重ねた断熱材を取付ける事で、非常に効果的で軽量な保護膜を作り上げた。ブランケットの材料のマイラー膜はこのために特別に開発した物である。

電子機器の分野では、重量軽減のために実装方法の軽量化に重点を置いた。電子機器の内部では、信頼性を向上させ重量を軽減するために、内部摩擦方式のコネクターを減らし、ワイヤー・ラッピング方式のターミナルを使用した。プリント板の熱を発生する部品から機器のケースのプリント板取付けフランジまで、短く直線的な熱の伝導経路を設けることで、プリント板冷却能力を向上させ、機器の重量を削減した。

液体系統では、推進剤などの液体を、できる限り低い圧力と少ない圧力損失で圧送するようにして、重量と複雑性を抑えた。システムの安全性と信頼性は最優先だったが、設計の細部では重量軽減を意識して設計する事もあった。推進系統と姿勢制御系統では、推進剤タンクと加圧タンクは軽量なチタン製、配管はステンレス製で、配管の接続は高温のロウ付けで行った。

こうした苦しい重量軽減活動を続けた成果は大きかった。一九六五年半ばには、月着陸船の重量増加は突然に止ま

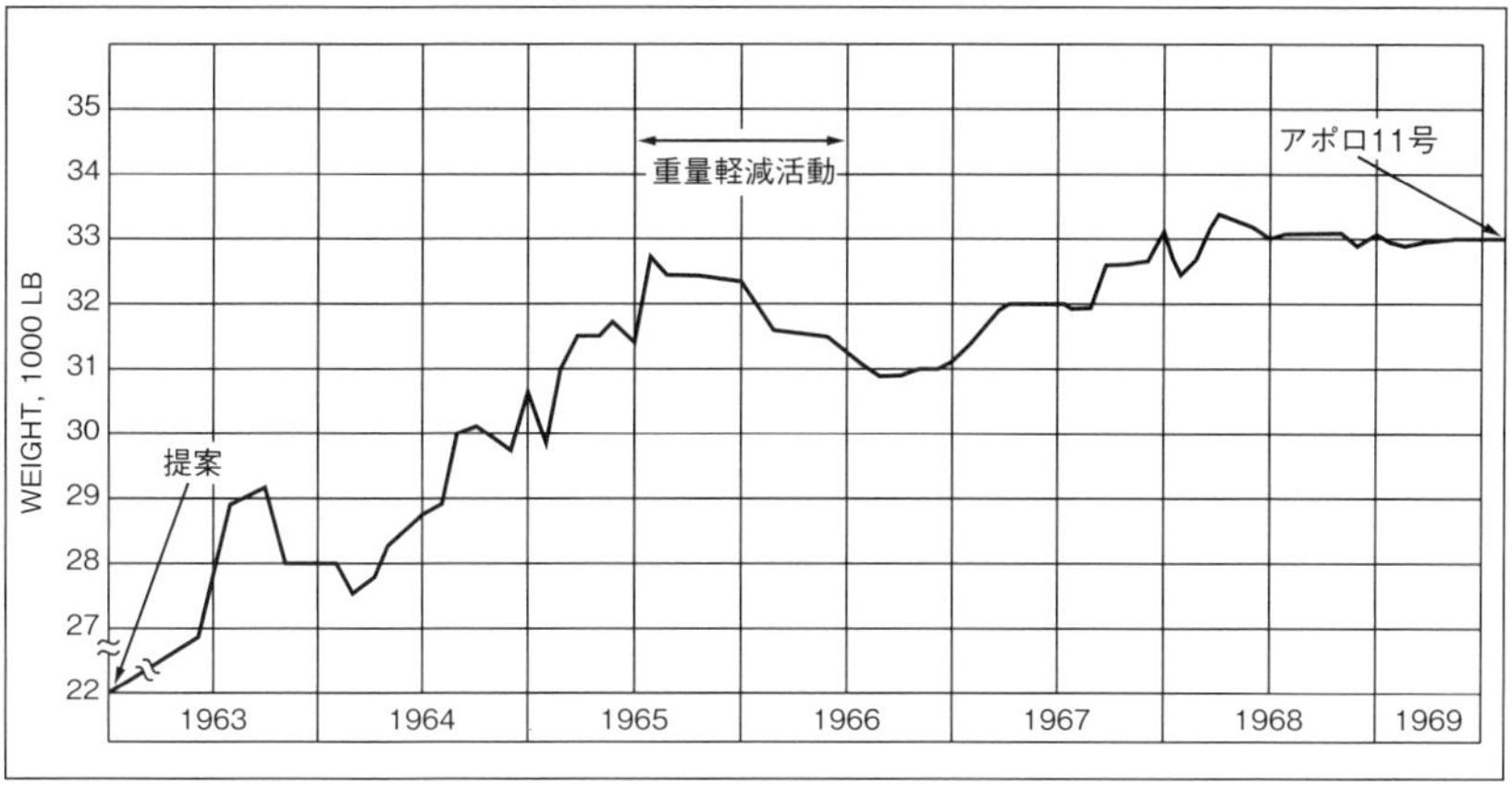

提案段階からアポロ11号までの月着陸船の重量の変化（トーマス・ケリー提供）

り、一・一トン以上、重量が減った。一九六六年中も重量の減少は続いたが、そのころには実測重量が出てきており、一九六六年三月の設計審査の結果で重量はさらに減った。一九六七年後半に、もう少し規模が小さい重量軽減活動を行い、宇宙船の目標重量に対して満足できる重量余裕が得られた。後半の飛行（アポロ15号から17号、ＬＭ-10号機から12号機）では、サターンＶ型ロケットの能力向上により、打上げ時の月着陸船の重量は一六・四トンにまで増やせるようになった。これで可能になった一・九トンの増加分は、月面の滞在時間の三日間への延長、月面移動用の電動で折り畳み式の月面車の搭載、科学調査用の機材と月から持ち帰る標本の重量の増加に利用された。

　ＳＷＩＰ活動には、技術部門、製造部門、主要協力企業に広く参加してもらった。重量軽減できそうな項目を探し出し、軽減策を考える難しい作業は、トビンとウィーデンヘーファーのＳＷＩＰチームが先頭に立って進めて行った。彼らが粘り強く仕事をする姿に、我々全員がやる気になったし、月着陸船の技術部門のリーダー達、特にカービー、ホワイテイカーとその部下の係長達がＳＷＩＰチームを助けていた。また、活動全般について、ＮＡＳＡのビル・リー、オーウェン・メイナード、コールドウエル・ジョンソンの、活動期間を通しての継続的な支援と指導はとても役立った。彼らは重量軽減の達成を厳しく要求したが、達成の見通しについては楽観的だった。

月着陸船の設計が終わりかけた頃になり、ＮＡＳＡとグラマン社の経営陣から日程厳守の強い圧力がかかっている中、ＳＷＩＰ活動で設計陣を悩ませる事になって、私はとても心苦しく感じ、心配していた。変更をいくつかの段階を分けて実施する事で、日程に対する影響は多少緩和された。最初の頃は重量軽減の目標値が達成できるか心配していたが、ＳＷＩＰチームとＮＡＳＡ側の担当者の確固たる自信を見ると、私の心配は消えた。グラマン側としては、重量軽減の成功はチームとしての多大な努力の成果だった。関係する全部門がそれぞれの分野で重量軽減に貢献した。製造側の提案で工程改善や設計の単純化ができ、それが重量軽減につながった例も数多くあった。技術部門では設計グループと材料グループの役割が特に大きかった。ごく薄いアルミを蒸着したマイラー製の断熱材のような新しい材料が、材料技術グループからの要請に応えて、製造会社で開発された。

一九六六年の終わり頃には、ＳＷＩＰ活動は成功して活動を縮小したので、私のＳＷＩＰに掛ける時間は減った。その頃になると、私が取組まねばならない、新しい問題、優先事項が出てきて、月着陸船の重量問題の緊急度は下がった。ＳＷＩＰ活動の成果と言っても、我々自身が引き起こした重量増加問題を収拾しただけで、特別に褒められる事ではないが、私は内心、秘かな満足感を感じていた。グラマン社は困難な事態に立ち向かい、技術、リーダーシップ、熟練した要員によって、費用と時間の制約の中で問題を解決できた。そうするしか無かったのだ。

第9章　問題に次ぐ問題の発生

月着陸船の作業が紙の上の設計から、一九六六年半ばより実機の製作、一九六九年の宇宙飛行へと移って行くにつれ、技術部門の作業の重点も、徐々に設計から不具合の調査と解決に移って行った。アポロ計画の基本的方針では、試験における不具合は全て根本原因を解明し、その是正により信頼性を確保する事になっていた。この考え方に沿ってグラマン社では、試験の不具合については全てその原因が判明するまで粘り強く試験データを調査分析し、再試験を行った。月着陸船の部品や組立品の試験が増えるにつれて不具合も多くなり、原因が判明し是正措置が取られて解決済みとはなっていない不具合が、何百もある場合もあった。

不具合は、全ての試験に立会う品質管理部門により記録され、技術部門の信頼性管理班が処置を決めた。グラマン社内のいろいろなグループが、不具合の分析、再試験、再発防止のための是正措置決定に参加した。月着陸船の信頼性管理班長のジョージ・ワイシンガーは、不具合を追求し、処置完了とするための作業のリーダーの役割を果たしていた。針金の様に痩せていて、いつも動きまわっているワイシンガーは、不具合の原因はどこを探せば良いのか、そして解決策を見付け出すには誰を引っ張り出せば良いのかを知っていた。不具合の発生とその是正処置作業がピークを迎えた一九六八年には、平均して三百件の処置が未完了の不具合があり、グラマン社と協力企業の数百人の技術者がそれらを解決するための作業に従事していた。各不具合は、どれも「混乱にまぎれて行方不明」にならないよう、解決済みになるまで作業状況が管理されていた。

大半の不具合は、数週間以内に速やかに原因が究明され解決したので、費用や日程に大きな影響を与える事はなかった。しかし、慢性的に再発する不具合も幾つかあり、それらに対しては、潜んでいる原因を突き止める技術的な調査能力と、有効な対策を考え出す創造的な才能が必要だった。月着陸船のどのサブシステムも開発過程で大きな問題を経験しているが、そうした問題はどれも程度の差はあれ重要で、その影響度は問題が起きた時の月着陸船の製造工程が、日程計画上でどこにあるのかに左右された。製造日程の後半の、打上げに近い時点では、機体の完成予定が遅れないように処置するのがより難しくなった。

この章では、印象的だった技術的な問題を、影響の大きさや、私の個人的な関与の大きさで選んで、紹介したい。これは問題のほんの一部分に過ぎない。月着陸船が月に行って帰って来るためには、全ての問題がケネディ宇宙センターから打上げられる前に、完全に解決されている必要があった。

推進系統と姿勢制御系統の漏洩

この二つの重要な系統における漏洩は、一九六四年半ばの実機の重量を模擬しないシステム基本試験用の装置[訳注1]（HA‐1号、HD‐1号）の時から始まり、宇宙飛行用の月着陸船を製作する時まで続く、慢性的な問題だった。漏洩は加圧用の系統（ヘリウムガス）と、推進用の燃料と酸化剤の系統の双方で発生した。ロケット燃料は50／50（ヒドラジンが五〇％、非対称ジメチル・ヒドラジンが五〇％）と呼ばれる物質で、酸化剤は四酸化二窒素（N_2O_4）である。どの系統についても漏洩はあってはならないが、推進剤の漏洩は特に重大な問題だった。推進剤は毒性が強く、蒸発しやすい液体で、自己着火性なので燃料と酸化剤の蒸気が出会うと発火する。漏れが無い継手を作り上げるのは、長い時間が必要な難しい問題だった。宇宙飛行が始まってからかなり経っても、改良はまだ続いていた。

月着陸船の液体を扱う系統の漏れについては、私は提案書を作成する前から気にしていた。その時にはまだ詳細には決めていなかったが、液体系統では機械的な結合箇所を無くして、溶接またはロウ付けによる継手を採用する事と、着陸用の脚では油圧式の衝撃緩衝装置からの漏洩を心配して、機械的なエネルギー吸収装置を採用する事を提案書に書いた。一九六三年から一九六四年にかけて、月着陸船の設計が固まってきた時期には、推進系統と姿勢制御系統については、機械的な継手の数を最小限に留めるため、ステンレスの配管はニッケルを添加した銀ロウを使った高温ロウ付けで結合する事にした。ガスケットやOリング付きの、ネジまたはボルト結合の機械的な継手は、タンク、弁、フィルター、圧力調整器などのような、交換可能とする必要がある構成品には使用しても良い事にした。

この設計方針は紙の上では良さそうに見えたが、実物のシステムの構成品と配管を使用して、ベスページ工場の低温作動試験施設で、試験用の液体や実際の推進剤を加圧して流してみたり、ホワイトサンズ試験場の燃焼試験施設で燃焼試験をしてみると、すぐに不十分であることが判った。機械的な継手はどれも漏洩を起こしたし、ロウ付けの継手でさえ、継手の接合面の全周に渡って、一様に完全なロウ付けがなされていないと漏洩を起こした。

漏れが有るかどうかは、検査する系統にヘリウムを少し含む高い圧力の空気か窒素を入れ、可搬式の質量スペクトロメーター方式の高感度のヘリウム検知機（「スニファー」）で検査した。検知機の感度は、百万分の一から五〇までの間で調節できた。月着陸船では、漏れがあるかどうかの基準は百万分の二とした。基準を上回るヘリウムが検出されると、検知機は警報音を出すが、検出量が増えるにつれて音量が大きくなった。実機より重いシステム基本試験用の装置を、工場で低い圧力で試験した時には、空襲警報のサイレンのように、派手に警報が鳴った。しばらくの間、検知機が敏感すぎるのが原因ではないかと思ったが、漏れが検出された継手の多くは、昔ながらの素朴な、せっけん液を塗って泡ができないか調べる方法でも漏れが見つかった。基本試験用装置の漏れは、ベスページ工場ではガスケットとOリングを交換し、ボルトやネジを許容トルクいっぱいまで締める事で無くなった。

ホワイトサンズ試験場で圧力をかけて試験したところ、またしても漏れが発生した。試験の担当者は漏れが見つかる度に、継手を締めつけて漏れを止めた。装置に本物の燃料を使用する試験に移ると、漏れは人間に対して危険であり、目視で確認できた。少しでも漏れがあればロケット燃料は白い蒸気で、酸化剤は赤褐色の蒸気で、どちらも見てすぐ分かる。どちらもごくわずかでも人間には有毒である。ホワイトサンズ試験場の作業員は、試験装置の清掃、除染、修理をする時には、防護服を着用する必要があった。酸化剤はほんのちょっとした隙間からでも漏れ、検知器でやっと検出できるくらいの漏れ(注1)でも、外に漏れ出す速度が大きいので周囲の金属を浸食して漏れが大きくなる。ホワイトサンズ側は漏洩問題に全力で対処すると共に、ベスページ工場にこの問題を繰り返し連絡し、対策を要望してきた。

一九六七年一月になると、ホワイトサンズ試験場の現地責任者のリン・ラドクリフはもう我慢ができなくなった。彼はベスページ工場へそのためにやって来て、推進系統と姿勢制御系統の漏洩を何としても止めてほしいと要望した。その後、実機より重量が重いタイプの試験装置ＨＡ‐３号、ＨＤ‐３号のセット、実機タイプのＰＡ‐１号とＰＤ‐１号のセットを、ベスページ工場からホワイトサンズ試験場に引き渡した。これらの装置は改良型の機械的継手にしてあったが、それでも漏洩を起こした。実機タイプの試験装置はステンレス製の配管を装備していたが、そのロウ付けの継手も何か所かで漏洩を起こした。ラドクリフは驚き、怒った。彼は漏洩問題を早急に解決しないと、月着陸船とグラマン社に対する評価が決定的に悪くなると考えた。

ラドクリフは長身で大柄、ハンサムではっきり物を言い、鍛えられた運動選手の優雅な身のこなしをする人物だった。シラキュース大学で長距離走の有力選手だった彼は、グラマンでもトレーニングを続けていて、職場からロイドハーバーの自宅までの一六キロを走って帰ることもよくあった。これはジョギングが一般的になるずっと前の事だった。ある晩、怪しいと思ったベスページ地区の警察官が、彼を尋問のために警察署へ連行した。道を走っていたのは、犯罪現場から逃げていたために違いないと思われたのだ。彼はニューハンプシャー州のホワイトマウンテンで、スキーのクロスカントリーの競技にも出ていた。アメリカ人選手だけでなく、フィンランドなどのスカンジナビア諸国からの選手とも互角だった。彼はロングアイランド海峡でヨットに乗るのも好きで、ヘレショフが設計した一九〇六年製の三五フィートのスループ艇で帆走するのだが、帆が大きすぎるので風が強いと傾いて転覆しそうだった。運動選手、アウトドアの愛好家、技術者として、彼は自分がやる事には、それが何であれ全力で取組んでいた。

ラドクリフは月着陸船計画に来る前は飛行試験担当の技術者だった。彼は設計技術者やテストパイロットと一緒に、試作機の機能、性能を確認するために、飛行試験の実施要領を作成する作業を担当した。試験飛行に同乗し、テストパイロットが試験機の飛行試験を実施する時には、計器盤から計器の読みを記録した。彼は技術者が自分の設計について言う事を、鵜呑みにはしなかった。「設計通りかどうかは試験してみれば判る。」と彼は言っていた。月着陸船のロケット・エンジンが、安全かつ信頼できることを証明する責任者としては、これは全く正しい考え方である。

飛行試験の仕事をしてみて、ラドクリフはグラマン社の飛行機が非常に素晴らしく、空母搭載機として世界一だと感じた。彼はグラマン社の飛行機が優れていて、品質が高い事を非常に誇りに思った。彼にとってグラマン社を「グラマン鉄工所」とか「純正のスターリング銀貨」と呼ぶ事は、グラマン社に対する神聖な信仰を表わす言葉だった(注2)。聖職者の息子である彼にとって、会社の創立時の理念である高い水準の製品を実現できないなら、月着陸船計画は黙示録的な悲惨な結末を迎えるに違いないと思えた。

ラドクリフはまずジョー・ギャビンとボブ・ムラネイに会い、それから月着陸船の組織を順に訪問して、漏洩がひどい事とすぐに設計を修正してほしい事を訴えた。彼が私の所へ来た時、彼の話に私はショックを受けた。私はシールの設計を改善したのに、試験装置のひどい漏洩が続いている事を知らなかった。カービーとその部下の流体システム設計グループを会議に呼び、ラドクリフの話を聞いた後、今後の方策を話し合った。ラドクリフの主張ははっきりしていた。「機械的な継手は全部やめにして、ロウ付けの継手の漏洩を防ぐ方法を考える事」だった。我々はその線に沿って作業する事に合意した。

それから数週間を掛けて、交換可能部品用のＡＮ規格（陸軍・海軍規格）等のネジ止め式の結合部は、設計から無くした。その代わりにそうした部品は、部品から突き出した配管との接合部にスリーブをかぶせて、その両端をニッケル添加した銀ロウの高温ロウ付けで接合して、部品と配管を取付ける事にした。部品を交換する時には、生産技術グループはスリーブを中間で切断し、部品側と配管側に残ったスリーブを、それぞれ誘導電流加熱装置で加熱して取外す方法を開発した（この作業を現場は、きれいな表現ではないが「引っ剥がす」と言っていた）。接合部はきれいに磨いた上で、新しいスリーブをかぶせ、標準的な方法のロウ付けによって配管を取りつけた。このやり方では修理作業はより難しく、時間がかかるが、正しくロウ付けを行えば漏洩は生じない。ロウが全周に渡って適正に行き渡っていて、ボイド（空洞）が無いかを確認するため、全てのロウ付けの継手をＸ線検査することが必要だった。もしうまく行っていないと、継手を誘導電流加熱装置で、前回よりもう少し高温で、もう少し長い時間加熱してから再取付けした。この再加熱は四回まで行う事ができ、それを越えると継手は作り直しになり、新しいスリーブをかぶせて、再びロウ付けをする。可搬式のＸ線検査装置が工場の作業現場で継手の検査に使用されたが、Ｘ線検査中はその近くで作業するのは禁じられていた。

それでもまだ機械的な継手が残った箇所が何か所かあり、そのほとんどが推進剤と加圧用のタンク関連だった。これらのタンクでは、タンクの清掃、検査、容量計センサーの取付のため、大きな開口部が必要だった。こうした個所ではボルト止めのフランジ構造を残したが、タンクの製造業者の工場で漏洩がないことを確認した。

漏洩を生じたロウ付けの継手の再加熱や、ボルト止めのフランジの増し締めが時たま必要になった事を除けば、ラドクリフから見てもこの改良された設計には不満は無かった。ある時、彼はフォン・ブラウンを長とするＮＡＳＡの幹部の団体を、ホワイトサンズ試験場のグラマンの試験施設に案内した。ここを訪問するのは初めてだったので、ハンツビルからの見学者はとても興味を持ち、多くの質問をした。高空試験室に、降下段の実機タイプの試験装置で本物の燃料を使用する試験を見学に行った際、試験の責任者は試験設備に背を向け、プロジェクター用スクリーンを向いて説明を行っていた。ラドクリフは試験室の奥で試験装置に向かって立っていたが、その説明の最中に、突然、試験装置から不吉な白い蒸気が立ち上るのを見た。彼は直ちに説明用のスピーカーのスイッチを切り、叫んだ。「皆さん、燃料漏れです。ここから直ちに出ましょう。私について来て下さい！」

見学者は素早く反応して、ラドクリフに従って隣の制御室に移った。高空試験室の扉は閉鎖され、燃料の蒸気は安全に閉じ込められた。これは残念な事態だったが、ラドクリフの素早い処置で誰も危害を受けなかったし、致命的な燃料蒸気に触れる事も無かった。

漏洩の問題は、一九六七年七月に月着陸船ＬＭ‐１号機で大騒ぎになるまでは、低温流体試験場やホワイトサンズの試験で、時々起きる小さなトラブルとして処置されていた。ＬＭ‐１号機は、他の月着陸船がベスページ工場における、組立、試験、最終調整でいろいろ問題を起こしている最中に納入された。ＬＭ‐１号機を納入した時は、グラマン社もＮＡＳＡの現地検査員も、かけた圧力は三・四気圧と低かったがヘリウム漏洩試験に合格したので、ＬＭ‐１号機に漏洩は無いと思っていた（実際に使用する時の推進剤タンクの圧力は、三つの系統で違いはあるが、一一・九気圧から一六・〇気圧である）。ケネディ宇宙センターに納入された直後から、ＬＭ‐１号機の推進系統と姿勢制御系統の至る所で漏洩が発見された。ケネディ宇宙センター側は、グラマン社が多少遅れたとは言え誇りを持って納入した最初の宇宙飛行用の月着陸船を、「ざるのように漏れるがらくた」だとすぐに決め付けた。これは月着陸船の組立、試験に従事する人間にとってショックだった。彼らはＬＭ‐１号機を納入するために、休みも取らず長時間の作業をしてきて、ＬＭ‐１号機の品質が高いと信じていたのだ。

我々は最初、ケネディ宇宙センターで漏洩が発見されたのは、漏洩の検出方法と測定機材が違うためだと思った。それを確認するため、ケネディ宇宙センターの検査員がベスページ工場に来て、工場では漏洩がないと判定されたＬＭ‐２号機とＬＭ‐３号機の漏洩試験を行った。残念な事にグラマン社の検査で見逃されていた漏洩が何か所で発見された。その上、その漏洩は検知機の違いによるものではなかった。ケネディ宇宙センターのＬＭ‐１号機、工場の

ＬＭ‐２号機、ＬＭ‐３号機のどれもおいても、漏洩検知器で発見された箇所は、せっけん水による気泡試験でも漏洩が検出された。どうしてこうなったか判らないが、私はケネディ宇宙センターの漏洩検査方法を取り入れ、ＮＡＳＡの経験豊富な検査員に、グラマンの検査員の教育をしてもらうよう指示を出した。

ベスページ工場で、ＮＡＳＡの検査方法の教育を受け、漏洩検知機の使い方をそれに合わせるのに三週間かかった。ＮＡＳＡは我々とは異なる型のヘリウム漏洩検知機を使用していたが、メーカーは同じだった。この事態に困惑したジョー・ギャビンは、ＮＡＳＡの圧力もあって、漏洩の問題に直接関与するようになった。私の推薦で、ギャビンは構造設計班のナンバー２のウイル・ビショッフに、漏洩対策を担当させる事にした。漏洩を止めるのは、タンクのボルト止めフランジが一番難しく、その次は私の機械的継手廃止の方針でも残った小型の機械的継手だった。

ビショッフはタンクの製造業者のエアロジェット社（上昇用推進装置用）、アリソン社（降下用推進装置用）、ベル航空システム社（姿勢制御装置用）と相談し、Ｏリングやシーラントの会社の専門家の意見も聞いて、タンクのフランジの設計を変更した。その新しい設計では、Ｏリングは二本になり、Ｏリング用の溝の寸法と公差が変更され、二本のＯリングの間に漏洩検出試験用の接続口が設けられた。試作品の試験の成績は良好で、新しいフランジをつけたタンクでは漏洩はなくなった。タンクの製造業者が努力してくれて、ＬＭ‐１号機のタンクのフランジを、これまでのタンクの継手が使用できる、中間改良型のものに交換できた。

ビショッフのチームは配管に取りつける部品に対しても、改良されたＯリング二本型のフランジを開発した。これを圧力調整器のように、問題があって頻繁に交換が必要な部品に採用した。問題を起こさず、頻繁に交換しない部品はロウ付けで取付ける事にした。

ビショッフのチームは、生産技術部やケネディ宇宙センターで働いている流体システムの技術者と一緒に、ロウ付けの工程を徹底的に見直し、ロウ付け部の清浄度と寸法精度、ロウ付けする配管とロウ付け用スリーブの寸法精度に対する基準を厳しくした。ロウ付けとＸ線検査の作業員には、誘導電流加熱式ロウ付け装置やＸ線検査装置の製造業者も講師に加えて、追加の教育を行った。最初の検査で漏洩試験に合格する比率はだんだん向上し、再加熱処理の回数は減少した。

ＬＭ‐１号機は、ケネディ宇宙センターで三か月に及ぶ集中的な対策作業と、ホワイトサンズ試験場からの六名の優秀な作業員の協力を得て、ついに漏洩箇所が無くなった。しかし、グラマン社の評価は地に落ちた。一九六八年六月に、次の納入機であるＬＭ‐３号機が搬入されると、すぐさま漏洩試験が行われた。今回はケネディ宇宙センターの受領検査チームにベスページ工場に来てもらい、グラマン側の検査員と一緒に納入準備試験に参加してもらって、ＬＭ‐３号機が工場から送り出される時には漏洩は無い事を確認してもらっていた。ケネディ宇宙センターにおける受領検査では、僅かな漏洩が二箇所で発見されたが、すぐに修理した。（しかしＬＭ‐３号機には他に百件以上の不具合があり、その内には応力腐食割れ、電気配線の断線のような重大な不具合が含まれていた。ＬＭ‐３号機の飛行が許可されるには、ジョージ・ミラー副長官主催の飛行適合性評価委員会で一九種類の問題の解決が必要とされた。ＬＭ‐３号機が一九六八年内の飛行に間に合わなくなったので、ジョージ・ロウ計画室長は司令船・支援船のみで月周回軌道飛行を行う案を急いで計画し、それが一九六八年一二月のアポロ８号の飛行になった。）（注3）

推進系統と姿勢制御系統における漏洩問題は、月着陸船計画が続いている間、ずっと心配の種だった。系統の漏洩を防ぐには、常に細心の注意を払うと共に、作業員の再教育を継続する事が必要だった。少しでも見逃しがあると、宇宙船の組立、検査工程やケネディ宇宙センターで、漏洩検知機が鳴る結果になった。漏洩の頻度はＬＭ‐１号機の屈辱的な失敗や、ホワイトサンズ試験場でラドクリフを悩ませた漏洩の連続の後は著しく減少した。しかし、時々漏洩が生じるたびに、我々はまだ問題が続いていて、宇宙空間で高圧の流体を扱う事の難しさを再認識させられた。もし宇宙空間や月面で漏洩が生じると、それを止めたり、漏洩で失われた大切な推進剤を補給する方法は無いのだ。

上昇用エンジンの不安定問題

おなじみの内燃機関は、クランクシャフト、カムシャフト、ポンプ、燃料噴射装置、ピストン、バルブ、プッシュロッドなどがあって複雑なのと比べると、ロケット・エンジンは単純な構造に思える。月着陸船のエンジン、特に上昇用エンジンは、設計を単純にし、構造を頑丈にする事で極めて高い信頼性が得られるよう、ロケット・エンジンとしても特に単純にしてある。一・六トンの一定推力で[訳注2]、一回だけ七分間、連続的に作動する設計で、ポンプ、点火装置、ジンバルは無く、ノズルは燃料冷却型ではない。家庭にある暖房用の、普通の石油ストーブより単純な構造だ。高さが一・二メートル、ノズル出口の直径が八〇センチのこのエンジンは、円筒形の燃焼室と釣鐘型のノズルを持つ、典型的なロケット・エンジンの形をしていて、取り立てて強力そうにも見えない。しかし、この何でもない外見のロケット・エンジンが、アポロ計画を予定通りに実行する上で最大の問題となった。月着陸船の上昇用エンジンは、巨大な、国を挙げてのアポロ計画を中止に追い込みかねない問題として、悪名高いアポロ計画全体における「重要不具合」の一覧表に載る事が何度もあった。問題が起きて解決できないと、NASAの首脳部のミラー副長官、サム・フィリップス将軍達はグラマン社に圧力を掛けて、グラマンの社長以下の担当幹部を惨めな気持ちにさせ、その惨めさは組織に沿って下まで伝わってきた。我々全員が全力で取組んだが、上昇用エンジンの燃焼不安定は慢性的な問題で、試行錯誤を繰り返しながら、時間を掛けて少しずつ解決して行くしかなかった。

燃焼不安定は液体燃料ロケット・エンジンでは、最も基本的な技術的問題である。ロケット・エンジンの燃焼では、推進剤である燃料と酸化剤が一定の速度で燃焼室へ流れ込む事、燃料と酸化剤の組合わせに応じた一定の比率で完全に混ざり合う事、その混合物がノズルのスロート（断面積が最も小さい部分）の上流の狭い部分に、燃焼の化学変化が完了するまで保持される事が必要とされる。そのために、一般的には加圧した燃料と酸化剤を、噴射装置で燃焼室内に噴射する。噴射装置は推進剤の供給量を正確に制御するために、精密な寸法の穴（オリフィス）を数多く開けた金属板のノズルから、燃料と酸化剤を決められた距離の点に向けて噴射する。噴射装置は流量が大きなシャワーヘッドに似ている。噴射装置の流量と噴射パターンを最初に確認する際には、一般的には水が使用される。

燃焼不安定は燃焼室におけるエネルギーの放出率が極度に大きく、その過程には多くの物理的、化学的な条件が関係し、その条件が互いに関連していることで生じる。燃焼における化学変化、燃焼室の圧力と温度、噴射装置の噴射パターン、推進剤の流入率、化学的エネルギーと音響エネルギーは、燃焼室の凄まじい轟音の中で互いに影響しあう。噴射装置の形状の誤差、推進剤中の気泡、推進剤を圧送する圧力の変動、点火時の音響的衝撃と熱的衝撃は、燃焼不安定を起こさせたり、継続させるように作用する事もある。音圧のパルス状の衝撃が燃焼室の壁面から反射して、噴射装置のオリフィスからの推進剤の流れを少し曲げて、燃焼速度を変動させて圧力波を発生させることもある。燃焼不安定が生じると、燃焼室の圧力、燃焼室とノズルの壁面への熱の伝達量が周期的に大きく変動し、その変動がロケット・エンジンが爆発したり破裂するほど、制御不能のまま大きくなってしまう事もある。一般的には燃焼不安定は、ロケット・エンジンを作動させた時に毎回起きるものではなく、平均して何回に一回生じるかと言う、確率的な現象である。

燃焼不安定は、フォン・ブラウン達が第二次大戦中のペーネミュンデで経験して以来、ロケット・エンジンでずっと続いている問題である。通常は噴射装置や燃焼室の形状を実験的に変更することで解決を図るが、どのエンジンの開発でも、その変更は試行錯誤の結果で決められるので、次の設計に適用できる確かな法則は得られない。この現象がサターンＳ‐ＩＣロケットの一段目に使用される、高さ四・五メートル、推力六八〇トンの、強力なＦ‐１エンジンで発生した時には、かってない関心を集める事になった。一九六二年六月二八日、エドワーズ空軍基地のテスト・スタンドでＦ‐１エンジンは燃焼不安定により壊れてしまった。ＮＡＳＡマーシャル宇宙飛行センターのジェリィ・トムソンと、Ｆ‐１エンジンを製造するロケットダイン社のポール・カステンホルツが指揮を取って、緊急の設計変更と試験が実施された。

最初は対策の効果がなかなか出なかった。この現象が偶発的なため発生回数が多くなく、発生が予測できない事もその理由の一つだった。せっかく対策を施しても、燃焼不安定が発生して巨大なF‐1エンジンが破損してしまう事もあった。まだ問題が残っている事を知るには、とても高くつく方法である。一九六三年の前半にさらに二台のエンジンを失った。追い詰められたトムソンとカステンホルツは、燃焼中の燃焼室内で、小型の爆弾（雷管程度の物）を爆発させ、それにより発生した圧力変動がどれくらい速くおさまるかを計測する手法を考え出した。特に根拠は無いが、彼らは圧力変動が四〇〇ミリ秒、つまり〇・四秒以内におさまればエンジンは安定と見なす事にした。この爆弾試験により技術者は、燃焼不安定の発生を待ったり、統計的な現象として取組むのではなく、テスト・スタンドで燃焼不安定を試験出来るようになった。圧力変動がおさまらずに発散しかけたら、急いでエンジンを停止する事で、試験でエンジンを破損させてしまうのを避ける事ができるようになった。

F‐1エンジンの燃焼不安定と言う怪物的難問を退治するための、トムソンとカステンホルツの英雄的な努力は、一冊の本で読むのに値する話である（注4）。一年半以上に渡ってこの難しい技術的な問題と苦闘した末に、一九六五年初頭にF‐1エンジンは実用に供しうると認定され、この問題は解決した。彼らの苦闘の成果は、アポロ計画の管理者達がロケット・エンジンの燃焼不安定性の重大さを認識した事と、爆弾試験の方法を確立した事により、後のロケット開発でも役に立った。

グラマン社も、上昇用エンジン担当のベル航空システム社も、F‐1エンジンや他のロケット・エンジンにおける燃焼不安定の問題を知ってはいたが、自分達のエンジンは小型で噴射装置の噴射パターンも単純なので、この問題は起きないだろうと思っていた。ベル社での一九六三年から一九六四年初頭にかけての初期の運転試験は、問題無く実施されていたが、その時になってNASAはグラマン社がベル社に爆弾安定性の要求をしていない事に気付いた。上昇用エンジンは、空軍の無人スパイ衛星用に設計されて成功を収めたアジェナ・ロケットから派生したロケット・エンジンで、アジェナ・ロケットには爆弾安定性試験は要求されていなかった。NASAに有人宇宙船にはそれでは不十分だと指摘され、グラマン社としてもその必要性を認めたので、爆弾安定性試験を行う事にした。グラマン側の見落としだった。

一九六四年中ごろにおける最初の爆弾安定性試験で、問題が発生した。爆弾によって引き起こされた燃焼室の圧力変動が、止まらないのだ。変動は発散もせず、燃焼中は一定の変動幅のまま続いた。爆弾試験をしてもいつも変動が減衰せずに続くとは限らず、また起きたとしてもエンジンにその影響が残る事は無かった。月着陸船の推進系統設計班長のマニング・ダンドリッジと、ベル社の上昇用エンジンの責任者のデイブ・フェルドは他のエンジンではあまり起きてないこの現象を不思議に思い、広くＮＡＳＡ、空軍、業界の燃焼不安定の専門家の意見を求めた。誰もこれと同じ不安定現象（一定の大きさの変動が減衰せずに継続）を経験した事が無かったが、全員がこのままでは良くなく、発生を防がねばならないという意見だった。

その後の二年間と言うもの、ベル社は自分達、グラマン社、ＮＡＳＡが考え付いた全ての対策を試したが、どれも駄目だった。ダンドリッジはいつもは陽気で楽観的だが、今回はだんだん不安とあせりを感じるようになった。最初のうちは、バッフル（邪魔板）や噴射装置の噴射パターンを修正すれば問題が解決すると期待して、部下と次の試験用の変更案を作成するために長時間働き続けていた。ダンドリッジは解析により理論的に解決したいと思ったが、燃焼不安定は複雑で関係する要因が多いので、解析に必要な不安定現象の数学的モデル化に努力したが成功しなかった。

上昇用エンジンの開発では、別の問題もあった。主な問題としては、噴射装置の溶接や組み立ての不具合、長時間のロケット噴射によるアブレーション方式のスロートやノズルの局部的な損耗があった。月から離陸する時を模擬した、上昇段のロケット排気が降下段に相当する平板に当る状態での試験で、空気が薄い状態での始動時に瞬間的に内部の圧力がはね上がる現象が生じるのも問題だった。このため設計者が不安定現象を止めるために取りうる手段が限定された。ベル社のエンジンのアブレーション方式のノズルは、司令船の熱防護壁と類似の耐熱性樹脂でできていた。このノズルはエンジン内部の高温（摂氏一六五〇度）にもその優れた耐熱性で耐え、温度が高すぎた場合には焦げるが、焦げて固くなった状態でほぼ元の形を保つことができた。噴射装置の噴射パターンが一様でないと、燃焼室内で局部的に過熱した流れができ、ノズルのスロートに傷や浸食（エロージョン）を生じる。このノズルのスロート部は、エンジンで壁面へ伝わる熱が最も大きい部分である。噴射装置の前にバッフルを付けると、エンジンの安定性は改善されるが、ノズルの傷や浸食はひどくなるので、設計者はどちらを選んでも問題がある状態におちいってしまった。

一九六六年秋の二回の失敗で、対策を求める圧力はさらに高くなった。最初の失敗は燃焼室の爆弾によってではなく、自然に生じた燃焼不安定で、ホワイトサンズ試験場の高空試験で生じた。このケースでは平板型の噴射装置が使用されていた。そのすぐ後、ベル社でのバッフル付きの状態での爆弾試験でもうまく行かなかった。技術者を増やし、設計案をいろいろ考えて試験したが、結果は安定しなかった。ある対策案では爆弾試験に一〇回連続で合格したが、一一回目で失敗した。設計が成功したかどうかの基準を、試験に一二回連続で合格する事としていたが、この試験結果を考慮して条件を二〇回連続に変更した。

この様な対策作業をしていたころ、ダンドリッジとグラマン社の推進系統担当のボブ・トンプソンはラガーディア空港から、何度も訪問しているベル社のバッファロー工場に向けて飛行機に乗った。並んで座った二人は、飛行の間ずっとロケット・エンジンの試験と爆弾の使用について熱心に議論をしていた。彼らが飛行機を降りると、黒っぽい背広を着たたくましい四人の男がやってきて、ＦＢＩのバッジを見せて彼らを隣の部屋へ連れて行った。それから二時間の間、ＦＢＩの捜査官は、客室乗務員が耳にはさんだ爆弾の話は何の事なのかを知ろうと厳しく尋問した。ダンドリッジとトンプソンが説明を繰り返し、グラマン社の保安部門とボブ・カービーに電話をして、ＦＢＩはやっと彼らの信じがたい説明が本当だと認めた。

試行錯誤による解決策の模索は、はっきりした結果が出ないまま続いた。一九六七年中ごろには、ＮＡＳＡは非常に心配し始めた。彼らはこの問題はアポロ計画で大きな注目を浴びる問題になる可能性があると考えた。ＮＡＳＡはロケットダイン社に、ベル社のエンジンに組み込む、別の噴射装置を開発させることにした。ロケットダイン社が噴射装置の試作品を完成させ、試験結果が出るようになると、NASAの高官が頻繁に試験結果の報告を受けたり、カリフォルニア州カノガパークのロケットダイン社と、ニューヨーク州ナイアガラフォールズのベル社を訪問したりするようになった。その訪問者にはアポロ計画室長のフィリップス将軍〔訳注3〕、アポロ宇宙船計画室長のジョージ・ロウ、NASAの推進系統の専門家のガイ・シビドー、グラマン側としては私とジョー・ギャビン、ダンドリッジと彼のグループが含まれていた。NASAのロケットダイン社駐在のビル・ウィルソン、ロケットダイン社の上昇用エンジンの責任者のスティーヴ・ドモコス、ベル社のデイブ・フェルドは、ともすれば契約的には面倒な状況になりかねない所を、密接な連携を取りながら協力的に行動し、会社と組織を越えたチームとして対策活動を続けた。

ロケットダイン社は燃焼不安定を起こさない噴射装置の製作に成功したが、彼らが設計したエンジンは別の問題を起こした。始動が急激過ぎたり、作動が滑らかでなかったり、製造や組み立てが難しいなどの問題だ。ベル社は噴射装置の改善を何度も試みたが、有効な対策を見出せなかった。ある時、欲求不満のあまり、半ば冗談でデイブ・フェルドは「燃焼不安定は東海岸だけで起きる現象かもしれない。我々のエンジンを西海岸のロケットダイン社に送って、彼らに試験してもらったらどうだろう。」と言った。

フェルドが驚いた事に、グラマン社はその提案を直ちに採用した。サンタスサナのロケットダイン社の施設でベル社のエンジンの試験が実施されたが、爆弾による燃焼不安定はやはり起きた。ロケットダイン社は、そのベル社のエンジンに、ベル社の排気ノズル、バルブ、取付け部はそのまま残して、ロケットダイン社の噴射装置と燃焼室を取りつけるように指示された。スロート部の浸食を抑えるために、噴射装置の噴射パターンを少し修正すると、この二社の部品を組み合わせたエンジンはとても順調に作動した。爆弾で生じた燃焼圧の変動は、四〇〇ミリ秒以下で減衰し、推力と比推力(注5)は規定値を満足した。

一九六八年五月にフィリップス将軍とギャビンはベル社とロケットダイン社を訪問し、最新の設計の状況と、有望な結果が得られた試験の説明を受けた。二人はジョージ・ロウに設計と契約に関する三つの選択肢を提案した。

（一）ベル社のエンジンにベル社の噴射装置（いまだ十分な安定性を達成してない）、（二）ベル社のエンジンにロケットダイン社の噴射装置を、ロケットダイン社の工場で組み込む、（三）ベル社のエンジンにロケットダイン社の噴射装置を、ベル社の工場で組み込む、の三種類の案だ。ロウはロケットダイン社が全体組立を行い納入する、第二案を選んだ。一九六八年六月にはこの設計のエンジンは、五三回の爆弾試験に不安定性を示す事無く合格し、八月には認定を受けた(注6)。苦労した上昇用エンジンの開発は完了し、アポロ計画の重要不具合事項ではなくなった。これでも早過ぎる訳ではなかった。月着陸船にとって決定的な目標である一九六九年の宇宙飛行が迫っていたのだ。月着陸船は、アポロ８号でＬＭ‐３号機が司令船・支援船と共に有人の地球周回軌道飛行を初めて行う計画だったのが、アポロ８号への搭載はもう断念されていた。（ＬＭ‐３号機は一九六八年後半に予定されていた飛行に準備が間に合わなかった。）そのため、アポロ８号は一九六八年のクリスマスに、司令船・支援船だけで有人月周回飛行を行うことになった。当初のアポロ８号の飛行の内容は、一九六九年三月のアポロ９号の飛行に持ち越された。

応力腐食割れ

ＳＷＩＰ（スーパー重量軽減活動）の結果、月着陸船の構造部材にケミカルミリングが多用されたが、ケミカルミリングした表面は滑らかでなく荒れていて組織が露出しているので、その加工をしたアルミ合金の部品で応力腐食割れが発生した。ケミカルミリングをしなくても、ある種のアルミ合金は応力腐食割れを起こしやすく、その事は一九六〇年代に発見され理解されていた。応力腐食割れは金属の結晶粒界で生じる粒界腐食で、初期の状態はエッチングした後の表面を磨いて、顕微鏡で観察すると見る事ができる。この腐食は、継続的な引張応力と、水分または高い湿度が同時に作用すると発生する。応力レベルがその材料で許容されるレベルよりずっと低くても、応力腐食割れは発生する。割れの発生や材料の破壊は、通常は加工後に何カ月とか何年かが経過してから起きる。そのため月着陸船の構造には見えない時限爆弾が潜んでいる事になり、製造日程が厳しい一九六七年と一九六八年に応力腐食割れがある部品が数多く発見されると、アポロ計画の大問題の一つになってしまった。

この応力腐食割れを生じさせる原因で最も多いのは組み付け応力で、これは結合する部品と部品が正確に合っていなかったり、嵌め込みが固い事で生じる応力である。部品同士が密着していない状態で、締結部品を締めつけると、部品はたわんで密着するが、そのたわんだ事による力が部品に掛り続ける。ある種の継手、特に月着陸船の構造用チューブに挿入する端末金具は、狭い穴に回転しないように圧力を掛けて押しこんでいた。このような組立を行うと、チューブ側の穴の周囲には、穴を拡げようとする力が掛り続ける事になり、応力腐食割れを起こしやすくなる。

組み付け応力を小さくするには、締結部品を締めつけた時にたわみが生じないように、組立の時に部品同士を密着させるか、シムを入れる事が必要である。組立作業員の教育を見直して、部品を密着させる事の重要性と、そのための作業方法を教育した。我々は組立時の公差、特に継手の圧入に関する公差の見直しを行い、圧入後の応力が過大にならないようにした。

一九六四年のＬＴＡ‐１号機のころから、金具の薄い耳金部分に応力腐食割れが何か所か見つかり、製造中の全ての月着陸船について、応力腐食割れの検査を行った。この問題は頻度は低いが時々発生し、一九六七年半ばになるとＬＭ‐１号機をはじめ、他の機体でも多発した。応力腐食割れは構造用チューブに端末金具を圧入した部分で生じていたが、部品の薄い耳金の部分でも何か所か見つかった。ＮＡＳＡのミラー副長官は怒り心頭だった。アポロ計画の日程が押し迫ったこんな遅い時期に、潜んでいた問題のために予定を守るのが危うくなった。月着陸船のほとんどの部品にこの問題が潜んでいるかもしれない。応力腐食割れは潜在的なまま進行するので、検査の翌日に新しい亀裂が見つかるかもしれない。月着陸船の応力腐食割れは、不名誉なことにアポロ計画の重要不具合事項に指定されてしまった。

上層部からの強い圧力を受けて、私は総動員体制で取組む事にした。設計と材料関係での問題を解決するには最高の人材であるボブ・カービーの指揮の下、レン・ポールスラッド、ウイル・ビショッフ、フランク・ドラムは、技術、製造、品質保証部門から集めたメンバーでチームを編成し、製造中の全ての月着陸船の構造の、検査可能な部分は全て検査を行った。懐中電灯と拡大鏡で目視検査を行ったが、疑わしい場所は、微小な亀裂も発見できるよう、紫外線を当てると光る蛍光探傷液を塗って検査した。

一九六八年二月半ばには六機の月着陸船（3号機から8号機）と、一四〇〇箇の検査可能な部品の検査を完了した。大きな亀裂は発見されなかった。ＬＭ‐４号機以降はアルミニウムの材質を７０７５‐Ｔ６から、より応力腐食割れが生じにくい７０７５‐Ｔ73に変更した。この変更にともない、既存の構造用のチューブを、新しい材質のチューブに交換した。トラブルの主な発生源だったチューブを交換し、検査で結合部の薄い耳金に亀裂が無い事を確認したので、私は問題を抑え込めたと考え、ＮＡＳＡもそれに同意した。二月末にはミラー副長官はＮＡＳＡのウェッブ長官に、応力腐食割れについてはもう心配は不要だと報告した(注7)。

月着陸船では最後まで検査が継続して行われ、時々、亀裂の入った部品が見つかり、交換された。月着陸船では構造物の破損は発生しなかったので、応力腐食割れは飛行の実行計画には影響を与えなかった。しかし応力腐食割れは、次の検査で亀裂の有る部品が見つかる可能性が無いとは言えないので、完全に解消されたとは言えない永続的な問題ではあった。

蓄電池の問題

月着陸船の蓄電池は、銀と亜鉛の電極と、水酸化カリウムの電解液で構成されていて、充電と放電を何度も繰り返せる設計ではない。地上試験では限定された回数だけ充電が許されていたが、飛行時には完全充電状態で打上げられ、完全に放電しきるまで使用され、再充電はされない。月着陸船の電源は蓄電池だけで、降下段に四台の蓄電池があり、蓄電池の重量一キログラム当たり六・六アンペア・アワーの電力を発生する。上昇段には二台の蓄電池があり、一キログラム当たり五・五アンペア・アワーを発生する［訳注4］。蓄電池の内部は銀と亜鉛の電極板が交互に配置され、ジャンパー・ワイヤーで正極用と負極用のバスバーに接続されており、極板と極板の間には紙のセパレーターがはいっている。極板は電解液を満たしたベント・ホール付きのプラスチックの電槽（ケース）内に一列に並べられている。見たところ間違いようがない、単純な設計である。しかし見かけにだまされてはいけない。月着陸船計画が終わるまでに、蓄電池開発における多くの問題に取組むことで、グラマンは蓄電池について製造業者以上に深く学ぶことを余儀なくされた。

私の蓄電池に対する信頼感は、一九六六年に月着陸船の装備品の購入先を何社か訪問する一環として、ミズーリ州ジョプリンのイーグルピシャー社を訪問した事で揺らぐ事となった。イーグルピシャー社の本業は、塗料と塗料用の顔料を利用した工業用化学製品だった。彼らが蓄電池製造に進出したのは、電極の材料に鉛や亜鉛のような彼らの製品で使用されている材料が含まれているので、自分達がよく知っている材料を使用する新しい分野に、自社の製品系列を拡大できると思ったからだ。そんな事情が判っても、彼らの工場の様子にはショックを受けた。工場には、ぼろい平屋の倉庫とレンガ造りの二階建の建物が、広い面積に雑然と拡がっており、何十本もの高い煙突が灰色や白色の煙を噴き上げていた。白いほこりが全てを覆っていた。建物の屋根や壁、地面、駐車場の自動車、あらゆるものにほこりが降り積もっていた。

月着陸船用蓄電池の製造ラインは、平屋のトタン張りの工場の一棟に設置されていた。室内はほこりっぽい空気が窓から自由に出入りしていて、窓枠や床には白いほこりが積もっていた。作業机が何列も並んでいて、がっちりした農村の若者が蓄電池の繊細な組立作業をしていた。極板に折り曲げたセパレーターをかぶせ、それをバスバーに載せてジャンパー・ワイヤーでつなぐ。そうして組み立てた極板組立を電槽の中に取りつける。一人のたくましい体格の作業員が目にとまった。彼は土のついた下着のシャツを着て、煙草をくわえていた。私が信じられない気持で見ていると、煙草の灰は長くなり、彼が組み立てた極板を蓄電池の電槽に入れようと前かがみになると、灰は煙草から落ちて電槽の中に落ちた。

これには私は我慢ができなかった。イーグルピシャー社の月着陸船用蓄電池の責任者に、組立現場のガラスで仕切った事務所に付いてくるように身振りで指示し、そこで彼に大きな声で言った。「君の作業員は製品の品質を何と考えているんだ？　この場所を見てみろ！　建物を掃除し、窓を閉め、エアコンとフィルターを付け、煙草を禁止し、作業者には清潔な服装をさせてもらいたい。ごつい男性の代わりに、手先の器用な女性に担当させても良いんじゃないか。」

その訪問の後、私はグラマン社とイーグルピシャー社で、月に一回ジョプリンとベスページで交互に検討会議を開く事を強く主張した。ジョプリンでの会議に私が参加できないことがよく有ったが、その場合は可能であればカービーが代わりに参加した。私は月着陸船品質保証担当のジョー・キングフィールド課長を説得して、グラマン社の検査員をイーグルピシャー社に駐在させてもらった。グラマン社の社員をこの様な場所に配置するのは、処罰をしているようで気の毒だが、私は駐在が必要と考えた。グラマン社の検査員はイーグルピシャー社の作業状況と、現場の環境整備の進展状況を毎週報告してきた。

こうした処置は、蓄電池関連の問題はまだ起きていなかったので、予防処置的な物だった。しかし、蓄電池の品質に対する不安は、試験で蓄電池の性能が安定しない問題が生じたので、すぐに現実となった。調べた所、これは組立工程のミスと、異物の混入によるものだった。蓄電池の開発が進むと、他にも多くの問題が生じた。振動試験で、電槽の割れ、ジャンパー・ワイヤーの断線が何度も起き、蓄電池が認定試験に含まれる振動試験に合格するには、設計の細部を何か所か修正しなければならなかった。性能不足に関しては、極板の活物質の面積を大きくする設計変更や、電解液の濃度の最適化が必要になった。蓄電池を使用中に発生する水素を逃がすために、密閉式の上蓋に小型のプラスチック製リリーフ・バルブが付いている。このバルブが低温試験で閉じたまま固着し、内部の水素ガスの圧力が上がって上蓋がはじけてしまった事があった。このような事が宇宙空間で起きると、電解液が全部漏れ出し、蓄電池が完全に働かなくなる。紙製のセパレーターの耐久性も懸念された。地上試験で何回か再充電を行うと、セパレーターに小さな穴ができて極板が短絡する事があった。セパレーターをもっと耐久性が高い材料に変更し、充電の回数をもっと少ない回数に制限することで、この問題は解決した。

様々な細かな問題が一九六七年から一九六八年にかけて続いたので、グラマン側では不安を感じていた。しかし蓄電池は認定試験に数カ月遅れではあるが合格し、残っていた問題点もアポロ計画の日程に大きな影響を与える事は無かった。アポロ計画が終わるまで蓄電池には心配していたが、それは最初にイーグルピシャーの工場を見た印象が、ダンテの神曲の地獄編の荒涼とした灰色の景色と重なって心に残っていたためだろう。

タンクの破損

アポロ宇宙船の飛行中に起きる可能性のある数多い不具合の中でも、最も恐ろしいものの一つにタンクの破損や爆発がある。月着陸船の多くのタンクには、有人宇宙探査を行う上で必要不可欠な、ロケットの推進剤、加圧用のヘリウム、酸素、水と言った消費物資が搭載される。こうしたタンクの大半は、内部が高い圧力になっているので、欠陥があると爆発する事も有りうる。アポロ計画に参加している航空宇宙産業の会社は、同じ数社にタンクを作らせており、そうしたタンクは同じ材料、同じ製造方法で作られているので、アポロ計画のどこかでタンクが壊れると、それは全ての会社に不安を感じさせる事になった。

一九六五年の中ごろ、タンクの破損が二度起きた。どちらも司令船・支援船のタンクだったが、月着陸船にも直接的な影響が有った。司令船・支援船の姿勢制御装置の燃料と酸化剤のタンクのどちらもが、製造業者であるベル航空システム社で壊れた。ベル社はこれらのタンクに似た月着陸船の姿勢制御装置のタンクも製造している。それに続き、司令船・支援船の燃料電池用の水素タンクと酸素タンクを製造しているビーチ航空機社でもタンクの破損が発生した。私は月着陸船の構造設計担当のジョン・ストラコッシュと材料担当のフランク・ドラムを上記の二社に派遣し、不具合調査を行っている技術者に会って、調査結果をグラマンにも伝えてもらうようにした。二人は各社の調査チームに、参考としてグラマンが考えた原因究明のための調査項目も伝えた。

ストラコッシュとドラムは破損の原因が不明で、月着陸船でも同じ破損が生じるかもしれないので、とても心配しながら帰ってきた。ＮＡＳＡと、ノースアメリカン、ベル、ビーチの各社により、考えられる原因の一覧表が作成され、精力的に調査が進められた。どちらのタンクもチタン製で高い内圧がかかる。破損は円周状にシーム溶接した場所かその近くから始まっているようだった。

詳細な調査により、不具合の原因は数カ月のうちに解明された。姿勢制御装置のタンクの破損は、推進剤の製造業者が、酸化剤の四酸化二窒素の純度を改善しようと工程を変更した事が原因だった。改良された生産工程では、微量な不純物の量が減ったが、その減った中にはある種類の窒素酸化物が含まれていた。この物質は意図した訳ではないが、チタンが四酸化二窒素に侵されるのを防ぐ役割を果たしていた。酸化剤中のその窒素酸化物の最低含有量を規定する事で、問題は解決した。このような一般市販品の成分を厳格に管理するために、ＮＡＳＡはアポロ計画では、推進剤は政府の規格で製造されたものを購入する事にした。

ビーチ社の問題はまた全然違った問題だった。酸素タンクの溶接に、誤って規定強度以下のチタン合金の溶接棒が使われてしまった。この事は冶金学的検査と分析で判明した。その対策として、大量の手順と規定が作られた。溶接棒の管理と記録を厳しく行い、正しい溶接棒が使用された事を証明する事が目的だった。

一九六六年一〇月に、支援船の推進剤の大きなタンクが、ノースアメリカン社のダウニイ工場における圧力試験で破裂した。大々的な調査を行った結果、タンクの材料のチタンと、圧力試験で使用されたメタノール（メチルアルコール）との適合性が悪い事が原因だった(注8)。これを受けて、ＮＡＳＡはアポロ計画のタンクについて、使用される液体を徹底的に調査し、その液体とタンクの材料の適合性を試験室で試験する事にした。これはとても基本的な事に思えるが、それまで実行されていなかった。この出来事で、私に何年も前にロッキード社で小型の液体ロケットを開発していた時の経験を思い出した。私の試験用ロケットは失敗したが、それは酸化剤の硝酸が、タンクに使用されていた高強度のステンレス合金中のニッケルを浸食する事を、私が知らなかったせいだった。

ほぼ一年後、別のタンクの破損が起きたが、今回は降下用推進系統の超臨界ヘリウムのタンクだった。内側の耐圧容器がメーカーのエアリサーチ社で圧力試験中に破裂した。破損は溶接した個所から始まっていた。そのため我々は、溶接棒の材質表示がまた間違っていたのかと思った。エアリサーチ社の超臨界ヘリウム・タンクの担当課長のヘンリイ・グラフは、破損したタンクに使用された溶接棒の残りを入手して冶金学的検査をしたが、材質は指定通りだった。さらに顕微鏡検査を行ったところ、破損個所の材料の結晶粒界に微小な亀裂が発見された。典型的な応力腐食割れである。しかし、判っている限りでは、タンクにチタンとの適合性が証明されていない液体を入れた事は無かった。

グラフはこの破損の原因究明に全力をつくした。彼は技術部門と品質保証部門に、チタン鍛造材の納入状況と材質証明書から始めて、製造の各工程を詳細に調べさせた。製造の各工程ごとに、破損したタンクに行った作業を確認し、それがこれまでのタンクと何か違っていないか検討した。グラフの注意深い原因究明作業は実を結んだ。見つかった原因はあまりにも些細なものだったので、調査担当者の観察力がもう少し低かったら、見逃されていたに違いない。グラフは破損したタンクとその以前のタンクの製造工程に、僅かな違いを発見した。溶接の前にタンクの表面を拭くのに、新しい布ではなく、一度使用してから洗った布が使用されていたのだ。洗った布を調べたところ、洗剤の痕跡が見つかった。その布で拭いた試験片に応力と高い湿度を同時に作用させたところ、その試験片は破断した。痕跡程度の洗剤がチタンを侵したのだ！　大きな応力がかかるタンクの材料や溶接の、汚染に対する極度の敏感さの例として、これほど興味深い実例はない。

一九六八年九月、ＬＭ‐９号機（アポロ15号）用の降下段の推進剤タンクが、メーカーであるエアライト社で、保証圧力試験後に溶接部が割れているのが発見された。この試験は室温でタンクを蒸留水で満たした状態で行われた。エアライト社は適正な溶接棒が使用され、全ての製造工程と作業手順は適正だった事を証明した。しかし、試験で使用した蒸留水に微量の不純物が見つかった。グラマン社の材料技術者のフランク・ドラムはカリフォルニア州のエアライト社に行って、溶接のやり方を、他のチタン製タンクを製造しているエアロジェット社やエアリサーチ社の方法と比較した。ドラムはエアライト社の溶接手順は重要な工程の幾つかで、他社より慎重ではないように思った。例えば、仮付け溶接を、エアロジェット社は真空環境の溶接室の中で機械で行うが、エアライト社は普通の工場内の環境で仮付け溶接を手作業で行い、それからタンクを溶接室に入れて、機械による連続溶接で本溶接を行っている。

我々の要求に従い、エアライト社は溶接方法を他社の一番良い方法を取り入れて改善し、その方法で上手く行くよう、作業方法の細部を他社に教えてもらった。標本試験で強度の向上が確認されたので、エアライトはＮＡＳＡとグラマン社の指導に従い、継手を突き合わせからＪ型に変更した。エアライト社はそれまでも厳格だった製造品質の管理をさらに強化し、作業環境の清潔さや整理整頓状況も改善した。

ＳＷＩＰによる重量軽減策の一部として、グラマン社は降下段の推進剤のタンクをより軽量化した設計にして、その製造を外部に競争入札で出そうとした。エアライト社は競争に勝って、それまで降下段のタンクの製造を担当していたゼネラル・モータース社のアリソン事業部に代わってタンクを製造する事になった。アリソン社のタンクはＬＭ－５号機（アポロ11号）まで使用され、エアライト社のタンクは破損が生じた時点では、ＬＭ－６号機とＬＭ－７号機に搭載されていた。ＬＭ－８号機用はグラマン社に納入されていたが、まだ取付けられていなかった。グラント・ヘドリックの助言に従い、エアライト社のタンクを極低温環境で保証圧力試験をする事にした。これはＬＭ－６号機とＬＭ－７号機のタンクをそのまま使用ができるよう、保証圧力を越える大きな圧力に対しても、溶接強度の余裕が十分にある事を実証するためだった。極低温環境での保証圧力試験は、摂氏マイナス一八四度の液体窒素をタンクに満載し、タンクに保証圧力（通常の使用圧力の一・五倍）を掛けて試験する。このような低温では溶接箇所はもろくなるので、この試験は溶接の破壊に関しては常温の時より厳しい試験である。

タンクから切り取った試験片を使って、低温保証試験に合格したタンクは、飛行中にかかる荷重に対して十分な強度余裕を有することを確認するため、徹底的に強度試験を行った。試験は試験片を水またはフレオン（これは低温強度試験でヘリウムの代わりに使用する）に漬けた状態で、室温や液体窒素の温度で、初期傷や欠陥を模擬した機械加工による切れ目が有る場合、無い場合などいろいろな条件で実施した。

調査は、ＮＡＳＡのヒューストンとマーシャル宇宙飛行センター、ノースアメリカン社、アポロ計画のタンクを製造する全ての会社の材料、溶接、破壊のメカニズムの専門家の参加、助言を得て徹底的に行われ、その結果、エアライト社が製造する軽量型のタンクは、宇宙飛行に使用可能になった。しかし、ＬＭ‐６号機、ＬＭ‐７号機は重いアリソン社製のタンクに交換し、ＬＭ‐８号機もアリソン社製を搭載した。エアライト製のＳＷＩＰ型タンクは、月面探査期間の延長のための月着陸船の重量増加に対応するため、推進剤の搭載量増加用に長くした型で、ＬＭ‐10号機からＬＭ‐13号機（アポロ15号から18号）に装備された(注9)。これらのタンクには、グラマン社への納入前に低温保証圧力試験を実施させた(注10)。

私はこのタンク問題について、技師長のグラント・ヘドリックとよく相談をしたが、彼はいつも良い助言をしてくれたので、正しい判断をするのに参考になった。特にエアライト社のタンク問題については、ヘドリックは全面的に協力してくれた。フランク・ドラムと彼の材料技術部門も、材料特性、検査方法、冶金学的調査に関する専門的知識で、とても役立った。この件では、ＮＡＳＡヒューストンの構造・機構部門長のジョー・コタンチックと彼の非常に有能な部下達と、ずっと一緒に作業をした。彼らはＮＡＳＡの設備と専門知識を我々に利用させてくれ、有益な意見を提供してくれた。ある時など、エアライト社のタンクの溶接部分の強度試験で、ＮＡＳＡヒューストンの疲労試験機一〇台全てを、我々の試験片が占有したこともあった。

月着陸船のタンクについては心配が大きかったので、エアライト社のタンクに対する低温保証圧力試験のような、タンクの強度確認のためのより良い試験方法や検査方法がないか検討した。全てのタンクに対する通常の試験や検査としては、溶接部のX線写真、浸透探傷検査（ザイグロ探傷試験）、常温で水を使用した保証圧力試験を行っていた。超臨界ヘリウムのタンクでは、摂氏マイナス二六七度の極低温での、低温保証圧力試験を実施した。

保証圧力試験で、上昇段の推進剤タンクに音響センサーを張り巡らせる方法も試してみた。タンクに圧力が掛って膨張すると、ピシッと言う音が出ることがある。その音を音響センサーでとらえて、音が出た場所を三角測量で求める。そこを浸透探傷試験（ダイチェック）で亀裂がないか調べる方法である。実験では亀裂をうまく検出できなかったので、この方法は採用しなかった。

月着陸船の他の構成品と同様に、タンクも部品製作、組立、試験工程における些細なミスに対して極度に敏感だった。これはつまり、月着陸船本体とその全ての構成品と同様に、タンクの品質はそれを製作する人の、技術、熟練、誠実さに全面的に依存しているという事である。誠実さの一番良い例には、カルフォルニア州ダウニイのエアロジェット・ゼネラル社の、上昇段推進剤タンクの製造責任者のブルース・ベアードがある。小柄で真面目で若そうに見えるベアードは、ある日私の部屋に来て、問題があると私に打ち明けた。彼は工場で先日、完成検査に合格し納入可能になっている、月着陸船の上昇段のタンクのカラー写真を見せてくれた。問題にしたのは、最後の熱処理でこのタンクの色が暗紫色になった事だった。これまでのタンクは、熱処理後は全て淡黄色になっていた。このタンクを熱処理した炉の雰囲気に、何かいつもと異なる点が有ったのだが、ベアードにはそれが何かは判っていなかった。タンクは保証圧力試験に合格していたが、彼はタンクに何か欠陥が潜んでいて、飛行中にその欠陥が顕在化するのではないかと心配したのだった。

技師長のヘドリックとグラマンの専門家達は、ダウニイに行って問題のタンクを見て、その製造記録と、エアロジェット社のタンクの製造と試験の状況を調査した。彼らの結論ではタンクは問題なさそうとの事だったが、変色の原因は不明だったので、ベアードの心配を考慮して、タンクを実機搭載用ではなく、認定試験の終極荷重試験で、破損するまで荷重を掛けるのに使用する事にした。破壊試験では紫色になったタンクは設計終極荷重以上の荷重に耐え、結局のところそのタンクには何も異常は無かった。しかし我々はベアードの、品質とアポロ宇宙船の飛行に対する献身的な姿勢に感心した。グラフ、ベアードを始めとする、グラマン社や関係各社の努力により、月着陸船の飛行ではタンクの破損や漏洩は無かった。

第10章──日程、コストとの戦い

アポロ計画が始まって、国内のアポロ計画への関心が盛り上がっていた頃には、NASAがグラマン社に必要な資金を十分に持っているかと質問して来る以外は、費用の話は全く話題に上らなかった。我々は、計画を立て、設計をし、人員と施設を増やし、その他に計画推進に必要な事なら何でも自由にできた。議会は必要費用の総額が明確ではないまま、ケネディ大統領の一九六〇年代が終わるまでに人間を月に着陸させると言う目標関連の予算を、ほとんど全会一致で承認していた(注1)。NASA内部の総費用の当初予想は八〇億ドルだったが、だれもが二〇〇億ドルはかかると考えていた。議会は連邦の支出に対して、その年度の分しか予算を認めない。従って、アポロ計画のように多年度にまたがる計画については、翌年以降は予算が付くとしても、幾ら付くのかの保証はない。

まもなくNASAは、他の省庁や事業と同じ様に、議会で予算を求めて戦わねばならなくなった。一九六五年にNASAの予算額が五〇億ドルを越えると、議会はアポロ計画の費用に疑問を投げかけ、予算額を減らそうとし始めた。アポロ計画の支出が急激に増加すると、無駄遣いとか無統制だとかの非難が浴びせられた。NASAは一九六五会計年度に五一億ドルを、一九六六会計年度には五二億ドルを支出したが、その中のアポロ計画の分は一九六五会計年度は二五億ドル、一九六六会計年度は三〇億ドルだった。NASAの一九六七会計年度の予算要求額は五五・五億ドルだったが、ジョンソン大統領が五〇・一二億ドルに削減し、さらに議会が四九・六八億ドルまで削減した。アポロ計画の予算は削られなかったが、アポロ計画終了後のその発展型の計画の予算は、全額が削られた(注2)。

グラマン社の月着陸船計画も、この予算の締めつけの影響を直接的に受けた。グラマン社への支出額は一九六四会計年度の一・三五億ドルから、一九六六会計年度には三・五億ドルに急増し、NASAの首脳部の注目を集める事になった。グラマンへの支出の急増に対するNASAの対応は、NASA本部で強まりつつあった、アポロ計画の契約を、原価に一定額を加算する方式から、インセンティブ契約に変更しようとするものだった。インセンティブ契約では、契約相手方がもらえる金額は、コストと日程上の実績を評価して決められる。ジェィムズ・ウェッブ長官もジョージ・ミラー副長官も、インセンティブ方式の方が、契約相手方の作業成績向上のための金銭的な刺激になるばかりか、議会にもNASAが厳しい態度で管理をしている事を示せると思っていた。ロバート・マクナマラ長官の空軍も、インセンティブ契約に向けて動いていた。

インセンティブ契約の交渉

一九六五年三月、アポロ宇宙船計画室長のジョー・シェイは、グラマン社とインセンティブ契約に向けて再交渉するために、大がかりな作業を開始した。作業はまず、NASAがグラマン社が用意した最新の資料を調査することから始まった。作業内容の詳細な記述、日程計画、各納入品目の製造費用の見積りが、調査対象に含まれていた。関連システムを含めた全体説明資料として、月着陸船の型式仕様書、月着陸船の技術的な性能や特性、司令船・支援船やサターン・ロケットなどとの相互関係を規定する、性能及びインターフェース仕様書などを、交渉用に準備した。

調査を行い、再交渉を行うため、NASAの上級幹部が率いる大人数の交渉チームがベスページ工場にやってきた。アポロ宇宙船計画室のジョー・シェイ室長、ウェイン・ヤング（月着陸船担当幹部としてビル・レクターと交代）、トム・マークレイがチームを率いていた。グラマン側の代表は、ジョー・ギャビンとボブ・ムラネイだった。ラスクと私は大人数の技術支援部隊を準備したが、そこには副主任技術者のカービー、ホワイテイカー、クールセン、システムやサブシステムの技術者、各部門の課長、専門技術者、その他必要な支援要員がはいっていた。ヒューストンにおける最初の契約交渉の時と同様に、実状調査と交渉を行うのに、ＮＡＳＡの各担当に合わせてグラマン側も担当分野別に分かれて対応する事とし、二五番工場、五番工場の多くの会議室で会議が始められた。

ラスクと私は、そこには参加せず、実務的な技術的作業である、設計を完成させ、図面を出図し、月着陸船の重量増加を抑え、技術的な問題を解決するなどの作業を行っていた。午後五時になると、設計チームのリーダー達を集め、作業の進捗状況、各納入品目や作業項目ごとの状況の報告を受けた。こうした打合せは夜の九時や一〇時まで続く事もよくあった。二週間の実状調査の後、ＮＡＳＡは彼らの意見をまとめ始めた。

ＮＡＳＡは費用と人員を二五％から四〇％削減したいと思っていた。ショックだった。これは最初の契約交渉の時とは全く違う。我々の誰もが、ＮＡＳＡが希望する金額でこの仕事ができるとは信じられなかった。私は設計班長達に反論資料の作成を指示した。それからの数日間は、設計班長達と反論の理由を説明するための資料の作成作業を行った。どの分野についても、しっかりと反論できると私は考えた。

ＮＡＳＡのチームに対して反論を行ったところ、設計班長達の報告では、相手のＮＡＳＡの担当者達は多少の異論はあっても大筋では同意したとの事だった。費用総額は再交渉で詳しく見直したことで、見逃しや過小評価分が明らかになり、当初の予想を越えて跳ね上がった。ジョー・シェイはだんだん不機嫌になった。彼は連絡会議で我々に素っ気ない態度を取るようになり、噂では月着陸船の費用削減に失敗したとして、ＮＡＳＡのチームを叱りつけたとの事だった。

一か月間の交渉後、シェイは突然に再交渉を打ち切った。ＮＡＳＡの交渉団のほとんどはヒューストンに帰ったが、ヤング、ビル・リーら何名かは残って後始末に当たった。ＮＡＳＡ側は、今後の月着陸船の作業計画を考える上で、

各納入品目と作業項目について、非公式ではあるが、今回の合意内容に沿って作業を進める事を了解した

一九六五年六月、ボブ・ギルルースはグラマン社のクリント・トル社長と会って、シェイの再交渉の結果について話し合った。二人はまだインセンティブ契約は適用できない事に合意した。その際、ギルルースはトル社長に、ＮＡＳＡは月着陸船に緊急管理計画を適用し、一九六五会計年度の第四四半期のグラマンへの支出を七八〇〇万ドルに制限すると知らせた。この金額はグラマンの予測を大幅に下回る金額だった。

こうした状況だったので、グラマンは協力企業とインセンティブ契約を結ぶ交渉を行った。サブシステム担当の技術者、専門技術者、外注部門が参加し、夏いっぱい、検討作業を行った。グラマン社内の作業内容についても、調査し再見積もりを行った。九月にグラマン社はＮＡＳＡにインセンティブ契約への変更提案を提出し、それに基づき、秋から冬まで契約交渉を続けた。契約交渉への技術部門の支援は、必要に応じて続けていたが、支援活動は小人数による控え目なもので、電話で済ませる事もよく有った。ＮＡＳＡは費用を削減する事より、必要費用の見通しをつける事に重点を置くようになった。こうして状況が好転したので、担当者間では短期間に合意ができ、それは経営側にも承認された。

一九六六年二月、グラマン社との月着陸船の契約が、日程計画、費用、技術的及び宇宙飛行関連の作業実績に対する報奨金（インセンティブ）が入った、新しい契約に改められた事が公表された。その契約では、一九六九年までの月着陸船の契約作業を見積金額一四・二億ドルで実行することになっていた。契約には月着陸船計画の今後の作業について、グラマン社が責任を負う内容を定めた、月着陸船の仕様書や業務内容記述書の改定版の提出も要求されていた。ギャビンとムラネイは社内会議を開いて、契約の報奨金条項を発表して、月着陸船の関係者に短期的な目標が何か、優先事項は何かを説明した。最も優先度が高いのは、最初の宇宙飛行用の月着陸船であるＬＭ‐１号機の、一九六六年一一月一五日の納入日を守る事だった。

ジョルネビックの調査団

残念ながら、日程と費用についてＮＡＳＡや協力企業と合意に達した事は、それが実現できる事を保証するものではなかった。新しい契約書のインクが乾く間もなく、ボブ・ムラネイの毎週の計画推進会議では、さらなる費用の増加と日程の遅れが生じると予想されるようになった。サブシステム担当の技術部門と外注管理部門が何とかしようと頑張ったにも拘わらず、この傾向は春まで続いた。この状況の悪化はグラマン社の新社長のルー・エバンスの注意を引く事になった。

エバンスは背が低くてがっちりした体格、丸顔で黒髪、生き生きとした目でいたずらっぽく微笑する事が多かった。彼はエネルギーとカリスマ性を感じさせ、周囲を彼について行きたくさせる、生来のリーダーシップを備えていた。エバンスと話をする時には、彼が青い目で相手の目をじっと見つめるので、相手とその問題に注意を集中しているように感じてしまう。彼の顔に出る多くの癖（瞬き、唇を引き締める、首を回す）でさえ、彼の内面のエネルギーが外に現れていると感じてしまう。彼は純粋に人が好きで、各個人について、自分の会社の歯車の一つとしてではなく、個別の人間的存在として関心を持っていた。何よりも、彼は部下達に楽観的な気持ちと将来への希望を感じさせ、グラマン社とその従業員の未来は限りなく明るいと思わせてくれた。

エバンスは北朝鮮で、世界の各地で働く鉱山技術者の息子として生まれた。彼はいろいろな場所に住んだ事があり、メキシコには何年か住んだので、スペイン語に流暢になり、スパイシーな料理が好きになった。カリフォルニア大学を一九四二年に卒業すると、アメリカ陸軍航空隊に勤務し、優秀な成績を収めた。一九四七年にハーバード・ロー・スクールを優等で卒業すると、弁護士資格を取得し、ワシントンＤＣの海軍航空局に顧問弁護士として四年間勤務した。海軍航空局に勤めている間に、彼は海軍やその他の政府機関との契約を獲得するのに、政治的関係や個人的関係が重要な役割を果たす事を学んだ。

エバンスは一九五一年にグラマン社に入社すると、販売活動や顧客との関係に興味があったので、一九六〇年に副社長で事業開発担当取締役になり、少人数の販売活動の専門家集団を率いることになった。彼の部署のやり方は、通常のグラマン社の技術優先のやり方とは異なっていた。所属人員のほとんどは、退役士官、法律家、営業職で、事業開発部門としては新規事業の受注と、既存の顧客の満足度を維持する事に重点を置いていた。エバンスのチームでは数少ない技術者のサウル・フェルドマンは、エバンスの「顧客の満足度優先」の思想を徹底的に叩きこまれた(注3)。

エバンスはグラマン社の企業文化がNASAとは異なる事を認識していて、グラマン社の社内で月着陸船が海軍の仕事と同等に扱われるとNASA側に信じてもらうのは難しい事が分かっていた。彼が社長になると、この状況を改善するために何とかしたいと思った。その機会はすぐさまやって来た。

NASAのボブ・ギルルースはエバンスに電話して、社長昇進のお祝いを述べると共に、月着陸船の日程計画と費用面でグラマンが順調に行っていないのを、エバンスと一緒に検討するための会議の開催を要求した。ギルルースとジョー・シェイはベスページ工場でエバンスに会って、エバンス自身が状況を管理するよう求めた。エバンスはグラマン社のこれまでの対策を説明し、NASAの専門家がグラマン社の管理状況を調査に来るよう提案した。彼はNASAの調査チームを、彼の「専属の経営分析要員」として受入れると話した。

アポロ宇宙船計画室のウエズレイ・ジョルネビックは、月着陸船担当のウェイン・ヤング、司令船・支援船担当のトーマス・マークレイを補佐役とし、NASA本部とヒューストンの要員による大規模な調査団を率いてやって来た。調査団はベスページ工場の二五番工場を本拠地とし、何人かはグラマン社の主要協力企業も訪問した。彼らは、ギャビンとムラネイの毎週の計画推進会議、ラスクと私の設計会議、クールセンの地上支援機材の会議など、グラマン社内の定例の会議に参加した。彼らはグラマン社と協力企業における費用、日程計画の実績を調べ、予測や計画と比較した。調査団はグラマン社の経営幹部や月着陸船計画の管理者達と会談を行い、組織、人員、手続き基準、管理職の顔ぶれと責任範囲を調査した。これは詳細かつ高度に専門的な調査で、一〇日間の調査の後、ジェルネビックの調査団は、ＮＡＳＡとグラマン社の経営者に彼らの調査結果を報告した。
報告書はグラマン社の月着陸船の計画管理については批判的だったが、一方で改善のための建設的な提言も含まれていた。調査団は最近の費用の増加と日程の遅れは、グラマン社の社内作業ではなく、協力会社に集中している事を指摘した。その原因はグラマン社の月着陸船の組織に、協力企業を管理するための統一的な窓口が無い事、協力企業と調整するのに技術部門と購買部門で責任が分散している事だとした。ジョルネビックとシェイは、グラマン社が各作業項目別の管理を十分に実行していないし、各作業項目を全体計画と関連付けて管理していないと感じた。それは、全体計画の中の各作業項目について、作業内容の定義、必要費用の見積り、日程計画の設定はされているが、その責任者はほとんど権限を持たず、必要な人、物、予算の入手を巡って他の作業項目と競争しなければならない事が多かったからだ。

調査団は地上支援機材がグラマン社の社内でまだ非常に過小評価されており、十分に力を入れられてないと考えた。設計部門の成績は改善されて、約八〇％の図面が出図済みまたは予定通り作成中だったが、問題は地上試験機材の製造で、その製作予定の達成状況はひどいものだった。ジョルネビックの調査団は、地上支援機材について統合的な全体計画が無い事を発見した。調査団はグラマン社に、地上支援機材の状況改善のために、計画管理会議を毎日開催する事、ベスページ工場全体に分散している地上支援機材製造施設を一か所に集約することを強く勧めた。ＮＡＳＡは、社内の地上試験機材関連の作業負荷を減らすために、地上支援機材の一部を外部から購入することを勧めた。ＧＥ、ノースアメリカン、マクドネルなどの会社はアポロ計画やジェミニ計画用に類似の地上支援機材を製造した事があり、その中には月着陸船用に設計を部分的に変更したり、改造する事で使用できる物があると考えられるからだ。

ルー・エバンスはジョルネビックの調査団の調査結果と勧告に、速やかに決然として対応した。上級副社長のジョージ・ティタートンは五番工場のマホガニー貼りのずっと豪華な部屋から、二五番工場のジョー・ギャビンの隣の部屋に移ってきた。エバンスは彼をグラマン社の全ての宇宙計画の担当に任命し、仕事の八〇％は月着陸船関連にするように指示した。ティタートンは事業の計画管理、営業及び契約管理といった他の全社的な担当業務を免除された訳ではなく、これまでも月着陸船の仕事の比重が大きかったが、ほとんどの時間を月着陸船にかけるようになった。私は、ティタートンが口出しして来るのにもかかわらずジョー・ギャビンはどうして普段通りの有能で穏やかな態度で、彼と一緒に仕事ができるのか不思議に思っていた。

他にも月着陸船計画の組織の上層部や重要な役割の人間の多くが、エバンスの指示により異動した(注4)。ボブ・ムラネイはティタートンの補佐になり、後に月着陸船の管理状況が好転すれば社長補佐に移る事になった。私から見ると、月着陸船の責任者だったムラネイは、グラマン社の費用と日程上の成績が悪い責任を一身に負わされたように思えた。プロ・スポーツと同様、チームの成績が悪いと管理職が解任される事がよくある。その上、ジョー・シェイとムラネイは折り合いが悪かった。ムラネイはシェイに、他の人がいる前でも、とげとげしい言葉でかみつかずにはいられなかった。シェイはグラマン社とインセンティブ契約に移行する件で、ムラネイがうまく立ち回って保留になってしまった事にわだかまりを持っていた。

ビル・ラスクがムラネイに代わって月着陸船計画の責任者になり、私が彼に代わって、月着陸船設計部長の職を引き継いだ。私の月着陸船の主任設計者の席は空席のままで、カービーがサブシステム、ホワイテイカーがシステム、クールセンが地上支援機材の主任技術者になった。この異動は私にとって残念だった。私はラスクの着実な指導と、月着陸船の設計への密接な協力を受けられなくなり、彼の仕事のほとんどを担当しなければならなくなった。

ブライアン・エバンスはギャビン直属の月着陸船外注部長になった。彼はグラマン社の協力企業の成績に責任を持つ事になり、協力企業が適切な支援を、月着陸船の関係部署のどこからでも受けられるようにする責任があった。外注課長達がブライアン・エバンスの下に配置され、彼らの権限は強化されて、協力企業との関係では部長クラスとして対応できるようになった。サブシステムの技術者と専門技術者は、協力企業に影響がある事であれば何であれ、外注課長に報告することになっていた。各外注課長は、外注部門と設計部門の合同チームを指揮し、必要に応じて他の部門の支援も受けられるようになっていた。これにより、ジョルネビックの調査団が強く勧告した、外注管理の窓口の一本化が実現した。ブライアン・エバンスは部長級の購買部門の管理職を何人かを連れてきて、外注管理部門の社内の立場を高め、彼らが協力企業に接する時は同格の相手に会えるようにした。彼は穏やかで控え目だったが、彼の下で外注部門は、問題が起きた時に必要とあれば、担当の外注課長が協力企業の会長や社長に会うのを遠慮なく要求できるようになった。

厳しい状況にある地上支援機材については、子会社のグラマン・マニュファクチャリングの、工場の管理職として経験豊かなダニエル・カルトンが、ラスクとギャビン直属の地上支援機材製造部長に任命された。彼にはより多くの経営資源も与えられた。グラマン社はショセットに床面積四五〇〇平方メートルの建物を購入し、それを地上支援機材の部品製造や組立に使うために改装した。地上支援機材の製造は、ここだけに集約された。地上支援機材への予算と人員が増やされ、エド・ダルヴァ部長の総合後方支援部からの支援も強化された。

こうしたグラマン社の対応を更に推進するため、ＮＡＳＡはウェイン・ヤングを長とする管理状況調査チームを編成して、グラマン社と毎月会議を開いて、状況を確認し、問題への取り組みと、ジョルネビックの報告書による改善の成果を見ることにした。ＮＡＳＡはエバンス社長が、ＮＡＳＡの調査団の報告書に速やかに決然とした対応を取った事と、グラマン社の経営幹部が月着陸船計画に注意を集中するようになったのを喜んでいるようだった。ＮＡＳＡは、グラマン社が伝統としてきた海軍の航空機を重視する姿勢から脱却して、とうとうＮＡＳＡとアポロ計画も非常に優先度の高い顧客だと思うようになったと感じていた。

この管理体制の大改革の後、三か月もしない間にグラマン社の状況は若干の改善を見せた。協力企業の状況も全般的に改善し、日程の遅れや費用の増加が少なくなった。しかし状況は良くはなったが問題が解決した訳ではなく、管理上の圧力と監視が強化された。

一九六六年夏になると、グラマン社の地上支援機材の問題は少しずつ先が見えてきた。新しい地上支援機材用の工場が稼働し、新しく追加された要員が訓練を終わって戦力化されると、日程の遅れや部品の不足はかなり減った。地上支援機材の納入品目の多くを競争入札で購入したり、ノースアメリカン社やジェミニ計画の地上支援機材を、そのままの形で購入したり、購入後に改修する事で地上支援機材の設計と製造の負担はかなり減少した。幾つかの品目は、NASAの余剰品を無償で提供してもらい、その分については費用だけでなく、時間と労力も節約できた。その年の終わりには、地上支援機材の製造と調達は、月着陸船の日程計画上のクリティカルパス(注5)ではなくなった。

日程計画の改定作業

一九六六年七月の時点では、製造中の全ての飛行用の月着陸船、LM‐1号機からLM‐4号機は、日程計画から遅れていて、その遅れはさらに拡大しつつあった。宇宙飛行用の最初の月着陸船であるLM‐1号機は一九六七年六月二二日にケネディ宇宙センターに引き渡されたが、一九六六年一〇月にシェイが議会に説明した予定から五カ月の遅れだった(注6)。アポロ8号は月着陸船を搭載しないまま、月を周回する飛行を行った。アポロ8号は、当初は月着陸船の最初の有人飛行として、司令船・支援船と共に地球周回軌道を飛行する予定だった。LM‐3号機の月着陸船として初めての有人飛行が、アポロ8号の飛行に間に合わなくなると、NASAはアポロ7号の司令船・支援船の有人地球周回飛行が成功した勢いを失いたくないと考えた。ジョージ・ロウの提案で、NASAは短時間のうちに新しく司令船・支援船の月周回飛行計画を作り上げた。その計画による飛行は華々しい成功を収め、一九六八年のクリスマス・イブに世界中を興奮させた。

ラリイ・モランと彼の日程計画作成グループは、果てしない日程計画の改定作業に積極的に取組み、月着陸船の管理者達が日程進捗状況を全体的な視点から把握できるようにしていた。彼らは月着陸船に従事している全ての部署から、毎日、PERTの入力情報を集め、それを夜中にコンピューターに入力し、翌朝早くには壁に掲示する日程計画改定版の作成を終えていた。モランは自分だけでなく彼のグループも容赦なく働かせていた上に、彼らが入力データを集める各部署の様々なグループに対して、日程を守る意識を教え込もうとさえした。長時間の改定版作成作業の間も、モランはいつもユーモアを欠かさなかった。私はある晩遅くに、モランと彼の部下数人に、二五番工場で出会った時の事を憶えている。その際にモランは私に、ネットワーク図のどこが問題になっているか、クリティカルパスはどこなのかを説明してくれた。彼の部下がもう家に帰りたいと言うと、モランは（冗談だが真面目な顔をして）「家に帰りたいだって？　ここが家じゃないか！」と返事をしたものだ。

私は彼の月着陸船に対する献身的な努力が、最終的には彼の命を奪う結果になったと思っている。仕事を長時間続けながら、タバコを大量に吸い、コーヒーとジャンク・フードを口にし続けて、彼は健康を犠牲にしてしまった。一九六七年五月末の戦没将兵記念日の週末に、彼は病に倒れ、病名不明の急性感染症で亡くなってしまった。私は彼の事を思い出すたび、月着陸船計画の隠れた英雄として、温かい気持ちになり、称賛の念を感じずにはいられない。

協力企業と機器製造会社

我々グラマン社の人間は、月着陸船を自分達の製品と考えて、強い誇りを感じていた。しかし、我々を指導し、予算を付け、技術開発で大きな貢献をしたＮＡＳＡや、グラマン社の協力企業、機器製造会社の果たした役割の大きさも認識していた。月着陸船の作業の半分（金額ベース）は、全米四六州の数百の会社がグラマン社のために行ったものだ。ＲＣＡ社やユナイテッド・エアクラフト社のような巨大会社から、独自の部品、機器を製造する小さな専門工場に至る範囲で、何千もの人々が月着陸船のサブシステム、構成品、材料を作るための設計と製造を行った。彼らの献身的な努力と専門知識は、月着陸船計画に必要不可欠だった。機器製造会社は、専門分野では先進的で技術的に高度な能力を有していて、類似の航空機用の機器を納入してきた長い歴史があり、設計と製造に関する貴重なノウハウを持っている。グラマン社の有能な協力企業と機器製造会社が無ければ、月着陸船は月はおろかロケット打上げ台にもたどり着けなかっただろう。

私は月着陸船の開発を進めている際に、こうした会社、そこで働く人達、その製品の多くを知るに至った。私は定期的に、主要協力企業のＲＣＡ、ＳＴＬ、ベル、ハミルトン・スタンダード、ロケットダイン、マーカートなどの各社の、四半期ごとの検討会などの重要な会議に出席していた。問題が発生すると、前述のロケット・エンジン、タンク、蓄電池の問題のように、私が関与する機会が増加した。私は部品の製造業者も訪問した。大抵は問題が有る時だったが、時にはその会社が納入日程を守り、要求事項を満足するのに、グラマン社が支援できることが無いかを調べに行くだけの事もあった。その目的のために、一九六六年に西海岸の機器製造会社訪問を二回実施し、月着陸船で必要不可欠な重要機器に関して、キーパーソン、製造工程、技術的に重要な事項についての知識を得た。

グラマン社の協力企業と機器製造会社は、月着陸船の飛行の際には、必要な場合にはすぐに我々を支援できるように待機するなど、積極的に支援してくれた。主要協力会社は宇宙飛行が行われている間は、技術者がヒューストンで我々と一緒に居てくれたり、時にはグラマン社の四五番工場の飛行評価室で待機してくれたりした。関連する全ての会社は、ヒューストンやベスページ工場のグラマン社の飛行支援室からの電話連絡に即応できる態勢をとってくれた。飛行中に何か異常が生じた可能性がある場合には、関係したり関係が疑われる機器に関して、試験記録や検査記録を調べて重要な情報を提供してくれた事もあった。「異常」と言うのは、飛行中に生じた「正規」（正常または予想通り）とは異なる作動状況や出来事の事である。飛行中に遭遇したり、生じると予想される特別な状況における作動状況を調べるために、宇宙飛行を行っている最中に、業者が担当の機器を彼らの施設で、特別に試験を実施して調査してくれた事も何度かあった。

協力企業や機器製造会社を訪問し、加えて主要協力会社の四半期ごとの検討会や、問題が生じた際の特別な会議に出席する事により、協力会社のキーパーソン、設計、製造と試験に関する問題などと、密接な関係を保ち続けた。それにより、試験に対する要求と日程計画とのバランス、機能や特性に関する規定の適用除外、代替え材料の採用などで彼らと調整するのに、十分な知識を持った上で判断する事ができた。協力企業と知り合った事は、後に宇宙飛行の支援を行う場合に極めて有益だった。協力会社の人達と飛行中に生じた問題を議論しやすかったし、問題になっている部分と、その製造や試験の状況を具体的にイメージする事ができた。

アポロ計画が進むに連れて、協力企業や機器製造会社の人達は素晴らしいと感じるようになった。彼らの見せた幅広い分野に渡る知識は、アポロ13号における月着陸船を救命艇として利用する際などの、飛行中の難しい局面でグラマン社やＮＡＳＡを助けてくれた。装備品の製造会社としての役割の範囲を越えて、自発的に行動してくれるこのような人達と一緒に仕事ができて、私はとても良かったと思っている。彼らは月に行くと言う夢を、我々やＮＡＳＡと一緒に追求してくれたのだ。

ついに日程計画に追いつく

一九六八年秋には、グラマン社はほぼ月着陸船の納入日程計画に追いつき、一九六九年三月、五月、七月に予定されている、アポロ９号、10号、11号の飛行に間に合う状況になった。全てが順調に行けば、アポロ11号は初めての月着陸を行うだろう。しかし安心はできなかった。ＰＥＲＴの線表にはまだ残っている作業項目が多く、そのどれかが予測できない出来事で作業が止まって、日程計画の変更を余儀なくされるかもしれない。しかし、少なくとも、遥かなたに、ぼんやりとではあるが、待望の旅路の終着点が見えて来た。月は飛行計画を設定し、その計画に従って到達すべき目的地と考える段階になったのだ。

第11章——悲劇がアポロを襲う

それは正確に言えば、一九六七年の真冬、一月二七日金曜日の夕方だった。私はいつもより早く、午後六時少し過ぎに会社を出た。息子のエドワードの八歳の誕生日で、家に夕食までに帰って、エドワードがろうそくを吹き消す時に、家族と「ハッピー・バースディ」を歌いたいと思ったのだ。私は車のラジオをつけて、ニュースでレポーターが、ベトナム戦争の激化を報道するのを暗い気持ちで聞いていた。暗闇の中、葉の落ちた林と農場を抜けて、いつもの道がハンチントンへと伸びていた。通いなれた道を気楽な気分で運転していたのが、ラジオの臨時ニュースで一変した。「NASAの発表によれば、ケネディ宇宙センターで試験中のアポロ宇宙船で、火災が発生したとの事です!」

それ以上の詳細は放送されなかったが、私が家に着くと、家族はテレビの前に集まっていた。子供達は私を見て、一番小さな子供が興奮して叫んだ。「お父さん、火事があって宇宙飛行士が死んだって!」

エドワードは誕生日で注目を独占するはずだったが、私と妻がテレビのニュースに時々注意を向けるのを我慢しなければならなかった。子供達が誕生日ケーキを笑顔で食べるのを見ている間にも、恐ろしい情報がはいって来た。三名の宇宙飛行士が死亡した。ガス・グリソム、エド・ホワイト、ロジャー・チャフィーで、アポロ計画の最初の有人飛行に予定されている正規搭乗員達だった。アポロ宇宙船012号機は、一九六七年二月二六日に、サターンIBロケットの２０４号機で地球周回軌道に打上げられる予定だった。火災は三四番発射台で、燃料を搭載していない状態の巨大なサターンⅠＢロケットに、支援船と一緒に搭載された司令船に搭乗員が乗り組んで、打上げのカウントダウンの訓練をしている最中に発生した。その他の詳細はほとんど分からなかった。

翌朝、冬の明るい日差しの中を、車を運転して会社へ行った。八時からトム・バーンズと会って、発展型の飛行計画を検討する事になっていた。ＮＡＳＡは、サターン・ロケットの有効搭載量が増えて、月着陸船の重量をもっと大きくできる場合を想定して、月着陸船の飛行の最後の数回では、もっと大規模な月面探査を行う事をすでに考えていた。検討会を始めて話をしている間にも、昨晩の事故の詳細が入ってくるので発展型の飛行計画に集中できなかった。ケネディ宇宙センターにいるグラマン社の技術部の課長のハーブ・グロスマンから、心が痛む、より詳細な情報が入って来た。火災は極めて高温で、急速に燃え広がった。宇宙飛行士から最初の報告が入ってから三〇秒もしないうちに、司令船内の圧力が上昇して司令船の構造物を吹き飛ばして炎が噴き出し、内部は黒こげになった。司令船に接続する宇宙飛行士搭乗準備室［訳注１］にいた地上作業員は、最初は司令船が破裂して噴き出した火炎で押し戻された。その後すぐに、脱出装置のロケット排気用の保護カバーに装備された外側ハッチと、その内側の再突入用に耐熱処理をしたハッチと、さらに内側の金属ハッチの、三枚のハッチを開けようと試みたが、火災防護服が無く、激しい熱と煙で後退を余儀なくされた。内側の金属ハッチは内開きで、数カ所の開閉装置で固定されていた。作業員の何人かは、宇宙船に向けられていた監視用カメラの画像で、グリソムとホワイトがハッチを開けようとしている姿を、恐ろしいオレンジ色の炎が覆い隠すのを恐怖を感じながら見ていた。火災が発生してから五分半経って、ハッチを開ける事ができたが、その時には黒い煙が充満していて、内部は何も見えなかった。宇宙飛行士達が脱出できる可能性は全くなく、彼らも自分達がどんな恐ろしい事態に見舞われているかは良く判っていただろう（注１）。

発生した事故が、三人の宇宙飛行士とその家族、友人にとっての個人的な悲劇であるだけでなく、アポロ計画全体に対して大きな打撃であることが、徐々に判ってきた。火災の原因を特定し是正しなければならないが、それだけでなく、司令船と月着陸船で、他に火災の危険が有る箇所は全て洗い出し、取り除かねばならない。NASAと空軍が行った実験で、空気中では穏やかに燃焼する物でも、純酸素の雰囲気中では極めて急激に燃えやすいとの試験結果に、私は大きな不安を感じた。私はカービーに、材料技術部門にこの燃焼問題について調査させる事を指示した。

もっと悪いのは、人の少ない広い三五番工場で（多くの技術者は週末の休みで帰っていた）、カービーやバーンズと話をしていて気付いたが、後から見ればこんなにも明らかな、昔から分かっている危険に、どうして我々全員が気が付かなかったのかという事だ。我々が火災にこんなにも鈍感だったとすれば、他にも重大な危険性を数多く見逃しているのではないだろうか？　少なくとも、月着陸船の危険性と保護対策について、このような明らかな事実に気付かなかった我々だけでなく、適切な観察力を備えた人間も加えて、包括的な調査検討をしなければならない。

亡くなった三人をしのんで、思い出を話し合った。私はグリソムにはモックアップのM‐1号機の審査の時に、少し会っただけだが、ホワイトとチャフィーとは、モックアップのM‐5号機の審査とその後に、月面で月着陸船から出る方法について何度か話をしたことがある。ジョン・リグスビイ、ジーン・ハームス、ハワード・シャーマンは、モックアップのTM‐1号機でピーターパン装置を使って、前方ハッチ、はしご、降下段の月面探査用機材の収納庫の改善案を検討した時に、ホワイトにとても密接に協力してもらっていた。私達全員がこの恐ろしい事故に、深い悲しみを感じた。特に、この巨大なアポロ計画で、誰かが、どこかの部署が火災の危険を認識して、それを指摘すべきだったと痛切に感じた。その誰かが私であっても良かった。（実際、GE社のアポロ支援機材部門の責任者のヒリアード・ペイジは、一九六六年九月にアポロ宇宙船計画室長のジョー・シェイに手紙を送り、純酸素雰囲気中で地上試験を行う際の火災の危険性をはっきりと警告し、司令船内の可燃性材料の削減を行う事を勧告している。）

アポロ計画のような巨大で複雑な事業では、何か悪い事が起きるものだと考えた事もあるが、それは何の慰めにも言い訳にもならなかった。また、すでに三人の宇宙飛行士が、職務中にT‐38練習機の事故で亡くなっている事も、救いにはならなかった（注2）。アポロ計画が危機的な状況に陥り、そこから抜け出すには一生懸命に努力するしかない事を認識しない訳にはいかなかった。

事故への対応と再設計

NASAと議会はそれぞれアポロ1号(注3)の火災原因の調査を行い、是正措置を勧告した。事故の前までは、アメリカの有人宇宙飛行計画の防火設計としては、発火源となる可能性がある部分が無いように設計する事になっていて、消火系統は必要とは考えられていなかった。もし宇宙空間で宇宙飛行士のいる船室で火災が起きたら、飛行士達が宇宙服を着用していれば、船室の空気（酸素）を抜く事で速やかに消火ができるだろう。地上での火災については、船室の火災を消すための特別な消火装置はなく、船室内の可燃性物質の量を最小限にする努力もあまりされてこなかった。

調査ではアポロ1号の火災は、電気の火花がおそらく環境制御装置かその近くで発生し、その火花により電線の被覆が燃える事で始まった可能性が最も大きいと結論された。火は飛行士がチェックリスト、飛行計画などを入れる網ケースなどの、燃えやすいナイロン製品に燃え移り、それから船室全体に急激に拡がった。環境制御装置の、可燃性のグリコール水溶液の冷却液が流れるアルミニウム製の配管が熱で溶け、可燃性の液体を火災の中にまき散らした。プラスチックは燃えて、有毒なガスと濃い煙を放出し、宇宙服が裂けると宇宙飛行士達を窒息させた。（飛行士達は最初に報道されたように焼死したのではない。）緊急脱出装置のロケット排気用保護カバーに装備されたハッチと、宇宙船の二枚の内開きのハッチと言う、複雑で面倒な構造のせいで、宇宙飛行士達の運命は決まってしまった。宇宙飛行士搭乗準備室の支援要員は、火災を意識した事は無く、火災が起きたとしても、船室の消火訓練をした事も、そのための機材もなかった。

勧告には、船室の可燃物を最小限にする事、それでも残った可燃物には発火防止対策、引火防止対策をする事、宇宙船の配線と配管の品質を高めること、グリコール水溶液を使用する冷却系統にはステンレス鋼の配管を使用する事、船室内の空気として酸素と窒素の混合気の使用を検討する事などの内容が含まれていた。これらの内容は司令船、月着陸船の双方に適用される。さらに、司令船については、単一の操作で簡単に開けられる外開きのハッチの装備、地上試験で船内に酸素と窒素の混合気を使用する事と消火システムの装備の検討、宇宙飛行士搭乗準備室の要員の火災対応訓練と消火設備が勧告された。それに加えて、事故調査委員会は、調査の過程で発見した司令船の設計、製造管理、品質管理上の欠陥を引き起こしている状況そのものの是正が必要だとした。

公式の事故調査が終わる前から、グラマン社では船室に使用されている材料を徹底的に洗い出し、飛行中の月着陸船の船内の〇・三四気圧の純酸素の環境での可燃性の程度を、必要ならば試験を行って調べる作業を始めた。（月着陸船の地上試験と点検は、室内に外気を導入した状態で行っていた。）ＮＡＳＡはグラマン社に、危険要因と宇宙船の品質の全ての面を対象に、可燃性物質、発火源になる可能性のある物、品質欠陥の排除に重点を置いた、大規模な調査を行う事への協力を求めた。宇宙船内の配線とグリコール水溶液を流す冷却系統の配管は特に注目された。ＮＡＳＡは材料の専門家のロバート・ジョンストンをベスページ工場に数週間派遣して、グラマン社の材料グループと一緒に、材料特性調査と新しい設計指針の作成作業に当たらせた。

材料関係者は月着陸船の船内では、ナイロン製品に加えて、ある種のガラス繊維製品も使わない事にした。こうした部品はコーニング・ガラス社が新しく開発したベータ・クロスに交換した。ベータ・クロスは不燃性で有害ガスも発生しないが、摩耗に弱く、はがれやすい。ベルクロ・テープのほとんどは、金属製のホックやはとめ、ベータ・クロスの紐に置き換えられた。他のプラスチック製品、特に燃える時に有害なガスを発生するポリカーボネイトは、可能な限り金属部品に交換した。電気配線にはケブラーで被覆された電線を使用した。ケブラーは難燃性で、炎に曝されると焦げるが、炎を遠ざければくすぶるか火が消える。

配線設計では新しい設計基準が採用された。まず、電線の束と接続部はきれいに束ねて、一〇センチ以内の間隔でクランプかベータ・クロスの結束紐で固定することにした。接続箱、配線の接合部、コネクターでは、配線が入り混じって乱雑な状態になる事を禁止した。次に、難燃性のポッティング（新規開発品）をコネクターとスイッチに使用し、ポッティングが硬化後にX線検査をする事にした。（太陽灯で加熱して硬化させると、ポッティングは固くなるが、まだ少し柔軟性があり、電線の被覆とコネクターに密着してコネクターを湿気から守る。）電線を湾曲させる事（電線を押し込んで、真っ直ぐではなく円弧状にすること）は禁止された。第三には、サーキットブレーカーと、幾つかのスイッチは、裏側にベータ・クロスのブーツを手作業で縛り付けて、本体のプラスチック部分や内部を火災から保護すると共に、無重力状態で金属製の物体（スクリューとかワッシャーなど）が浮遊して来て接触し、ショートを起こさないようにした。

環境制御系統では、月着陸船の船室内のアルミニウム製の配管はステンレス製に変更し、配管の経路も搭乗員がうっかり破損させる事のない位置に変更した。また、月着陸船の船室の空気非常排出弁も、宇宙空間で火災が起きた場合に速やかに消火するために、流量を大きくした。我々はNASAやノースアメリカン社と共に、司令船と月着陸船の船内の気体を再検討する合同検討会に参加した。司令船については、マックス・ファジェの変更案が採用された。宇宙飛行士が宇宙服を来た状態で行う地上試験では、司令船はそれまでの純酸素の代わりに、酸素（O_2）が六〇%、窒素（N_2）が四〇%の気体で、絶対圧力一・二気圧に加圧される(注4)。打上げ後、宇宙服への酸素の供給と船室からの空気の漏洩分の補充に純酸素を使用しながら、船室の圧力は〇・三四気圧まで下げられる。

月着陸船は宇宙空間でしか飛行士が搭乗せず、打上げ時は無人なので、飛行士が搭乗して宇宙空間で飛行する際は、最初に決めた通り、純酸素で〇・三四気圧に保つ事になった。打上げ時には月着陸船は無人で、全てのシステムを非作動にした状態で月着陸船収納部内に収容されるので、月着陸船の船内を一・二気圧の純酸素で与圧する計画だった（司令船、月着陸船の双方とも、船内の圧力をこのように外の大気より〇・二気圧高くするのは、湿気やその他の汚染物質が船内に侵入するのを防ぐためだった）。この与圧方式について、火災後の検討でマーシャル宇宙飛行センターは、月着陸船から漏れたり排出された酸素が、すぐ下のサターン・ロケットの第三段から漏れた水素と混じると、月着陸船収納部内に可燃性や爆発性の気体が存在する事になるので認められないと判断して反対した。この危険性を減らすため、打上げ時の月着陸船の船内は酸素二〇％、窒素八〇％の空気とし、宇宙空間では圧力を下げて〇・三四気圧の純酸素にする事になった。月面では前方ハッチを開けるために、月着陸船内の空気は抜くが、その後の再与圧は〇・三四気圧の純酸素で行う。

これらの変更が本格化する頃に、私は月着陸船の技術部門を離れて、月着陸船の組立と試験を指揮する事になった。設計を変更する作業は私の後を継いで月着陸船設計部長になったジョン・クールセンと副部長のエリック・スターンが担当する事になった。サル・サリーナが、構造設計と材料技術部門からの強力な支援の下で、可燃性の試験を担当する。会社の上層部からの、可燃性材料の変更による日程の遅れを最小限にせよとの強い圧力を受けながら、クールセンとスターンは設計変更を完全かつ効率的にやり遂げた。月着陸船の設計部門が苦しい状況から抜け出すのを、先頭に立って引っ張った二人は称賛に値する。

火災から約二週間後、私が宇宙船組立・試験担当に異動になり、五番工場の後のトレーラーを利用した仮設事務所にはいってすぐに、ジョージ・ミラー副長官、サミュエル・フィリップス計画室長、ジョー・シェイ宇宙船計画室長を筆頭にした、ＮＡＳＡのアポロ計画の最高幹部達の代表団がグラマン社にやって来た。ルー・エバンス、ティタートン、ギャビンなどの経営幹部に会った後、彼らは残った時間を費やして、ベスページ工場全体の、月着陸船に関係する多くの人達との会合に出席して、参加者にアポロ１号の事故が有ってもアポロ計画は継続される事を保証し、全員が各人の仕事を適正かつ効率的に実行することが、ますます重要になったと訴えた。日程計画を守る事は重要だが、品質はもっと重要である。「初回から正しく行うこと」を合言葉にして作業してもらいたい。アポロ計画の苦境からの脱出は、関係者の技能と品質に対する熱意にかかっている、などと皆に話した。

宇宙船組立・試験現場では、五番工場の月着陸船組立区域で、大勢が参加する集会を開いた。ここは非常に広く、天井が高いクリーン・ルームで、壁、天井、床の全てが真白だった。話をするミラー、シェイ、エバンス、ギャビンも含めて、全員が規則通りに白い作業服、帽子、靴カバーを着用していた。四人は一緒に作業台の上に上がったが、そこからは熱心な視線を向ける、白ずくめの人達が見渡せた。それはまるでキリスト教の伝道集会のようで、ミラーとエバンスが特に強力に、我々全員が亡くなった宇宙飛行士達のためにも我々の全力を尽くし、彼らの死が無駄ではなかったと証明するように訴えかけた。私はその場の全員が、ＮＡＳＡと会社のリーダー達が、我々をこの苦境から脱出させてくれる強い意志と展望を持っている事を再確認したと感じた。

宇宙船組立・試験現場での大集会の後、私はＮＡＳＡの幹部を月着陸船の全体組立職場と、そこに隣接する五番工場の宇宙船の部分組立品職場の見学に案内した。全体組立の現場では、幹部達は配線と配管の状況を詳しく調べた。彼らが見た範囲では、司令船より全般的にできが良い事に満足したが、配線と配管の細部までもう一度点検する事を強く要望された。部分組立品の現場に着くと、ミラーは煙草は吸わないのに、突然ライターを取り出し、組立中の部品の多くに、可燃性を調べるためライターの炎を当て始めた。私は彼がライターの炎の中に、電線の束やスイッチ、サーキットブレーカーを入れて、彼の分厚いべっ甲縁の眼鏡越しにどうなるか見つめるのを、青い顔で見つめていた[訳注2]。月着陸船の操縦席の制御用パネルと計器パネルを製作している現場で、ミラーがライターで組み立てたばかりの飛行計器のパネルの裏側の配線とポッティングに炎をかざした時には、担当の現場の班長が心臓発作を起こすのではないかと思った。この乱暴な行為で火がついたのはポッティングだけで、ライターを離した後でも、ろうそくの様な炎を上げ続けていた。他の物は全て、炎を遠ざければ焦げてくすぶるだけだった。（幸いな事に、ミラーはナイロン製の網ケースには炎を当てなかったが、もしそうしていたら、派手な事になっていただろう。）周囲の空気が宇宙空間における月着陸船の船内の〇・三四気圧の純酸素のときより燃焼については厳しくないので、この即席の試験で何が分かったか疑問だが、ミラーはこの試験で満足したし、この行為による損害は大きなものではなかった。表示パネルや部分組立品は、材料変更やその他の防火対策関連の変更が決まれば、いずれにしても作業のやり直しが必要だった。

その後、現場から離れて、トレーラー内の質素な会議室に戻った。この会議室の壁は模造の木目板張り、床はベージュ色のアスファルトタイル、低い天井には蛍光灯が埋め込まれていて、ぱっとしない部屋だった。我々は部屋の前方の、合成樹脂の天板の金属製の机の周りに集まった。何人かは、部屋のほとんどを占めている、固いプラスチック製の椅子の列の前の方に座った。これからどんな是正対策が必要かについては、NASAとグラマン社の認識は同じだった。可燃性の材料と、発火源になりうる物を、月着陸船の船内から除去し、あらゆる細部まで高い品質を確保する必要がある。NASAの来訪で、グラマン社はもともとアポロ計画で他社より大きく遅れているので、設計変更によって日程計画からさらに遅れるのを最小限にしなければならないと強く感じた。

こうした議論をしていて、私は今回の悲劇でジョー・シェイがひどく打ちのめされている事に初めて気付いた。彼は暗い顔をして無口で、いつもの機知のひらめきや冗談が無く、彼の特徴である落ち着きと自信が感じられなかった。彼と個人的に少し言葉を交わした時、彼は危険が有ったのに、それをあまりにも鈍感に見逃していた事で、自分自身を決して許す事ができないと言った。彼は事故を起こした司令船012号機に、試験の立会で乗っていたかもしれないが、それで事故に遭っていた方がどんなに良かったかと思うと私に話した(注5)。私は彼に自分を責めないように言った。我々全員が、明らかな危険を見逃していた事に責任があるのだ。

翌週、シェイは対外的にも個人的にも、アポロ1号の事故に対する自分の責任を認めた。彼は事故への対応策とその実施方法を決めようと精力的に働いていたが、NASAの首脳陣は彼に対するストレスの影響が強くなっているのに気付いた。ギルルースなどのNASAの幹部は、シェイの精神状態が落ち込み、判断力が低下するのではと心配し、このような重い負担になる仕事を続けさせる事は、彼にとって良くないとの結論に達した。四月初めには、ウェッブ長官、シーマンス副長官、ミラー副長官の熱心な説得と慰めを受けて、シェイはアポロ宇宙船計画室長の職をやめ、ワシントンのNASA本部で、ミラー副長官の補佐になる事に同意した。本部に着任すると、彼にはなすべき仕事も権限もほとんどない事が分かり、一九六七年七月にNASAを辞職して、ボストン近郊のポラロイド社の技術担当取締役になった(注６)。ジョー・シェイは静かにアポロ計画の大舞台を去ったが、アポロ計画の内容を定め、組織を作り上げ、事業を遂行して行く上での偉大な貢献を残して行った。彼はアポロ計画が最もそれを必要としている時に、客観的な分析、的確な技術的決定、現実的な管理方針を組織にもたらした。彼は必要不可欠な存在であり、アポロ計画の優れた指導者の記念館が作られるなら、そこに入っても当然な存在である。

シェイだけがアポロ計画の幹部の中で、火災の危険性に認識不足だった事に責任と後悔を感じた訳ではない。私も感じた。自分の直接の関心事と業務の範囲を越えて物事を見られなかった視野の狭さに、私の自信と楽観的な考え方は揺らいだ。我々は目の前の仕事でそんなにも忙しくて、周囲の事を考える事ができなかったのだろうか？　火災が起きてしまった事は、予防手段や手順のせいではなく、我々個人として、また集団として欠点が有った事の客観的な証拠である。私もアポロ計画のチームも、人を月に安全に行かせる知恵、判断力、技術を持っているだろうか？　アポロ１号の事故が起きてみると、心の中にこの疑問が浮かび、無条件に大丈夫とは思えなかった。

私は新しい仕事として、月着陸船の組立と試験を指揮する事になり、大半の時間を月着陸船組立のクリーンルームか、部分組立品の現場で過ごした。そこでは、可燃性対策で追加になった作業と、その工作の難しさを知る事になった。ＬＭ‐１号機とＬＭ‐２号機は無人で使用されるので変更は適用されないが、ＬＭ‐３号機以降と、人が乗り込んで真空中の熱環境試験に使用するＬＴＡ‐８号機については、船室内用の対策は全て適用される。(標準化の観点から、材料、設計、製造方法の変更の幾つかは、降下段を含む、月着陸船の船室外の非与圧の部分にも適用された。)新しい難燃性のポッティングは、それまでの物より硬化に時間がかかり、ベータ・クロスは摩耗に弱く、はがれやすいので、取りつける際に作業者は傷つけないように慎重に扱わねばならない。配線の束をきれいにそろえて、手作業でベータ・クロスの結束紐で固定し、サーキット・ブレーカーとスイッチにベータ・クロスのブーツを取りつけるのは、いらいらするほど手間がかかる作業だった。可搬式のＸ線検査装置が、コネクターと接続箱の検査のために月着陸船の船内に持ち込まれる度に、他の作業者全員がその近くから離れなければならなかった。船室内のベルクロ・テープを大幅に減らしたので、もっと扱いが面倒な、グロメットや紐で留める部分が増えた。こうした事のどれもが作業日程を守るのを難しくした。

月着陸船の中で火災対策の影響が一番大きかったのは、操縦席の操縦用と制御用の表示パネルだった。計器、スイッチ、サーキット・ブレーカーが何百個も付いているので、パネルの裏側には数千本の電線が集まっていた。パネルとそれに隣接する船室の構造は、電線の束をきれいに順序正しく通す事ができ、ポッティング、クランプ、結束、ブーツ取付のための空間が確保できるように変更された。出来上がったパネルは、驚異的に密度が高く、機能的なものだった。

これらの対策の最終的な確認は、サル・サリーナのチームが設計、製作した可燃性試験供試体で行った。実機を模擬した鋼鉄製の船室は、実際の月着陸船用の内装材と、火災後の新しい基準に合わせて改修された装備品が取付けられた。この試験に使用される装備品の多くは、すでに実証試験や認定試験に使用され、所期の目的を果たし終わった物だった。供試体はまず純酸素を一気圧で充填した後、〇・三四気圧まで圧力を下げた。リリーフバルブ（安全弁）は、室内の圧力が火災の熱により上昇して、外気との差圧が〇・三四気圧（絶対圧力で一・三四気圧）を越えると開くように設定されていた。火花でプロパンガスに火をつける点火装置が、操縦席のパネルや環境制御装置の下などの、火災が発生すると重大な影響がありそうな場所に置かれた。

火災対策を行った供試体は、この試験にやすやすと合格した。試験では何も燃え上がらなかった。ほとんどの箇所では、単にくすぶって焦げただけで、点火装置を切ると火は消えた。この試験によって耐火性の試験に公式に合格した後、船室の床に大きな平底容器にガソリンを入れて、規定以上に厳しい試験を実施した。ガソリンの炎が燃え上がり、火炎が船室を包んだ。リリーフバルブが音を立てて開き、炎と煙が噴出した。供試体が冷えて内部に入ってみると、電線の被覆、スイッチとサーキット・ブレーカーのケース、ポッティングなどのプラスチック製品は焼け焦げて融けており、薄いアルミ板の部品は変形し融けていた。宇宙服に接続されるホース類は局部的に損傷を受けていたが、まだ機能した。火災による損傷は広範囲に及んでいたが、ガソリン以外はひどく燃えた物はなかった。グラマン社もＮＡＳＡも、月着陸船の船内が火災に対して安全である事に満足した。

結果的に、アポロ１号の事故で、司令船・支援船で一八カ月、月着陸船で四カ月の遅れが生じた。このため司令船・支援船とサターン・ロケットに対して一年の遅れがあった月着陸船は、日程的に追いついた事になった。その時点では私もグラマン社の他の誰もが、その事が分かっていなくて、多くの問題や障害があっても毎日の日程計画を守ろうと粘り強く頑張っていた。

組織変更と日程回復

火災事故の結果、ＮＡＳＡとノースアメリカン社の幹部の大変更があった。有人宇宙センター所長代理のジョージ・ロウが、シェイの後任として、形の上では降格だが、実際の権限と責任はより大きいアポロ宇宙船計画室長に就任した。彼は直ちに形態管理委員会の権限を強化して、アポロ宇宙船に重要な変更を行う場合は、事前にその承認を受ける事とした。形態管理委員会の委員には、クラフト、ファジェ、ビル・リー（後にボレンダーと交代(注７)）、ケネス・クラインクネヒト、ディーク・スレイトン、トム・マークレイ、ジョージ・アベイなどが入っていて、毎週、委員会を開いて、ＮＡＳＡや主契約会社が提案する変更提案の審査と承認を行った。ロウはいつも全ての論点の説明をじっくり聞いた後、注意深く慎重にしっかりと理由を考えた上で、各変更提案に最終的な決定を下していた。形態管理委員会は毎週開かれ、一日がかりだったり、夜までかかる事も多かったが、ほとんどの場合、事前に用意された検討事項は全て処理された。形態管理委員会は、ジョージ・ロウが宇宙船計画を細部まで管理する上で、最も重要な手段になった。

ギルルースは宇宙飛行士のフランク・ボーマンを、ノースアメリカン社のダウニイ工場に編成された対策チームの、現地駐在リーダーに任命した。ロウ自身もノースアメリカン社が問題を把握し修正するのを支援するため、かなりの時間をダウニイ工場で過ごしていた。ロウは問題解決のためノースアメリカン社を支援しているうちに、アポロ計画後まで続く、ノースアメリカン社の経営者、管理職との強い連帯感を持つようになった。

ＮＡＳＡの強い要求により、ハリソン・ストームズはノースアメリカン社の宇宙事業部長から外された。彼の後任は、マーチン社[訳注3]から移ってきた、航空宇宙関係で経験が深い経営者のウィリアム・ベルゲンが就任した。ベルゲンはマーチン社から補佐を二名つれて来た。バスティアン・ヘローはノースアメリカン社のフロリダ打上支援事業部を担当し、ジョン・ヒーリイが司令船のブロック２型の最初の機体について、ダウニイ工場における製造、試験の管理を担当する(注8)。有能なベテランのデイル・マイヤースはノースアメリカン社のアポロ計画担当取締役に残った。

ビル・ベルゲンはダウニイ工場を自分の考えで管理、運営した。重要なポストにいる人間の成績を調査し、配置転換を行った。組織と業務手順を点検し、作り変えた。重要な施策としては、工場の各宇宙船について、組立と試験を行う作業チームのメンバーを固定した事がある。ジョン・ヒーリイは以前はマーチン社で製造部門の課長だったが、司令船・支援船１０１号機のチーム長となり、他のチームの活動のお手本になった。背が高く、活動的で自信にあふれたヒーリイは、自分の宇宙船に全責任を持つと共に、ベルゲンとマイヤースの全面的な支援を受けていた。彼は航空宇宙業界の生産の在り方を熟知していて、品質については妥協せず、日程を守る事にも厳しかった。一番良かったのは、彼が結果を残した事だ。ボーマンや他の宇宙飛行士達はその成果に感心し、宇宙船１０１号機は火災事故を起こした０１２号機とは比べ物にならない、高い品質水準を達成すると信じた。このやり方はエバンス、ティタートン、ギャビンがグラマン社にも取入れ、各月着陸船について組立、試験チームとチーム長が決められた。

アポロ計画の飛行は、一九六七年一一月にアポロ４号として、巨大なサターンＶ型ロケットを初めて使用した打上げで再開された。打上げられたのは、無人のブロック１型のアポロ宇宙船で、司令船・支援船０１７号機を改修したものだった。飛行は成功し、サターンＶ型の性能は実証されたが、ポゴ現象が発生したのは問題だった。ポゴ現象は他のロケットでも生じており、マーシャル宇宙センターは直ちに対策に取組む事にした。司令船・支援船の飛行試験の目的は、支援船のロケット・エンジンの性能と再始動能力の確認、月からの帰還における再突入時の耐熱性の実証などの重要な事項も含めて、全て達成された。

アポロ計画はついに回復の軌道に乗ったように思われた。

第12章 自分が設計した宇宙船を作る

ケネディ宇宙センターのグラマン事業所長のジョージ・スキューラ［訳注1］は、ロッコ・ペトローン大佐［訳注2］の広い事務室に、唇を固く引き締め、目を細めて入って行った。スキューラにはこれから起きる事が分かっていた。宇宙飛行用の最初の月着陸船であるLM - 1号機は、ベスページ工場から昨日、一九六七年六月二一日に納入されたが、受領検査の中の推進系統の漏洩試験で、すぐに不具合が見つかってしまった。ペトローンから陸軍式の厳しい叱責を受ける事になるだろう。

ペトローンは日焼けしていてたくましく、陸軍士官学校でフットボールの選手だった時と同じく、いまだに岩の様にがっちりしていた。ペトローンは彼の大きなクルミ材の机の後ろから、威圧するように背筋を伸ばし、胸を拡げて立ち上がった。彼の顔は暗いしかめっ面にゆがんでいた。アポロ計画の打上げを担当するケネディ宇宙センターの所長として、ペトローンは打上げ基地の全て、特に打上げ作業に関与する会社を彼の厳格な統制下に置いていた。彼はグラマン社を、宇宙計画やアポロ計画では新参者なので疑いの目で見ていた。また、ニューヨーク訛りの早口の話し方、都会っ子的な抜け目がない、個人主義的な振る舞いも嫌っていた。そして、今回はグラマン社がちゃんとした宇宙船を納入できない事がはっきりしてしまった。

ペトローンは言った。「スキューラ、ベスページ工場じゃなんていい加減な作業をしているんだ。昨日納入された月着陸船は宇宙で飛ぶ事になっているんだが、発射台にも行かせないぞ。推進剤のタンクと配管は、いたる所で漏れているじゃないか。あれは屑でがらくただ！　恥ずかしくないのか。しかも四カ月も遅れて納入されたんだぞ。」

スキューラは視線をそらし、唇を引き締めたが、あまりにきつく引き締めたので唇は真白になった。スキューラはグラマン社のベテランの飛行試験技術者で、多数のグラマン社の飛行機の構造関係の飛行試験の指揮をしてきた。その中にはＦ９Ｆパンサー、クーガー・ジェット戦闘機、大きな回転式レーダー・アンテナを装備したＥ－２Ｃホークアイ早期警戒機も含まれている。彼はグラマン社に強い誇りを持っていて、個人的にも「グラマン鉄工所」の伝統を引き継いで仕事をしていると思っていた。しかし、ＬＭ－１号機は困り者で、彼は工場サイドに裏切られたと感じていた。

「落ち着いて下さい、大佐。」とスキューラは言った。「問題は有りますが、がらくたではありません。グラマン製と名がついたものにがらくたは有りません。」

「漏洩検知機のスイッチを入れたら、そこら中で検知器の警報が鳴った。」ペトローンは続けた。「この壊れかけの機体を送りつける前に、ニューヨークじゃどんな試験をやってきたんだ？　君らはノースアメリカンより少しはましかと思っていたが、もっとだめなようだ。エバンス社長とギャビン副社長にＮＡＳＡは我慢ができないと言ってくれ。不具合を直した方がいいぞ、それもすぐにだ！　不具合を直し終わるまでは、君の評判はここでは最低だぞ。」

スキューラは事務所に戻るとギャビンに電話した。「ギャビン、僕は人生で最もバツの悪い会談をして来たよ。ロッコ・ペトローンは僕をこっぴどく叱り飛ばしたけど、君も分かっているように、彼は正しい。君達は僕のはしごを外した、君達全員がだ。特にあのケリーだ。彼を捕まえて文句を言いたい。いたる所で漏れがある宇宙船を、なぜ送り込んで来たんだ？　屑でがらくただとペトローンに言われてしまった。」

後でスキューラは私に電話を掛けてきた。彼があまりに大きな声で怒鳴るので、電話の受話器を耳から離しておかなければならなかった。「なあケリー、君がグラマンの名前に泥を塗った事を分かってほしいんだ。おかげで僕までここでは惨めな事になってしまった。ペトローンは僕に、君が屑でがらくた、いたるところに漏れがある宇宙船を送り込んできたと言ったんだ。いったい君達は何をやっているんだ？　お高く止まって、他からの助けを頼んでないんじゃないか。ラドクリフと相談しろよ、彼は漏れについては何でも知っているんだから。コーキー・メイヤーと飛行試験部門に助けてもらえよ。技術部門だけで閉じこもってしまっては駄目だ。」

「すまないスキューラ。」と私は言った。「本当にすまない。ここから出す時には漏れていなかったんだ。こちらの漏洩試験のやり方がＮＡＳＡとは違っていたと思う。不具合を直すよ。」

「何でもよいから直せよ、それもすぐにだ！　漏れを直してくれ。そのためには、ギャビンでもティタートンでもエバンスでも、神様にだって頼むよ。だからさっさとやってほしい。何としてもこの漏れを直すんだ。言っておくが、こんな事は、もう二度と絶対に起きないようにしてもらいたい！」

スキューラは唐突に電話を切った。私は暗い気持ちになり、自責に念に駆られた。私の宇宙船組立・試験チームは、グラマンとアポロ計画に迷惑をかけた。我々は笑い物であり、軽蔑の的であり、外れ者だ。しかしほんの何日か前には、ＬＭ‐１号機に心血を注いできて、ＮＡＳＡへ納入するための厳しい納入前完成審査に合格した事を、誇らしく思ったのだ。何が悪かったのだろう？

大改革

それは一九六七年二月七日火曜日の朝、まだ暗いうちにロングアイランドを襲った猛烈な吹雪で始まった。吹雪が吹きつける家の北東の角にある寝室で、風が外でうなるのが聞こえた。雪は激しく降っていて、地面にはすでに一五センチは積もっているだろう。私はグラマン社の雪情報の電話番号にダイヤルした。すると録音音声で、グラマン社の全工場が嵐のために休業と告げるのが聞こえたので、ホッとして笑顔になってしまった。やった！　午前七時に混んだ道で出勤する代わりに、暖かいベッドにいられるし、昼間は妻や子供と雪遊びができるのだ。私は良心の痛みを感じることもなく、再び眠りに落ちた。

私はずっと休めるのがせいぜい週に一日で、しかも一日に一二時間から一四時間働いていたので、疲れ切っていた。やらねばならない仕事はとても多かった。月着陸船に搭載されるシステムやその構成品の多くは、製造業者の工場で試験中だが、不具合が続いていたし、月着陸船の最初の機体は、他の宇宙飛行用や試験用の月着陸船と並んで製造の最中だった。しかし、疲労だけでなく、わずか一〇日前にケープカナベラル基地の三四番打上げ台で起きた、アポロ司令船０１２号の悲劇的で致命的な事故による、我々月着陸船関係者が受けた衝撃と喪失感もあった。アポロ計画全体がまだ突然の事故に対する驚きで動揺していて、ＮＡＳＡの上層部でも事故の意味するところを把握し、必要となる是正措置と日程計画の再編がどの程度になるかについて、かなりの混乱があった。私は思いがけず休みの日を得る事ができた。

次の日に出社すると、ジョージ・ティタートンとジョー・ギャビンが開く特別会議に呼び出された。月着陸船計画の上級幹部全員と、グラマン社の経営者の多くが出席していた。ティタートンは二五番工場の大きな会議室の、質素なプラスチックの天板の金属テーブルに、一人で長袖の白いシャツと地味なネクタイを締めて座り、参加者を分厚い眼鏡越しに厳しい目つきで見つめていた。彼が話し始めると部屋は静まり返った。「君達は休日を楽しんだ事と思う。君達が家で休んでいる間に、私はじっと考えて、月着陸船計画を軌道に戻すために、どうするか決心した。」彼は劇的効果を盛り上げるために言葉を切り、私や他の月着陸船計画のリーダー達の方に視線を向けた。

「この仕事の現状はひどい。失敗しかけている。トル会長とエバンス社長は状況の改善のため、私が直接関与するように指示した。それこそが私がこれからやろうとしている事だ。私はこれまで失敗した事が無いし、月着陸船も失敗させるつもりはない。」怒りの感情が高まると、彼は鼻を鳴らした。

「私はこの計画の管理職達には失望した。それも一番上の管理職までもだ。責任逃れの言い訳をせずに、初めからちゃんとやれる人間はいないのか？　計画を立てても一週間と守れない。試験での不具合、品質上の問題、そして明らかな失敗が起きない日は一日もない。全員がいったいどうしたんだ？　これまでのグラマン精神と有能さはどうなってしまったんだ？　月着陸船の組織をひっくり返し、現在の管理職達を全員交代させても、状況を改善しようと思っている。」この脅迫的な言葉を口にしながら、ティタートンの体は怒りで震えていた。

「そう思っているのは私だけではない。」彼はつづけた。「NASAは、グラマンの月着陸船でのひどい実績に困惑している。ジョー・シェイは私に、グラマンは自己満足的で技術的に傲慢だと言った。象牙の塔にこもる石頭だと言っているのだ。事態はこの瞬間から変えなければならない。私、ジョージ・ティタートンがこれからは月着陸船を担当する。私は失敗はしない！」

それに続いて、彼は私が月着陸船設計部長から外れて、五番工場の月着陸船最終組立の現場で、製造と試験作業を担当することを発表した。私の下にはハワード・ライトが付く。我々は直ちに五番工場の事務所に移り、機体の製造だけでなく、問題があれば、それが技術、製造、試験の何であれ、速やかにその場で解決する責任と、それに必要な権限を持つ事になった。昼夜二交代で週に六日の勤務で、ライトと私は昼と夜を交替で担当する事にした。関連する現業部門の課長クラスの管理職もその事務所に入る事になり、各月着陸船担当の組立・試験チームを指揮するチーム長も指名された。これらの事項は即刻、実行に移され、我々は現場事務所にできるだけ早く移る事になった。

この会合が終わると、私とライトはショックを受けて事務所に戻った。私は最近、ヘドリック技師長の助言と協力を得て、ライトに月着陸船設計部に来てもらった。彼は創造性豊かな電子システム技術者で、A‐6イントルーダー攻撃機やE‐2ホークアイ早期警戒機の、複雑な航空電子システムの設計、開発の先頭に立ってきていた。デジタル・システムとレーダー技術に精通していて、兵器の誘導や目標の探知と追尾などの任務関連の重要な機能のために、必要なシステムを構成する多くの要素を、体系的な一つのシステムにまとめ上げる才能に恵まれていた。彼はシステムの各部分をコンピューター制御により協調して作動させるための情報処理方式とソフトウエアを考え出したし、システムの問題の原因を見付けて修正する能力が優れていた。彼は飛行機の試験飛行によく同乗して、システムの性能を確認したり、問題に対して新しく開発した対策を試験していた。実用的で、高度なデジタル・システムが彼の専門で、グラマン社内での彼の評価は高かった。彼を引っ張って来るのに成功したのは、ヘドリックが、ライトには彼を助けてくれる有能な航空電子技術者の一団がいるし、月着陸船では電子システム設計の強力なリーダーの必要性が、航空機の設計部門より大きいと考えたからだ。

ハワード・ライトは背が高くがっちりしていて、丸い大きな目をして、額は高く、髪は金髪で薄かった。慎重で正確さを好む彼は、関連する事実とその理由を調べ上げて納得が行くまでは、結論に飛びつこうとはしなかった。彼はグラマン社の技術部門内に、彼が能力を高く評価している親しい人間の人脈を持っていて、そうした人達が何の仕事をしていても、月着陸船で助けが必要な場合にはいつでも自由に頼むことができた。彼は穏やかで楽観的な性格で、宇宙関連と航空機関連の設計の違いについては、何も心配していなかった。どちらも専門知識、才能、細部への配慮、仕事への探求心が必要だが、彼はどれも十分に備えていた。私は彼に月着陸船に来てもらったのがうれしかった。しかし、ティタートンが突然、全てを変えてしまい、彼が月着陸船設計部にほんの短かい期間しか居られなかった事を申し訳なく思った。

我々はジョー・ギャビンの部屋に行ったが、彼はいつものように冷静で、これからの対応について相談に乗ってくれたので、我々は落ち着きを取り戻して、ティタートンの命令を実行するにはどうしたら良いのかを、考える事ができるようになった。最初の仕事は、現場事務所の場所を探す事だった。まず月着陸船の組立作業現場を歩いてみた。作業現場は長さ六〇メートル、幅二四メートル、長手方向の端から端まで動く天井クレーンのフックまでの高さが床から一〇・五メートルの、巨大なクリーンルームである。部屋は壁、床、天井全てが白く、天井に何列も設置された埋め込み式の蛍光灯で明るく照明されている。部屋の長手方向の壁の片方には、一階と二階の高さに大きな固定式の窓があり、環境管理している区域に入らなくても組立作業の状況が見られるようになっている。両方の長手方向の壁沿いのスペースには、背の高い月着陸船の作業を行うための二階建で鉄製の、可動式の組立冶具が並んでいた。この組立冶具も白に塗装されていたが、電線や配管が垂れ下がり、様々な大きさの作業用カートや支援装置[訳注3]が取り巻いおり、それらの色は大半が黒、灰、茶だった。製作中の月着陸船は組立冶具に囲まれて、ほとんど見えない。

組立区域に入るには、まず隣の更衣室に行き、そこで医療用の白衣、帽子、手袋を着用し、靴をクリーナーできれいにしてからナイロン製の靴カバーを着ける。透明プラスチックの安全眼鏡を着ければ、組立区域で全員に要求される、作業用の服装が出来上がる。白い壁の裏に隠された巨大な送風機とフィルター装置が組立区域全体を正圧に保って、ほこりが室内に侵入できないようにしている。室内に入るには二重の気密扉を通る必要がある。

組立現場には、検査員が書類を作成するのに使用する小さな事務処理用の区画が有るだけで、事務所にできる場所はない。これから設置する現場事務所は、ここには設置できないと判断した。

クリーンルームの外側、五番工場に隣接して、アポロ計画の全ての主契約会社が使用している、GE社が製作し運用も行っている自動試験機が設置されている部屋があった。グラマン社の工場内にはこの自動試験機の制御室が三部屋あり、組立冶具内に設置された月着陸船三機に対して同時に、電気配線の導通試験と系統の作動確認試験を行う事ができた。制御室は広くて、月着陸船の複雑な試験を規定通り厳密に実施するのに必要な、多数の試験要員や検査員が入る事ができる広さが有る。壁際には試験をしている宇宙船からの計測データを表示するCRTモニターを備えた試験用コンソールが並んでいる。試験の進行係の指示により、自動試験機に組込まれた大型の汎用コンピューターを利用して、試験手順に従って各種の試験信号を、決められた順序で送り出す事ができる。自動試験機の制御室のうち、二つの部屋には組立現場を見るための窓があり、これは計画段階では必要と考えられたが、実際には様々な物が取付けられていて、組立冶具の中の月着陸船の様子は見えないので、利用価値はほとんど無かった。

五番工場に隣接する敷地は、自動試験機室やその他の必要不可欠な設備で占められていた。そのため我々の現場事

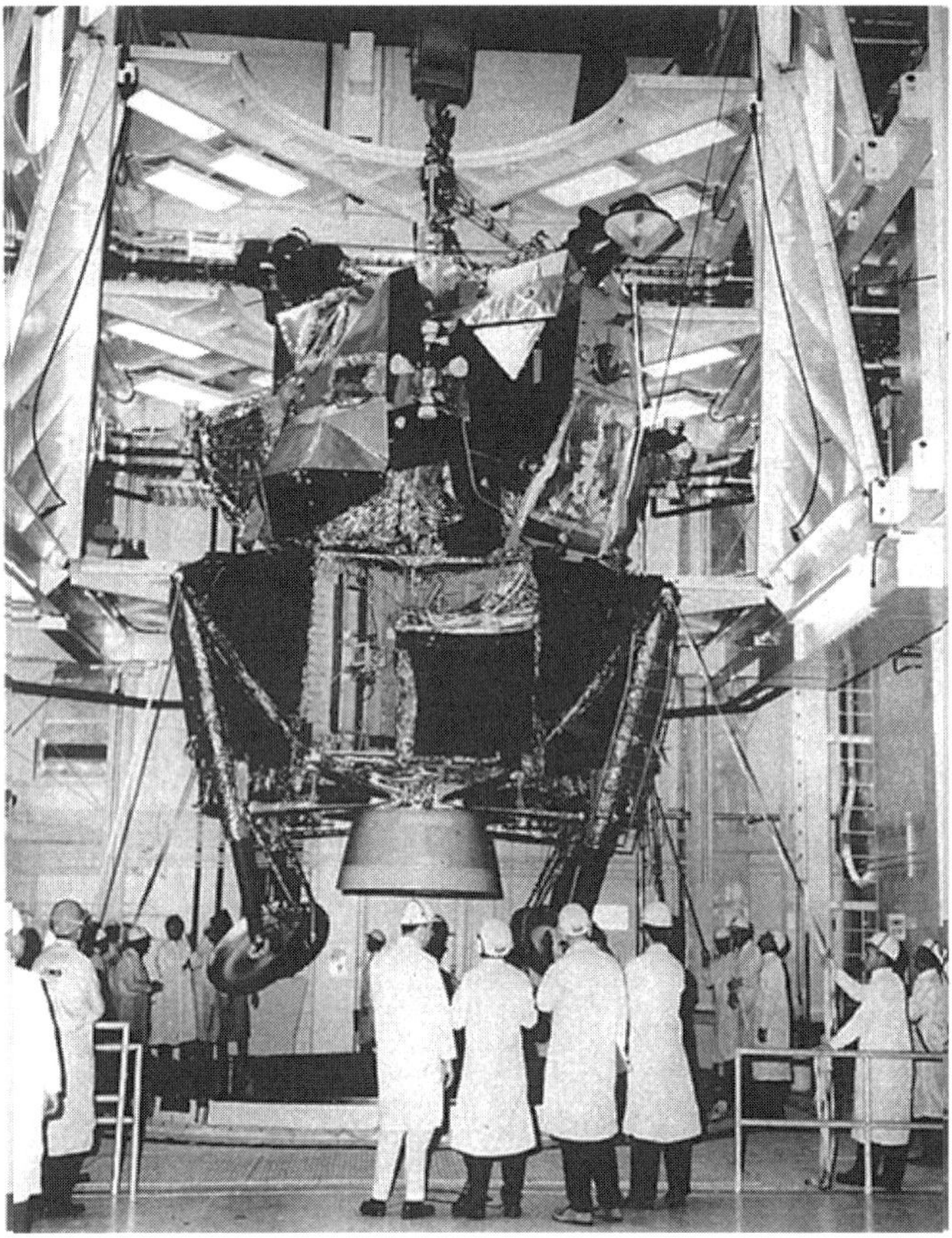

最終組立現場のクリーンルームにおける、上昇段と降下段が結合された状態の月着陸船（ノースロップ / グラマン社提供）

務所の場所は、工場の裏の、月着陸船組立区域への入場用更衣室の入り口に近い、駐車場に使われている中庭に置かれた数台の事務所用トレーラーした。このプレハブの事務所は、「管理センター」と呼ばれていて、数か月前に据え付けられた。この事務所には課長、班長、試験チームが作業の計画、問題事項、各自の作業予定、必要事項を集まって議論するための、天井の低い、質素な作りの部屋やスペースが幾つかあった。かって、あるニューヨークの服装のチェーン店が、「おしゃれな家具はなくて、ただの金属パイプの棚だけ」と広告したような造りだった。窓は小さく、暗い色の模造のウッドパネル張り、ほこりがついたビニール・タイルの床で、殺風景でみすぼらしい環境だった。気が進まないままあたりを見まわしたが、ギャビン、ライト、私はすぐに、ここを現場事務所にすべきだと分かった。快適性には欠けるが、組立現場に近く、面倒なクリーンルームの入場手続きは不要で、必要に応じてトレーラーは増設や配置変更が簡単にできる。場所が決まったので、現場事務所に入る人間と作業内容の検討を始めた。

ＮＡＳＡのアポロ計画の幹部が、我々の状況と問題点を視察するのと、アポロ1号の火災事故後のアポロ計画がどうなりそうかを話すために、グラマン社にやって来た。ＮＡＳＡは我々が日程計画から遅れ続けている事に非常に不満だった。月着陸船ＬＭ‐1号機は搭載される開発試験用計測装置に問題が生じて、六三計測項目中二〇項目が計測不能になっていたし、ＬＭ‐2号機はここ二九日間で予定に対して一八日の遅れを生じていた。我々は納入予定日を、ＬＴＡ‐8号機は三月二七日、ＬＭ‐1号機は四月一一日としていたが、我々自身も含めてだれもその予定が守れる確信は無かった。ＮＡＳＡは火災後のアポロ計画の実行予定の変更についてはあまり明確にしなかった。実行予定計画がまだ検討中な事は明らかだった。

チームを編成する

数日後、私は自分の秘書、机、ファイリング・キャビネットと一緒に、トレーラーに引っ越しをした。私は部屋をライトと共用することにし、彼の机は私の机の隣にした。最初の週は一緒に昼間に勤務をした。その後は昼勤と夜勤に分かれ、一時間は勤務時間が重なるようにした。いろいろ昼勤と夜勤の組合わせを試したが、最終的には二週間を昼勤、続いて二週間を夜勤する事にしたが、昼間のＮＡＳＡやグラマン社の重要会議に出席するため、夜勤を中断することがよくあった。

私は月着陸船の組立と試験の担当者達と面接したが、彼らは真面目で、過労に陥っていて、多くが元気を失っていた。修正すべき事が多すぎて、どこから手を着けたら良いか分からない程だった。これからやろうとしている作業に対して、適切な技量を持ち訓練を受けた人間が少なすぎた。必要な技量を持っている人を見付け、その人達を職場に配置するのがまず必要だった。人事部門に支援してもらって、私は自分で現在配置されている作業者の、技量、経験、教育、訓練の一覧表を作成し、係長達に必要な人数と技量の見直しをさせた。必要な作業要員について、現状の作業者の人数との比較を行い、不足が有ればそれを埋めるために、職場内からも職場外からも人を補充し始めた。

組立及び試験職場では、組立チームは製造部門からの、試験チームは主として技術部門と飛行試験部門からの要員で編成した。品質管理、支援設備、資材調達などの社内の他の部門からの応援の人達も、組立及び試験職場に配置された。必要な人員を確保するのは、こうした他の部門の上司にお願いした。エバンス、ティタートン、ギャビンと言った上層部からの圧力のおかげで、依頼には好意的に対応してもらえた。数週間のうちに、新しく配属された有能な人達が、次から次へと作業の現場に入ってきた。

私が組立及び試験職場に移った時には、クリーンルームには二機の月着陸船があった。飛行用としての最初の機体で、地球軌道での無人飛行用の装備がされているＬＭ‐１号機と、地球軌道での有人飛行用のＬＭ‐２号機である。地球軌道での有人飛行用のＬＭ‐３号機も、一週間後に組立区域に移動してきた。月着陸用の最初の二機であるＬＭ‐４号機、５号機は間もなく組立作業が開始される。地上試験用の月着陸船で、試験に合わせて特別な装備品と正規装備品の一部を装備した機体が二機、クリーンルームから遠くない五番工場内で製作中だった。ＬＴＡ‐３号機は構造試験用で、機体の構造はそのままだが、装備品の位置に重量を合わせた装備品の模型が付いている。この機体は、全機振動試験、着陸落下試験、機体にかかる静荷重と動荷重の試験用に、歪ゲージと振動変換器を用いた特別な計測装備がされている。ＬＴＡ‐８号機は真空中の熱環境試験に使用される。月着陸船の船室内と宇宙服内を生存可能な状態に保つ環境制御系統と、宇宙空間と月面における広い温度範囲で月着陸船を保護する、表面塗装とマイラーを何層も重ねた断熱材による宇宙船の熱管理方法の妥当性の実証を目的としている。この機体はヒューストンの有人宇宙センター内の、巨大な真空環境熱試験室の中に宇宙飛行士が乗り込んだ状態で吊り下げられ、赤外線ランプ、ヒーター、冷却板により宇宙飛行中の熱環境を模擬して、温度管理関連の試験に用いられる。熱電対、ヒーター、専用の配線が装備されるので、電気関係の作業はとても複雑で、飛行用の月着陸船より作動確認試験は難しかった。

アポロ1号の悲劇的事故に対するＮＡＳＡの対策の一部として、司令船と月着陸船の船室内の火災の危険性を小さくするために、使用できる材料は大きく変更された。代替え材料はどれも、火災に対してはより優れた特性を持っているが、他の特性ではどこかに劣るところが有った。電気配線の経路と配線の束の固定方法、グリコール水溶液が漏れ落ちた場合の処置、船室内に持ち込まれた物の記録管理には厳格な規則を適用する事になった。こうした細部に加えて、品質管理と形態情報の記録について、計画全体で特別に注意をはらう事になった。

ＮＡＳＡの幹部との会議で、無人状態で使用されるＬＭ‐１号機に関しては、宇宙飛行士の安全性は関係ないので、変更の大半は適用しない事になった。ＬＭ‐２号機は問題で、大半の配線が取付済みだったので、変更を適用するには配線を取外して、やり直さなければならない。日程計画の観点からは、ＬＭ‐２号機を後回しにして、配線がまだ一部しか取り付けてないＬＭ‐３号機を先にする方が良さそうだった。ＬＭ‐２号機は後で完成させるか、無人で使用されるＬＭ‐１号機の予備にすれば良い。様々な検討を重ねた末、ＬＭ‐２号機は無人飛行用の予備機に変更し、製造過程で必要な試験の一部に使用して、ＬＭ‐１号機の作業量を減らすのに利用する事にした。

日程回復をＮＡＳＡやグラマン社の上層部から厳しく言われたが、組立及び試験工程ではほんの数日しか作業の予定を守れなかった。月着陸船本体、何十品目かの複雑な地上支援機材、銀ロウによるロウ付けやコネクターのポッティングなどの重要な製造技術、試験用の設備、手順、ソフトウエア、特殊機材などを同時並行的に開発をしているので、多くの問題が生じていた。その結果、混乱と士気の低下を生じるばかりで、作業工程は遅々としてしか進まなかった。

私は各宇宙船ごとに編成された試験チームを強化するため、新しい有能な要員を入れ、成績の悪い人間は外すようにした。飛行試験部門のトップで、ベテランの試験飛行士のコーキー・メイヤーは、彼の部門から有能な人材を我々のチームの強化のために派出する事に非常に協力的だった。メイヤーの協力により、飛行試験技術者の中で特に有能な何人かが、彼らのそれまでの仕事と共通点が多い有人宇宙船の地上試験に参加して、彼らの能力を発揮し始めた。

検査の場所の確保

私は月着陸船の組立現場にできるだけ長い時間いて、関係者と作業の工程を知り、作業者を悩ませている問題を観察して理解するように努めた。この広くて清潔なクリーンルームは月着陸船計画の心臓部だが、この心臓部はトラブルが起きる都度、不整脈の発作を起こしては作業を中断していた。私は四階建ての組立冶具を登ったり降りたりしながら、頑丈な鋼鉄製の枠の中の繊細な月着陸船に、何百本もの配線や配管が接続されている姿を眺めるのが好きだった。全体があまりにも複雑で、あまりにも多くの人が二交代で働いているので、全ての作業の実施結果を確認するにはどうしたら良いのだろう？　その答えは、試験、再試験、作業規律と指示文書の厳守で、それは又、事態が収拾できなくなりそうに感じた時に、私が自分を落ち着かせるためにとなえる決まり文句だった。

月着陸船の内部が混み合っていない時には、時々船室に入ってみた。前方ハッチの外側に配置された作業員が、私のポケットの中身をプラスチックのトレイに出させて、船室内に忘れものを残さないために、私が内部に持ち込む物を全て記録させた。ハッチを腹ばいで通り抜けると、操縦席の位置で立ってみた。そこは小さめのウォークイン・クロゼットくらいの広さだった。大抵の場合、一、二名の作業者が船室内に居て、インターホンで自動試験機の部屋と話をしながら、前に拡げた作動確認試験の手順書の詳細手順通りに、スイッチや制御装置を動かしていた。しかし、私だけがそこに居る時には、この月着陸船の、私が立っているこの船室そのものが、我々の努力と夢を最終的に実現すべく、前人未到の月面に向けて降下していく状況をイメージすることがあった。この狭い船室内に密航者として潜んで月まで行けたら、とどんなに思った事か！　私が月に行く事はないが、そのイメージを生き生きと思い浮かべる事ができ、気持ちがはずんだ。

私は、製作中の月着陸船を移動する時や、降下段と上昇段を結合する時は、作業に立会うようにしていた。これは月着陸船をそれまで隠していた作業台や外部との結合物が外されて、月着陸船が裸で見える数少い機会だった。組立作業現場に運び込まれて来る時は、月着陸船の各段は、むき出しの灰色のアルミ製の船体に、タンク、配管、配線の束が取付けられているのがよく見える状態でやって来る。数か月後には、月着陸船は銀色や金色のマイラーの断熱材で包まれた、きらきら輝く金属の結晶のような姿に変身する。私は作業員が慎重に、マイラー断熱材用の薄い金属チューブの支持枠を、タンクや電子機器を覆うように置いて、宇宙船本体の構造に接着して固定するのをじっと見ていた事があった。次の工程では、プラスチック製の飲み物用のストロー程度の厚さのスペーサー用チューブが支持枠に接着され、断熱用と微小隕石よけを兼ねるブランケットを薄いワッシャーではさんで取りつけられる。各スペーサー用チューブは手作業で製作され、接着剤を加熱ランプで二時間硬化させた後、接着強度を確認するために、手持ちのばね秤で引張試験を行う。はしごでつまづいたり足を当てたりすると、このスペーサー用チューブは簡単に壊れてしまうが、打上げを模擬した振動試験では、荷重がかかるとたわむが、壊れる事はなかった。

納入日が近いころ、私はほとんど完成しているＬＭ‐１号機の、上昇段と降下段の結合作業を見ていた事がある。それは息を飲む作業だった。その前日には、ＮＡＳＡの細部まで詳しく規定した規則に従って、大事な宇宙船を吊り下げる前に天井クレーンの能力を確認するための、単純な吊下げ機能確認試験に立会った。天井クレーンは六カ月毎に定期点検をしているので、こんな無意味な確認試験を要求するなんて、ＮＡＳＡは何と杓子定規に厳格な事かと私は思った。幸いな事に私はこの考えを誰にも話さなかった。そのため、クレーンが六トンの試験用の重りを釣り上げた時、重りが少し上がってから、ゆっくり床まで戻ってしまっても、誰にも言い訳をしなくて済んだ。クレーンは修理をして、その後、荷重確認試験を二度も行った。私は心の中でＮＡＳＡの用心深さに感心した。

上昇段が載せられる降下段は運搬用の台車に載せられ、上昇段には吊上げ用の枠が上部ハッチに取付けられ、それにクレーンが繋がれた。我々が見上げている中を、上昇段は上を開けた組立冶具から真っ直ぐ上に吊り上げられた。その間、何人かの作業員がまだ何かがつながったままではないか、どこかにこすらないかと監視していた。上昇段が組立冶具からゆっくりと吊り上げられ、細いケーブルで回転させられて、来るべき自由な飛行を、ごく限定された形だが初めて経験するのを見て、我々は歓声を上げた。上昇段は慎重に降下段の上まで移動させられ、白手袋の作業員が位置を微調整しながら、所定の位置にゆっくりと下ろした。その晩、私は月への飛行に関して、何か目に見える成果が達成されたと思い、満足感を感じながら家に帰った。

職場を変わってすぐに、品質管理部門の月着陸船担当主任で、ベテランの検査員のディニイ・ギャノンと知り合った。ギャノンは興奮しやすい性格で、消火栓のような体形だが、製品の品質確保と、作業が適正に実施される事に献身的に努力していた。ある日、彼は私に月着陸船用に入荷したアルミ板の受入検査で問題があるので、私に一緒に来てほしいと言った。

我々はベスページ工場内の、ほとんど行った事の無い場所にある、目立たない倉庫のような建物に行った。そこが受入検査センターだった。この建物は、グラマン社のベスページ工場の敷地を横切っているロングアイランド鉄道の線路に沿っており、中央蒸気プラントの隣だった。蒸気プラントからは低い支柱の上を走る、太い、銀色に光る断熱された蒸気パイプが何本も出ていた。この蒸気パイプでグラマン社のベスページ工場の暖房用と工場用の蒸気のほと

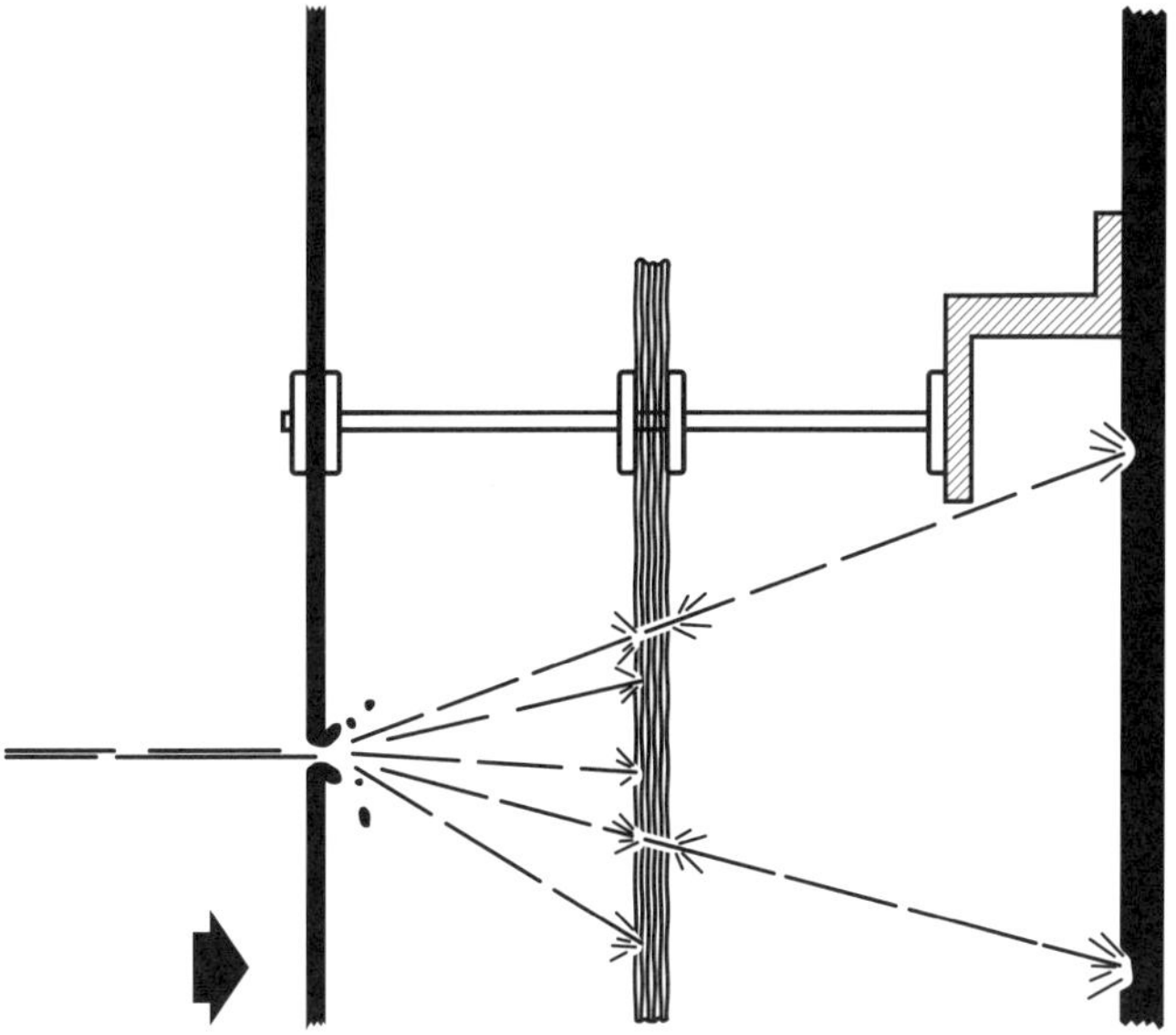

月着陸船の微小隕石よけ兼断熱シールド（ノースロップ／グラマン社提供）

んどを供給している。この醜く、至る所に顔を出している蒸気パイプのために、蒸気プラント全体がテクノロジーが暴走して廃墟になった都市のように見えた。蒸気プラントには高い煙突が立っていて、そこから濃い灰色の煙が立ち上っていた。建物の外には石炭の巨大な山があり、その両側をブルドーザーが崩れ落ちてきた石炭を均したり移動するために、忙しく動き回っていた。

受入検査センターに入ってみると、問題が何かすぐ分かった。トラックや鉄道車両が積み荷を運んでくるので、入口は開いたままで、隣の蒸気プラントから入って来るほこりや微粒子を防ぐ事はできない。これでは、蓄電池の製造業者のイーグルピシャー社の不潔な工場と同じである。月着陸船の軽量構造に使用されるピカピカのアルミ板は、すぐに隣からの石炭の微粒子で表面に傷が付き、その傷を手作業で除去しない事には検査を通らない。受入試験センターを、もっときれいな環境の場所に移動する必要があるのは明らかだった。

私はギャノンに月着陸船の受入検査用の新しい場

所を探しに行かせて、私自身はグラント・ヘドリックや全社技術部門の幹部との会議のため、五番工場に行った。後でトレーラーの事務室に戻ると、ギャノンが電話で、顔を真っ赤にして怒り狂って話しているのが見えた。「あんたの倉庫だって?」ギャノンはニューヨーク訛りで叫んだ。「そこは会社の倉庫で、うちの人間がそこを使いたいんだ!」

受話器を電話機に叩きつけると、彼は私に向かって、理想的にきれいな場所に、あまり使われていない倉庫をどうやって見付けたかを、怒ったまま話した。その倉庫は全社の品質保証部門が使用しているが、そこを管理している彼の仲間で同僚の検査員が、ギャノンが必要としている場所の使用を断る事ができると、無謀にも判断したのだ。私は彼に、場所の確保を頼む時には、必要なら私の名前を出しても良いと言い、彼が品質保証部門の上層部に何本か電話をした結果、ギャノンは月着陸船の受入検査のために、きれいな場所に受入検査の場所を確保する事ができた。

懸命に作業を進める

何機かの月着陸船の試験を、並行して二四時間体制で行っていたので、我々全員が持久力と能力の限界に追い詰められた。ＮＡＳＡは当然ながら、組立と試験作業の全てにおいて、規則を厳密に守る事を強く要求した。承認済みの作業指示、図面、図面変更票、試験実施要領、試験計画書に基づかずに、月着陸船や関連する地上支援機材の作業をしてはならないし、作業の各段階では検査員の立会いと確認（「検査印を押してもらう」）が必要だった。各シフト毎に、山のような書類が作成され、記入が行われ、確認されてファイルされた。そのため、「月へ行くのにロケットは要らない。書類を積み重ねて行けば、月まで歩いて行ける。」と言われる事がよくあった。

組立・試験職場の管理では、問題が全て報告されない事に困った。ライト、私、作業チームの課長、係長は、組立現場や三つある自動試験機室で発生した問題について、いつも必ず報告を受けているとは言えなかった。ほとんどの場合は、試験の担当者自身がその不具合を解決できる知識を持っているので、報告を受けなくても問題なかった。しかし、職位の高い人の判断や承認が必要な問題が、解決されないまま何時間も放置されている事があった。私は何とかしなければならないと考えるようになった。我々は組立・試験現場の人達に、自分達だけでは解決できない問題で作業が止まった時には、その問題を職制に沿って上に報告するように、強く指示した。これは組立作業については、職場の管理職がそれに賛成し、問題解決を支援したので上手く行った。しかし、試験作業では、試験の指揮者が今やっている試験で忙しすぎて席を離れる事ができないため、問題解決の支援を頼みに行く時間が無い事が良くあった。我々は問題の発生は管理職に伝えるが、試験を指揮する仕事への負担は大きくならない、簡単な仕組みを現場と一緒に考えた。各々の試験指揮者の操作卓に、『ＯＦＦ―試験進行中―一時停止―停止』と表示されたスイッチをつけ、私と作業チーム長の部屋にそれに対応する緑、黄、赤色の表示灯をつけた。各自動試験機室で試験中の時は、表示灯が点灯するので、黄色や赤色が点灯した時には助けが必要かどうか尋ねる事ができた。

私はこうした表示灯の警報に何度も対応して行動した。大抵は試験の指揮者にまず電話するが、時には自動試験機の部屋に行ってみる事もあった。広くて薄暗い照明の試験機室では、壁際の操作卓の表示器に緑色の字が表示されていて、試験員や検査員が困った様子で集まって、作動確認試験プログラムの図表や手順を見ている事が多かった。

システム毎の七〇以上の作業確認試験を積み重ねて、全システム用の作動確認試験プログラム６１０１８にたどり着くが、これは自動試験機で行う試験では、最も徹底的かつ複雑なものだった。作動確認試験は、最初は単純な、回路の導通試験と、ＯＮやＯＦＦの信号を送る試験から始まり、飛行中の宇宙船の状態や外部からの情報を模擬した、自動試験機による試験信号を用いる、非常に複雑な試験へと進んで行く。例えば、ある作動確認試験では、月着陸船の船長が動力降下中に緊急中止スイッチを押した場合を模擬して、機関銃射撃のように連続した指令信号を送り出す。この時、月着陸船誘導計算機（ＬＧＣ）は降下段のロケットの停止、上昇段と降下段の切り離し、上昇段のロケットの点火の信号を送り出す。ＬＧＣはランデブー用レーダーを、司令船を発見するよう制御しロックオンさせ、月着陸船を司令船へ誘導する。ＬＧＣは燃料消費による上昇段の重量と質量分布の変化を計算し、それに合わせて姿勢制御装置への指令を調整し、軌道計算を行う。組立現場では液体用のタンクは空だし、爆破装置の点火装置は取りつけてないので、点火や爆破は起きないが、宇宙船の実物の機器からの信号は推進装置、爆破装置、姿勢制御装置へ送られて確認される。宇宙飛行中の作動に関して、信号源から作動装置まで全体を模擬した、電気的なシミュレーション試験である。

宇宙船組立・試験職場の日程を守り、初回から成功を収める能力は改善しつつあったが、それはがっかりするほど遅く、いつも二歩前進一歩後退（もっと多く後退する場合もあった）と言った状況だった。ギャビンとラルフ・トリップは落ち着いた態度で、根本的な問題は何で、それを解決するにはどうしたら良いか、ライトと私が分析するのを助けてくれた。ティタートン達からの絶え間ない「支援」の洪水から我々を守ってくれる事もありがたかった。トリップはグラマン社の飛行試験計測部門の部長を長く勤め、一九六七年初頭にジョー・ギャビン副社長の下で月着陸船担当取締役になっていた。彼はグラマン社で私が仕えた上司の中では、最良の管理職だった。彼は参加型ではあるが厳しい管理方式を採用していて、まず部下に個別に面接して、それぞれに担当業務の内容と具体的な達成目標を一ページで書かせた。それに基づき、部下の各個人別に、自分の判断で問題解決を行う事を勧め、上手くいけば褒め、失敗すれば守ってくれたので、月着陸船チームの各メンバーは自分達の能力に自信を持つ事ができた。各個人を重視する管理方法だったので、より技術重視で個人主義的なギャビンと良い組合わせだった。二人とも優れた判断力と常識に加えて冷静な性格で、何度もやって来た危機的状況を落ち着いて乗りきることができた。トリップはＮＡＳＡとの長い会議の間に、小さなペンナイフでコーヒー用の木製スティックを何かの形に削る癖があり、ＮＡＳＡの参加者が、彼が検討中の内容を把握しているか、隙を突こうと何度も試みたが、成功しなかった。彼はまた、ＮＡＳＡ流の、最高幹部はシステムや問題について、技術的にあらゆる細部まで知っているべきだとする考え方はとらずに、必要な場合は専門家に聞くようにしていた。

組立・試験チームが馬鹿で間抜けな失敗をすることも時々あった。そんな時には月着陸船計画の経営幹部がいかに有能でも、我々が笑い物になったり、会社の上層部やNASAからあれこれ言われる事から守る事はできなかった。そんな事態で最悪のものが、あの悪魔的と言えるほど複雑な、熱環境試験用のLTA‐8号機で起きた。試験の途中のある時点で、月着陸船の両方の段を循環して電子機器、宇宙服、酸素供給装置を冷却するグリコール水溶液を、冷却系統から排出し、新しい冷却液と交換する作業が要求されていた。試験チームは作業台の最上段に、二百リットルのドラム缶を設置し、月着陸船の冷却系統の各所に透明なプラスチックの管でつないだ。考えられない事だが、試験チームは底がさびたドラム缶を使用したので、宇宙船全体にグリコール水溶液が滴り落ち、その結果、何日も苦労して中和剤で拭いてきれいにしなければならなくなった。ティタートンの会議で、私はお詫びのためにうなだれたまま、厳しく辛辣な叱責に耐えなければならなかった。

月着陸船の操縦室の計器は、湿気とほこりの侵入を防ぐために、ケースが密閉構造になっていた。我々が操縦席に計器を取りつけた後になって、NASAのベスページ工場駐在の賢い検査員が、計器の密封ケース内に閉じ込められたほこりの粒を見付けるための、簡単だが効果的な方法を考え出した。彼は計器を作業台にガラス面を下にして置き、そっとゆすぶり、軽くたたいた。それからガラス面を下にしたまま、計器を持ち上げ、ほこりの粒がガラス面の内側にないか探した。ほこりの粒が少しでも見つかれば、計器は製造業者に送り返され、ケースを開けて清掃を行い、再び密封する事が必要になる。

この新しい検査方法は、計器業者も我々もそれまで考えた事がなく、納入された計器でこの試験方法に合格する計器はほとんど無かった。有人で飛行する宇宙船の計器は、この新しい試験方法で検査する必要があり、LM‐3号機では操縦席がほとんど完成していたが、全ての計器を取り外し、交換しなければならなかった。こんな簡単な試験方法を、なぜもっと前に考え出せなかったのかと残念に思った。

自分の設計の付けを払わされる

私が月着陸船の組立・試験職場を担当する事になったのは、またと無い学習の機会であり、懲罰として妥当だった。組立作業の現場で、私が主任設計者だった時に、自分自身が承認し、中にはそれを要求した事もある、製作が難しい設計に向き合う事になった。そうした設計のために、製造工程で作業者が図面の内容通りに機体を製作しようとすると、難しくて苦しい作業を長時間行わなければならなくなっていた。

中でも最悪だったのは、宇宙船内のどこにでも使われている、極端に細いキャプトン被覆の二六番電線と、ミニアチュア・コネクターだった。一九六六年のＳＷＩＰ活動で重量軽減のため採用された、この切れやすい電線と小型のコネクターは、電線の破断やコネクターの嵌合不良と言った問題を、いつまでも引き起こしていた。細い電線は、電流はほとんど流れず、信号電圧だけがかかる場合に使用されるため、もっと太い番手の電線より数多く使用されているが、その数が多い電線で断線が頻繁に起きた。

組立現場では、細い電線が数多く繋がっているミニアチュア・コネクターをはめたり抜いたりする作業を行う事がある。手袋をはめて狭い場所でしなければならないので、作業が難しくて作業者がいらいらするのを、申し訳なく思いながら見ている事がよくあった。細いが強い指を持っていて、作業が楽にできる作業者は、難しい場所での作業に向いているので、引っ張りだこだった。

ＬＭ‐１号機に対して、電動加振機を使用して、機体全体を対象とする振動試験を行った。この試験で、月着陸船の打上げの時や自分自身のロケット噴射で電線に力が掛った時にも、これらの電線が断線しないことが確認できた。それでも取付時や作業中の電線の断線はずっと続き、組立や試験を遅らせる原因になっていたが、作業員が電線を慎重に取扱うように作業方法を改善してからは、断線は徐々に減少した。ＬＭ‐４号機以降は電線を高強度の銅合金に変更したので、断線はなくなった。

耐火用と防湿用のポッティングと、ベータクロスのブーツをかぶせる作業のため、どのサイズであれ電線のコネクターの取扱いは難しくなった。大半のポッティングやブーツの取付は、機体に取付ける前にワイヤー・ハーネスの製作段階で行う事ができたが、配線する場所によっては、電線の束を構造物の隙間を通してから、片側のコネクターを機内で取付けなればならない事もあった。ポッティングは加熱ランプを使用しても硬化に数時間かかり、その後で可搬式のX線検査装置により、コネクターのピンやソケットへの配線が正しいかの確認が必要だった。X線を放射する前には警報ブザーが鳴り、作業員は全員その近くから離れなければならない。ある夜など、私は寝ていても、その警報ブザーの音が頭の中で聞こえていた。何らかの理由でコネクターの配線を交換する場合には、ポッティングを切り開き、新しい電線、ピン、ソケットを挿入し、再びポッティングをし、X線検査を行った。この一連の作業には、短くても昼勤か夜勤の一回分の時間がかかった。月着陸船には何千本かの電線、何百個かのコネクターがあるので、このような事も珍しくはなかった。

月着陸船のアルミニウムを主体にした構造も、製造工程の厳しい管理が必要だった。過酷な重量軽減のために、我々設計者は高強度の７０７５アルミ合金と、ケミカルミリングを広範囲に使用したが、そのために応力腐食割れの危険性が増加した。応力腐食割れを起こさないためには、組立時にファスナーで締結した際に、締結による応力が過大にならないよう、締結する前に部品同士が密着している必要がある。そのために、組立作業員と検査員に応力腐食割れの原因と、月着陸船の部品の結合時によくある問題を教育し、決められた部品結合時の手順を厳密に守らせる必要があった。それでも取付時の過大な締結応力による応力腐食割れが、薄板のアルミ部品のフランジで見つかる事が数多くあった。宇宙飛行士達は、我々にこの問題の根絶を特に強く求めた。彼らは、構造の残留応力が原因の応力腐食割れで、月面上で帰還用の宇宙船が崩れ落ちる姿をイメージしたに違いない。

ＬＭ‐１号機の納入

いろいろ問題は有ったが、一九六七年六月初めには、ＬＭ‐１号機はケネディ宇宙センターへの納入に向けて作業が進んでいた。宇宙飛行用の月着陸船の初号機で、無人飛行用に特別な装備が多かったので、完成させるには、長い間とても苦労した。月着陸船飛行プログラマー（ＬＭＰ）は、コンピューター、リレー、スイッチ箱を組合わせたロボット的な頭脳と言える物で、ＭＩＴが設計したアポロ用コンピューターからの（基本モードの場合）、またはＬＭＰ自身の（予備モードの場合）指令信号により、自動的に飛行中の試験を行っていく。この複雑で特別な装置であるＬＭＰは、我々が信頼して使えるようになるまでに、大がかりな確認試験と数多くの設計変更が必要だった。ＬＭＰより問題があったのは、圧力、温度、応力、振動などのセンサー、独立した専用のテレメーターと記録機器を装備した開発試験用計測装置だった。開発試験用計測装置は、最初の月着陸を試みる前に、月着陸船の初期の飛行において、設計の修正や改善に必要になるかもしれない技術的データを得るための装置であり、ＬＭ‐１号機から3号機だけに装備される。これは有人飛行では不可欠な装置ではないので、有人飛行用の計測装置ほどは、部品の選定基準や信頼性の要求水準は高くなく、飛行機の試作機の計測装置に近い。一九六七年二月中旬に、私は開発試験用計測装置の全計測項目三二〇のうち、五六項目が計測不能になっている事に気付いた。大々的に不具合調査を行い、信号変換器（センサー）を交換し、配線を修理したにもかかわらず、この状況はここ数週間でほとんど改善されていなかった(注1)。開発試験装置の計測項目の多くは、宇宙空間における月着陸船の各系統の機能、性能を実証するのが目的の、ＬＭ‐1号機の飛行には不可欠なものだった。

開発試験用計測装置の問題解決のために、計測部門の部長のジーン・ゴルツに、月着陸船部門と飛行試験部門からの計測の専門家による特別チームを編成してもらい、開発試験用計測装置の計測項目をしらみつぶしに調べてもらう事にした。彼らは構成品やシステムの設計、試験結果、機器製造会社の品質記録、装置に対する耐環境性要求等を調査し検討した。特別チームの勧告は、開発試験用計測装置への要求の幾つかを、もっと厳しくする事だった。特に、信号変換器、モデム、その他の重要機器については、受入検査の時の品質確認項目として、振動試験を要求する事を勧めていた。製品の信頼性が低い業者については、購入先から外した方が良いとの事だった。時間はかかったが、特別チームの活躍で、開発試験用計測装置の信頼性は許容できるレベルまで向上した。

ＬＭ‐１号機本体に関する様々な問題に加えて、試験や作動確認作業用の機材の全てが、同時並行的に開発され、初めて使用される事も問題を多くした。新しく製作された接続用配線セット、コネクター、アダプター、液体を供給するカート、推進剤補給装置などの地上支援機材は、ＬＭ‐１号機やコンピューター制御の自動試験機に接続されるが、この自動試験機自身も、月着陸船の作動確認作業で初めてその設計、製造、試験の妥当性が実際に確認される。数百の地上支援機材が必要だが、その各々が政府への納入品の基準に合格しなければならない。月着陸船の副主任技術者のハワード・ペックは、地上支援機材の開発のために、数百人の技術者と作業員のチームを働かせていた。ＧＥ社が開発し運用している自動試験機のコンピューターや制御卓でさえ、実際の試験で使用した結果に基づき、絶えず改修、改善が行われていた。

試験の手順書は、試験作業の各段階ごとの作業を、些細で当たり前のような事まで細かく規定していて、実際に試験を行った結果で、絶えず書き直したり、改善する必要があった。この段階では、試験の手順書を実際に使用して試験ができるようになるまでに、三、四回書き直す事もよくあった。宇宙船と自動試験機の不具合調査、修理と改修、試験手順書の変更、自動試験装置のハードウエアとソフトウエアの改良による試験作業の中断があるので、標準的には六時間とされている試験に、数週間かかる事もあった。

ＬＭ‐１号機がこのような状況下でも試験作業のスケジュールをこなして行けたのは、ＬＭ‐１号機の試験作業チームの粘り強さとやる気のおかげであり、特にチーム長で課長のジム・ハリントンの存在が大きかった。ハリントンは背が低く、そばかすがあり、髪は茶髪で逆毛、元気が良く自信にあふれたアイルランド出身の人物だった。私はＮ

ＡＳＡの最高幹部との会議で、彼に好印象を持った。ジョージ・ミラー副長官は、ＬＭ‐１号機が日程を守れていないのを心配していたので、私にハリントンを呼ばせた。集まったＮＡＳＡの幹部と、ルー・エバンス社長も含むグラマン社の幹部の前で、ミラーはハリントンに直接に質問した。ＬＭ‐１号機が試験と確認作業の段階でこんなにもトラブルがあるので、実際の宇宙飛行に使えそうもない。この機体は参考用の供試体にして、ＬＭ‐２号機を飛行用の最初の機体にしたら良いのではないかと質問したのだ。

「それは良いお考えです、ミラー博士。」とジムはミラー副長官を瞬きもせずに見つめながら、うれしそうな笑顔で言った。「しかしあなたは完全に間違っていらっしゃいます。」

ハリントンはそれからＬＭ‐１号機の遅れの様々な原因を説明した。その多くは月着陸船自体の問題ではなく、初めて厳格な試験と作動確認作業の対象となった事によるものだった。彼は最終的にはミラーや他のＮＡＳＡの幹部に、納入時には、ＬＭ‐１号機は信頼できる高品質の機体になっている事を納得してもらった。

ジムの優れた統率力といつも変わらぬユーモアで、ＬＭ‐１号機の組立作業は進み、五月下旬には、最終的かつ包括的な全システム統合試験である、あの難しい作動確認試験ＯＣＰ６１０１８番の試験を終える事ができた。その後、上昇段と降下段は切り離され、液体系統の加圧試験のために、五番工場の月着陸船組立職場の裏の、駐車場の向うにある低温流体試験施設の強化コンクリート製のピットへ運ばれた。我々はＮＡＳＡの正式の納入前完成審査を六月二一日に受ける予定にした。

納入前完成審査は、第一章で長々と書いたように、悲劇と喜劇が混ざり合った審査になった。ここでは、審査で説明を行い、指摘事項を処置した長い一日の最後に、ＮＡＳＡのアポロ宇宙船計画室から、多くの質問書への回答、納入書類の作成、小規模な再試験の実施を条件に、ケネディ宇宙センターへのＬＭ‐１号機の納入を許可されたと言うだけで十分だろう。一九六七年六月二二日、私は強い風と明るい日差しの中で、グラマン社のベスページ工場の滑走路の上に立って、ＬＭ‐１号機の上昇段と降下段を収納した特別製の輸送コンテナーが、アポロ宇宙船輸送用の、ボ

グラマン・ベスページ工場でLM-1号機の納入時のトム・ケリー(左)とディック・マクローリン（ノースロップ/グラマン社提供)

ーイング・ストラトクルーザー旅客機を改造したグッピー輸送機の太い胴体に積み込まれるのを見ていた。大きな開放感を感じながら、私は巨大な飛行機が、一八〇〇メートルの滑走路をいっぱいに使ってゆっくりと離陸し、上昇して行くのをじっと見ていた。この飛行機は我々の最初の飛行用の宇宙船の納入のために、ケネディ宇宙センターへ飛んで行くのだ。

　ほっとしたのも束の間だった。ＬＭ-

１号機はＮＡＳＡのペトローン所長に、さげすみを込めて「がらくたで屑だ」とののしられ、ＮＡＳＡの受入試験では配管からの漏洩ですぐに不合格になり、スキューラが何とかしろと言って来る事態になった。構造と機構サブシステム担当の技術者のウイル・ビショッフが指揮をして、大規模な漏洩修理作業には成功したが、失われた物は大きかった。ケネディ宇宙センターではグラマン社の品質の評判は悪く、そこから抜け出すには長い時間がかかった。

ＬＭ‐１号機の受領前完成審査の一週間後、ＮＡＳＡとグラマン社により、ＬＴＡ‐８号機の納入前完成審査が行われた。これはＬＭ‐１号機の派手で大がかりな審査に比べるとずっと小規模で、質素だが音響環境が良い二五番工場の会議室で開催された。ティタートン副社長は出席せず、ＮＡＳＡのロウ・アポロ宇宙船計画室長も出席しなかった。ＮＡＳＡのギルルース有人宇宙センター長と、グラマン社のギャビン副社長が審査委員長だった。この審査ではＬＴＡ‐８号機は不合格になり、有人宇宙センターへの納入は許可されず、多くの要処置事項と、修理が必要な不具合報告書が作成されて終わった。この中には、操縦席の計器パネルを、最新の防火対策品のポッティング、配線へのブーツの取付、防火用表面仕上げを適用した計器パネルに交換するなどの、修正作業に長い時間を要するものも含まれていた。新しい計器パネルを付けた後、総合全体試験のＯＣＰ６１０１８番をもう一度実施しなければならなかった。宇宙飛行士が試験で搭乗するＬＴＡ‐８号機は、アポロ１号の火災による変更を全て適用する必要があった。その上ＬＭ‐１号機の開発試験用計測装置に劣らないほど多くの問題を抱えた、専用で大規模な試験用計測装置も装備しており、非常に難しい機体だった。

逆風の中を進む

その年の夏にはＬＴＡ‐８号機、ＬＭ‐２号機からＬＭ‐５号機、Ｍ‐６号機の製造を同時並行で行っていたが、組立・試験作業の成績は徐々に良くなっていた。Ｍ‐６号機は船室全体を模擬した鋼鉄製の供試体で、内部には飛行用の全ての配管、配線、装備品が取付けられ、〇・三四気圧の純酸素の雰囲気で、船室が火災に対して安全である事を実証するための模擬火災試験に使用される。九月にはLTA‐8号機の審査の要処置事項と残作業を完了し、この一機だけの特別仕様の機体を有人宇宙センターに納入した。そこではこの機体は大きな熱真空環境試験室内に設置され、宇宙飛行士が乗り込んだ状態で、様々な通常とは異なる条件で、危険性も有りうる試験が数多く行われる。この機体をとうとうベスページ工場から送り出したので、我々は飛行用の月着陸船の製造と試験に専念できる事になった！

もう一つの前進は、月着陸船の組立・試験職場が、それまでの臨時でどちらかと言うとあいまいな位置づけの実行組織から、グラマン社内の月着陸船計画の組織の中で、正式に業務上の組織になった事だ。ルー・エバンス社長は新しい宇宙船組立・試験部の発足に当たり、激励の演説を宇宙船関係者と本社の幹部の前で行い、その中で各宇宙船の組立・試験チームのリーダーを、組織上の幹部として公式に認定した。組立・試験チームのリーダーは全員が高度な経験を積んだ試験技術者で、大半が飛行試験部門から来ていた。その中の一人で、LM‐3号機のリーダーのトム・アトリッジは上級試験飛行士だった。エバンス社長は新しい組織に、速やかに能力を向上させて品質を高め、日程を守ることが課題だと訓示した。私は自分の裁量で宇宙船組立・試験部に五〇名までの試験技術者を、社内の技術部門や飛行試験技術部門からでも、社外からの新規雇用でも良いので増員できる事になった。私は予算がもらえたら来てほしい社内の要員をすでに考えてあったので、この許可をすぐに利用することにした。

組立・試験チームのリーダー達は精力的で、指揮を取る役割に慣れており、エバンス社長の宇宙船組立・試験職場を改善せよとの指示に従い、日程計画を守り、品質を高く保つよう努力していた。彼らは自分の担当する月着陸船が、全体の中で一番良い機体になるように一生懸命努力すると共に、自分の機体に専任で働く、意識の高い技術者と作業員のチームを作り上げていた。

状況を好転させた要因に、リン・ラドクリフが宇宙船組立・試験部の管理職になった事がある。彼は三年前にニューメキシコ州ホワイトサンズ・ミサイル試験場のＮＡＳＡの支所の中に、月着陸船用ロケット・エンジンの試験施設を完成させていた。ラドクリフは効率的な試験施設を作り上げ、月着陸船の上昇段、降下段の推進システムと姿勢制御システムについて、実機重量を模擬しない試験装置、実機重量を模擬した試験装置を用いて、高々度の環境条件での燃焼試験を行った。ジョー・ギャビンは賢明にもライトと私が、納入期限とトラブル対処の重圧、二四時間勤務の連続で、疲れはてている事を見抜いていた。我々は同格の人間の助けを、それも本当に助けになる人間を必要としていた。月着陸船の組立・試験職場の規模は数百人規模まで拡大していて、全員に品質は確保しつつ日程を守らねばならない圧力が掛っていて、各個人にも、組織内の人間関係にも問題が増えてきていた。ラドクリフが優れているのは人間関係、組織の編成と管理で、宇宙船組立・試験職場を運営していくのにそれがとても必要だった。

社内の組織の幹部達と内部的な駆け引きをして来た状況では、ラドクリフの存在は一服の清涼剤だった。彼は百パーセント私のために働き、ギャビンに裏で通じるような事はしないと宣言した。開放的な性格と感じの良い笑顔の彼は、外向的で周囲を仕事への熱意に巻き込んでいったが、それこそが我々が必要としていた物だった。ライトと私は土曜日に一日をかけて、トレーラーの事務所の中でお互いに話し合った。我々の相性は完璧で、すぐに信頼感と親密感を持つようになった。ラドクリフは私の下で現場作業担当の組立・試験部副部長となり、組立・試験部の技術担当副部長のライトと同格だった。彼は特別任務として、組立・試験部の組織と要員に関して、その長所と短所を評価し、「人間性尊重型」の作業管理計画の作成した。我々も同意したその作業管理計画は、担当者に現在の能力をそのまま発揮してもらう事を前提にした計画であって、作業者の能力開発や士気を高めて、もっと働かそうとする計画ではなかった。

ラドクリフはそれぞれの月着陸船の試験チームに、中心となる技術者と作業員を割り当てる事に取組んだ。試験チームの要員は、係長と何人かの中心的な作業者はそれぞれの月着陸船に専属だが、組立や試験に必要な要員の大半は、必要な技術を持っている人員の中から、各勤務時間帯ごとの試験や組立作業に合わせて割り当てていた。ある機体で有能だと評判になった作業員は、各チームで激しい取りあいになった。少ない人材を巡る争奪戦は、調整に時間と精力が必要で、ライトか私が最終的に決めなければならない事もよくあった。

ラドクリフはライトに、人員配置をより効率的に行う方法を設定するのを助けてくれるよう頼んだ。彼らは組立・試験職場の人員を、月着陸船を製造し試験するのに必要な技術と人数を持つ、四つの固定的なチームに分けることに決めた。三つのチームは組立・試験職場の製造ラインの月着陸船について、組立・試験工程の初期、中期、後期に分かれて担当する。四番目のチームは試験の準備と取りまとめを担当する。作動確認作業の手順書、試験準備書、地上支援機材の作動確認、品質管理用書類など、それなくしては組立・試験職場では何も始まらない物の準備を担当するのだ。

この完全編成のチームの運営方法の最終仕上げと実行のために、チーム・リーダーや班長達を長時間「ドラフト会議」に参加させ、ラドクリフとライトは考え方を説明し、それぞれのチームに一一〇名から一二〇名の名前が入った、「ドラフト名簿」を提示した。一日がかりで議論をした後、最終的な名簿が確定したが、チームリーダーの間で話がつけば、臨時に作業者を貸し借りする事は可能にした。この新しい取り決めで作業の効率は向上し、人員の配置を巡る争いはほとんど無くなり、健全な団結心とチーム間の競争意識が養われた。月着陸船がケネディ宇宙センターに納入されると、チームの何人かは一緒に付いて行ったが、残りは組立・試験工程に新しくはいってきた次の月着陸船を担当する事になった。

ラドクリフは組立・試験工程の作業員の居る場所が工場内に分散しているので、まとまりのあるチーム意識を育てるのが難しい事も問題だと考えた。組立・試験工程担当の作業者の大半は、日程計画に従って試験や組立作業を行うために、五番工場の組立現場に交代で来ていた。現場の仕事が無い時は、自分の事務所や作業場に戻って、打合せ、試験結果の点検、次の作業の準備、書類の作成を行っていた。月着陸船組立・試験部が拡大されて、三交代、休日抜きの作業になると、作業者は一四〇〇人から一五〇〇人程度になったが、その定位置はベスページ工場内で八か所に別れていた。全員を収容できる建物が早急に必要だった。

社内の各組織と粘り強く交渉を行い、ラドクリフは五番工場の道向かいの、以前に月着陸船の提案書を印刷してもらった印刷所の建物を見付け、月着陸船組立・試験部のために会社がその建物を購入して改装するよう、トリップとギャビンを説得した。建物の購入と全面改装に時間が掛ったので、この宇宙船組立・試験の作業にとって非常に有益な改善は、私が宇宙船組立・試験部を離れるころになってやっと実現した。

ある晩、試験作業員が一名、試験の操作卓についたまま泣き崩れた。調べてみると、過労な上に最近分かった病気について不安を持っている事が分かった。四六五名以上の月着陸船組立・試験部の作業員について、ストレスが大きい作業や長時間労働をさせてはいけない健康基準を定め、健康診断を行う事にした。全ての試験のリーダーと役職者に対して、労務管理のための訓練計画を作成した。それまでは労務管理に関して指導や訓練を全く行わないまま、多くの人を管理的な地位に付けていた。その重要性は軽く受取られていたが、教育に参加した人は多く（二五〇名が参加）、職場の人達は会社が自分達の事をやっと真剣に考えてくれるようになったと感じていた。

不死鳥はよみがえる

宇宙船組立・試験部の実績は徐々に良くなり、ＮＡＳＡもそれに気付くほどになった。技術的な問題や、製造工程上の問題は残っていたが、以前に比べると問題を把握し解決する事は、より迅速かつ組織的に行われていた。試験作業は、種々の要素が全体的に良い方向に作用し始めたので、安定的に進むようになった。何度も書き直した事で、試験準備書と作動確認作業手順書は使いやすくなり、変更も減った。試験チームは経験を積んで自信が持てるようになり、人数が増え、技術も向上した。地上支援機材は設計のミスや見落としが修正されてうまく動くようになり、使用上の問題も解決された。これらの総合的な効果で、日程計画を守る能力は着実に向上し、主要な作動確認作業は週単位ではなく、数日で完了するようになった。

無人飛行用のLM‐1号機は一九六八年一月下旬に、アポロ5号として地球軌道に打上げられ、一部の機能を除き、成功を収めた。飛行の主な目標は達成したが、それは月着陸船飛行プログラマー制御の、予備モードによる飛行で達成されたものだった。月着陸船誘導コンピューター制御による基本モードは、ソフトウエアのエラーによりエンジンが予定より早く停止させられたため、コンピューターに設定されていた試験進行計画から外れたので、以後のロケット・エンジンの制御の試験に使用できなくなった。その点以外はLM‐1号機は全て計画通り機能したので、LM‐2号機による二度目の無人飛行はもう必要ではなさそうだった。二度目の飛行をどうするのか決める前に、アポロ5号の飛行データを注意深く検討する事が必要だった。

私が次のLM‐2号機の飛行計画を決めるために、今回の計測データを分析し評価していた時に、ジョー・ギャビンが私、ライト、ラドクリフを月着陸船組立・試験部から外して、月着陸船計画室への異動を検討している事を知った。ギャビンは、我々が月着陸船組立・試験職場を立て直し、次の人が利用できるしっかりした作業環境を作り上げたと判断していた。我々は計画室を様々な面で強化するのに必要だった。月着陸船では絶えず新しい技術的な問題が発生していて、アポロ宇宙船計画室長のジョージ・ロウの形態管理委員会の手続きに従って、速やかに解決する必要があった。ロウはヒューストン、ダウニイ、ベスページにおける毎週の形態変更管理委員会で、試験での不具合、設計や製造工程の欠陥から必要になった是正処置を検討し、結論を出しては承認していた。そのため、どの議題についても、形態変更管理委員会の委員のNASAの上級幹部向けに、資料を作成し説明しなければならないので、会社側の委員の作業負荷は大きかった。

月への最初の着陸が成功した後の飛行についても、どうするのか検討が必要になった。LM‐5号機かLM‐6号機（アポロ11号か12号）が月に初めて着陸する事になりそうだったが、機体と宇宙飛行士はアポロ18号まで計画されていた(注2)。最初の月着陸以後の飛行は何をすればよいのだろう？　フォン・ブラウンのチームは、サターンV型の性能は、最後の三回か四回の飛行では多少は向上すると約束していた。それで可能になる有効搭載量の増加分をどう利用したら良いのだろう？　後半の飛行においては、月面滞在時間の延長とか、科学目的の装備の搭載量の増加のために、月着陸船の設計を変更する可能性があった。

一九六八年二月上旬の、ＮＡＳＡの本部における会議において、無人の月着陸船の飛行はこれ以上は必要ないと決まった。次の月着陸船の飛行は、有人飛行によりＬＭ‐３号機を地球軌道において司令船・支援船にランデブーさせる事になった。無人飛行用のＬＭ‐１号機に似た形態のＬＭ‐２号機は、完成させてＮＡＳＡにＤＤ‐２５０（政府が発注先からの納入と、政府への所有権移転を許可する際の書類）付きで納入され、輸送用コンテナーに入れたまま保管される。ＬＭ‐３号機は月着陸船組立・試験職場で、最優先で作業する事になった。

ＬＭ‐２号機は一九六八年二月一七日にＮＡＳＡに納入した。契約納期から六日遅れただけだった。宇宙船組立・試験部はとうとう日程計画を設定したら、それを守れる事を証明して見せた。二日後、私は月着陸船組立・試験チームに対して、自分が月着陸船計画室に技術担当の副室長として異動する事、ハワード・ライトとリン・ラドクリフもそこに異動することを伝えた。宇宙船組立・試験部長の後任は、ベテランの飛行試験技術者で部長のポール・バトラーになった。仕事に努力を惜しまなかった製造と試験作業の担当者達は私にとって大きな存在になっており、彼らから離れるのはほろ苦い気持ちだった。職場活性化の努力の最終段階として、数週間後には月着陸船組立・試験部の事務所は、五番工場から道を隔てた新しく改装が終わった建物に移動する（注３）。

こうして私がアポロ計画を担当してから、最も挑戦、挫折、達成感に満ちた一年が終わりを告げた。宇宙船組立・試験部は私に全面的に現実を教えてくれた。数千の現物の細部に至るまで、完璧な製作、取付、確認、書類化が必要で面倒な事と、人を安全に月に着陸させ帰還させる宇宙船を作り上げるのに全力を尽くす、熱心で勤勉な男女の作業者に直接向かい合う事で現実を知った。何千もの問題と、疲労と体力の限界を乗り越えねばならなかった。設計変更や実行計画の変更を、紙の上でなく現実の物として実現するのに、何百人もの熟練作業者が集中して努力するのを見て来た。私は能力はあるがばらばらだった個人個人を、交響楽団のように統制がとれた、専門家的に円滑に機能するチームに変身させるのに成功した。私は今やもっと大きな目標に挑戦する事ができる。亡くなった大統領の、一九六〇年代末までに月に着陸すると言う期限がどんどん近付いてきているが、我々はまだそれを達成できてないのだ。

第3部——宇宙飛行

第13章―宇宙飛行を行った最初の月着陸船　アポロ5号

一九六八年一月、アポロ5号として、無人飛行を行うLM‐1号機はケネディ宇宙センターから、サターンIBロケットにより地球軌道へ打上げられる準備がほぼ終わっていた。私はケネディ宇宙センターで飛行支援作業をすると共に、宇宙船組立・試験の仕事からの息抜きも兼ねて、妻と上の子供三人をつれて、打上げを見に来ていた。我々は一日前に着き、ココアビーチの海に面したハワード・ジョンソン・モーテルにはいった。

ケネディ宇宙センターの入口で厳しい保安検査を通った後、私はNASAの施設がある広大な敷地を車で走って、巨大な三階建の打上準備センター（O&C）の建物を見付けた。道に面した建物の正面側には、事務所がある部分に細長い窓が三列、水平に並んでいた。その後には白い壁で天井が高い区画があり、宇宙船の組立と試験用のクリーンルーム、高々度試験室、自動試験機室、シミュレーターがはいっていた。二階のグラマン社の事務所で、グラマンのケネディ宇宙センター事業所の技術課長のハーブ・グロスマンが出迎えてくれた。彼は周囲を案内して、まだ会ったことが無い人には紹介してくれ、飛行準備の状況を説明してくれた。グロスマンは活動的な人物で、活力にあふれ、リーダーとしての自信を持っていた。彼は中背でがっちりした体格、彫の深い顔、波打つ黒髪で、しっかりとして頼りがいがある感じだった。彼は解析と試験の分野でシステム工学の仕事をしてきたし、社内の組織内の微妙な力学にも通じていた。グロスマンは私に、私が気付いていない、個人間や組織間の微妙な関係を説明してくれたことが何度もあった。

グラマン社の事務所を見た後、シェラー・ギルマンが私を宇宙ロケット組立ビル（ＶＡＢ）の見学に連れて行ってくれた。宇宙ロケット組立ビルは巨大な建物で、打上げロケットと宇宙船が、超大型の打上げ台への輸送装置の上で組み立てられる。この輸送装置は、四組の巨大なキャタピラーで、宇宙ロケット組立ビルから打上げ台まで動いて行く。ギルマンはケネディ宇宙センターでは長い経験を持つベテランで、グラマンに入社する前はコンベア社[訳注1]で打上げ作業に従事していた。グラマン社のチームがケネディ宇宙センターでの作業要領を速やかに習得できた理由の一つには、彼がいてくれた事がある。

宇宙ロケット組立ビルは現代の驚異の一つである。人類が作った最大の建造物と言われる宇宙ロケット組立ビルは、フロリダの海岸で何キロも先から、科学技術の神殿のような黒と白の姿でそびえ立っているのが見えた。ギルマンはエレベータで私を百メートルの高さの階まで連れて行ってくれた。そこは司令船が、三段式のサターンⅤ型ロケットの月着陸船収納部の上に取付けられる場所である。巨大な内部にはロケットは無く、手すり越しに、蟻の様に小さく見える人達がはるか下の地上を歩いているのが見えた。その後、我々は外に出て、三九号打上げ複合施設に行った。ここはサターン・ロケット用の打上げ台で、いずれアポロ宇宙船が月に向かって打上げられる場所である。三三階建ての打上げ塔の下の方の階から、五キロ先の三七号打上げ複合施設のアポロ５号が見えた。打上げ塔で囲まれて遠くにかすんでいるが、二段式のサターンⅠＢの巨大でずんぐりした姿が見えた。月着陸船収納部の上に付く、アポロ司令船、支援船と、打上げ緊急脱出塔が無いのが目につく。アポロ宇宙船の打上げでは、月着陸船は月着陸船収納部の中に入っているので、見る事はできない。

この短い見学ツアーで会ったグラマン社の人達は、全体的には楽観的で自信ありげだったが、少し不安そうでもあった。「上手く行きますように」と言っているのを何度も聞いた。私には彼らの心配が理解できた。これはグラマン社の打上げ支援チームにとって、驚くほど複雑で、やり直しができないロケット打上げ作業において、彼らの真価が試される初めての機会なのだ。ＮＡＳＡとケネディ宇宙センターで働く他の会社は、ロングアイランドからの新参者が、アポロ宇宙船の打上げと言う、間違いが許されない難しい作業をうまく実行できるか注目していた。

打上準備センターに戻ると、技術部門の部屋を回っていた、グラマンのケネディ宇宙センター事業所長のジョージ・スキューラに出会った。スキューラは私を温かく歓迎してくれた。スキューラは得られるどんな支援でも、特にこの厳しい準備作業については他からの支援は歓迎だった。私達はＬＭ‐１号機の配管の漏洩を止めることに成功したし、彼はその件に関して、私個人にも私の部門にも不満は残していなかった。これから何回も打上げがあるので、過去を振り返って時間を無駄にする余裕は無かった。スキューラはかってはグラマン社の飛行試験部の構造試験担当の部長で、最初はフロリダの新しい仕事を引き受けるのをためらっていたが、今では彼はこの仕事に挑戦して、リーダーシップと管理能力を発揮していた。

スキューラは長身で、髪は黒くてウェーブがかかっていた。彼は獲物を探す時のように、相手を鋭くじっと見つめるくせがあった。彼はたまに笑みを浮かべる時以外は、むっつりとした心配そうな顔をしていた。彼は心配性で、自分の心配を口に出す時には、それを強調するために相手に体を寄せて声を低くし、いわくありげな態度で話すのだった。心配性の性格のため、問題を先に予想して、その発生を防ぐ様に行動するのだが、これはロケット打上げ作業を監督する人間にとってはとても優れた性格と言える。スキューラはまた、細部にこだわり、規則に厳しかったが、これは彼のもともとの性格が、航空機の飛行試験と言う妥協を許さない仕事を経験してきた事で、さらに強くなったためだ。こうした性格で、彼はＮＡＳＡのロッコ・ペトローン所長から、渋々ながら評価されるようになった。ペトローンはＮＡＳＡ側のスキューラに相当する地位で、彼を監督する立場にいて、ケネディ宇宙センターでは軍隊式の統制の厳しい作業管理を行っていた。

ロケットが打上塔から離れた後は、遠く離れたヒューストンのＮＡＳＡの飛行管制センターが飛行を管制するのだが(注１)、アポロ５号の飛行時間は短い（八時間以下）ので、私はケネディ宇宙センターに居て、そこから飛行の支援をする事にした。私は打上準備センターの、グラマン社用の月着陸船支援室にいた。そこには飛行状況の表示装置と、アポロ宇宙船などからの音声回線が設置されていた。飛行を支援するために、私の他にベスページ工場からボブ・カービー、マニング・ダンドリッジなど、数名の技術者も来ていた。しかし、グラマン社の飛行支援要員のほとんどはヒューストンに居て、技術部長のジョン・クールセンと副部長のエリック・スターンが指揮していた。ケネディ宇宙センターに居る我々は、状況報告と問題が起きた場合はそれに対する見解を、クールセンとスターンに伝える事になっていた。

翌朝は、燃えるようなオレンジ色の太陽が海の朝もやの中を水平線上に上がってくる時の様な、わくわくする期待感がケネディ宇宙センターを支配していた。道路は、多くが前夜を海岸でキャンプして過ごした、数千の見物人の車で混雑していた。海岸沿いの道路のＡ１Ａ号線は、野球帽をかぶり、花柄のシャツと半ズボン、濃いサングラスの群衆が、場所を求めて集まってきて、巨大な駐車場と化していた。打上げは正午の予定で、我々はＶＩＰ用特別席に一〇時に集まるように言われていた。潮が満ちている干潟の三キロ先に、アポロ５号は打上げ台の上に据え付けられていた。

妻と三人の子供は特別席に入ることができて興奮していたし、ハンフリー副大統領などの数多くの有名人を見て、圧倒されていた。打上げの秒読みの進行は順調には行かなかった。打上げチームが問題に対処している時、特に月着陸船ＬＭ-１号の問題の時などは、予期していない中断が何度も生じた。月着陸船の冷却液循環系統の水蒸発用ボイラーの温度は、地上支援機材のフレオンの供給に問題があったために、規定上限以上まで上昇していたし、地上設置のデジタル・データ収集システムの電源が故障し、交換しなければならなかった。時間が過ぎて行くと、観衆は退屈し、苛立ち始めた。我々の子供達は、子供同士で遊んでいて、干潟の縁まで探検に行ったが、警備員に正面観覧席へ追い返された。打上げの秒読みが最終段階に近づく頃には、太陽は炎のような濃いオレンジ色の球となって水平線に沈み、海の上を紫色の暗がりが覆い始めた。

宇宙ロケットの打上げを直接見るのはこれが初めてだったが、その壮大さと美しさは期待を裏切らなかった。まずサターンⅠBロケットの明るいオレンジ色の炎が見え、続いて発射台のロケット繋止用クランプが外されるのを息を呑みながら待った。クランプが外れると、ロケットはゆっくりと打上げ塔に沿って上昇を始め、それから打上げ塔を離れて上昇して行った。その後、強力なロケット・エンジンの低い、腹に響く轟音が上から押さえつけるように襲ってきたが、同時に地震のように地中深くからも押し寄せて来た。夕暮れのバラ色、紫色、深い紺色の空を背景に、燃えるたいまつのようなロケットの炎が、迫りくる闇の中、周囲何キロもの広さを明るく照らし出していた。それは興奮を誘う光景だったが、同時に我々の仕事に含まれている危険性も思い出させるものだった。このような直接的で途方もない力が、このような短い時間に解き放されるのだ！　感動した観衆達は帰って行き、私は妻と子供をモーテルに下ろして、打上準備センターの自分の持ち場に戻った。

アポロ５号には野心的に幾つかの飛行目的が設定されていた。月着陸船の各システムが宇宙空間で正常に作動し、十分な操縦性と運動性を備えている事を確認するのに加えて、上昇用と降下用の推進系統の性能確認と、任務を中断して降下段を切り離して緊急上昇する能力の確認も飛行目的にはいっていた。この任務中断操作は、月面への動力降下中に突発的に降下を中断する状況になった時に、短時間のうちに完了しなければならない操作である。この操作では、降下用ロケット・エンジンの停止、上昇段と降下段の分離、上昇用ロケット・エンジンの噴射開始を、全て同時に行うことが必要である。上昇用ロケット・エンジンは月面からの上昇の時と同じ様に、降下段が下にある状態で始動し、その排気は降下段の上面に当たり方向が変わるが、この状況は穴の中へロケットを噴射するようなものである。緊急上昇時には、上昇段のロケット排気が当たる影響で、姿勢制御能力を持たない降下段がひっくり返る事が懸念された。降下段がひっくり返ると、分離した上昇段にぶつかる可能性がある。この心配を解消するには、アポロ５号の飛行で実証するしかなかった。

ＬＭ‐１号機はサターンＩＢロケットにより予定通りの地球軌道に投入されたが、このロケットはアポロ・サターン２０４号として、不運だったアポロ1号の打上げ用に予定されていたものだった。月着陸船用収納部の円筒形の覆いと、先端のノーズコーンは予定通り投棄され、無人の月着陸船の各系統はヒューストンの飛行管制センターからの指令で作動状態にされた。地球軌道を二周する間に各系統の作動確認を行った後、飛行管制センターは、この飛行の主目的の実証試験のうちの最初の試験の指令信号を送った。降下段のロケットを三八秒間噴射させる指令だった。しかし、四秒後にＬＭ‐１号機の誘導装置は、ロケット点火後の加速度の大きさが、そのソフトウエアに組み込まれている判定値以下だったので、ロケット・エンジンを停止させた。ケネディ宇宙センター、ヒューストン、ベスページ工場のグラマン社の誘導システムの専門家と協議し、我々はすぐにこれはソフトウエアの間違いで、降下段の推進系統に問題はないと結論を下した。通常の降下段の推進系統の始動の場合は、点火の指令が来るまでに推進剤のタンクは十分に加圧されており、点火後の加速度は四秒以内に判定値より大きくなる。しかし今回のＬＭ‐１号機における初めての降下段のロケット・エンジンの点火では、地球軌道での試験のため、低い圧力にしか加圧されておらず、そのためタンクの圧力が規定値に達して、ロケットの推力と月着陸船の加速度が正規の値に到達するのに、二秒が余分にかかった。この初めてのロケット・エンジン運転試験には、ソフトウエアのエンジン停止判定時間は六秒に設定しておくべきだったが、そうなっていなかったので不適切なエンジン停止が起きてしまった。

ＮＡＳＡヒューストンは月着陸船には問題はないとの我々の結論に合意し、試験飛行を継続するために、月着陸船飛行プログラマー（ＬＭＰ）に制御を移す指令を地上から送って、予備の飛行計画に切り替えた。月着陸船の誘導装置に事前に設定された試験の順序どおりに試験飛行を続けるには、降下用エンジンの点火をもう一度行う事が必要になるが、そうすると試験実施のタイミングが変わってしまうので、それはもうできなくなった。地球軌道で試験を行うタイミングは、試験中は地球規模で展開された追跡地上局のどれかと通信ができる状態でないといけないので、とても重要だった［訳注２］。無人の月着陸船専用の特別装備であるＬＭＰであれば、月着陸船の各系統の操作や機体の運動を、地上からの指令でいつでも、どんな順序ででも行わせる事ができる。

何度も事前演習を行ったＬＭＰによる予備モードにスムーズに移行した後、通信回線を通した管制主任のジーン・クランツのしっかりとした自信に満ちた指示に従い、もし月着陸船が対応できるなら全ての試験目的が達成できるよう、試験内容の組み換えが行われた。クランツと管制官達はグラマン社の支援チームと頻繁に協議を行った。我々は彼らの飛行計画の変更に全て賛成した。飛行管制センターはこの組み換えられた試験計画をてきぱきと実行し、降下用ロケットと上昇用ロケットの長時間の運転、降下段の切り離しとその際の上昇段のロケットの点火を含め、全ての試験を行うのに成功した。ケネディ宇宙センターからの打上げから八時間が経過する前に、全ての試験項目が実施された事を確認後、地球に再突入させるためＬＭ‐１号機の上昇段のロケットは停止された。不安な滑り出しからの、見事な回復だった（注２）。

私は月着陸船が最初の宇宙飛行で、試験の結果が基本的には良好だったことに有頂天になった。打上げを見て、アポロ宇宙船の飛行の複雑さを痛感すると共に、その成功が、何千もの関係者それぞれの適正な作業に全面的に依存している事が分かった。最終組立よりずっと前の工程から、ケネディ宇宙センターでの最終的な打上げ準備作業に至るまで、全ての工程の作業に対して信頼できる事が必要なのだ。アポロ宇宙船の誇らしい成功は、何千人もの技術者、管理者、作業員、職人の個々の努力の賜物だが、誰か一人の、大事な場面での不注意や見逃しにより失敗してしまうかもしれない。月着陸船を有人飛行へ移行させる準備をしている我々にとって、これは身が引き締まる認識だった。

第14章――最終的な予行練習　アポロ9号と10号

運命の一九六九年がやって来た。ケネディ大統領が、アメリカが宇宙開発で歴史的偉業を達成する事で、ソビエト連邦に対して技術的優位性を示すのに選んだ一九六〇年代最後の年がやって来た。アポロ8号の飛行の機会を逃したので、月着陸船は有人の宇宙飛行をまだ行っていなかったが、NASAは強気に、成功を信じて前進する事にして、三月から二カ月に一回の打上げを計画した。三機の宇宙飛行用月着陸船（LM‐3号機、LM‐4号機、LM‐5号機）がケネディ宇宙センターで作動確認と打上げ準備を行っていた。打上準備センターの、天井が高い宇宙船組立用クリーンルームは、二四時間体制の作業で多忙を極めていた。そこには司令船と支援船も三機ずつあり、ノースアメリカン社の技術者と作業者が作業を行っていた。

月着陸船の最初の有人飛行：アポロ9号

司令船、支援船に比べて完成するのが遅かった月着陸船は、アポロ計画では大きな未知数だった。月着陸船は無人飛行での試験結果は良かったが、宇宙飛行士が実際に宇宙空間で長時間に渡り飛行と探査活動を行い、その鋭い観察眼で飛行中の宇宙船の状況を細部まで確認する事で得られる信頼感がまだ無かった。宇宙飛行士のウォリイ・シーラ、フランク・ボーマンとその搭乗員のチームは、アポロ７号、８号の司令船・支援船での飛行後に、飛行して感じた事や提案を伝えたが、それはＮＡＳＡとノースアメリカン社が、宇宙船、装備の収納、飛行時の操作を改善するのに役立った。そうした改善により、月への飛行を実行する事について、司令船、支援船への信頼感が強くなった。月着陸船も同じ事が必要で、宇宙飛行士が飛行して、飛行に関する重要な機能を実証することが必要だった。

機体の製作完了と評価

ＬＭ‐３号機は、有人飛行を行う最初の月着陸船に指定されたが、同時に、アポロ１号の火災を原因とする、材料の変更、品質管理手順の強化、設計変更を全て適用した最初の機体でもあった。そのため、ベスページ工場における組立と試験には時間がかかったが、一九六七年秋には部品製造と組立はほぼ完了し、上昇段と降下段の結合作業も総合組立治具の内部で行われた。さらに装備品や部品の取付作業が行われ、宇宙船は床面や作業台に置かれた中間接続箱を経由して、多数の太い柔軟性のある電線の束により、クリーンルームに隣接する部屋の自動試験器に接続された。これにより、まだ組立作業は続いていても、ＬＭ‐３号の公式の受入試験を開始する事ができた。

ＬＭ‐３号機の作動確認が進むと、操縦士が試験に参加して操縦席で操作を行う事が必要になった。グラマン社の試験担当技術者と、月着陸船担当パイロットのジャック・ステフェンソンとスコット・マクラウドがその役割を担う事になり、宇宙船組立・試験チームの三交代、二四時間の作業に、時間に関係なく呼び出される事になった。ＮＡＳＡの宇宙飛行士達も試験への参加を希望したので、五番工場の裏の、宇宙船組立・試験用のクリーンルームに隣接した駐車場にトレーラーを設置して、彼らの事務所兼宿泊所にした。アポロ計画の有人飛行について、ＮＡＳＡは各飛行について三組の搭乗員を指定していた。正規搭乗員は、病気等で搭乗不能にならない限り飛行を行う。予備搭乗員は、正規搭乗員の飛行準備を支援し、会議、状況説明、試験と検査で正規搭乗員の代理を務め、必要な場合は正規搭乗員に代わって飛行を行う。支援搭乗員は、必要に応じて正規搭乗員と予備搭乗員双方の代理として、予定が重なった場合に、搭乗員が関心を持つアポロ計画関連の行事や活動に参加する。アポロ９号では搭乗員の割り当ては次の通りだった。

搭乗員	船長	月着陸船操縦士	司令船操縦士
正規	ジェームズ・マクディビット	ラッセル・シュワイカート	デイヴィッド・スコット
予備	チャールス・コンラッド	アラン・ビーン	リチャード・ゴードン
支援	エドガー・ミッチェル	ジャック・ルスマ	アルフレッド・ウォーデン

ＬＭ‐３号機では我々は主として、マクディビット、シュワイカート、コンラッド、ビーンと作業を行った。搭乗員達はベスページ工場でだんだん長い時間を過ごすようになり、作動確認試験が延々と続く間、月着陸船の船室で何時間も立ったまま試験に当たる事も有った。彼らは自分達が乗る月着陸船を熱心に詳しく調べた。あらゆる事について質問し、機器製造業者の試験記録に目を通し、重要な協力会社を訪問し、重要な試験では試験手順書の操縦士の部分を担当した。彼らの好奇心、粘り強さ、持久力には限界が無かった（注１）。グラマン側のパイロットのステフェンソンとマクラウドはベスページ工場で宇宙飛行士達を手伝って、月着陸船の操縦席で彼らに代わって試験を行い、彼らの投げかけた質問に対する回答の促進を行った。

ジム・マクディビットはハンサムで、平均以上の身長、ほっそりした体つきだった。彼は感じの良い顔立ちで、すぐに微笑むが、説明に納得がいかない時は、言葉には出さないが信じられない事を示すため、眉毛を額の中央に向けて上げるのだった。彼はベテランの宇宙飛行士で、ジェミニ４号の船長だった。ジェミニ４号はランデブー試験を初めて行い、模擬的ランデブーで大成功を収めた(注2)。彼は不運だったアポロ1号の予備の船長でもあった。マクディビットは航空宇宙関係のシステムや設計について良く知っていて、月着陸船のどこかに納得がいかないと、私や技術者達に納得が行くまで質問していた。彼はベスページ工場に居る時には、組立用のクリーンルームや他の現場を歩き回り、目立たない隅の方まで行って、作業者に何を、なぜ作業しているのか質問していた。彼はいつも穏やかな態度を取っていたが、言い訳や言い逃れに対しては我慢ができなかった。

シュワイカートは若く、手足が長く痩せていて、赤毛の髪をを短くしていて、そばかすのある血色の良い顔をしていた。彼は熱心に学んでそれを活用しようと、開放的で熱心な態度だった。シュワイカートは自分の月着陸船については、あらゆる事を完全に理解しようと望んでいて、各系統や構成品がどのように働くのかを理解できるまで、各系統の説明図、操作説明書、試験手順書を根気よく勉強した。その結果、彼は系統の正常時の作動を理解でき、故障時の予備モードや機能低下モード時の操作も、具体的にイメージできるようになった。彼はヒューストンの有人宇宙センターやケネディ宇宙センターの月着陸船飛行シミュレーターで、月着陸船の操縦士として長時間を過ごし、月着陸船のあらゆる飛行場面や故障状態について学習した。マクディビットが月着陸船と司令船の双方のシミュレーターで訓練を受けなければならないのに対して、シュワイカートは月着陸船だけに専念でき、あらゆる非常事態に対応できる熟練した月着陸船操縦士になった。

シミュレーターとコンバット・ブーツ

月着陸船と司令船のシミュレーターは、宇宙飛行士の訓練では頻繁に使用された。どちらもシンガー・リンク社製だった。シンガー・リンク社は、元は有名なリンク・トレーナーを製作したリンク航空機社で、このリンク・トレーナーは第二次大戦中に数千の飛行練習生にとって、操縦士への第一歩となった初歩的なシミュレーターだった。グラマン社は月着陸船受注の見込が得られた一年半後、月着陸船の基本設計が確定するとすぐに月着陸船のシミュレーターを発注した。このシミュレーターは月着陸船の操縦席、操縦装置、表示装置を正確に模擬した、コンピューターで制御する高度なシミュレーターだった。現実感のある月面の画像が、ファランド光学社が開発した光学的装置で窓の外に投影される。この革新的な装置は、小型の光ファイバーを使用したカメラを、月面の着陸地点（アポロ9号の場合は地球）の三次元的な石膏模型の上を、月着陸船の飛行経路に合わせてコンピューターの遠隔操作で動かし、模型の地形を撮影して、それを窓から見えるように投影する。

月着陸船の飛行シミュレーターは、月着陸船の様々な系統に模擬的に故障を設定し、その故障の結果を計器の表示、警報や注意報の発生、月着陸船の飛行状態と飛行能力に対する影響として模擬する事ができる。シミュレーターの船室の外部にある教官卓から、模擬故障をシミュレーターに投入する。このシミュレーターは固定式で、船室は動かないが、電動加振機でロケット噴射時の振動を模擬し、船室内の環境制御装置のファンとモーターの音、姿勢制御装置のガス噴射の音は、録音テープに記録した音で模擬をしている。シミュレーターは月着陸船の通信系統の作動を正確に模擬でき、月着陸船が月の裏に隠れた時の通信不能や、可動式のアンテナが目標にロックできなかったり、無指向性のアンテナの位置が通信に不適な位置にある場合の、空電雑音や通信の中断も模擬できた。月着陸船のシミュレーターは、ヒューストンの有人宇宙センターとフロリダのケネディ宇宙センターに二台あり、宇宙飛行士の訓練や、実機の飛行計画の作成の補助に使われていて、使用するには何週間も前に予約が必要だった。

グラマン社は、社内の設計用として、機能を完備したシミュレーターの設計、製作も行った。これは誘導・制御系統のシミュレーターで、月着陸船の誘導系統、操縦系統、計算機の技術的な開発と統合化のために使用される。このシミュレーターの操縦席は簡素なもので、実機通りに模擬はされておらず、外部視界の表示もされないが、コンピューター制御される非常に精度の高い、飛行姿勢計測用の可動式センサー用テーブルを持っていて、そのテーブルには慣性計測装置（プラットホーム、ジャイロ、加速度計）が乗せられて、飛行中と同じ状況を再現するようになっている。

実機用の装置の試作品の試験に使用されたし、実際の飛行の時には、このシミュレーターは問題解決用の設備として不可欠なものだった。

ある冬の日の朝、マクディビットはベスページ工場の月着陸船組立工場の裏にある、トレーラーの中の私の小さな事務室に飛び込んでくると叫んだ。「やあケリー、月着陸船の船内にコンバット・ブーツではいってくる奴が居るのを知っているかい？　そいつらはうっかりすると船室の床を踏み破りかねないぜ。」

私は彼について月着陸船の組立現場に行った。現場に入るには、全員が白衣、帽子、手袋、靴カバーを着用しなければならないが、靴については布製の靴カバーを付ければ良いとしていた（ブーツは考えていなかった！）。マクディビットは正しかった。私自身も最低三人はコンバット・ブーツをはいている人間を見付けた。服装に関する規定を変更して、靴は入口に置いて、靴下の上に靴カバーを着用するようにした。

ケネディ宇宙センターでの難局を切り抜ける

ベスページ工場で、二回に分けたＮＡＳＡによる厳しい受領前完成検査に合格した後、ＬＭ‐３号機は一九六八年六月一四日にケネディ宇宙センターに送り出された。この日は私の誕生日で、それは何か良い前兆の様に感じられた。ＬＭ‐１号機がケネディ宇宙センターの受領検査で大失敗したのを繰り返さないように、我々は納入の数週間前から、ＮＡＳＡとグラマン社の品質検査の特別チームが、宇宙船組立・試験職場の検査チームと共同して検査をするようにした。双方の検査チームが引渡し書類に署名した。（ＬＭ‐２号機はＬＭ‐１号機の成功により、飛行には使用しないことになり、ＮＡＳＡに保管用として納入され、最終的にはワシントンＤＣのスミソニアン航空宇宙博物館の展示物になった。）

こうした予防策を講じたにもかかわらず、ケネディ宇宙センターにおける受領検査で、百件以上の不具合が見つかった。電線の破断と、応力腐食割れによる構造部品の亀裂が主な不具合事項だった。ＬＭ‐３号機には、焼き戻しをした強度の低い銅合金製の細い導線が使用されていたが、その取扱いには細心の注意が必要だった。ベスページ工場におけるＬＭ‐５号機の圧力試験で窓が破損し、ＬＭ‐３号機でも同じ不具合が起きるかもしれないので、技術部門がコーニング・ガラス社で調査を行うのと並行して、急いで機体の詳しい検査をする事が必要になった。

不具合に対するＮＡＳＡの心配は非常に大きく、ケネディ宇宙センターで一カ月、検査と試験を行った後に、ＮＡＳＡは本部の信頼性・品質保証担当部長のジョージ・ホワイトにＬＭ‐３号機を検査させる事にした。その結果、彼は飛行許可審査委員会が飛行許可を出す前に、評価し結論を出す必要がある問題が一九種類ある事を発見した。そのため、ＬＭ‐３号機がいつ飛行可能になるかが分からなくなったので、アポロ宇宙船の打上げ間隔が大きくなり過ぎるのを避けるために、ＮＡＳＡは代わりの試験飛行を考えるようになった。司令船と支援船の最初の有人飛行は、アポロ７号で一九六八年一〇月に予定されていた。それに続いて一二月には、地球軌道における司令船・支援船と月着陸船のランデブーの実証試験が計画されていた。アポロ宇宙船計画室長のジョージ・ロウは、ＬＭ‐３号機が間に合わないかもしれないので、この一二月の飛行に月着陸船を飛行させる事は断念して、司令船・支援船だけによる月周回飛行を代わりに行う事を提案した。彼はこの構想をＮＡＳＡの上層部に提案し、正式に採用された(注３)。

ＮＡＳＡ有人宇宙センターの月着陸船担当部長のキャロル・ボレンダー空軍准将は、この決定をベスページ工場に連絡してきた。私は月着陸船が間に合わないために、ＮＡＳＡが急いでこの飛行を計画する事になったのを申し訳なく思ったが、決定された飛行には興奮を感じた。クリスマスの時期に月を周回させるのは素晴らしい決定のように思えたし、月の内部の質量分布の不均等による複雑な重力場の中で、月周回軌道飛行を行えば、これまでの航法精度に関する心配を解消できるだろう(注４)。ボレンダー将軍は、ＮＡＳＡがアポロ８号と名付けたこの飛行の飛行支援作業を、月着陸船の初の有人飛行に対する支援作業の予備訓練として、グラマン社の人間が見学する事をＮＡＳＡは望んでいると連絡して来た。その時が来ると、ジョン・クールセン、ボブ・カービー、アーノルド・ホワイテイカーなどの主要な技術者は、ヒューストンでアポロ８号の飛行支援作業を見学した。私はＬＭ‐５号機と６号機の納入前の確認作業で生じた問題の解決方法の調整、ケネディ宇宙センターにおけるＬＭ‐３号機と4号機の打上げ作業の準備のため、ベスページ工場に残った。

ＬＭ‐３号機では問題が、特に電線の断線の問題が続いていた。ジョージ・ロウは有人宇宙センターの信頼性・品質保証部長のマーチン・レインズを、一九六九年一月にケネディ宇宙センターに派遣して、電線の断線問題がどれほど深刻かを評価させた。彼は電線のつなぎ合わせや修理個所が数百もあることを知ったが、それは安全だと判断した、月着陸船は完全に機能しており、作動確認試験に合格し続けていた。もう一つの大きな問題である応力腐食割れについては、グラマン社はＬＭ‐３号機から８号機について、一四〇〇箇所以上を調査し、亀裂のある物は全て交換していた。７０７５‐Ｔ６アルミ合金製の構造用アルミ管の何本かは、より耐食性に優れた７０７５‐Ｔ73製に交換した。一月初旬のＬＭ‐３号機に対するＮＡＳＡ本部における設計認定委員会は、これまでに発見された問題は全て解決されているとの結論を下した。正規搭乗員達は独自にＬＭ‐３号機の調査を行い、二月中旬のケネディ宇宙センターにおける飛行前審査で、月着陸船の品質は満足できるものであり、飛行可能である事に同意した（注５）。

私はアポロ９号の飛行を模擬した訓練に参加するため、ヒューストンに行った。この訓練は無人飛行のアポロ５号の時より複雑で、現実の飛行に近いものだった。その理由は、飛行管制室の管制官に加えて、世界中の有人飛行用通信網の各局、地上支援要員、宇宙船分析室と飛行評価室に関係業者が参加し、宇宙飛行士達も司令船と月着陸船のシミュレーターを操縦するために参加するからだ。窓の無い宇宙船分析室の私の席から、大広間の向うに、暗くしてある映画館のような飛行管制室が見えた。そこでは管制官が何列にも並んで、管制卓の緑色の表示画面を熱心に見詰めていて、実際の管制作業をしている様に見えた。私の表示器の画面にも月着陸船の計測データが表示され、ヘッドセットで実際の飛行と同じ方式で通信網を経由して交信しているのが聞こえた。軌道を周回している宇宙船が各地上追跡局の交信範囲に入ってきたり外れた時と同様に、信号を受信できたり、できなくなる状況や、飛行管制室の宇宙船通信士が宇宙飛行士と交信しているのを聞く事ができた。宇宙船通信士は宇宙飛行士が交代で担当し、彼だけが直接、飛行中の搭乗員に話す事が許されていた。地上からの連絡は全て宇宙船通信士を通して行われる。

アポロ９号の模擬飛行で一度だけ、この慎重に設定された仮想的な現実感が、突然に台無しになった事が有った。飛行中に特別な作業がない場面で、月着陸船（飛行中のコールサインはスパイダー）が、インド洋とオーストラリアの内陸を通過した後、ウーメラの追跡局との通信を再開できなくなった。地上側では月着陸船の通信系統の調査を始めたが、異常は発見できなかった。スパイダーは司令船（コールサインはガムドロップ）と少し離れた編隊飛行をしている設定だったので、宇宙船通信士は司令船の操縦士のデイブ・スコットに、ガムドロップの無線機でスパイダーに呼び掛けるように依頼した。スコットはその依頼を実行するのをためらい、呼びかけるのを何分間か遅らせた。呼びかけをすると、船長のジム・マクディビットのすまなそうな声が通信回線に入って来た。「すまない。見つかってしまったね。シュワイカートと僕はサンドウィッチをもらいに数分間、抜け出していたんだ。次の追跡局との通信再開までに帰れると思っていたんだ。お詫びするよ。」

この模擬飛行で、グラマン社のチームは自分達に割り当てられた役割を練習する事ができ、問題が起きたら直ちに解決する能力を磨く事が出来た。私の仕事は、宇宙船分析室に於けるグラマン社の代表者として、月着陸船で問題が生じた時に、その内容を検討し、時間が許す範囲内で専門家に支援してもらい、その内容を集約することだった。私は専門家の意見をもらい、自分の考えをまとめて、それをグラマン社の勧告として、宇宙船分析室のＮＡＳＡの幹部（大抵はオーウェン・メイナードかスコット・シンプキンソン）に伝える。正常な作動状態からの逸脱は異常と見なされ、各異常は発見の都度、不具合報告書に記入され、その原因について説明して合意が得られると処置が行われる。原因の探求と処置には、計算機による大々的な分析や、実験室での試験が必要な場合には、何週間もかかる事が有る。

私が参加した最後の模擬飛行は、打上げ予定の約二週間前だった。その頃までには、我々は鍛え上げられた飛行支援チームの一部になっていて、飛行中に予測してない事態が生じた場合、ＮＡＳＡの飛行管制主任とその配下の管制官達がそれに対処するのを支援できる様になっていた。我々は宇宙飛行士の生命が、今回、初めて有人宇宙飛行を行う月着陸船にかかっている事を深く認識していた。

アポロ９号は、月着陸船が司令船、支援船と一緒に飛行する初めての機会でもあった。この飛行は、地球周回軌道で、月への着陸を除く、全ての飛行内容を行う事を目標にした、野心的な一〇日間の飛行だった。この飛行では、月面探査と、月着陸船、司令船の双方から行う船外活動（宇宙遊泳とも言う）において使用する、宇宙服と生命維持装置のバックパックの、最初にしてただ一回だけの宇宙空間での実証試験も行われる。

君達には二〇分ある……

アポロ９号は打上げの前でさえ、矛盾するデータを評価し、ＮＡＳＡに適切な助言をする私の任務について、厳しい試練の場になった。ケネディ宇宙センターからの打上げ予定時刻の約四時間前に、月着陸船の降下段のヘリウム・タンクの充填作業で異常が見つかった。ヘリウムは推進剤のタンクを加圧するのに用いられ、その圧力でポンプを使わなくても降下段の燃料と酸化剤はロケット・エンジンに送り込まれる。タンクの重量を最小限にするため、ヘリウムは高圧かつ極低温の状態（通常は圧力が一〇八気圧、温度が摂氏マイナス二四〇度）でタンクに詰め込まれるが、この状態は熱力学では超臨界状態と呼ばれ、液体と同じ程度の密度だが、気体のように容器内に均等に充満する状態である。そのためにギャレット社のエアリサーチ事業部が、月着陸船用に特別に開発した、非常に高性能な断熱用の真空ケースにはいった、高度な設計のタンクが必要だった。タンクにヘリウムを充填する時には、作業員は補給したヘリウムの重量を測り、タンクの断熱性が適正である事を、温度対圧力の熱力学的な図から読み取って確認していた。

月着陸船スパイダーのヘリウム・タンクにヘリウムを補給してみると、その温度と圧力の値は適正範囲を越えており、タンクに流入する熱量が多すぎる事を示していた。この現象は、本体のタンクか、ヘリウム補給カートまたはその真空ケース入りのホースの断熱性の不良が原因と考えられるので、我々はまず本体のタンクを空にして、別の補給カートとホースを使用してもう一度補給する事を提案した。私はヒューストンの飛行管制センターの宇宙船分析室の自分の席にいて、この問題をそこに居るNASAの推進系統の関係者と相談し、ケネディ宇宙センターに居るグラマン社の担当者にも電話した。ヘリウムをタンクから抜いて、再び充填するのに一時間以上かかり、その結果は前より多少は良くなったが、まだ規定の範囲には入らなかった。我々はもしタンクの断熱性が悪いなら熱が余分に入り込み、温度と圧力は許容範囲からさらに外れて行くだろうと考えて、もう三〇分待つ事にした。温度と圧力の値は許容範囲から外れて行かず、許容範囲に向かって下がり始め、四五分後には許容範囲にはいった。

これは異常の中でも最悪の種類のものだった。許容外だったものが自動的に直ってしまうのだ！　これは機器に問題があるからなのか、それともシステムがあまりに複雑なので、その中の変動要素を全て把握できないための、単なる小さな、意味の無い変動に過ぎないのだろうか？　もしタンクの断熱性が本当に悪いのなら、降下段のロケット噴射がうまくいく事に確信が持てないので、打上げを延期してタンクを交換すべきだろう。そうなれば打上げは五日は遅れる。

アポロ宇宙船計画室長のジョージ・ロウは、私とNASAの月着陸船技術部長のオーウェン・メイナードに相談するために、自ら宇宙船分析室にやって来た。私はそれまで彼が宇宙船分析室に来たのを見たことが無かったので、これは事態の重大さを示すものだった。ロウは慎重で完璧主義の技術者で、決断力に富む管理職だった。彼はアポロ1号の火災後の暗黒の日々に、アポロ計画の技術面の立て直しの先頭に立って来た。彼にヘリウム系統の異常の内容を説明すると、彼は私を鋭く冷静な目で見つめて、グラマン社の意見を尋ねた。打上げを行うべきか、延期してタンクを交換すべきか？　彼は私に、答えるまでに二〇分あると言った。

私は二〇分の大半を、決断を下すのに役立ちそうな人達への電話に費やした。その中にはグラマン社の技師長のグラント・ヘドリックがいたが、彼は技術的な問題の原因を特定するのに鋭い直感力を持っている。また、エアリサーチ社の専門家に電話をして、タンクのそれまでの試験結果を全て調べてもらったが、異常は見つからなかった。その後、私は飛行管制室の後方の、重要人物用の見学席に行き、薄暗い隅でジョー・ギャビンと相談した。計測データと、打上げか延期かの決断が必要な状況を説明し、私としては打上げを勧めたいと話した。しばらく黙って考えてから、彼は打上げに同意した。私は急いで宇宙船分析室に戻り、この意見をオーウェン・メイナードに説明した。彼も同意したので、私はジョージ・ロウに電話をして、グラマン社はタンクは正常だと信じるので、打上げ作業を続行する事が、グラマン社の公式の勧告だと伝えた。ロウはギャビンとヘドリックの意見はどうかと質問した。私が彼らも同意していると伝えると、ロウはＮＡＳＡは打上げ作業を続けると言い、私が制限時間を守った事に感謝した。

ＮＡＳＡからその後この問題の話は無かったが、私は画面上で確認できる時は、ヘリウム・タンクの状況の観察を続けていた。

飛ばすのに素晴らしい機体

宇宙船の飛行状況を見守っている時は、責任を強く感じて緊張していたが、宇宙飛行の大部分は順調に経過した。これはグラマン社の飛行支援チームにとって、宇宙飛行士が搭乗する飛行に直接に関係する初めての機会で、自分の知っている飛行士が我々の機体で宇宙を飛行すると考えると興奮を感じた。巨大な三段式のサターンＶ型ロケットは予定通り打上げられ、二段目のＳ‐Ⅱロケットで、ポゴによる縦振動が若干生じた以外は順調に飛行し、宇宙船を正確に計画通りの地球軌道高度まで運んだ。司令船と支援船が月着陸船収納部から分離し、向きを変えて月着陸船とドッキングする重要な操作は、全く問題無く成功した。切離しの指令信号により月着陸船はＳ‐ⅣＢロケットから分離し、司令船・支援船により引き出された。三段目のＳ‐ⅣＢロケットは、再突入して地球の大気で燃え尽きるよう、低い軌道に移された。司令船と支援船の各系統の点検を六時間かけて行った後、マクディビット船長は支援船の推進装置を始動した。支援船の強力なロケット・エンジンにより、司令船・支援船と月着陸船は結合したままの重量の重い状態で、より高い軌道までに持ち上げられた。マクディビット船長は、支援船のロケット噴射を行った後でも、無人で待機状態の月着陸船が、ドッキングした位置を保っていたので、ほっとして声を漏らした。支援船のロケット噴射は更に三回行われたが全て順調で、宇宙飛行士達の宇宙船への信頼感は強まった。その後、飛行士達は食事と睡眠のため休憩を取った。アポロ宇宙船の飛行で、三人の宇宙飛行士が同時に睡眠をとることを許されたのは、これが最初だった。私はこの休憩時間を利用して、宇宙船分析室の仕事を、ハワード・ライトと交代した。

私は翌朝早く宇宙船解析室に戻ったが、その時は乗組員が月着陸船に移るために宇宙服を着ている所で、呼吸の音が聞こえた。その後、しばらく搭乗員の通信が聞こえなくなった。我々は飛行後に状況報告を聞くまで、シュワイカート飛行士が突然、宇宙酔いで気分が悪くなり嘔吐した事を知らなかった(注6)。しばらくしてシュワイカートは月着陸船に入り、各系統を作動させるために何十個ものスイッチを入れた。彼は月着陸船はうるさい、特に環境制御系統はうるさいと指摘した。マクディビットがシュワイカートに合流し、月着陸船の船内のテレビカメラを取り出すと、世界中のテレビで彼らを見る事ができるようになった。我々の友人であるマクディビットは、無重力状態の中でワッシャーなどの製造時のごみが船室中を漂っている事を、世界に向けて指摘して、我々をがっかりさせた。これは我々が真剣に受け止めるべき非難であり、月着陸船の船内や密閉区画を、組立作業や試験を行った後に、ごみを残さずきれいにする必要性がある事を強く認識させてくれた。

マクディビットとシュワイカートは、月着陸船の降着装置の展開を行い、脚は指令に従い、決められた位置にしっかりと固定された。彼らは月着陸船の各系統の作動点検を行い、月着陸船を月周回軌道から月面に着陸させるのに必要な動力降下の模擬として、ドッキングした状態のままで降下段のロケットの全力噴射を六分以上行った。搭乗員はエンジンを手動で制御し、デジタル式の自動操縦装置で姿勢制御を行った(注7)。月着陸船は、心配した降下段のヘリウム加圧システムも含め、全てが完璧に作動した。マクディビットとシュワイカートが司令船のデイヴ・スコットの所に戻った時には、二人は月着陸船は来るべき月面着陸飛行に挑戦が可能な状態になっていると感じていた。

軌道飛行の四日目、三人の宇宙飛行士は全員が宇宙服を着用し、司令船と月着陸船のハッチを開放した。シュワイカートとスコットは、それぞれ月着陸船と司令船から船外活動を行った。月着陸船のシュワイカートは、真空環境での単独行動用の生命維持用バックパック（注8）を使用したが、スコットとマクディビットの宇宙服は柔軟な接続ホースにより宇宙船に接続されていた。我々は知らなかったが、シュワイカートは船外活動を少しずつ行い、気分が悪くなったらすぐさま船外活動を中止するよう指示されていた。シュワイカートが繋留索を付けて宇宙船から離れる宇宙遊泳は中止になったが、彼は手掛けを利用して月着陸船の上昇段の前面を、月着陸船と司令船のドッキング結合部近くまで進んだ。そこからはデイヴ・スコットが司令船の開いているハッチから身を乗り出しているのがはっきりと見えた。シュワイカートとスコットは、宇宙空間で普通の旅行者のように、互いの写真を撮り合った。シュワイカートは船外活動をする時には、自分自身を三番目の宇宙船と考えて、呼ばれたら出て行く子供の遊びの名前にあやかってコールサインをレッド・ローバーとし、バックパックの無線機で交信を行った。船外活動の時間は予定の半分の一時間だったが、船外活動とバックパックの実地検証としては完全な成功だった。

軌道飛行の五日目は、月着陸船の任務を行う上で重要な試験が実施された。月着陸船の運動能力と、遠距離から近づいて、軌道上でランデブーできる能力を実地に試すのだ。我々は宇宙飛行士達が月着陸船の各システムを再始動するのを、自分達の席の表示装置で注意深く見守っていた。各系統の、圧力、温度、電圧、電流などの数百のデータが一秒間に数回測定されて送られてくるので、我々は月着陸船の機能と性能の状況をリアルタイムで詳しく知る事ができる。測定値が事前に設定した正常範囲から外れると、操縦席と地上の各席に警報が出される。全ての系統を再始動したが、搭乗員、飛行管制官、我々から見て異常は無かった。通信回線から飛行主任のジーン・クランツが簡潔明瞭に、「アポロ９号、月着陸船の分離を許可する。」と送信するのが聞こえた。

月着陸船は頭部での司令船との結合を解除し、姿勢制御装置を試験的に作動させて司令船から離れ、司令船の窓の前で、スコット司令船操縦士が月着陸船の外観を目視検査できるよう、ゆっくりと一回りした。スコットは月着陸船は問題無いと報告した。司令船から五キロ以内で四五分間動きまわった後、マクディビットは降下段のロケットを噴射して司令船から遠ざかった。降下段のロケットは、出力が一〇パーセントから二〇パーセントの範囲では作動が滑らかでなかったが、四〇パーセント以上では滑らかに作動した。さらにロケットを噴射して間隔を一八〇キロ以上にすると、宇宙飛行士達は相手の宇宙船を視認できなくなった。その後、月着陸船の乗組員は、月面からの離陸を軌道上で模擬するために、上昇段のロケットに点火して降下段から分離し、司令船と軌道上でランデブーするのに成功した。司令船は七二キロ以上離れていても、見る事ができた。月着陸船の追尾用照明灯が、降下段から分離する時に破損したのを除けば、全てが完璧に上手く行った。マクディビットとシュワイカートは、司令船から離れて六時間以上を月着陸船で過ごし、全ての系統を動かしてみた。彼らは実際の飛行で、月着陸船が司令船・支援船から離れ、自力で戻り、ドッキングできる事を証明した(注9)。

月着陸船がとても確実に機能し続けるので、飛行の重要な試験項目が計画どおりに進むのを眺めていても、何の心配も感じなかった。宇宙空間をこんなにも優雅で軽やかに舞う機体が、この二年間、地上試験で断線やら構造の亀裂で我々を悩ませた、あの難しい機体と同じ機体とは信じられない気持だった。我々の月着陸船の設計と製造は、結局のところ本当に良かったのか、それともただ幸運に恵まれただけだろうか？　私には決められなかったが、ある程度、どちらも当てはまるのだろうと思った。飛行の模擬訓練をしておいて良かったと思った。実際の飛行で発生した異常は、NASAの模擬飛行の主任が模擬訓練で設定した厳しい異常より軽微だったが、我々はそれを手際よく処理したし、もっと要求が厳しくなる次回の飛行までに、今回発生した全ての異常事項の処置を確実に完了させる態勢を作り上げていた。

宇宙飛行士達は司令船に帰ると、この飛行ではこれが最後になるが、月着陸船のドッキング用ハッチを閉め、ドッキング機構による宇宙船の連結を外した。地上の管制官が月着陸船の上昇段のロケットに点火信号を送り、月着陸船をより細長い楕円軌道に移した。宇宙飛行士達は月着陸船が見えなくなるまで見つめていた。まだ飛行は続いており、宇宙飛行士達は宇宙にいるが、今回の飛行に関しては、グラマン社の仕事は終わった。私は他のグラマンの社員と空港で合流し、ニューヨークへ帰った。四日後に司令船がプエルトリコに近い大西洋上に、誇らしげに着水するのをテレビで見守っていた。一時間後には宇宙飛行士達は、満面の笑みを浮かべ、安全に帰還できた事を喜びながら、無事に強襲揚陸艦ガダルカナルに乗船していた。ワシントンでの祝賀会で、アグニュー副大統領は、月着陸船が有人宇宙船としての初めての飛行に成功した事を感謝して、ボレンダー将軍とエバンス社長にＮＡＳＡの功労賞を贈った。今や月着陸の最終的な予行演習として、司令船・支援船と月着陸船がそろったアポロ宇宙船を、月を回る軌道に送り出す準備ができた(注10)。

私の耳にはいった最も嬉しい賛辞は、ヒューストンにおける宇宙飛行士達の、飛行後の状況報告だった。マクディビットとシュワイカートは月着陸船の性能をとても喜んでいた。「月着陸船は飛ばすのに素晴らしい機体だ。上昇段だけになると、とても身軽だ。操縦操作に対して戦闘機かスポーツカーのように反応する。操縦士にとっては最高の機体だ！」

月着陸船は月をかすめる：アポロ10号

「どうなってるんだ！」

アポロ10号の月着陸船の操縦士、ジーン・サーナンの驚きの叫びが通信回線から聞こえてきた。私は自分の席の表示器で、月着陸船からのデータを漫然と眺めているぼんやりした状態から、一瞬で抜け出した。月着陸船は突然、激しい縦揺れ、偏揺れを起こし、姿勢制御装置の噴射が続いていた。月着陸船は発作を起こして、宇宙空間を転げまわっているように見えた。ハワード・ライトはすでに近くの四五番工場に居る、グラマン社の操縦安定装置の技術者のジャック・ラッセルに電話を掛けていた。

「彼らに緊急用誘導装置はまだ姿勢保持のままか訊いてくれ」とラッセルはすぐに答えた。ライトと私はこの言葉を、宇宙船分析室に居るＮＡＳＡのスコット・シンプキンソンに伝えた。我々はトム・スタッフォード船長が姿勢の制御を取り戻そうと苦闘しているのを、送話のままのマイクから聞こえる飛行士の激しい息遣いで知る事ができた。この事態が発生する前、スタッフォードは月着陸船の降下段を切り離したが、これは次に予定されている、上昇段のロケットに点火して、低高度の月周回軌道からジョン・ヤングが乗っている司令船へのランデブーに移るための操作だった。月着陸船は三〇度傾いた姿勢だったが、この重要な機能である降下段の切離しは順調に行われた。爆発ボルトと爆発ナット、ギロチンカッター、無抵抗分離型コネクターは同時に作動し、スタッフォードが上昇段の姿勢制御装置を噴射すると、降下段は安定した姿勢のまま離れて行った。しかし、降下段を切り離した後の上昇段は、縦、横、偏揺れのあらゆる方向に、発作でも起こしたかのように転げまわり始めた。誘導装置のジャイロの角度が正常作動範囲の限界に近づいているのを示す警報灯が点灯した。スタッフォードは手動操縦で姿勢を抑えながら姿勢制御スイッチを操作し、月着陸船は落ち着いた。

そこまでの三分間のデータを再生して調べた結果、飛行管制官は、搭乗員がレートジャイロの僅かなずれを修正している時に、誤って緊急用誘導装置を自動モードにしてしまったので、その結果、月着陸船がおかしくなったと結論した。緊急用誘導装置は通常は主航法誘導装置の予備で、主航法誘導装置が故障した時だけ使用されるものだが、アポロ10号では、その能力を実際の飛行で確認するために、ランデブー用の軌道へ上昇する時の制御に使用された。自動モードでは緊急用誘導装置は司令船と支援船の位置を計算して、そこに向かって月着陸船を誘導するので、分離時の姿勢を保持しようとしていた乗組員にとって、予期していなかった姿勢の変化が生じた。スタッフォードはすぐに設定を正しい「姿勢保持」の位置に戻したので、姿勢は安定した。

宇宙船通信士のチャーリー・デュークが搭乗員に、彼らが緊急用誘導装置のスイッチの設定を、姿勢変動の原因となった不適切な位置から正しい位置に修正したので、月着陸船は正常な状態に戻ったと話すのが聞こえた。それに続き搭乗員に対して、ランデブー軌道に入るための上昇段のロケット点火が許可された。この不安を引き起こした出来事は、全体で三分間のことだった。

上昇段のロケットの点火は順調で、月着陸船は月を回る速度が増加するにつれ、月の高くけわしい山岳をかすめる高度一五キロの低い軌道から上昇して行った。間もなく、これまでシミュレーションと地球軌道におけるアポロ９号の飛行で確認されてきた、軌道計算の精度、ランデブーの手順、通信の方法が、あの謎めいた灰色の月のすぐ近くでも、同じ様に通用するかどうかが分かるのだ。月の質量分布の不均一のために、計算した軌道からずれるかもしれない。守ってくれる大気がないので、無線機は太陽からの干渉をそのまま受けてしまう。こうした心配と、暫定的に選定した第一回目の月面着陸の予定地点を、近くから詳しく観察する事が、アポロ９号からすぐ続けて月への着陸を試みる前に、アポロ10号を低い軌道で月を周回飛行させた理由だった。

スタッフォードとサーナンは順調に上昇するのを楽しんで、月面が遠ざかって行くのが見えると話した。上昇の終わりにロケットを止めた時、彼らはランデブーを行うのに適した姿勢で接近コース上にいた。その時点では、司令船から八七キロ離れた距離にいて、レーダーで捕捉していて、目視でも確認していた。月着陸船の搭乗員は一六〇キロの距離で最初に司令船を視認した。司令船のヤングは六分儀で二六〇キロから月着陸船を視認した。宇宙船は互いに交信を続け。地上の管制センターは、双方の搭乗員に状況を伝え続けた。ランデブーのための接近とドッキングは、これまでと同じく上手く行き、スタッフォードは軽くなって機敏な月着陸船を巧みに近付け、ヤングは司令船のプローブを月着陸船のドローグにしっかりと入れ、一二個の捕捉用ラッチが掛った音でドッキング完了を確認した(注11)。長い間、不安視されてきて、検討と研究がされてきた月軌道におけるランデブーは、全く問題ない事が証明された。

乗組員が司令船に移ると、月着陸船は切り離され、上昇段のロケットが再び点火され、月着陸船の上昇段は太陽を回る細長い楕円軌道に投入された。ライトと私は荷物をまとめて、宇宙船分析室を出て空港へ向かった。我々の仕事は終わった。あの驚かされた三分間を除けば、月着陸船は非常にうまく機能したので、宇宙船分析室で我々がする事はほとんど無かった。アポロ９号でマクディビットを驚かせたような、降下段のロケットの作動が円滑でない現象は発生しなかった。多分、我々が行ったロケットの推力調整装置の小さな改修の効果だろう。アポロ10号では、サターン・ロケットの作動は円滑ではなく、三段全てで激しいポゴ振動が生じ、乗組員は宇宙船が壊れないか心配したほどだった。しかし、月着陸船も司令船もなんの不具合も生じなかった。

三日後、アポロ10号の乗組員達は、太平洋上で無事に空母プリンストンの船上に居た。彼らの任務は手際よく完了した。最後の関門を突破し、アポロ計画の月着陸への準備は完了した。穏やかな春の夜に、微笑んでいるかのような白い月を見上げて、私は深い驚きと感動を感じた。人間が月の上を歩く事が、本当に実現しそうなのだ。これまでの何年間かの作業、失敗、挫折感を振り返ると、我々の粘り強いが不器用な努力によってその目的を達成できそうだとは、ほとんど信じられなかった。三回の宇宙飛行で、我々の月着陸船は、我々が思っていたより順調に機能した。月着陸船組立・試験現場での、問題続出の地上試験とは大違いだった。各月着陸船は、その前の月着陸船よりずっと良くなっていた。グラマン社の技術、製造、試験のチームは、不具合を直すのがより巧みになり、作業方法を改善していた。まもなく、次に製造されたＬＭ‐５号機が、未知なる月面への着陸と離陸に挑戦し、それに成功するかどうかが分かる事になる。

第15章 人類にとっての大きな飛躍　アポロ11号

一九六九年七月一六日。私はなじみになった宇宙船分析室の自分の机に座って、テレビ画面と通信回線で、高さ九九メートル、重量二九〇〇トンの、サターンV型と呼ばれる怪物のように巨大なロケットが、明るいオレンジ色の焔、黒煙、轟音を上げながら目覚める、荘厳とも言える光景を眺めていた。巨大な、火を吹く竜がその皮を脱ぎ棄てるかのように、サターン・ロケットは側面についた白くてもろい氷を振るい落としつつ、ゆっくりと身震いしながら上昇し始め、巨体の速度を増しながら打上げ塔を離れて行った。雷鳴のようなとどろきが、数秒後には海岸と観覧席の群衆を襲った。それは空からだけではなく、足元の震える地面からもやってくるように思えた。耳を聾するごう音の中、ロケットの巨体は加速を続けて小さくなり、視界から消えて軌道へと上がって行った。

飛行管制がケネディ宇宙センターからヒューストンに移管されると、打上げロケットの管制官の、「実行せよ」とか「良好と思われる」と言った心強い言葉が聞こえた。飛行管制センターの壁面の、巨大な高度・速度表示板には、予定された高度、速度の線上を、飛行中の現在値が着実に進んで行くのが表示されていた。二分四〇秒後、強力な一段目のS - I Cは燃焼を終えて切り離され、その巨大な推力六八〇トンのエンジン五基と共に離れて行った。我々はその一段目の分離を、追跡カメラからのテレビ画像で見ていた。六分半後には、水素と酸素の燃焼による明るく白い排気を出していた二段目のＳ‐Ⅱが停止させられて分離し、地球軌道へ加速するのは三段目のＳ‐ⅣＢのロケット一基のみとなった。地球軌道に乗った後、宇宙船を先端に搭載したＳ‐ⅣＢは再びロケット・エンジンを始動し、地球の重力を脱して月に行くのに必要な時速四万二〇〇〇キロまで速度を増加させた。アポロ10号以後にとられた対策の効果により、乗組員はサターンの各段のポゴ振動はほとんどなかったと報告してきた。

実際の飛行の状況

これまで、シミュレーションや準備のための飛行が行われてきたが、今回がいよいよ本番だとは信じられない気持だった。宇宙飛行士達は我々がそのために設計し製作してきた月着陸船の全ての機能を、今回の飛行では現実の場面で実際に発揮させるのだ。私は全てが上手く行くよう祈った。

月への脱出軌道を音も無く慣性飛行しながら、司令船のコロンビアは、頭部を切り取った円錐形をした月着陸船収納部の上から離れた。コロンビアは向きを変えて、月着陸船のイーグルとドッキングし、月着陸船収納部はＳ‐ⅣＢロケットから切り離されて投棄された。イーグルとコロンビアは頭部と頭部を結合した状態で、月に向かって進んで行った。その後の二日間は何の問題も無く、宇宙船は良好な状態で目標に向かっていた。月着陸船はまだ休眠状態のままだった。

時々、私は重要人物用見学席のある広間に降りて行った。そこからは飛行管制室での作業状況を見る事ができた。この管制官と操作卓でいっぱいの忙しい管制室は、世界の一般の人達におなじみの光景になっていた。テレビがその活動状況と、何人かの中心人物をズームアップして映し、コメンテーターが物知り顔で、その時点の飛行状況を見て、彼らの話していると思われる内容を放送で話していたからだ。重要人物用の区域のスピーカーは、ＮＡＳＡの関係者向けの飛行状況に関する交信を流していた。そこには、飛行主任、宇宙船通信士、宇宙飛行士が使用している公開の回線の交信が全て含まれていた。重要人物用の区域は、私が行く時の様な特に重要な飛行状態でない時にはほとんどだれも居なかったが、ジョー・ギャビンとルー・エバンスは、時間によらずそこに居る事がよくあり、そのために彼らと個人的に話すには良い場所だった。

グラマン社の社長のルー・エバンスは、グラマン社のアポロ計画で重要な仕事を担当したいと言う願望を、社長の立場で積極的に支援してきた。彼はグラマン社のトップとしての彼の役割を、非常に重く受け止めていた。彼はアポロ計画を受注した会社の社長の中でただ一人、月着陸船が宇宙飛行で活動状態の時には重要人物用区域に居たので、一般向けの放送に映る事がよく有り、目立っていた。彼がそうしているのは、月着陸船で何かが上手く行かなかった時には、グラマン社に対する批判を受け止める事ができるし、もし全てが上手く行った時には、彼の難しそうな顔が笑顔になり、周囲からお祝いを言ってもらえるよう、その場にいるのだと真面目に話していた。技術には関係ない法律家、実業家であるエバンスは、口には出さないがギャビンと私を、グラマン社が恥ずかしい事にならないよう、技術的にうまく仕事をしてくれていると信頼してくれていた。

こうしたエバンスの態度は、ＮＡＳＡの上層部も知っていた。ＮＡＳＡの有人宇宙飛行担当副長官のジョージ・ミラー、アポロ計画主任のサム・フィリップス将軍、アポロ宇宙船計画室長のジョージ・ロウ、有人宇宙センター長のボブ・ギルルースは、宇宙飛行が行われている最中にわざわざエバンスに会いに来たり、重要人物用区域との境のガラス窓越しに、飛行管制センターの彼らの席から手を振ってくれたりした。

アポロ11号の往路は順調に進行した。実際の飛行では、先のアポロ10号と同じく、地上での模擬飛行の時よりずっと平穏で、異常は数が少なく、厳しい故障は無かった。打上げから二日半後、オルドリン飛行士は月着陸船に乗り込み、各系統を点検した。我々はイーグルから我々の席の表示装置に洪水のように流れ込む各種のデータに熱心に目を通し、イーグルが打上げから月への遷移軌道まで良好な状態で来ている事を確認してうれしく感じていた。アポロ11号が月の裏に隠れて、地球との通信が切れたすぐ後に、宇宙船を月周回軌道に乗せるために、支援船のロケットが六

アポロ11号の宇宙船解析室での支援の状況。着席者は左から、トム・ケリー、オーウェン・メイナード、デイル・マイヤース、ジョージ・メリック（NASA提供）

分間噴射された。飛行士は航法データを確認し、月周回軌道を月面から一一〇キロの円軌道にするために、ロケットをもう一度、短時間噴射した。アームストロングとオルドリンはイーグルに乗り込んで、各系統を徹底的に点検した。異常は無かった。二人は月着陸船を再び不活動状態にして、食事と休憩で九時間を過ごすため司令船に帰った。月面への降下を行う前の、最後の息抜きの時間である。

飛行支援で忙しくない時間を選んで、宇宙船分析室の仕事を、副部長のハワード・ライトと、サブシステム主任技術者のボブ・カービーと八時間おきに交代した。受け持ち時間以外の時は、重要人物区域か四五番ビルの技術支援室から状況を見守ったり、近くのモーテルへ戻って食事をしたり休憩したりする事ができた。モーテルの部屋でさえ、NASAの広報用の放送が聞けたし、もちろんテレビも

アポロ 11 号の月面への着陸を祝う。左から右へ：アーノルド・ホワイテイカー、ボブ・カービー、ルー・エバンス、トム・ケリー、ジム・レザー、フランク・カニング、ジョン・クールセン（ノースロップ / グラマン社提供）

有った。月に着陸する時には、我々は三人とも宇宙船分析室にいたいと希望した。ＮＡＳＡは人が多すぎると我々の対応能力が下がるのではないかと心配したが、最終的には承認してくれた。

落ち着かない休憩の後、アームストロング船長とオルドリン飛行士は月着陸船イーグルに移って再び各系統を作動させた。コリンズ飛行士を司令船コロンビアに残して、二隻の宇宙船の間のハッチは閉ざされ、「ポン」と言う音とともに宇宙船は分離した。

「イーグルは飛び立った！」、とアームストロング船長は喜びをこめて宣言した。アームストロングは月着陸船を初めて操縦して、コロンビアの窓の前でコリンズ飛行士がイーグルを目視点検できるよう回転させた。月の裏でイーグルは降下段のロケットを短時間噴射して、コロンビアの後方、低い位置に移動し、月面から僅か一五キロの軌道の最低点（近月点）を目指した。その最低点から推力の調節が可能な降下段のロケットを連続して一二分間噴射すれば、月面への着陸が達成される［訳注１］。

イーグルが月の裏から出てきて、ヒューストンの管制センターと再び交信可能になった時点では、着陸までの時間が三〇分を切っていた。私の抑えてきた内心の興奮は爆発しそうだったが、一方では、飛行が予定どおりに進んで行くのに心を奪われて見入っていた。月着陸船のランデブー用レーダーと着陸用レーダーはどちらも作動状態になっていたが、それ以外は全て良好な状態のようだった。ゆったりした月遷移軌道への慣性飛行が終わった後、まるで画面を早送りしているように、様々な出来事が生じた。最終的な降下のための降下用ロケットの噴射が開始された直後、誘導用コンピューターのプログラムの警報が幾つか、立て続けに出た。それぞれの警報に対して、飛行管制官は搭乗員に警報灯をリセットし、飛行を続行して良いと指示した。警報の一つは月着陸船のスイッチの位置が間違っていたためで、他の二つは、レーダーから来るデータによってコンピューターのメモリのバッファーが瞬間的に過負荷になったためだった。これらの警報にＮＡＳＡが素早く対応したので、グラマン社の支援チームの助言は、その時間も無かったし、必要でもなかった。我々は息を呑んで、アームストロングが着陸予定地点の大きな岩を避けるために手動操縦に切り換えたと言い、オルドリンが月面までの数メートルの高度と、月着陸船の前後左右の移動速度を読み上げるのを聞いていた。そして、彼らは着陸し、ロケットを停止した。アームストロング船長の歴史的な発言、「ヒューストン、こちら静かの海基地、イーグルは着陸した！」との報告が聞こえた。

歓声が飛行管制室と宇宙船分析室にあふれた。しかし飛行主任のジーン・クランツはすぐに統制を取り戻した。これからしばらくは着陸後に行わねばならない作業が多く、その中には、何らかの原因で直ちに月面滞在を中止して離陸するための準備作業も含まれていた。カービー、ライト、私は着陸が安全に行われた喜びと安心感で、互いに抱き合った。この瞬間のために七年間、我々は働いて来たのだ。何と素晴らしい瞬間だろう！　私はカービーの頬を涙が伝うのを見たし、私も声を詰まらせてしまった。

喜んでばかりではいられなかった。着陸後一分もしないうちに、私の電話が鳴った。四五番ビルのマニング・ダンドリッジからで、降下段のロケット・エンジンのヘリウム用熱交換器と燃料制御弁の間の燃料配管で、圧力と温度が上昇していると連絡してきた。この事を、すぐに月着陸船推進系統担当の飛行管制官、ジム・ハニガンに通信回線で伝えた。ダンドリッジとジョージ・ピンター（グラマン社の超臨界ヘリウムの専門家）は、エンジン停止後、低温のヘリウムが熱交換器に残っていた燃料を凍結させ、その凍結した燃料と停止したエンジンの制御弁の間に燃料が閉じ込められたと考えた。長時間の噴射で熱くなったロケット・エンジンからの熱が伝わってきて、閉じ込められた燃料の圧力と温度が上昇したのだ。

ハニガンは飛行管制室を出て、宇宙船分析室の我々の所へ来た。我々は四五番ビルのダンドリッジと担当者からの電話をスピーカーにつないだ。ロケットを製作したスペース・テクノロジー研究所（ＳＴＬ）の降下段エンジンの主任技術者のゲリイ・エルヴラムも四五番ビルにいた。燃料配管内の温度が摂氏一五〇度を越えたので、我々はとても心配した。ロケット燃料は二種類のヒドラジンを混ぜたもので、摂氏二〇〇度以上の温度では不安定になる。温度が上昇する速さから予想すると、一〇分間でその値を越えそうだった。我々全員が燃料の爆発は、たとえそれが配管の短い部分に残っている少量の燃料の爆発にしても、その結果は予測しがたいものであり、許容できないと思った。エアロジェット社やロケットダイン社のロケットの専門家にも電話で尋ねたが、彼らも同じ意見だった。

ダンドリッジは、燃料の制御弁を瞬間的に開いて降下段のエンジンに点火し、その後すぐにエンジンを止める事で、燃料の温度と圧力を下げる事を提案した。ジョージ・ロウとジーン・クランツは宇宙船分析室にやってきて、この操作で月着陸船が転倒しないかなど、いろいろな質問をした。

我々は手動点火スイッチを瞬間的に操作する事が一番良いとの結論に達した。閉じ込められている燃料の量は少ないので、制御弁を瞬間的にでも開いて閉じれば、圧力と温度は大きく下がるだろう。温度は今や摂氏一八〇度を越え、対応するには数分しか残っていなかった。

ロウはこの操作を行う事に決め、宇宙船通信士のチャーリー・デュークに、飛行士達に伝える操作手順とその理由を説明するため、飛行管制室に戻った。月着陸船に呼び掛ける前に、問題は自然に解消した。ロケット・エンジンから伝わってきた熱は、熱交換器をふさいでいた凍結した燃料を溶かし、燃料の圧力は突然下がった。我々は唖然として数秒間、計測値の表示画面を眺めていたが、すぐにほっとして笑いながら喜びの声を上げた。私は椅子に倒れ込んだが、汗びっしょりになっている事に気付いた。何と言う月着陸成功の祝賀式典だろう！　それ以後、月に初めて着陸した時にどう感じたかを尋ねられた時には、私は着陸後の一〇分間はあまりにも忙しくて、月着陸船がどこにいるかさえ気にする暇がなかったと答えている。

飛行士達は着陸後点検表に従って作業を行い、全てが問題無い事を確認し、月面に留まる許可をもらった。彼らは、床下二メートルで起きていた推進系統の問題については、全く気付いていなかった。彼らが報告してきた唯一の不具合は、飛行経過時間計が止まってしまい、リセットできない事だけだった。飛行開始からの経過時間が見られないので不便なだけだが、次の飛行までには原因を見付けて対策しなければならない。

私は月着陸船の他の計測値にも注意深く目を通したが、他には異常を見付けることはできなかった。これでやっと着陸に成功した事を納得できた！　ほっとすると同時に、着陸した場所の様子を知りたい気持ちが強くなった。飛行士達が手順上で要求されている、離陸を模擬した秒読みを始める前に、彼らは数分をかけてイーグルの窓から、周囲の見知らぬ景色を眺めた。飛行士達が窓の外の異世界の不思議な景色を説明するのを聞いて、私は静かの海基地の景色を想像してみた。彼らが見ている平地にはクレーターが有り、様々な大きさの岩や石が散在し、表層土は乾いてほこりっぽく見えた。地面の色は太陽の照らす角度によって白色だったり、様々な明るさの灰色、茶色に見え、空は黒く、数千の星が輝いていた。そこには青と白の鮮やかな母なる地球が浮かんでいた。飛行士達の簡潔な報告は、事実の描写に限られていたが、それでも時々は「おそろしく美しい」とか「壮大な荒野」と言った表現をする事もあった。飛行士達は離陸を模擬した秒読みに戻ったが、それで月着陸船の全ての系統の確認ができ、離陸のための設定が完了した。その後、彼らはイーグルの中で、予定に従い食事と睡眠のために休む事にした。私達もこの時間を利用して、飛行管制センターのカフェテリアで食事をしたが、そこでボブ・ギルルースやジョージ・ロウと、お互いにお祝いの言葉を交わした。その後、我々は近くの自分のモーテルで休んだ。

私が眠り込んだ所で電話が鳴った。宇宙船分析室に居るボブ・カービーからで、宇宙飛行士達が予定されていたより三時間半早く、月面に出て来る用意ができたと知らせてきた。新しい世界に着陸したのに、眠っていられるわけが無い。宇宙船分析室の興奮が高まった。私は宇宙飛行士達が月面に出る準備として、宇宙服を着用してその状態を点検し、バックパックを装着するのを熱心に聞いていた。宇宙飛行士達は自分達がしている事を実況放送していた。船室内で動きまわっていた時に、注意していたにもかかわらずアームストロングは彼のかさばったバックパックで、上昇段のエンジンを作動待機状態にしておくサーキット・ブレーカーのボタンを誤って破損させてしまった。私は四五番ビルとベスページ工場のグラマン社の支援チームに連絡して、そのサーキット・ブレーカーを使用しないでもエンジンを作動待機状態にできる方法を考えるよう頼んだ。この重要な機能を実行するには幾つか異なった方法があるので、私は良いやり方が見つかると信じていた(注1)。宇宙飛行士達は船室の空気を抜いて前方ハッチを開き、アームストロング船長は慎重に後ろ向きに前方のポーチへ這い出して行った。オルドリン飛行士は船室の内部からアームストロング船長に進む方向を助言していた。月着陸船の白黒テレビのカメラで世界中が見守る中、彼ははしごを降り、月面に足を下ろした。「これは一人の人間にとっては小さな一歩だが、人類にとっては大きな飛躍である。」と彼は宣言した(注2)。

アームストロング船長は、細かい粉で覆われた月面を歩くのに、いろいろな歩き方を試したが、結局は広い歩幅で歩く事にした。オルドリン飛行士も加わり、その後の二時間半は周辺の地域を探検した。彼らはテレビカメラを持ち出し、カメラ用のスタンドに取付け、周囲の景色と彼らの活動を世界に紹介した。月面にアメリカ国旗を立て、ニクソン大統領と電話で話した。月着陸船の降下段の科学調査機材収納室を開け、地震計、太陽風調査機器、レーザー反射板を設置した。写真を撮影し、月の土壌と岩の標本の採取を行った。時間はあまりに少なく、見るべき物、なすべき事はあまりにも多かった！

私は月着陸船の着陸がうまく行った事にほっとした。接地は穏やかで、そのためエネルギー吸収式の脚柱はほとんどつぶれなかったし、接地パッドは月面のほこりに約五センチ沈み込んだだけだった。月面の灰色一色の世界で、月着陸船だけが銀、黒、金色の、色彩が豊かな存在だった。宇宙飛行士達は月の重力にうまく適応し、練習もほとんどしていないのに、興味をひくクレーターや岩石を調べながら、辺りを確かな足取りで歩きまわっていた。ぼんやりした白黒のテレビ画像でも、不毛な月面の景色の、時間を超越した奇妙な美しさはよく分かった。このような大冒険に参加する事ができて、私はとても恵まれていると感じた。

ここまでが非常に順調だったので、飛行管制室は宇宙飛行士達に、月面に予定より一五分長く留まる事を許可した。あっと言う間に一五分は過ぎてしまい、宇宙飛行士達はいっぱいになった標本容器をイーグルの前面のポーチまで運び上げてから船内に戻った。月面の灰色のほこりはあらゆる物にくっついていた。宇宙飛行士達はほこりをできるだけ外で落とすために、足踏みをし、手をたたき、足と標本容器にブラシをかけた。

飛行士達は月着陸船を再び酸素で与圧し、バックパックを下ろし、月面標本の容器、カメラ、その他の機材を収納した。船室内の片づけが終わると、飛行士達は再び船室の圧力を抜き、バックパックやその他もう必要無くなった物を放り出すために、前方ハッチを開いた。飛行士達は船室を再び与圧し、ヘルメットと手袋を脱ぎ、離陸の準備を始める前に、食事と睡眠のため六時間休む事にした。今回は彼らが本当に眠ったので、我々もモーテルに戻ってベッドにはいった。しかし私は微小隕石の衝突や窓ガラスの破損により、急に船室の圧力が抜け、飛行士達が空気の無くなった船内で呼吸しようとあえぐ事になるのが心配で、寝付けなかった。その可能性が極めて低い事は分かっていたが、それでも安心はできなかった。

月面への降下と着陸では、未知の月面に初めて着陸するので、高い操縦技術が必要だった。しかし、私は月面からの離陸こそが、月着陸船がその機能を発揮して行う行動の中で、最も冒険的な行動だと考えていた。地球から四〇万キロ離れた場所で、二人だけで打上げを実行する事は、ケネディ宇宙センターで同じ事をするのに、その準備に八千人の人員と数週間の期間がかかるのと比べてみると、不可能な事に思える。月面からの離陸が可能なばかりか、飛行任務の中のありふれた一部分のように見えるのは、月着陸船の上昇段の推進系統を単純な設計にしたので、簡単な操作で離陸が可能な事と、宇宙飛行士達の有能さと訓練の完璧さを証明するものである。

月面からの離陸では、いろいろ考えたり、修正操作をしたりする事はできない。離陸できるかできないかである。ロケット・エンジンの推進剤の弁を開いて点火が起きた瞬間に、爆薬が上昇段と降下段を繋ぎとめているボルトとナットを断ち切る。段と段の間の直径一〇センチの電線と配管の束をギロチンカッターが切断し、無抵抗分離型のコネクターがその電線への電力を止める。ロケットが点火しなかったり、上昇段と降下段が分離しなかったら、飛行士達は月面にとり残され、世界中が見ている中で死を迎える事になるだろう。私にとって考えたくもない恐ろしい事態である。

離陸後の七分間、燃焼を続ける上昇用ロケット・エンジンとの間に、アルミニウムの薄板だけしかない位置に、飛行士達は立つ事になる。地球でのロケットの燃焼試験では、分厚い強化コンクリートの壁で隔てられた、砂袋で安全対策した半埋め込み式のシェルターから操作が行われる。宇宙飛行士達は勇気があり、宇宙船のできが完璧な事と、それを設計、製造した人達を信じている。その信頼感を、私にはとても重く受け止めていた。

飛行士達が離陸の秒読みを進めるに連れ、飛行管制室の緊張は高まった。そしてロケットが点火したドンという音！　離陸は想定していた通りに行われた。離陸後の上昇は滑らかだった。飛行士達は窓から引き裂かれた断熱材が飛び散るのを見た。オルドリン飛行士は月面に立てたアメリカ国旗が吹き倒されるのをちらりと見た。加速感はほとんど無かったが、機体が上昇軌道に向けて姿勢を変えると、窓が月面の方向を向いたので、速度がどんどん増加して行くのを見る事ができた。上昇しながら飛行士達は確認できる地表の目標物の名前を読み上げた。ロケット・エンジンがすぐ下にあるのに騒音と振動はほとんど無く、高速エレベーターに乗っているかのようで、窓から外を見ないと動いている感覚が無かった(注３)。エンジンは予定された時間に停止され、月着陸船はほぼ正確に、ランデブー用の軌道に乗った。

私はランデブーとドッキングについては、あまり心配していなかった。この操作は地上で、忠実度が高いシミュレーターで何度も訓練がなされてきたし、アポロ９号、10号で実証済みだった。その上、この操作は時間の制約が厳しくなく、慎重に行える作業で、幾つかの予備の方法でも行う事ができる。司令船コロンビアに乗るコリンズ飛行士は、標準の方法がうまく行かない場合に備えて、一八種類の手順のチェックリストを持っていた(注４)。プローブ・アンド・ドローグ方式のドッキング装置は、捕捉用ラッチが二隻の宇宙船をしっかり繋ぎとめる装置だが、予備の方法を持たない唯一の構成品である。しかし比較的単純で頑丈な設計で、ドッキングする時の相対位置のずれにも広い範囲で対応できる。

ドッキング操作は、予定通り順調に実行された。ランデブーはランデブー用レーダーを使用する標準の方法で行われ、許容範囲のぴったり中央で、二機の宇宙船はドッキングした。ドッキングの衝撃はやや大きく、コリンズはラッチがパチンと掛った時に機体が揺れて、手をついて体を支えなければならなかった。ドッキングした後、コリンズは月着陸船の飛行士達が戻って来られるように、すぐにプローブとドローグを取外した。ドローグが外せなくて、月着陸船からの通路を塞ぐのではないかと、ずっと心配していたので、取外せてほっとした(注５)。全てが順調に進み、三人は再会を喜んだが、コリンズが一番喜んだ。コリンズは月軌道で待っている間中、月着陸船イーグルとその乗組員が戻って来られず、一人で地球へ帰る羽目になったら、どうしたら良いのかを悩んでいたのだ(注６)。彼らは装備品、カメラ、月面の標本をコロンビアに移し、役割が終わったプローブとドローグは廃棄するためにイーグルの中に入れた。

飛行士が無事に司令船コロンビアに乗り移ると、イーグルは切り離され、姿勢制御装置を噴射して、最後は月に激突する低い軌道に移された。ハワード・ライトと私はヘッドセットを外し、最後に画面上のイーグルのデータを眺めた。この飛行の我々が関係する部分は終了した。アポロ11号のためにグラマン社がこれ以上できることは何も無い。我々は資料と書類をまとめ、宇宙船分析室のＮＡＳＡとノースアメリカン社の仲間達から、月着陸船の申し分のない成績へのお祝いの言葉を貰って、空港から家に向かった。

もちろん、宇宙飛行士達が無事に空母ホーネットに乗艦するまでは、お祝いはできない。月着陸船イーグルが切り離されて二日半後、オレンジと白の縞模様のパラシュートが、ゆっくりと太平洋上に降りて行くのを、私はベスページ工場の飛行支援センターで、グラマン社の友人や同僚に囲まれて見守っていた。テレビで円錐形の司令船が海面にしぶきを立てて着水し、パラシュートがしぼみながゆっくりその横に落ちて行くのを見て、我々は勝利の叫びを上げた。テレビの画面では、ヒューストンの飛行管制センターで、管制官たちがアメリカ国旗と葉巻を持ちだしてくるのが見えた。我々も手を振り回し、歓声を上げた。この歓喜の瞬間、感動で胸が高まる瞬間は、通常は運動選手や戦士のものだが、今回は不可能とも思われる事に、チームとして努力し、グループとして勝利を勝ち取ってこの瞬間を迎えたのだ。人間を月に到達させ、無事に帰還させる目的のために、アポロ計画のためこの一〇年近くを働いてきた何十万人もの普通のアメリカ人達は、この特別な感情を、短い時間だが共有したのだ。

第16章　巨大な火の玉！　アポロ12号

ピート・コンラッドのような宇宙飛行士は、他にはあまりいなかった。口数が多く、興奮しやすく、熱狂的で、とても親しみやすいので、NASAに何人かいる、スター的存在の、いかにもテスト・パイロットらしい宇宙飛行士には似ていない。また、外見的には同僚達のように、ハリウッド映画の配役選定係に、宇宙飛行の英雄の役に選ばれそうには見えない。背が低く、禿げていて、上の前歯の隙間が広いので、彼は宇宙飛行士と言うより競馬の騎手のように見えた。しかし彼は海軍の艦載機の経験豊富なパイロットで、テスト・パイロットでもあり、ジェミニ計画で宇宙飛行の実績もあるベテランの宇宙飛行士だった。彼は地球軌道を八日間回ったジェミニ5号の長時間耐久性試験では、ゴードン・クーパーの副操縦士だったし、アジェナ・ロケットを目標にした、軌道一周以内のランデブー［訳注1］に初めて成功したジェミニ11号の船長だった（この飛行で副操縦士のディック・ゴードンは試験的に繋留索を付けて、大胆な宇宙遊泳を行った）。彼の気楽で冗談好きな態度の裏には、有能さ、経験、優れた判断力が潜んでいた。

私は月着陸船計画の初期のころ、最初のモックアップ審査でコンラッドに会った。彼はその後の数カ月間、月着陸船の操縦席と月面に降りる手段の設計の支援で、我々と数カ月、一緒に作業した。彼と仕事をするのは楽しかった。彼が扱いが難しいピーターパン装置に吊り下げられて、左右に振れるおかしな様子は、どたばた喜劇のようだった。

しかし、彼は月面に降りるのに、我々が考えた滑車方式ではだめで、ハッチの前にはポーチが、月着陸船の前脚の支柱にははしごが必要な事を、我々に納得させてくれた。彼は操縦席の機器や操縦装置の配置、表示装置を改良するのにも貢献し、改良された設計を他の宇宙飛行士に了解してもらうのも助けてくれた。コンラッドが協力してくれた他の設計改善としては、前方ハッチを四角にする事、頭上のドッキング用の窓の追加、表示装置や計器に対するエレクトロルミネセンス（ＥＬ）照明の採用がある。彼はＥＬ照明の利点をとても高く評価していたので、司令船用にもＮＡＳＡのジョー・シェイとボブ・ギルルースにＥＬ照明の採用を推薦した。

Ｍ‐５号機のモックアップ審査の後、コンラッドはジェミニ計画に移ったので、彼とアル・ビーンがアポロ９号の予備搭乗員としての仕事で、ＬＭ‐３号機の試験のためにベスページ工場へ来るようになるまで、彼に会う機会はあまりなかった。彼は私達に、長い間会ってなかった仲間のように接してくれたので、三年ぶりだったにもかかわらず、すぐに親しい関係が復活した。我々は二四時間態勢で試験を行っていたが、ピート・コンラッドとアル・ビーンは、いつ試験に参加しても献身的で熱心な上に、ユーモアも発揮して、我々を助けてくれた。

ピート・コンラッド、アル・ビーン、ディック・ゴードンがアポロ12号の正規搭乗員に選ばれると、コンラッドとビーンは、飛行時のコールサインをイントレピッドとしたＬＭ‐６号機の試験に、ベスページ工場によく来るようになった。月着陸船操縦士のビーンは真面目で勉強熱心で、月着陸船の全ての系統について、それらがどう働くのか、故障するとどうなるのかを完全に理解できるまで、細かく調べていた。ビーンは試験の最中にコンラッドが何気なく漏らした意見について、コンラッドを納得させる完璧な説明ができるまで、徹夜で調べることもあった。彼らはとても良いチームに思えたので、月着陸船の設計や操作手順の改善では、彼らの意見を求めるようにしていた。ＬＭ‐６号機をケネディ宇宙センターに納入すると、飛行準備審査まで彼らに会う事は無かった。審査で彼らは、イントレピッドは良好な状態にあり、飛行を実施できる状態にある事に満足していると言った。彼らは私の月着陸船に命を預けて飛行するのだが、地上で見守る役割の私に、全く心配しなくて良い、月着陸船はあらゆる点でとても良い状態だと言ってくれた。彼らは我々を信頼してくれていた。

そのため、サターンV型ロケットがアポロ12号を搭載して、ケネディ宇宙センター上空の低い雲を貫いて上昇を始めて数分後に、コンラッド船長がヒューストンの管制センターに冷静な声で、「ジャイロが全部おかしくなった。何が起きているか把握できない。全部の電源が落ちてしまった。」と言ってきた時には、とても不安になった。

宇宙船分析室の表示器で、搭乗員と飛行管制官が見ている情報を確認できた。司令船ヤンキー・クリッパーでは主警報灯が点灯し、ジャイロのプラットホームは傾き、表示された計測データはでたらめだった。搭乗員が見ると、警報灯・注意灯パネルで全ての表示灯が点灯していた。これは様々な状況を想定をした地上のシミュレータでも、一度も見た事のない状況だった。アル・ビーン月着陸船操縦士は不思議に思った。電気系統全体が働いていないと表示されているのに、計器板の電流計では正常時よりは少ないが、まだ電気が流れているのだ。コンラッドは冷静に、管制センターに点灯している多くの警報灯の名前を読み上げ、助言を待った。その間も、サターン・ロケットは、司令船の誘導装置とは別の、ロケット自身の慣性航法装置に制御されて順調に上昇を続けていた。

管制官のジョン・アーロンは、司令船の計測系統から送られてくる意味の無い数字のパターンを見て、一年前にケネディ宇宙センターでの打上げ準備試験で、この現象を見た事があるのを思い出した。彼は飛行主任のジェリー・グリフィンに、搭乗員に信号調整器を「補助」に切り替えるよう連絡してほしいと伝えた。宇宙船通信士のジェリイ・カーもピート・コンラッドもこの指示を理解できなかったが、アル・ビーンはそのスイッチを見付け、指示通りに操作したところ、計測装置からの信号は直ちに復旧した。送られてきた機体のデータを調べて、搭乗員と地上管制官は、主電源である燃料電池が配電系統から切り離されていて、供給電力が少ない事と(注1)、誘導装置のジャイロのプラットホームが正しい姿勢に保持されていないのを除けば、他に不具合はない事が分かった。一段目が切り離され、二段目のS-IIのロケットが点火された直後に、ビーンは電源系統のサーキットブレーカーを抜いてまた入れたが、それにより燃料電池は配電系統に再び接続された。ジャイロのプラットホームは、目標の軌道に乗った後で、もう一度、正しい向きに合わせれば良い。

「もしかしたら雷に打たれたかもしれない。」とコンラッドはヒューストンに連絡してきた。彼は正しかった。後日、データを分析し、打上げ台の記録カメラの画像を調べると、打上げから三六秒後と五二秒後に、アポロ12号は二回被雷した事が分かった。一度目の落雷の影響で司令船の各系統の電源が切れ、二度目の落雷で誘導装置のジャイロのプラットホームが機能を停止した。サターン・ロケットのイオン化した排気の長い流れが巨大な避雷針の役割をして、上空の黒い雲から地上への電気が通りやすい通路ができたのだ(注2)。

アポロ12号が地球周回軌道に乗ると、NASAとノースアメリカン社には、月へ飛行を続けるかどうかを決めるまでに、一時間半の時間ができた。司令船操縦士のディック・ゴードンが、ジャイロのプラットホームの姿勢を恒星を基準にして設定し直している間に、飛行管制室は、焼き切れた事が明らかな幾つかの計測用センサーを除けば、受信データで見る限り司令船の各系統は問題ない様だと結論を下した。どうしてヤンキー・クリッパーの系統が正常だとそんなに速く分かったかと疑問に思われるかもしれないが、ここでも管制官のジョン・アーロンの、月周回軌道投入点検を司令船に行わせる提案が役立った。この点検は司令船に関して最も徹底的な点検作業で、それに合格すれば司令船は飛行を続けて大丈夫である。飛行運用部長のクリス・クラフトは、搭乗員に点検作業を続けるよう指示し、アポロ12号の飛行を続けるかどうかは、他のNASAの上級幹部と相談してから決めると連絡した。ギルルース、ロウ、マクディビット(注3)、ペトローンは飛行継続を承認した。一つ懸念事項があった。雷が帰還用パラシュート展開用の火工品（爆薬）を作動させてしまったのではないかとの懸念だった。これについては、もしそうであっても、最後の帰還時の危険性については、月に行くか行かないかは関係が無いので、知らせても意味が無いと判断された。飛行士達と飛行管制官は月周回軌道投入点検を行い、結果が良好だったのでアポロ12号は月へ向かう事を許可された(注4)。

この騒動はあったが、月着陸船イントレピッドは、月着陸船収納部の円錐形の保護構造の内部に、落雷の際も安全に収納されていた。活動停止状態にあるので、私は月着陸船は被害を受けていないと考えた。雷の電流の大部分は、月着陸船収納部の構造の外板を流れたと思われるからだ。しかし、敏感な超小型電子回路については、強力なサージ電流と磁場の変動が近くであると、微小な半導体や部品に被害を与えるような二次電流が誘起される可能性は常に存在する。月着陸船にはまだ乗り込めないので、我々には心配する以外にできる事は無かった。私は電子系統担当の課長に、落雷の影響で破損しそうな部品を見付けるために、全ての電気、電子部品を製造業者と共に調べるよう指示した。作動点検を行って、被害を受けそうな部品でも問題がなさそうな事を確認できたら、月着陸船全体についても安心できるだろう。

月へ向かう中間点で、船長と月着陸船操縦士が月着陸船に入り、機内点検と無線機の点検を行った。全てが問題ないように見えたが、作動確認した系統は多くなかった。月周回軌道に入り、着陸予定時刻の六時間半前になって、コンラッドとビーンは月着陸船イントレピッドに宇宙服を着用して再び乗り込み、全ての系統を作動させて、多くの系統が関係する動力降下開始前点検を行った。ヒューストンとベスページでは、全員が送信されてくる月着陸船のデータを見つめていたが、不具合は発見されなかった。か細い、壊れやすそうな外観のイントレピッドは、落雷で大きな火の球に包まれたが、それを切りぬけたのだ。私は大丈夫だと思い、自信ありげに周囲にもそう言ってはいたが、データで無事を確認してとてもほっとした。

アポロ11号は予定着陸点から六キロ離れたところに着陸したので、その月面上の正確な位置を特定するのに、ヒューストンも宇宙飛行士達も数時間かかってしまった。それに立腹したアポロ計画室長のサム・フィリップス将軍は、次は指定された位置に正確に着陸するよう指示した。その要求に対して、ＮＡＳＡは次のアポロ12号の嵐の海への着陸では、分かりやすい目標として、一九六七年四月に嵐の海に着陸した無人探査機サーベイヤー3号まで、徒歩で行ける地点に着陸する事にした。この指定地点への正確な着陸を実現するためには、アポロ11号の誘導方法より優れた、新しい誘導方法を考え出す必要があった。予定地点への正確な着陸は、月面探査を効率的に実行する上で不可欠だった。正確な着陸をすれば、科学者や地質学者が、月面探査の際の探査ルート、目標物、探査方法を、前もって詳細に計画し、宇宙飛行士に説明できるからだ。月面上の位置が正確に分からないと、地質調査ルートを変更し、宇宙飛行士達に新しい目標物を伝える事に、月面上での貴重な時間を浪費する事になる。

ＮＡＳＡの若い数学者、エミル・シイサーが新しい誘導方法を考え出した。その方法は、月着陸船からの通信電波の周波数のドップラー偏移(注5)のパターンを利用する、優雅で簡単な方法である。予想されるドップラー偏移と実測した偏移を比較する事で、地上の誘導用コンピューターは、月着陸船の計画飛行経路と、実際の飛行経路の差を計算する事ができる。ＮＡＳＡの飛行管制官は同じ手法を、月遷移軌道における状況を知るのにすでに利用していた。ビル・ティンダルの飛行計画分析グループの検討会議で、飛行経路の修正情報を月着陸船のコンピューターに入力するための、巧妙な方法が考え出された。その方法では、コンピューターに実際の軌道と計画軌道との差の分だけ、着陸目標地点が移動したと入力する。その入力のためには、操縦士が月着陸船のデータ入力用キーボードに数字を入力するだけでよい。

アポロ12号の月着陸船の、月面への動力降下は素晴らしいできだった。アームストロングとオルドリンに心臓が止まるような思いをさせたコンピューター過負荷警報の問題は、動力降下で着陸用レーダーが作動している間は、コンピューターはランデブー用レーダーからの司令船・支援船の位置情報の更新と記憶を行わないようにソフトウエアを変更する事で解決されていた。イントレピッドが月面上の高度二千百メートルで、最終降下のために姿勢を前向きに変更した時に、コンラッドは心配しながら下に拡がる月面の景色を見渡したが、すぐに喜びの声を上げた。「そこにある。それだよ！　やったぜ、目標点ぴったりだ！」

コンラッドはサーベイヤー3号がその縁に着陸しているスノウマン・クレーターを、多くのクレーターの向うに見付けた。一二〇メートルの高度でコンラッドは手動操縦に切り替え、イントレピッドをサーベイヤー3号から約一八〇メートル離れた、スノウマン・クレーターの縁の近くに、巧みに着陸させた。最後の三〇メートルは、降下用エンジンの排気が巻き上げるほこりで月面がほとんど見えないので、計器だけで降下した(注6)。青色の月面接地灯が点灯すると、コンラッドはエンジンを停止し、イントレピッドは月面にしっかりと降り立った（注７）。彼らは狙った地点ぴったりに着陸を行った。アポロ11号の様な着陸後の騒動は無かった。手順を少し変更しただけで、燃料配管の圧力上昇問題は起きなくなった。（着陸後に降下用エンジンの推進剤のタンクの圧力を抜くのを遅らせる事にし、それにより降下用エンジンが冷えるまで燃料が凍結して閉じ込められない様にした。）

コンラッドとビーンは月面に三二時間滞在し、合計七時間四五分に及ぶ二回の月面歩行探査を行った。彼らは初めてアポロ月面実験装置群を設置した。装置群は各種の科学計測機材から構成され、地震計、磁力計、月面上の気体分子検出器、装置群の情報を地球に中継するための中央送信装置が含まれている。装置群は五年間に渡りデータを計測し、送信するよう設計されており、計測機は非常に敏感なので、作動させると宇宙飛行士の歩行による振動まで検出した。我々はアポロ12号のＬＭ‐６号機の科学装備収納庫を設計変更し、月面実験装置群を収納すると共に、放射性物質を利用した発電機を取りつける特別な取付金具も追加した。この発電機は放射性同位元素を使用して発電し、設置場所が夜で暗くなっても、電力を月面実験装置群に供給し続ける。打上げが失敗した時の安全性を考慮して、発電機は地球大気圏への再突入が安全にできるように、アブレーション断熱材の容器に格納した。

二度目の月面歩行では、コンラッドとビーンはサーベイヤー３号まで歩いて行き、状況を調査し、写真を撮影し、様々な材料が二年半の間、月面上にあった結果を調べるために、機体の一部を持ち帰った。彼らはまた、スノウマン・クレーターの縁や、近くの他のクレーターで岩石や土壌の標本を採集し、三三キログラム以上の標本を地球に持ち帰るために容器に収納した。彼らは自分達が見ている物、している事の実況中継を続け、その中で、興奮したり驚いた声を上げる事もあった。新しい世界を探検している彼らの喜びを、一緒に感じる事ができるのはうれしかった。

月面からの離陸の時が近づいてくると、イントレピッドでも、ヒューストンでも緊張感が高まった。コンラッドはビーンに、もし上昇用エンジンが作動しなければ、自分達は「宇宙計画の最初の永久的な記念品」になるので、あれこれ考えなくても良いと話した（注８）。宇宙船分析室に居る私は、上昇段と降下段を分離させる際の、短時間に行われる一連の爆破装置の作動について、彼らよりも心配していた。全ての火工品は非常に細い電線でできている点火装置（スクイブ）で点火されるが、打上げ時の落雷による誘導電流で、その細い電線は焼け切れていないだろうか？それを事前に確かめる方法は無かった。良い判断材料としては、着陸用の脚の展開や、上昇段と降下段の推進剤や姿勢制御装置のタンクの加圧のために作動させた爆破装置はこれまでは指令通り作動してきた。私は残りの装置も、損傷を受けていない事を祈るのみだった。

月面からの離陸で一番良い事は、成功かどうかが一瞬で分かる事だ。離陸は成功で、上昇段は降下段から問題無く分離し、司令船ヤンキー・クリッパーと司令船操縦士のディック・ゴードンが待つ月周回軌道へ、急激な加速をしながら上昇して行った。ランデブーもまた大成功で、ゆっくりと正確に行われ、宇宙船は問題なくドッキングに成功した。飛行士達が長い間離れ離れだった仲間と抱き合って、互いの無事を祝う言葉をかけあうのを、我々はうれしい気持ちで聞いていた。アポロ12号の飛行士達は、感情を言葉で表に出して表現するタイプで、船室のマイクからの送信を切るのを時々忘れたので、ヒューストンに居る我々も、彼らの喜びの気持ちを短時間だが共有する事ができた。

しばらくすると、宇宙飛行の月着陸船関連の部分は完了し、飛行士達は司令船ヤンキー・クリッパーに乗り移った。私達グラマン社の支援要員はベスページ工場へ戻り、飛行支援室でアポロ12号が着水し、飛行士達がヘリコプターで引きあげられて、航空母艦に運ばれて乗艦するのを見守った。私はアポロ12号の飛行を思い返して楽しんだ。心配の種はたくさんあったが、何も悪い事は起きなかった。一回目の月面歩行の最初に、アル・ビーンが手持ちのテレビカメラを太陽に向けたために、カメラの感光素子が焼け切れて故障したのを除けば、飛行の目的は全て達成されたか、予定以上の成果を上げた。ＮＡＳＡの、落雷のような予想外の非常事態に対処する能力は素晴らしかったし、ＮＡＳＡと契約会社で構成された支援チーム全体が、有能で熟練した専門家の集団として対応した。我々は飛行の度に学習し、作業のやり方を改善してきた。今回の飛行中の月着陸船の不具合は、これまでで最も少なく、これは良い傾向だった。

アポロ12号によって、月への飛行の目的は、月に着陸し生還する事から、はっきりした目的を設定して月を探査する事に変化した。アポロ計画は、ある種の人達が非難するような、単なる冒険的な事業ではなく、人類が長年抱いてきた疑問に科学的な答えをもたらす事ができる、現実的な可能性がある唯一の事業である。月はどこから来たのか？　月の起源と地球の関係は？　月の年齢と、その地質的構成と歴史は？　我々はまもなくそうした疑問や、その他の宇宙に関する疑問について、答えを幾つか得る事ができるだろう。

楽観的な気分になった私は、次の飛行は有能な仲間達に任せて、私はヒューストンには行かずに、マサチューセッツ工科大学（ＭＩＴ）のスローン・フェローズ課程に行く事にした。

月から地球までの長い距離を隔てていても、ピート・コンラッドと彼の搭乗員のチームの、感情豊かで活発な性格は地球の我々にも伝わり、アポロ12号を特別な存在に感じた。アポロ12号の飛行は成功であり、大きな成果を上げた。また、その飛行の支援に参加した全員にとって冒険であり、参加できて良かったと思える飛行だった。

第17章——宇宙からの救出　アポロ13号

　真夜中で暗やみの中で電話が鳴り、ベッドの横の受話器を手探りした。受話器を床に落としてしまった。もうこれで寝ていられないと思ってため息が出た。隣の妻を起こさないように受話器を拾い上げようとしていると、妻は不満そうに身じろぎした。

「ケリー、ニュースを聞いたか？」グラマン社の私の同僚のハワード・ライトが、簡潔に、心配そうな声で尋ねてきた。うめき声で否定する。

「ラジオを入れてみろよ。アポロに問題発生だ。爆発か何かがあったらしい。会社は僕らをベスページ工場に運ぶために、飛行機をチャーターした。午前一時三〇分に、ローガン空港の自家用飛行機用ターミナルビルで落ち合おう。」

「宇宙飛行士は生きているかい？」

「生きているが、大きなトラブルらしい。」

　宇宙飛行士達はトラブルを抱えていて、月着陸船を救命艇として使用しなければならないかもしれない。ライトにはそれ以上詳しく話す時間は無かった。彼は空港でもっと状況を話すと約束してくれた。

　妻は心配して私を見つめていた。

私は妻に言った。「アポロだよ。すぐにベスページ工場に来てほしいとの事だ。」一年間の臨時勤務として、私がMITのスローン・フェローズ・マネージメント課程に参加するので私達はボストンに住んでいた。七年間、月着陸船を設計し製造する事に、全身全霊をささげて来て、アポロ11号の初めての月着陸が成功したので、会社は私の担当する仕事を変える事にして、新しい仕事に移る前に、スローン・フェローズ課程に応募する事を認めてくれた。私は応募し、入学を許可された。ハワード・ライトも会社からの派遣で、ボストンに住み、ハーバード・ビジネス・スクールの上級管理者課程に通学していた。

ラジオからは不吉な言葉が流れていた。「明らかに爆発です……制御を保つのが困難……酸素、水、電力の消耗が速い……飛行管制センターは搭乗員によれば今のところは無事で、救命活動には幾つかの案が有るとの事です。」放送はなじみの無い技術用語や宇宙関係の専門用語でつまる時もあったが、その声に興奮と心配がこもっているのは間違いなかった。アメリカが誇る有人宇宙計画は、これまで二回の有人月着陸と月面探査を含む驚くべき成功を長く続けてきた。それなのに今夜は敗北と不面目を味わう事になるのだろうか？　三人の勇敢な宇宙飛行士が、全世界が見つめ、聞きている中で、あえぎながら窒息死し、彼らのミイラ化して縮んだ体が、人類の行き過ぎとアメリカの技術的傲慢さの象徴として、永遠に軌道上を回り続けると言う、恐ろしい事態が頭に浮かんでしまった。

宇宙で厳しい危険に直面している三人の内の二人は、私の友人であり、職業上の仲間だった。月着陸船操縦士のフレッド・ヘイズと船長のジム・ラベルは、ベスページ工場の月着陸船組立・試験現場で長期間に渡り、試験・作動点検用のコンピューターを使用する月着陸船の作動試験に参加してくれた。三人目のジャック・スワイガート司令船操縦士には、ヒューストンでちらっと会ったくらいだが、一緒に搭乗する仲間と同じく、有能で真面目な典型的なテスト・パイロットである事は分かっていた。私には三人が、この窮地からどうしたら抜け出せるかを、真面目で真剣な表情で考えている様子が目に浮んだ。彼らは宇宙船の全ての計器を注意深く確認し、酸素系統や電源系統の系統図や緊急手順を検討しながら、冷静で普段通りの口調で取りうる手段を話し合っている事だろう。危険な状況にあっても、彼らのプロとしての対応の姿勢は変わらないのだ。

月着陸船が彼らの救出活動のカギを握る救命艇の役割を果たすかもしれないと思うと、心が高まった。醜いと思われているかぶと虫型の乗用車ビートルを作っているフォルクスワーゲン社は、初めての月面着陸の成功の後、ニューヨーク・タイムズ紙に全面広告を出した。その広告では月着陸船を大きく取り上げて、「それは醜いかもしれないが、望みの場所へ運んでくれる」と説明していた。月着陸船については、美は見る人の主観の問題なので、私には美しく見える。

妻は長男をベッドから起こして、私を空港へ送って行っている間、他の五人の兄弟達を見ているように言いつけた。私は出かける間際まで、月着陸船の資料を鞄に詰め込んだ。それはきれいに晴れた四月の夜で、ライトと駐機場で会うと、二人ともできないと分かっていても、明るい月の近くにいるはずのアポロ宇宙船を見付けようとした。ライトはベスページやヒューストンのグラマン社の人間から話を聞いていて、ＮＡＳＡは月着陸船を救命艇として使用しようとしていて、宇宙飛行士が乗っている司令船では、生存に不可欠な物資が支援船の酸素タンクの爆発による致命的な損傷のせいで、急激に漏れ出しているらしいとの事だった。救命艇として使用しない理由は無い。飛行士と地上要員による訓練はしていないし、そのための手順書もないが、我々は月着陸船の設計の初期段階で、救命活動に使用する可能性を検討したし、そうできるように酸素、水、電源の容量も大きくしてあった(注1)。しかし、六年前の開発初期段階での設計検討と、そのための訓練をしていない飛行士、地上要員で、複雑で予定外の操作を実行する事の間には、大きな差がある。人と機体が、それを本当に成し遂げられるかどうか、すぐに分かる事になるだろう。

グラマンの本社と主力工場のあるロングアイランドのベスページへの飛行の間、私とライトは計器の薄赤いほのかな照明だけの、狭くて暗い小型機の機内で、パイロットの後に座って月が光っている夜空を眺めていた。我々は以前に実施した救命艇としての使用法の検討結果をできるだけ思い出して、救命活動が可能な事を互いに確認して安心しようとしばらく話し合った。その後は、救命活動をうまく実施できるか心配しながら、それぞれが無言で過ごした。

機内の暗くて隔離された環境の中で、アポロ13号の月着陸船（コールサインはアクエリアス）に乗り組んでいる、私の友人の宇宙飛行士達と一緒に居る事を想像してみた。自分達の生存が、そのように設計されていないし、能力が確認されてもいない、月着陸船の緊急事態対応能力に依存している事が判っているのは、どんな気持ちだろう？　船内と地上の全員が、この賭けの勝ち目を大きくするために、何ができるだろう？　それは疑いもなく大変な作業になるだろう。しかし、月着陸船が生命維持用の物資を、空気が供給される音やファンが回る音と共に安定的に供給し続けていれば、私達が軽飛行機のエンジンの安定した音で感じるのと同じ安心感が、だんだん強くなるのではないだろうか？　そして、彼らには、この緊急事態から抜けだすのを助けるべく、全国のアポロ計画に関係している何千人もの技術者が、知恵を振り絞っている事が分かっているだろう。明るく照明されてはいるが無人のグラマン飛行場に着陸した頃には、友人の宇宙飛行士達を安全に地球に帰還させる方法を、何とかして見付け出せるのではないかと思えてきた。

我々はアポロ飛行支援センターがある五番工場へ、滑走路を横切って自動車で運ばれた。建物の玄関へ歩いて行くと、着いたばかりの同僚の技術者に何人か会った。入口の階段の上で振り返ると、緊張して唇を引き締め、心配そうな顔をしたグラマン社の技術者が続々と工場へやって来るのが見えた。まだ午前三時と言うのに、いつもの勤務の始まる午前八時のようだったが、月が明るく輝いている事だけが、いつもとは違っていた。仕事に来るように誰も指示していないが、彼らは問題が発生した事を聞くと、自分が役に立てるなら何なりと協力したいと思ってやって来たのだ。このグラマン社の従業員の献身的な姿勢を、私は忘れる事ができない。

飛行支援センターに入ると、ライトと私は、当直のリーダーのジョン・ストラコッシュに会い、彼から状況を教えてもらった。我々がボストンから飛んで来る間に、宇宙飛行士達は、破裂した支援船の二番タンクからの酸素の噴出が止まった後、姿勢を安定させるのに成功していた。乗組員は三名とも月着陸船アクエリアスに移って、その消費物資を利用していた。彼らは月着陸船の姿勢制御装置を使用して、司令船・支援船と月着陸船が一体になったままで操縦する事に、だんだん慣れてきていた。宇宙船が合体したままでは、質量も質量中心も月着陸船単体の時とは大きく異なり、宇宙船は飛行士達が地上のシミュレーターで経験してきた通常の特性とは、全く違った反応を示す。単純な横揺れ、縦揺れ、偏揺れの操作に対して、予想外の回転運動が起きるのだ。

ヒューストンのNASA飛行管制センターでは、管制官たちが管制卓でモニター画面に表示されている、アポロ13号からの計測データの緑色の表示画面を、真剣に見詰めていた。飛行管制室から大広間を隔てた狭い宇宙船分析室と、近くにある事務所用ビルでは、グラマン社の月着陸船技術部の二〇名を越える上級技術者のチームが、NASAが緊急に必要としている質問への対応作業をしていた。そうした質問には、地球帰還軌道にはどの軌道を選ぶべきか、月着陸船搭載の消費物資は足りるか、帰還のためにはどのように機体を運動させる事が必要かなどの質問が有った。検討作業や過去の試験のデータが必要な質問は、回答を出すのにより多くの人員を利用できるベスページ工場へ、ヒューストンから伝えられた。

ベスページ工場の支援センターには、飛行管制センターと同じく、月着陸船の計測データがリアルタイムで宇宙から送られて来るモニターが四台ある。飛行主任、飛行管制官、宇宙飛行士の声を、通信網を介して聞く事ができ、ヒューストンの現場に居るグラマン社の人間と電話で話す事ができた。必要に応じて、全国の協力会社、機器製造会社、コンサルタントに電話する事ができた。私が、アポロ宇宙船が飛行している時に、宇宙船の製造会社に許された、活動の中心に最も近い位置であるヒューストンの宇宙船分析室に居ないのはこれが初めてだった。しかし、長い距離で隔てられているとは言え、ベスページ工場でも、情報を得るのと問題解決に参加する事には全く問題が無かった。

アポロ13号が帰還するのに必要な時間は、採用する軌道の種類によるが、二日半から四日である。通信網を通して飛行主任は、自由帰還軌道を少し修正した軌道を選んだ事を発表した。この軌道は月を回る際に月の重力でアポロ宇宙船を加速し、その後、地球の月より大きな引力で宇宙船が地球へ引き寄せられる軌道である。地球に向かう段階になると、ロケットを噴射して宇宙船の速度を増す事によって、帰還に要する時間は約三日半になる。二種類の情報が至急必要だった。軌道修正を行う際の手順と正確なタイミングや進行方向などの飛行関連の情報と、生命維持用の各種の消費物資の正確な消費率と、それらを帰還して着水するまでどう節約して確保するかに関する情報の二つだった。ベスページ真夜中にもかかわらず、グラマン社の担当者が全員集まっていたので助かった。専門分野別に分かれて、月着陸船の数多くの工場の二百人以上の技術者は、データを探し出し、専門家と電話で相談し、分析と計算を行い、月着陸船の電池の電力消費系統や構成品の、飛行時や過去の地上試験時の状況を調べるべく、忙しく働いた。我々は月着陸船の電池の電力消費率が大きい事に気付いた。直ちに、思い切った月着陸船の消費電力の削減が、再突入まで電力を確保するために必要だった。必要な電力削減量は、思いがけない程大きかった。慣性航法装置の電源を切る必要があるので宇宙船の位置と速度の測定データは得られなくなるし、飛行士達は地球への最低限の通信回線は残るが、暗闇の中で寒さに耐えねばならない。それらの数字を再確認し、もっと穏やかな対応方法の可能性が無い事を確認し、ヒューストンのグラマン社の技術者とも相談した上で、我々は厳しい電力節減が必要との結論を出した。我々の検討結果と結論に基づき、ヒューストンのグラマン社の担当者は、ＮＡＳＡの飛行管制官にもっと緩やかな電力節減では不十分な事を説明した。

月着陸船の電力節減を、いつ、どの程度するのかの議論が、飛行管制センターと宇宙船分析室で交わされている間にも、月着陸船の残された電力は減り続けていた。急いで準備されたヒューストンの月着陸船のシミュレーターで試験を行い、ＮＡＳＡは月着陸船の電力の全面的な削減の必要性を確信したので、搭乗員に指示する個別で具体的な操作手順の作成に取り掛かった。この議論が決着すると、電力ほど直ちには問題にならない他の消費物資（水と酸素）の件と、宇宙船の慣性航法装置が使用できない状態なので、この先の帰還軌道で、地上追跡レーダーの計測により宇宙船の予定軌道からの誤差が大きいのが分かった場合に、宇宙船の軌道修正をどのように実施させるかと言う難しい問題に注意が移った。

数時間の内に、ベスページ工場の飛行支援センターの活動は、見かけ上は通常の作業状態に落ち着いた。各消費物資の使用量を節約するための計画案が一つずつ作成されて行った。我々はＮＡＳＡに、慣性航法装置の再起動の際の姿勢を合わせる方法、軌道変更する際の手順をいくつも提供した。最初の頃の破滅的状況が迫っている感じから、部屋の雰囲気は希望的で楽観的なものに変化して行った。午後も半ばになると、私は操作卓に向かったまま居眠りをしてしまい、診療所のベッドで少し眠るために席を外した。

眠ってしばらくすると、誰かが私の名前を優しく呼びかけ、肩をゆすって起こした。それは時差勤務チームのリーダーのドン・シュレーゲルで、新しい問題が発生したとの事だった。月着陸船の船内の二酸化炭素の濃度がどんどん上昇していて、搭載している空気浄化用の水酸化リチウムのキャニスター（容器）が一日以内で消費されてしまいそうなのだ。司令船のキャニスターを使用する必要があるが、それは月着陸船の系統には適合しないのだ。

この問題は、月着陸船の船内で呼吸する宇宙飛行士が、通常の二人ではなく三人なので、二酸化炭素が月着陸船の設計上の能力より五〇パーセント多く船内に放出される事で生じた。二酸化炭素を吸収して有害な濃度以下にする、水酸化リチウムが不足するのだ。司令船も月着陸船も、通常は一二時間置きに交換するよう、大型のジュース缶ほどの大きさの、水酸化リチウムの交換可能なキャニスターを搭載している。しかし、今回の事態を我々設計者は想定していなかった。司令船と月着陸船のキャニスターに互換性が無いのだ。司令船のものは断面が四角で、月着陸船のは丸いのだ。我々は四角いキャニスターを、丸い口金にどう接続するかと言う問題の解決を迫られる事になった

飛行支援センターで我々はグラマン社の環境制御系統と搭乗員用系統の技術者と打合せを行ったが、そこには司令船、月着陸船、宇宙服の環境制御系統を製作しているハミルトン・スタンダード社のベスページ工場駐在員も参加した。ヒューストンのグラマン社とNASAの担当者、それにハミルトン・スタンダード社のウインザー・ロックス工場とで相談した結果、解決案を考え出すのに一番良い場所はヒューストンと決まった。ヒューストンには司令船と月着陸船双方の精巧なモックアップと実物の機器や宇宙服もある上に、宇宙飛行士とNASAの経験豊かな技術者、機器製造会社の現地駐在員もいる。NASAの搭乗員系統担当のエド・スマイリイ課長の指揮の下で、アクエリアスの搭乗員がその場にある物で製作できる事を基本条件にして、NASAと製造業者のチームがすぐに対策の検討を始めた。

ベスページ工場からは、少し助言をしたり激励する以外は、あまりできることがなかった。対策チームが考え出した解決策は単純だが巧妙なものだった。丸い口金を四角くする代わりに、彼らは宇宙服のバックパックと宇宙服本体を結ぶホースとファンを使用して、搭載されている飛行手順書の厚紙と粘着テープで、即席のアダプターを製作する事にした。月着陸船の空気循環装置の丸い口金と、司令船の四角い水酸化リチウムのキャニスターをこのアダプターでつなぐのだ。この仕掛けでヒューストンとウインザー・ロックス工場での実験では、二酸化炭素はうまく除去されたので、飛行主任はこの対策を搭乗員に伝える事を許可した。

我々は対策用のアダプターを製作するための複雑な指示が、宇宙船通信士のジョー・カーウィンから司令船操縦士のジャック・スワイガートに伝えられるのを聞いた。暗くした月着陸船の船内で、宇宙飛行士達は、懐中電灯を使用して部品の製作と組立を行った。出来上がった物をヒューストンに説明して確認してもらい、宇宙飛行士達は司令船のキャニスターを空気循環系統に接続して、酸素のバルブを開いた〔訳注1〕。約一〇分後に、我々のモニターの画面上で二酸化炭素の濃度が下がり始めたのを見て、我々は喜びの声を上げた。ぎりぎりの所だった。二酸化炭素の濃度は、水銀柱一三ミリに達していて、有害な濃度の一五ミリに危険なほど近く、通常の場合にキャニスターを交換する七ミリよりずっと高い値だった(注2)。

この問題が解決されたようだったので、我々は全般的な状況を、ヒューストンのグラマン社の技術者と一緒に検討した。アポロ13号の司令船のオデッセイが、アクエリアスを分離して地球の大気圏に再突入するまでに、まだほぼ二日間かかる。我々の消費物資の使用予測では、水、酸素、電力、水酸化リチウムは再突入までの必要量はあるものの、電力と水はほとんど余裕がない。我々は飛行主任や宇宙飛行士室と同様に、搭乗員の健康状態を心配していた。搭乗員は三六時間以上、絶え間ない緊張状態に置かれて、非常に疲れていたが、それでも眠れないでいた。彼らは薄い飛行服だったので、船内の寒さに震えていた。電力を切っているので、月着陸船の船内の温度は摂氏三度まで下がっているし、水を節約しているので脱水状態になりかかっていた。ベスページ工場の我々は飛行後まで知らなかったが、フレッド・ヘイズは腎炎を起こしていた。彼は体温が四〇度になり、意識がもうろうとして、無反応になる時が有った。宇宙飛行士の健康状態などの個人的な情報については、宇宙船通信士は必ず別の専用回線で話しをしていたので、飛行支援用の回線では聞く事ができなかった。

さらにもう一つの心配がだんだん大きくなってきた。適正な再突入角度を得るために飛行軌道を調整するには、もう一度、ロケットの噴射が必要と思われた。地球の大気圏に再突入して、それまでの時速四万二〇〇〇キロから適正な速度まで減速をするためには、宇宙船は再突入の角度を、五・三度から七・七度の狭い範囲内にしなければならない。角度が大きすぎると減速率（G）が大きくなり過ぎ、寝そべった姿勢で座席に支えられていても、宇宙飛行士にかかる力が大きくなり過ぎるし、司令船の耐熱用保護材は焼けてなくなり、宇宙船は燃え尽きる。角度が浅すぎると、司令船は平らな石で水面を水きりする時のように、地球大気の上層で跳ね返されて、太陽系の中を永遠にさまよう事になってしまう。

我々が月着陸船の電池の電力の消耗を防ぐために、電力使用量の大幅削減を勧めた時に、一番心配したのはこの事だった。月着陸船の誘導系統の電力を切ると、軌道修正のためにロケット噴射を行う際の、機体姿勢の基準が船内では無くなってしまう。月着陸船アクエリアスの位置と軌道上の速度は、地上にある深宇宙追跡ネットワークのレーダーで、十分な精度で求める事ができる。しかし、月着陸船のロケットの噴射方向は機体の姿勢で決まるが、その機体姿勢は、搭乗員が基準となる物体を目視観測して、それで知るしかないのだ。我々は姿勢を知るための目視可能な基準に何を利用すべきか、搭乗員に実行可能な提案をしなければならない。

月着陸船の誘導装置の電源を切ってからも、グラマン社の誘導・航法・制御系統の専門家は、この問題をＮＡＳＡとＭＩＴ計測装置研究所の担当者と検討を続けていた。誰かが有望そうな提案をすると、その提案で必要な精度を達成できるかの検討作業が、対応可能な部署に割り当てられた。ベスページ工場にあるグラマン社の飛行制御研究所には、摩擦が無い空気浮上軸受に支持された、月着陸船の誘導・航法・制御系統のジャイロや加速度計の試験用の飛行姿勢テーブル、その他の慣性誘導用機器があり、こうした提案を評価するのに使用された。このような全国的な担当者の連携により、実行可能な案が見つかった。搭乗員はロケットを噴射している間、航法系統の方位確認用望遠鏡が地球の中心方向を向くよう、機体姿勢を保つのだ。この方法はジム・ラベル船長が一六カ月前に、司令船操縦士だったアポロ８号の飛行中に実際に行って確認している。降下用ロケットを一四秒間噴射している間、巧みに地球を望遠鏡の中央に保つようにして、ラベルとヘイズは完璧な軌道修正を行った(注3)。一日半後、再突入軌道の予想角度がなぜか減少したので、その修正のために、同じ目視による方法を用いて、月着陸船の姿勢制御装置のロケット噴射を行って二度目の小さな軌道修正が実施された。

ベスページ工場の飛行支援センターでは、軌道修正の成功に皆が喜び、通常の作業の範囲を大きく越える問題の解決に貢献できた自分達の能力に、自信を感じていた。再突入は月着陸船の設計では考慮されていない。ひ弱な月着陸船は、耐熱シールドを備えていないので、再突入の前に切り離され、無人の状態で再突入して、夜空を光って横切る流れ星のように大気圏で燃え尽きる。この危機に対して、全国の宇宙飛行の関係者は密接に連携して、不可能を可能にすべく働いた。全員にとって誇らしい時間だった。

搭乗員がアクエリアスから司令船オデッセイに移り、アクエリアスを切り離す時が近づいてきた。月着陸船の作動を止め、再突入に備えて司令船から安全な距離を置くようにするために、多くの手順を新しく作成し、NASAに提案しなければならない。NASAは司令船を再始動するための複雑なチェックリストの作成と、シミュレーションによる確認に追われていたので、月着陸船側の処置に関してNASAの負担を減らすために我々ができる事があれば、何であれ歓迎だった。NASAは、司令船が想定していた月の岩石とその容器の重量九〇キロを搭載していないので、通常の再突入より重量が軽い事に気付いていた。再突入時の重量を補うために、月着陸船から何を持ち出せるだろう？　我々は月着陸船の船内で、装備品の収納や搭乗員を拘束するのに使用されている、耐火性のノーメックス製の網を切り取って司令船に持ち込む事を提案した。

ベスページ工場側の作業量が減って来たので、我々は差し迫って来た再突入に注意を集めるようになった。我々全員が心配したのは、司令船の状態だった。司令船は三日以上も活動を停止しているので、冷えていて暗い。司令船を再稼働すると、搭乗員の呼吸により、冷えている場所に結露が予想される。電線やコネクターが濡れるが、ショートを起こさないだろうか？　司令船の耐熱シールドも大きな不安要因の一つだった。耐熱シールドは酸素タンクが爆発した支援船に面して取付けられている。爆発の破片で傷ついていないだろうか？　もし耐熱シールドに穴があいたり亀裂が入っていたら、司令船に二八〇〇度の熱が流れ込み、搭乗員は燃え尽きてしまうだろう。耐熱シールドが無事かどうかを確かめる方法はなかった。

再突入の約五時間前に、搭乗員は傷ついた支援船を切り離した。支援船が司令船から離れて行くと、搭乗員は窓を支援船の方に向け、初めて損傷の全容を見る事ができた。ラベル船長は驚きを込めて報告した。「支援船の片側全体がなくなっている。」

一区画全体が無くなっていて、壊れた所から切れ端や破片がぶら下がっていて、モニター画面の数字に表れていた破損の実態を、目で見て理解できた。

搭乗員は司令船に乗り移り、再稼働させた。幸いな事に、電気回路はショートを起こさず、各系統は正常に作動した。搭載予定だった月面標本の重量の分だけ司令船の重量を増やすために、月着陸船から外せる物は全て取外して司令船に移した。その後、搭乗員はハッチを閉めてロックし、世話になった救命艇を切り離した。ジャック・スワイガートは報告した。「ヒューストン、月着陸船の切離し完了」。

「了解」と宇宙船通信士のジョー・カーウィンが応答し、それに続けて、全てのグラマン社員の月着陸船に対する誇りを代表して、「さよならアクエリアス、ありがとう。」と世界に向けて付け加えた。

このように精神的な起伏が大きな時間が長く続いたが、それでも再突入の劇的で感動的な瞬間には興奮した。再突入の際には、大気が宇宙船のエネルギーを急激に吸収するので、白熱してイオン化した気体（プラズマ）に宇宙船は覆われる。この状態では電波はプラズマを通り抜けられないので、通信は途絶する。今回は通信途絶は四分間続き、その間の司令船の安全は、その耐熱シールドの耐久性に掛っている。飛行支援センターの時計が通信途絶期間は終わった事を示し、我々は聞きなれた声の報告が通信回線から流れて来るのを、息を殺して待っていた。何秒かが過ぎたが、オデッセイからの呼びかけは無い。円錐形の宇宙船が大きなオレンジと白のパラシュートにぶら下がって降りて来るはずだ。南太平洋からのテレビの実況中継の画面に写る雲の隙間を、回収担当の強襲揚陸艦イオージマの船員と同じ様に、目を凝らして見つめていた。心配な時間がもう数秒過ぎた後、船員たちが歓声を上げるのが見え、テレビカメラが雲の列をズームアップした。そこに宇宙船が居た！

ついに司令船操縦士のジャック・スワイガートの声が通信回線に入って来た。「OKだよ、カーウィン。」

良かった、彼らはやってのけたのだ！　ベスページ工場の飛行支援センターは大騒ぎになった。これまでの三日半抑えてきた感情が、歓声、叫び、仲間との抱擁となってあふれ出した。モニターの画面上では、飛行管制センターの大喜びしている管制官達が、慣例通りにアメリカ国旗と葉巻を取りだすのが見えた。我々には国旗も葉巻もなかったが、我々の喜びの強さは彼らに負けないものだった。ベスページ飛行支援センターには笑顔と笑い声が満ちていたが、目に涙を浮かべてない者は居なかった。アメリカの有人宇宙計画は依然として世界一であり、ニューヨーク州ロングアイランドの小さな航空宇宙産業の会社で働く人達は、その中で重要な役割を果したのだ。一時間ほど部屋の中や電話でお祝いを言い合った後、私は突然、ひどい疲労を感じた。まだ騒いでいる人達の間を抜けて、私は静かな診療所のベッドを探し当て、そこにほっとして横になった。この三日半の間、私は五、六時間しか眠っていなかった。

数週間後、アポロ13号の飛行士達は、アクエリアスを製作した人達にお礼を言い、月着陸船から取外した材料で作った記念品を贈呈するために、グラマン社を訪問した。月着陸船操縦士のフレッド・ヘイズは時間の大半を、様々な関係者と話をするのに費やした。五番工場では、彼は私と同じかそれ以上に、そこの人達を知っていた。我々全員が、宇宙飛行士達の訪問と、彼らの率直な感謝の言葉に感動した。

第18章——不屈の宇宙飛行士の勝利　アポロ14号

アラン・シェパードは、アメリカ人で最初に宇宙飛行を行った名誉を持つ宇宙飛行士だ。彼はその名誉をマーキュリー計画の最初の七人（オリジナル・セブン）の、厳選された優秀な飛行士達の中での競争で、リーダーシップを発揮する事で獲得した。彼は優秀なテスト・パイロットで、知性的であり決断力に優れ、頭の回転が速かった。そんな彼は、アメリカの大型ロケットの多くが点火直後に爆発している時に、レッドストーン・ロケットの先端のマーキュリー宇宙船カプセルに乗り込む事を熱望した。このような勇気は、強い自尊心と自意識から来るものであろうが、そうした性格のせいで彼は少し短気なところが有った。何人かの同僚が彼の事を、仕事の場では傲慢で性急、よそよそしくて思いがけない時に同僚に攻撃的になる事があると話していた

一九六一年五月五日に、宇宙飛行の先駆者として一五分間の準軌道飛行を行ったシェパードは、宇宙飛行士として初の有名人になった。ケネディ大統領にホワイトハウスのローズ・ガーデンで表彰を受け、ペンシルベニア・アベニューを数千人もの歓声を浴びながら車でパレードした。オープンカーで彼に同行したリンドン・ジョンソン副大統領でさえ、集まった人の数と熱狂ぶりに驚いた。

「シェパード君、君は有名人だね。」と副大統領は彼に言った。

シェパードのマーキュリー計画での飛行の成功と、それに対するアメリカの一般の人々の強い反応は、ケネディ大統領が月探査飛行計画を実行するかどうか考えている時に起きた事だった。それで彼は決断したようだった。ローズ・ガーデンでの表彰式から三週間しないうちに、ケネディ大統領は一九六一年五月二五日の両院総会における演説で、アポロ計画による月着陸を国家の最優先事項にすると宣言した(注１)。

私はシェパードの複雑な性格を、かいま見た事が一度だけ有った。一九六三年九月のモックアップＭ‐１号機の審査では、彼は初めてで不慣れなグラマン社の対応と、木製のモックアップの粗末な出来栄えを、見下した態度をとりながら楽しんでいる感じがした。一年後のＭ‐５号機のモックアップ審査で、私はシェパード、グラマン社の主任試験飛行士のコーキー・メイヤー、グラマン社のベテランの試験飛行士ラルフ・ドンネルと昼食の席を共にする機会があった。三人のパイロットはそれぞれが自分の経験した飛行について、上機嫌で、機知に富んだ魅力的な話を交わしていた。シェパードは、嵐の夜にエンジンの調子が悪く、電気系統が故障した状態で空母に着艦する時、射出座席で飛び出したい気持ちを抑えて、安全に着艦するまで頑張ったという、はらはらする話をした。それに負けず、メイヤーとドンネルもそれぞれの体験を話した。メイヤーは新しい後退翼のグラマンＦ９Ｆ‐６クーガー戦闘機で、機銃発射試験と標的射撃訓練をした時の話をした。飛行試験担当の技術者は、高速で機銃を発射した時に、機首の内部の圧力が高くなるのを不思議に思った。技術者にはこの圧力上昇が、外部の気流が機首内に入って来るためなのか、四丁の一二・七ミリ機銃から機内に排出される火薬ガスの、機外への排出が不十分なためなのか分からなかった。機銃から排出される火薬ガスが引火性かもしれないと知ると、メイヤーは機首内部に点火プラグを何本か設置すると言う、手っ取り早くて危険な試験を提案した。もし原因が機銃の火薬ガスなら、ガスに火が付いて圧力の急激な上昇を起こし、それは計測結果に出て来るだろう。

一晩の内にクーガー戦闘機に点火プラグとその関連系統が装備され、メイヤーはその機体の試験飛行を行い、ドンネルが量産中のＦ９Ｆ‐５パンサー戦闘機で随伴機を勤めた。大西洋上に設定された射撃空域の試験用の高度で、メイヤーは計測器と点火プラグのスイッチを入れ、高速飛行を行うためスロットル・レバーを前に押した。最大速度に近づくと、メイヤーは機銃から長い一斉射撃を行った。爆発音が聞こえ、煙が操縦室に充満し、機体は荒れ馬のように跳ね上がった。煙がなくなると、機首の空力的な形状を保っていた外板は無くなっていて、外板を支持する骨組みだけがむき出しになっていた。随伴機のドンネルは一瞬驚いた後、無線機で笑いながら言った。「すごい試験だったよ、メイヤー。機首が吹っ飛んでしまったよ！」

メイヤーは操縦桿をしっかり保持しながら、スロットルを戻した。振動が起き、機首が上がろうとする傾向があったが、メイヤーはグラマン社の飛行試験センターがあるカルバートン飛行場に着陸する事ができた。メイヤーは、試験が少し乱暴だった事は認めたが、機首内の圧力が高くなる原因は判明した。

シェパードはそれを聞いて笑いながら、「そのやり方で正しいよ、メイヤー。」と言った。そしてにやりとして、私の方へ目配せをしながら付け加えた。「もし技術者に任せていたら、連中はいつまでも計測装置をいじっているよ。」

増員されて行く宇宙飛行士の中で、シェパードはジェミニの初飛行の機長に選ばれ、トム・スタッフォードが副操縦士になった。しかしその飛行の前の一九六三年の夏、シェパードはめまいと吐き気を頻発するようになり、その症状がひどくなったので、やむなくＮＡＳＡの医務官にそれを報告した。医務官は彼をメニエール病と診断した。メニエール病は三半規管内のリンパ液が過剰になる事による内耳の不調に起因する病気である。治療法は分かっていないが、発病者の二五パーセントは自然に治癒する。シェパードがその幸運な二五パーセントに該当するかどうかが分かるまで、ＮＡＳＡは彼を飛行配置から外した。

飛行配置から外れたシェパードは、宇宙飛行士室長になり、オリジナル・セブンの一人で、やはり飛行配置から外れて、搭乗員運用本部長をしているディーク・スレイトンの下に配置された(注2)。スレイトンは、新たに選ばれた宇宙飛行士、ジェミニ計画の飛行計画の促進、アポロ計画の活動増加などの業務に忙殺されていた。シェパードは気難しく、競争心の強いパイロット達をしっかり掌握し、彼らから愛されているかどうかはともかく、尊敬はされていた。彼は宇宙飛行士をやめようと考えた事はなく、病気が自然に治癒する事をずっと望み続けていた。自分の事務仕事をすませてしまえば、後は時間を自由に使える事が分かると、彼はマーキュリー計画で得た名声による多くの交友関係を利用して、ビジネスへの関与を増やして行った。

シェパードのこの状況は六年間続き、その間にジェミニ計画は終了し、アポロ計画は初期の飛行を始めていた。彼の事業は発展し、ショッピングセンター、ホテルなどの小規模な企業集団となり、彼は大金持ちになった。（彼が国家事業であるマーキュリー計画での名声を利用した事については批判もある。）しかし、ビジネスは、彼が再び宇宙飛行できるようになるまでの余技に過ぎなかった。一九六八年春には彼の病状は悪化し、アポロ計画で飛行配置につける可能性はなくなりつつあった。細いシリコンのチューブを内耳に埋め込み、余分のリンパ液を脊髄に排出する、危険度が高く難しい手術方法が新しく開発された事を知ると、彼はその手術を受ける事にした。彼にとって、これは宇宙飛行に復帰できる最後のチャンスであり、手術は成功した。

一九六九年の春に、アポロ計画の有人飛行が二カ月に一回のペースで始まった頃、ＮＡＳＡはシェパードが飛行機と宇宙船に乗る事を許可した。搭乗員運用本部長のスレイトンはすぐにシェパードをアポロ13号の船長に選んだが、他の宇宙飛行士からは、スレイトンが慎重に設定した宇宙飛行士の搭乗選定順を飛び越えて選んだと苦情が出た(注３)。スレイトンはそれに対して、シェパードはいつも搭乗順の一番先頭にいたが、飛行を外れていた間はそれが保留になっていただけだと説明した。

シェパードの運命は、その時点で彼が思っていた以上に変化した。アポロ13号に彼を選んだ事は、ＮＡＳＡ本部の有人宇宙飛行担当のミラー副長官が、シェパードはもっと訓練が必要だと考えたので、変更になった。スレイトンはアポロ13号のチームを、アポロ14号に予定していたジム・ラベルのチームに入れ替えた。皮肉な事だが、病気でシェパードの地上勤務が長引いた事が、彼の命を救ったかもしれない。そうでなければ、グリソムではなく、彼がアポロ計画の最初の飛行に選ばれて、三四番発射台のアポロ１号に乗り込んでいたかもしれない。

アポロ計画がこの段階まで来ると、宇宙飛行士には操縦技術以外のものも求められるようになった。宇宙飛行士は地球にいる科学者のために、月面の厳しい環境の中で調査のために移動をしながら、限られた時間内で簡潔で分かりやすい説明ができる、現地調査担当の地質学者である必要もあった。性格的には月面探査の科学者に必要な忍耐と緻密さとは反対の傾向があったが、シェパードは野外調査で必要な鋭い観察眼、知識、技能を身につけようと決心した。彼のチームのお手本になろうと、彼は地質学者のリー・シルバーの指導の下、カリフォルニアとアリゾナの山地の現地調査を熱心に行った。シルバーは地質学者で宇宙飛行士に選ばれたハリソン・シュミットと共に、アポロ計画の宇宙飛行士達に、地質学の現地調査の短期集中教育を行っていた。宇宙飛行士達は鉱物を見分け、彼らが見た物を地質学的に正確な用語で説明する事を学んだ。彼らは月の起源に関する理論も学び、月面での観察や、何らかの発見でその理論が裏付けられたり、否定されるかもしれない事を知った。他の全てに対する場合と同じく、シェパードはこの宇宙飛行士の仕事の新しい分野でも、優秀な存在でありたいと決心していた(注4)。

シェパードは自分のチームを、宇宙飛行士室長としての仕事をしていた時の、各人の能力を観察した結果に基づいて選定した。彼はまだ宇宙飛行をした事も、予備搭乗員に選ばれた事もない新人の宇宙飛行士を選んだ。彼は搭乗する宇宙船の各システムに詳しくなる事は他の二人に任せる事で、自分は飛行と探査任務に専念できるようにした。

主任宇宙飛行士として他の飛行士に君臨する厳格な「大物」の立場を離れて、シェパードは飛行の指揮官として彼のチームと共に実務に戻り、司令船と月着陸船のシミュレーター訓練を繰り返し、地質学の訓練では崖をよじ登った。チーム員は彼とは仕事を一緒にしやすく、親切であるとさえ感じたが、彼を仲間と言うより職業上の同僚と感じていた。

月着陸船操縦士のエドガー・ミッチェルは、MITの航空工学の博士号を持ち、エドワード空軍基地の空軍テスト・パイロット学校の教官だった。彼は思慮深く知性的で、言葉遣いは優しいが、かっとなって激しく怒る事もあった。彼は月着陸船の各系統とその故障モードに精通するようになった。私は彼がベスページ工場の宇宙船組立・試験現場を歩き回り、実機を調べたり、取付作業や機器の操作を行う作業員にその作業内容を質問するのを何度も見た。ミッチェルはベスページ工場でＬＭ‐８号機の操縦席で多くの試験を行い、何か不備な点に気付いた時には、それが装備品の性能、試験手順、担当者であれ、何でもすぐに私に言ってきた。彼の指摘は建設的であり、我々が修正できる具体的で実際的な問題を指摘したものだった。

司令船操縦士のスチュアート・ルーサは空軍のパイロットで、ドイツで核戦争に備える部隊にいたが、その後エドワード空軍基地の試験飛行士になった。熱心で有能なルーサは、シェパードのチームに指名される前は、アラバマ州ハンツビルのマーシャル宇宙飛行センターで、フォン・ブラウンの部下の技術者と一緒にサターン・ロケットの仕事をしていた。司令船の操縦士に選ばれ、彼は司令船と支援船の各系統について深く知る事に、これまで以上に努力した。船長のシェパードが、複雑な司令船について知識を深めるために、彼をカリフォルニア州ダウニイのノースアメリカン社に自由に行かせてくれる事を感謝していた。

シェパードのチームは、アポロ14号への割当変更と、アポロ13号の事故による中断のため、アポロ計画の他のどの搭乗員チームより長い、一九カ月の訓練を受けた。彼らは職業人として一緒に仕事をする上では、堅苦しさが無い良好な人間関係を保ったが、コンラッドやラベルのチームのような親しい仲間的な関係ではなかった。彼らは、アポロ宇宙船の一つのチームを構成する三人の宇宙飛行士は、その性格がどれほど違っていようと全員が卓越したプロのパイロットなので、誰を選んでも問題無いとするディーク・スレイトンの考え方の正しさを証明する存在だった。

一九七一年一月三一日、アラン・シェパードと、彼のチームの月着陸船操縦士のエドガー・ミッチェルと司令船操縦士のスチュアート・ルーサは、司令船キティホークに乗り込んで、月への発進を待っていた。四七歳のシェパードは、自分が世界一の試験飛行士であり宇宙飛行士である事を証明しようと決意していた。彼のアポロ14号は科学的探査を主な目的としていて、シェパードと彼のチームは、その数多くの探査目的の全てについて、予定通りの成果を達成する決意だった（注５）。

アポロ14号はサターンV型ロケットで無事に地球軌道へ打上げられ、三段目のS‐ⅣBで月への遷移軌道に乗った。しかし、その後に任務がまだ本格的に始まってもいないのに、探査飛行が中止に追い込まれかねない問題が発生した。一時間半の間に四回試みたにも係らず、司令船キティホークは月着陸船アンタレスとしっかりドッキングできなかったのだ。

飛行管制センターの宇宙船分析室から、私は工場に居る機構設計のリーダーのジグス・スチュリアル、マーシイ・ロマネリと話し合った。二人はLM‐8号機のドッキング機構とドッキング・リングの検査記録と写真を調べ、NASAとノースメリカン社の担当者と多くの話し合いを行った。スチュリアルとロマネリは機構中に入り込んだ何かの破片か、寸法の誤差の集積が原因である可能性が最も高いと考えた。

ドッキング機構を押しこむ方向にもう少し力をかけ、司令船のドッキング・リングのラッチが相手に掛るようにするために、何らかの方法を見付けねばならない。さもなければ任務は中止になるかもしれない。数時間以内に解決できないと、サターン・ロケットの三段目のS‐ⅣBのタンクの内圧が上昇して、圧力を抜くための放出が起き、それによりS‐ⅣBとそこに連結されている月着陸船が、制御不能な回転を始めてしまう[訳注1]。

ドッキング・システムの技術者が、シェパードにやってもらうための、ドッキング操作の手順の一部を変更する案を考え出した。通常のドッキングでは、司令船のドッキング・トンネルに装着されたプローブを、月着陸船側のトンネルのドローグに差し込む。プローブのばねで作動するラッチ（掛け金）が、ドローグの結合用のスロット（長溝）に掛ると、司令船と月着陸船は「ソフト・ドッキング」状態になる。その後、電動機構がプローブを一〇センチ程度引き込んで、双方の宇宙船のそれぞれの直径八〇センチのドッキング・リングを密着させる。すると司令船のドッキング・リングの一二個のラッチが、月着陸船のドッキング・リングの裏側にあるパッドに自動的にしっかりと掛る。これで「ハード・ドッキング」状態になり、司令船と月着陸船の結合部は力とねじりを受け止める事ができ、司令船・支援船の姿勢制御装置を使用して、ドッキングした状態の宇宙船の操縦が可能になる。キティホークとアンタレスはソフト・ドッキングはできたが、ハード・ドッキングはできなかった。

技術者の出した解決策は、司令船・支援船の姿勢制御装置を噴射して、ドッキング・リング同士を押しつけ、そのままの状態でプローブを引込める事だった。姿勢制御装置の噴射によって押しつけると、寸法が多少合っていなくてもラッチがパッドにかかるかもしれない。

ルーサ飛行士はドッキングの方向を慎重に合わせ、アンタレスから六〇センチ離れた位置から姿勢制御装置を噴射した。ドッキング・リングが接触すると、はっきりした衝撃があった。シェパードはプローブを引き込めた。最初は何も変化はなかったが、すぐに計器板にラッチがかかった事が表示され、一二個のラッチがパチン、パチンとかかる音が聞こえて安心した。アポロ14号は月へ向けて飛行を続ける事となった。

飛行後にシェパードは、もし技術者の対策が上手く行かなかったら、もっと危険度が高い方法を取るつもりだった事を認めた。彼は宇宙服を着用し、船内の空気を抜いて、トンネルからプローブとドローグを外して点検と清掃をする事を考えていた。また、手袋をはめた手でドッキング・リングを引き寄せて、ラッチがかかるのを補助する事も考えた。彼はこんなつまらない不具合で、月面を歩く機会を失いたくなかった(注6)。メイヤーのクーガー戦闘機の機首内部の圧力上昇に対する、迅速で危険な試験に対するシェパードの喜び方を見ると、ドッキング不具合に対して彼が考えた応急対策は、彼の性格をそのまま表わしているように思われた。

頭と頭をドッキングした司令船と月着陸船は月への慣性飛行を続け、支援船の大型ロケット・エンジンを噴射して月周回軌道にはいった。シェパードとミッチェルは月着陸船アンタレスに宇宙服を着て乗り移り、月着陸船を作動させた。宇宙船分析室で、私は月着陸船の状況を詳しく見守っていた。月着陸船の電源への切り替え、可動式Sバンド・アンテナの作動開始、脚の展開、姿勢制御装置の加圧開始と噴射試験などの、予定された操作を実施した時間を記録した。宇宙船が月の裏側にはいってヒューストンとの連絡が切れると、搭乗員はドッキング・トンネルのプローブとドローグをもう一度取付けて点検を行ってから、双方の宇宙船のハッチを閉鎖した。

月の裏側から出てきた数分後に、アンタレスはキティホークから離れて、司令船操縦士のルーサに目視検査してもらうために、ゆっくり一回りした。シェパードが月着陸船の降下用エンジンの試験噴射を行い、着陸予定地を見て写真を取るために姿勢を変えると、月着陸船は司令船から離れて行った。

私は月着陸船が飛行計画で予定されている事項を、計画された時間の数分以内に行っているのを確認して安心していた。しかしその時、何かがおかしい事に気付き、胃が縮み上がる感じがした。月着陸船の誘導用コンピューターが、飛行中止を命令する信号を受取っていると知らせて来たのだ。この信号は月着陸船の操作パネルの、降下段投棄スイッチから来ているとしか考えられない。コンピューターは、降下段投棄命令には動力降下中しか反応しないようにプログラムされていたので、この命令を無視した。ＭＩＴは、誘導用コンピューターは間違った信号を受取っている事を確認してくれた。しかし、この誤信号の存在は、送信されてくる月着陸船の計測データには示されていない。

私は宇宙船分析室でボブ・カービー、アーノルド・ホワイテイカーと相談し、グラマン社の誘導系統担当と、降下段投棄スイッチ担当の技術者達に状況を連絡した。ＮＡＳＡやＭＩＴとも相談した結果、我々はアンタレスに、月の裏側に入る前にこの誤信号を無くすための特別な操作手順を行ってみる事を勧めた。シェパードはエンジン停止スイッチを押した状態で、降下段投棄スイッチを押してリセットする操作を行った。無線通信ができなくなる直前に、コンピューターへの誤信号の表示が消えた。

五〇分後にアンタレスが月の裏側から出て来るまでに、次にどうするかヒューストンのＮＡＳＡ飛行管制センター、ベスページのグラマン社、ケンブリッジのＭＩＴの三者で打合せを行い、緊急作業が始まった。宇宙船分析室では、私、カービー、ホワイテイカーは降下段投棄スイッチ関連の系統図を調べた。ベスページではこのスイッチが二個、倉庫から持って来られて試験装置に取付けられた。ＭＩＴではプログラマーが、降下段投棄に関する月着陸船誘導コンピューターのソフトウエアの内容を確認した。このスイッチは、密閉式のケースの中に一五個の接点がある押しボタン式のスイッチで、動力降下中に短時間のうちに降下段を投棄して、緊急避難用の飛行に移るためのスイッチである。このスイッチを押すと、降下段のエンジンを停止し、上昇段と降下段を切離し、上昇段のエンジンを始動し、司令船とのランデブーへ向けて上昇するため姿勢を変更する。コンピューターには二つの信号しか行かない。一つの信号はコンピューターに降下段のエンジンを停止し、上昇段のエンジンを始動するよう命令する。もう一つの信号は、コンピューターに入っている月着陸船の重量のデータを、上昇段だけの数値に変更する。もし動力降下中にこの信号が誤って出されると、月着陸船誘導コンピューターはそれに反応してしまうので、この状況には非常に不安を感じた。スイッチからの他の一三個の信号は上昇段と降下段の分離用の爆破装置を作動させる信号だが、爆破装置はマスター・アーム・スイッチをオフにしておけば、この信号があっても作動しない。

飛行管制センターは飛行士に、スイッチの近くの計器板を軽くたたく様に指示した。無線通信が再開すると、エド・ミッチェルは計器板をたたいてみた。我々の最悪の予想が裏付けられた。スイッチからの一五個の信号をテレメーターからの送信で見ていると、ミッチェルが叩くのに合わせて、どれかの信号がでたらめにオンになったりオフになったりした。降下段投棄スイッチの内部で、ハンダの玉か導電性の破片が浮遊していて、それが接触したり離れたりすることで、その接点の信号を入れたり切ったりしているのだ(注7)。唯一の解決策は、月着陸船誘導コンピューターに、降下段投棄スイッチからの信号を無視させるように、ソフトウエアを変更する事だ。ＭＩＴがその変更用のソフトウエアを作成するのに九〇分以下の時間しかない。

数分後にＭＩＴの若いプログラマーのドン・アイルスが修正用のソフトウエアを作成し、ＭＩＴの試験室の月着陸船誘導コンピューターで確認試験を行った。彼はその内容をＮＡＳＡとグラマン社に伝え、ヒューストンの月着陸船シミュレーターと、ベスページの技術開発用シミュレーターでそれぞれ独立に検証作業が行われた。アンタレスが月の裏側から出て来ると、飛行管制センターはソフトウエアの変更内容をミッチェルに伝え、ミッチェルは動力降下を開始する数分前までかかって、月着陸船誘導コンピューターのキーボードで入力した。またしても地上支援チームはアポロ14号の飛行を救う事ができた。

シェパード船長は降下段のエンジンに点火し、一一分半の動力降下を開始した。エンジンの始動と燃焼はスムーズで、コンピューターからの指令通りに推力の調整が行われ、アンタレスの月面からの高度は減少して行った。降下を開始して六分後に、高度は九〇〇〇メートルを切り、飛行士達は着陸用レーダーの計測値を確認しようとした〔訳注2〕。表示は出ていない。レーダーの仕様に要求されている高度七五〇〇メートルになってもレーダーの計測値は表示されなかった。着陸用レーダーは月軌道上での点検では問題なかった。何か問題が生じたのだろうか？

飛行に関する規則では、高度三〇〇〇メートル以下で着陸用レーダーの情報が得られない場合には、任務を中止するとなっているが、その高度には約二分後に到達する。私は息を飲んで状況を見守った。飛行管制センターの飛行誘導担当の管制官は、着陸用レーダーの起動操作をやり直すために、サーキット・ブレーカーを抜いて入れる事を指示した。ミッチェルがそうしてみると、六〇〇〇メートルの高度で、アンタレスと飛行管制センターの画面に着陸用レーダーの測定値が表示された。カービー、ホワイテイカー、私はホッとして喜びの声を上げ、笑顔になり、顔の汗をぬぐった。またしても、アポロの飛行が地上の支援で救われた！

シェパードは高度二四〇〇メートルで月着陸船の姿勢を起こした〔訳注3〕。目標のコーン・クレーターは予定通りに真正面にあった。

「やったぜ、いただきだ！」とシェパードはヒューストンに連絡し、アンタレスを操縦して、アポロ計画で最も目標の近くにスムーズに着陸した。長く、どうなるか分からない飛行だったが、不屈の宇宙飛行士と彼のチームメートは月へ無事に着陸した（注8）。

アポロ14号は規模が大きくなったアポロ月面実験装置群と、宇宙飛行士が引っ張る二輪の運搬車を搭載していた。この二輪車をシェパードは「月面人力車」と呼んでいた（専門用語が好きなNASAは、機器運搬車と呼んでいた）。一回目の月面歩行で、宇宙飛行士は月面実験装置群を設置し、月着陸船アンタレスの近くのフラ・マウロ平原の土壌や岩石の標本を採集した。彼らは、ごつごつとした巨岩が散在する灰色の平原、漆黒の空、無数の明るく輝く星々、頭上の青と白の素晴らしい地球の姿を、驚嘆しながら眺めた。彼らはコーン・クレーターの縁へと続く、急こう配の灰色の斜面を見上げた。そこが二回目の月面探査活動の主要な目的地なのだ。彼らは、科学者が関心を持ちそうな岩や地質学的な特徴のある物を選び、言葉で説明し、写真で記録して、この飛行を全ての点ですぐれたものにするという約束を果たそうとした。

宇宙船分析室で私は彼らの行動の一部始終を追って、今回の飛行の計画表に、彼らが行った月面活動のそれぞれの時間を記入した。彼らがフラ・マウロ平原の土壌を、「地面の表層はとても柔らかくて細かく、何にでも付着する。茶色のベビー・パウダーの様だ。」と説明するのを聞いた。

「人力車のわだちは、二センチ程度の深さだ。わだちは日光を反射し、月着陸船までずっと続いているのが見える。」と彼らは報告した。宇宙飛行士は地震計を設置し、地質調査用爆薬でその機能を試験し、遠隔操作で爆発させる爆薬を設置してその場を離れた。着陸地点が正確だったので、アポロ14号の搭乗員は、ヒューストンの科学者と事前に打合せしたとおりの探査ルートで調査を行う事ができた。

アンタレスに帰ると、シェパードとミッチェルはヘルメットと手袋を脱ぎ、生命維持用のバックパックを下ろし、採集した標本の重量を測ってから収納し、夕食を食べ、体を休めて眠る事にした。体力を必要とする二回目の月面調査に備えて一〇時間の休憩時間が取ってあったが、二人には八時間で十分で、予定より二時間早くアンタレスから出た。彼らはコーン・クレーターの外縁を目指したが、そこまでの急斜面を登るのに、ゆるんだ岩や砂ですべり、機器運搬車が何度も転覆するので苦労した。時には機器運搬車を両脇から持ち上げて動かさなければならない事もあった。直径が三〇〇メートル以上あるコーン・クレーターは、平地から七五メートル以上の高さがあるのに、下からは見えなかった。その外側の縁は、月ができた初期の頃に地中深くから噴出した岩石で覆われているのではないかと思われていたので、探査の対象になっていた。

懸命に努力したが、シェパードとミッチェルは外縁には到達できず、広大なクレーターを見下ろす事はできなかった。大きさを比較するものがなく、地面の起伏が激しく、真空状態での景色の見え方に慣れていなかったので、コーン・クレーターの外側の斜面を登るのは迷路を歩くような感じで、宇宙飛行士達は苦労した。ミッチェルはシェパードに近づき、息をはずませながら地図を見せて言った。「ちょっと見てもらいたい。僕らはここに居る。地図のこの地点へ行かなくてはならない。」

彼らは平坦な場所に来たが、クレーターの縁はまだ見えなかった。ミッチェルはもう一度地図を調べた。「この大きな岩は、他のどれより大きい。これが見えるはずなんだが。」

「シェパードとミッチェル、もういいよ。」ヒューストンの宇宙船通信士のフレッド・ヘイズが、時間が無くなった事を彼らに告げた。彼らは管制センターが許可した三〇分の延長時間を使って探したが、まだコーン・クレーターを見付けられなかった。固くて動きにくい宇宙服を着ているので、斜面を登るのに疲れていた。後になって、彼らは帰る途中でコーン・クレーターの縁の二〇メートル以内まで近づいていた事が分かったが、彼らにはクレーターの縁は他の多くの起伏と同じに見えたので判別できなかったのだ。

コーン・クレーターの縁を見付ける事はできなかったが、アポロ14号は科学的には大きな成功を収めた。彼らの月面上での活動の月面滞在時間（一日と九時間半）、月面歩行探査時間（九時間二〇分）、回収した標本重量（四三キロ）は、それまでの記録を全て上回った。彼らは月着陸船の基本型の最終号機であるアンタレスの能力を最大限に活用した。これ以降の飛行は、月面滞在が三日間可能で、月面車を搭載できる、滞在期間延長型の月着陸船で行われる。

アンタレスに入る前に、シェパードはゴルフ・クラブを組立て[訳注4]、ゴルフ・ボールを取り出し、月着陸船のテレビカメラの前に立って、重力が六分の一で空気の抵抗がない月面で、ゴルフ・ボールをどれくらい飛ばせるか実際にやって見せた。

「私は左手に、何百万人ものアメリカ人が知っている白い小さな球を持っている。」と彼は言った。三回目の試みで彼はボールをしっかりと打つ事ができ、ボールは黒い空の下、クレーターの上空をスローモーションの様に飛んで言った。「何マイルも先まで飛んだ！」とシェパードはうれしそうに叫んだ。動きにくい宇宙服を着ていなければ、ボールを月周回軌道まで打上げれるのではないかと彼は思った。

搭乗員がアンタレスの船室を片付け、食事をしている間に、私は宇宙船分析室で、Sバンド用可動式アンテナの問題に取組んでいた。このアンテナは月着陸船と地球の間の主通信回線用で、この回線は高速データ通信が出来る唯一の回線である。アンテナは送信や受信の時に、停止させたい位置で静止せず、ぐらぐらしていた。月面からの上昇の時にアンテナの固定が外れて、飛行管制センターにリアルタイムのデータがはいってこなくなるのではと心配した。グラマン社とNASAの技術者は、予備の地上からの送信モードに切り替えて、その後、アンテナのモード・スイッチを「自動（オート）」の位置にしてもらう事で、アンテナのぐらつきを止めた。Sバンド・アンテナが使えなくても、月着陸船の無指向性アンテナで、音声通信と低速のデータ通信は可能である。

シェパードとミッチェルは、月面からの離陸前の点検を進めた。姿勢制御装置を試験的に噴射したところ、その排気がテレビ中継と月面歩行探査の際の高速データ通信と音声通信用に立ててあったアンテナを吹き倒した。月面からの上昇は予定通りに行われ、上昇段のエンジンは七分間順調に作動し、アンタレスは予定通りにランデブー用の軌道に乗った。

アポロ14号は、それまでの軌道を二周してランデブーする方式から、軌道を一周している二時間の間にランデブーを完了する方式に変更した初めての飛行だった。この新しい方式で問題なくランデブーできたので、以後の飛行では標準の方式になった。ランデブーが完了する頃、主誘導系統とは独立して、同様な誘導計算を行っていた緊急用誘導系統が停止した。船室のスイッチやサーキット・ブレーカーを入れたり切ったり、ミッチェルがキーボードで緊急用誘導系統を呼び出してリセットしようとしたが上手く行かなかった。月着陸船の主警報灯も、点灯して緊急用誘導系統の故障を表示するはずが、点灯しなかった。飛行には影響しなかったが、グラマン社の技術者にとっては、次のアポロの飛行までに解決すべき大きな不具合だった（注10）。

ドッキングは、今回は通常の手順で上手く行き、シェパードとミッチェルは、貴重な月面の標本と共に、司令船キティホークのルーサ飛行士と再び一緒になった。アンタレスの上昇段は切り離され、アポロ12号と14号の着地点の中間に落ちるように、上昇段のエンジンが点火された。月面に落ちた衝撃で生じた地震振動は、アポロ12号と14号が設置した月面実験装置群で、何時間も記録された。帰還は予定通り行われ、宇宙飛行士達が回収担当のヘリコプター揚陸艦の艦上に降り立った時の笑顔を見て、私も飛行支援室でうれしくなった。

アポロ14号でも、地上の我々は飛行中に生じた危機の解決に貢献した。アポロ13号の救出と言う厳しい試練を経験して、NASAとそれを支援する民間会社のチームは、問題が生じても、冷静に自信を持って対応できる、経験豊かなチームになった。宇宙空間と地上の双方で、人間と機械の組み合わせが持つ、高い処理能力と適応力は実際の場面で何度も証明されてきた。

アポロ14号での月着陸船の不具合数はこれまでで最小だったが、降下段投棄スイッチの異常は、取付け前に発見しておかねばならない、重大な不具合だった。ドッキングが最初に成功しなかった事は、司令船と月着陸船間のインターフェースのより厳密な管理、確認の必要性を示すものだった。今回のLM-14号機の結果は月着陸船の品質向上の傾向に反しており、現状に満足することなく、品質向上の努力を続けなければならない事を、我々に再認識させてくれた。

月面上でのシェパードとミッチェルの、補助装置を使用しない歩行による探査は限界に達していた。月面滞在期間を延長して、より探査能力を高める準備はできていた。自由奔放なアラン・シェパードと、真面目なエドガー・ミッチェルの組合せは、月面探査チームとしては良い組み合わせだった。月面車の追加と二日間増えた月面滞在期間で、次のチームはどんな月面探査ができるだろう？

第19章——大いなる探検　アポロ15号、16号、17号

アポロ計画の後半の活動については、探査活動能力の向上があらかじめ計画されていた。その先見性のおかげで、NASAは月そのものとその起源について、膨大な科学的知識を入手する事ができた。月面探査期間の延長は、フォン・ブラウンの技術者達が行った設計改善の積み重ねによる、サターン・ロケットの有効搭載量の増加と[訳注1]、我々が月着陸船の重量を各所で削減して軽くした事で実現したものだ。月面の滞在期間は三日間に延長され、より多くの月面探査活動ができるようになり、科学調査用の機器は増え、月面車が加わった。月面車は宇宙飛行士達の移動能力と長時間行動力を大幅に向上させ、月面探査に新しい展開をもたらした。社会の一般の人達は月に人が行く事に飽きて来ていたが、世界中の科学者は新しい探検の成果を期待していた。

月の山々：アポロ15号

一九七〇年六月に、私はMITの一年間のスローン・フェローズ課程を終えてベスページ工場に戻り、最近発表された、NASAのアポロ計画の次の大規模プロジェクトである、スペースシャトルの提案活動に取組んだ。この八年

間で初めて私は月着陸船計画から外れたが、自分の気持ちとしては、月着陸船を忘れたわけではなく、スペースシャトルの仕事が許す範囲内で、できるだけ接触を保つようにしていた。一九六九年の半ばにＭＩＴへ行くまでは、滞在期間延長型の月着陸船の設計を指揮していたので、その活躍ぶりを見届けたいと思っていた。一九七〇年八月、私は滞在期間延長型の月着陸船ＬＭ‐10号機の設計審査に出席した。ＬＭ‐10号機はアポロ15号用で、審査では新規設計の部分の評価と実機確認が行われる。設計変更された降下段には、より大型の推進剤、水、酸素のタンク、追加の二個の蓄電池、拡大された科学調査用機器の収納庫、月面車を入れる新しい収納庫が装備された。上昇段の変更は小規模で、水酸化リチウム・キャニスターの追加、月面標本容器、食糧、搭乗員用装備の収納場所が拡大され、新しい設計の宇宙服の収納場所が設置された。

完成したＬＭ‐10号機の降下段の実機確認が、宇宙船組立・試験現場において、アポロ15号の船長のデイブ・スコットと月着陸船操縦士のジム・アーウィンが参加して行われた。搭乗員が探査で使用する全ての装備品の、実物または開発用の試作品が用意された。実機確認の方法は、グラマン側のウイル・ビショッフ、ジョン・ストラコッシュ、ジョン・リグスビイと、ＮＡＳＡの担当技術者が計画した。宇宙飛行士達は、月面実験装置群の発展型や他の科学調査用機器を設計した技術者と共に、機器類の収納庫の専用ホルダーへの収納と取り出しを注意深く行った。必要に応じて最小限の修正が行われた。取付け取外しの確認が終わると、収納庫の扉は、ケネディ宇宙センターでの打上げの時と同様に閉じられた。

ボーイング社の技術者と作業員が、月面車の試作車を見せてくれた。彼らが月面車を折り畳み式の芝居の小道具のように折畳み、それを収納庫にきちんと収納したのには驚いた。月面車は地球上では月面上より六倍重いので、収納庫の扉を開けた時に飛び出してくる勢いが強くなる。勢いを弱めるために、グラマン社の技術者は月面上より重い分をバランス・ウエイトで打ち消す装置を即席で作成した。

降下段の収納庫を全て閉じた後、スコットとアーウィンは月面上で使用する順番に従って、各区画を開けた。科学用調査機器の技術者に囲まれて、宇宙飛行士達は扉を開けて機器類を取りだす度に、質問したり意見を言ったりした。最も華々しい見ものは、月面車の収納庫を開けた時だった。スコットとアーウィンが収納庫の両端の紐を引くと、扉がぱっと開いて、昆虫がさなぎからかえる時のように、月面車がたたまれた状態から自動的に開き、収納庫の中で車輪が走行位置に固定され、斜め下向きのそのまま走り出せる姿勢になった。ボーイングの巧妙な設計に感心して、我々は思わず声を上げてしまった。

翌日、私は実機確認の最終段階を見るために、機体の場所に戻った。一晩のうちに指摘事項の処置が終わり、最終的な扉の調整が完了し、降下段は打上げの時と同じように全ての扉が閉められた。スコットとアーウィンはもう一度、扉を開いて科学機器類の取り出しを行うが、今回はそれを宇宙服を着て行う。宇宙服に空気を送り、冷却を行うための装置を引いた作業員が、宇宙飛行士に付き添っていた。この光景に私は見入ってしまった。見慣れた白いタイル張りの床の組立現場で、白い作業服の一団が付いてはいるが、宇宙服を来た二人の宇宙飛行士が、金色と黒色の断熱材に包まれた降下段の横に居るのを見ると、私の想像力が刺激された。彼らがかがみこんで月面実験装置群や月面車を取り出すのを見ていると、彼らが月面で、一歩ごとに灰色のほこりを舞い上げながら、樹木のない奇妙な平地や山の中で、超現実的なほど明るい日光で照らされたり、黒い影の中に入った状態で、同じ事を行っているのを思い浮かべる事ができた。これは私が月面探査を最も身近に感じられた時間で、私はこの空想の中に入り込んでいた。

私はベスページ工場から納入する直前の、ＬＭ‐10号機の完成納入審査にも参加した。ＮＡＳＡのジョージ・ロウが議長で、審査は半日で終わり、問題はあまり多くなかった。月着陸船の初期の頃と比べると、何と良くなった事だろう！　審査会場は二五番工場のきれいで快適な、音響効果が良く映像設備のある会議室で行われた。三日間の書類と実機の審査に、約二百人のＮＡＳＡとグラマン社の技術者が参加した。指摘事項が書かれ、いつもようにきちんと処置されたが、最初の頃のような不安感は減った。月着陸船計画は順調に成長し、成熟した。

私はデイブ・スコット船長、ジム・アーウィン飛行士と長い時間話した。二人ともＬＭ‐10号機の完成状態には非常に満足していて、自分達の飛行を待ちかねていた。スコットは選ばれた着陸地点は、美しいが着陸には難しい場所だと私に話してくれた。彼はテレビの画像がその素晴らしさを伝えてくれる事を期待していた。この月面探査の間に彼らが見たり感じたりした事を、地球に居る人達に伝えたいと思っても、言葉による説明だけでは不十分だからだ。

滞在期間延長型の月着陸船により、月面探査の行動範囲と効率は大きく向上する。その時には究極の成果と思えた最初の月着陸から二年が経過しただけだが、今回は科学的探査に新たな局面をもたらす設計の機体になった。月面に三日間滞在する事で、少なくとも三回の月面調査を行う事ができ、月面車は体力の消耗を減らすので、一回に七時間まで月面に出ていられる。そのため、これまでの歩行だけの時より遠くまで進出し、山の斜面を登る事が可能になった。月面車は標本採集用具や採取した標本を積めるし、航法装置で正確な位置情報が分かるので目標地点を探す時間を短縮でき、飛行士達は体力を消耗しなくてもよい。月面車にはより高性能のテレビカメラが搭載され、世界中の人々が月面探査のスリルを共有できるし、地質学者がヒューストンから、教育をしてきた飛行士達の現地調査の状況を見て、助言や評価をして支援する事ができる。宇宙飛行士の教育を行ったリー・シルバーなどの地質学者は、ただ単に調査状況を見ているだけでなく、四〇万キロ離れた場所から飛行士達の肩越しに月面を見て、探査に積極的に関与する事ができる。これまで、このような事はできなかった。

アポロ15号の着陸地点は、これまでのアポロ計画で最も難しい場所だが、極めて美しく、劇的な印象の場所だった。着陸地点は月のアペニン山脈のハドリー・リッジの横の、三三〇〇メートルの高さのハドリー・デルタ山と、曲がりくねった九〇〇メートルの深さのハドリー裂溝の間にある平地だった。スコット船長とアーウィン月着陸船操縦士は、二七〇〇メートルの高度で月着陸船ファルコンの姿勢を垂直に起こした時に、左上方に太陽の光で輝くハドリー・デルタ山の山腹を見て驚いた。前方の景色は予想と違っていて、飛行管制センターは誘導装置がファルコンを予定位置から九〇〇メートル離れた地点に誘導してしまったと連絡してきた。ハドリー裂溝とハドリー・デルタ山で位置が把握できたので、スコット船長は飛行ルートを手動操縦で変更して、予定地点のすぐ近くに着陸できた。舞い上がる砂ぼこりで、高度一八メートルから下では外が見えなくなったので、月着陸船で二回目となる、計器飛行での着陸を行った。月面上の滞在が三日間である事と、予定されている月面上の探査活動の時間が長い事を考慮して、スコットとアーウィンは月面に出る前に睡眠をとる事にした。しかしスコットはその前に、リー・シルバーが新しい場所の調査の前に行うように教えてくれた、周囲の目視観察を行った。ファルコンの船内の空気を抜き、上部ハッチから体を半分出して、スコットは周囲の比類なく美しく壮大な景色を、三〇分間に渡りしっかりと観察し、写真に撮った。ハドリー山の丸みを帯びた灰色の山腹は、太古からの手つかずの塵でスキー場の様に覆われており、曲がりくねった神秘的なハドリー裂溝の深い溝には、その壁面に月の歴史を解き明かす手掛かりが残されていそうだった。スコットはこのような場所を探検するのかと思うと、胸が高まった。

アポロ15号に採用された多くの改良の中で、宇宙飛行士達に最も歓迎されたのは、新型の宇宙服だった。この新型はより動きやすく、柔軟性があり、脱着が容易で、宇宙飛行士はファルコンの船内で宇宙服を脱ぐ事ができ、食事と睡眠の際には着心地が良い飛行服でいる事が出来た。宇宙服を着ていないので、月面にいる間に微小隕石が月着陸船を貫通する事を心配したが、それまでの飛行実績からその可能性は低いと考えたので、彼らが睡眠を取っている間もあまり心配しなかった。

アポロ15号の探査の間、私はベスページ工場の飛行支援室に立ち寄って、重要な出来事は見るようにしていた。仕事の後、飛行管制用のチャンネルの一つで、ほぼ休みなく送られて来ている月面車のカメラの映像で、探査の状況を見守った。私は二度目の月面探査の行程はほぼ全て見て、それまでよりこの探検に参加している感じが強くなった。月面車は速い速度でハドリー山の山腹を九〇メートルの高さまで登って行ったが、乗っているスコットとアーウィンは、傾斜がきつい所では転覆するのではないかと心配した。ある場所では、宇宙飛行士が二人とも徒歩で標本採集をしている時に、月面車は斜面を滑り落ち始めたが、スコットは素早く月面車をつかんで止める事ができた。スコットは一番高い場所から月面車のカメラをぐるりと回して、丸みを帯びた丘陵が日光を浴びて金色に光り、平原は暗く、眼下のハドリー裂溝の壁に光が当たっている景色を撮影した。月着陸船ファルコンは、この世の物とは思えない眺望の中で、はるかかなたに小さく見えた。（探査に関する規則では、月着陸船まで安全に歩いて帰れる距離である六キロメートルを越えて月面車で進出する事は禁止されていた。）月の山は非常に美しく神秘的で、明らかに太古のままだった。

ハドリー山からの帰り道、スコットとアーウィンは中程度の大きさのスパー・クレーターを調査し、標本を採取しながら説明を行った[訳注2]。変わった白い岩が目についた。スコットが表面を拭くと、斜長岩の白い結晶がはっきり見えた。この岩は月の太古の地殻の岩石の可能性が大きい。発見した物の重要性を理解したので、スコットとアーウィンはそれをカメラの前に持って行き、飛行管制センターの支援室に居た仲間の科学者と一緒に喜んだ。（この石はヒューストンで放送していたレポーターにより「創世記の石」と名付けられ、おそらく月ができた四五億年前の物と分かった。）ハドリー基地に戻ると、スコットは固くて掘削しにくい月面に穴を掘る作業を行った。指先を宇宙服の手袋の先端に長時間強く押しつけていたために指先を痛めたが、三メートルの深さの標本採取用のボーリングを行い、科学的に重要な標本を採取した。（採取した地殻の標本はそれに要した労力に見合う価値があった。科学者はその標本を調査して、土壌が四二層重なっていて、一番下の層は五億年前のまま保たれていた事を明らかにした。）

最後となる三度目の探査で、スコットとアーウィンはハドリー裂溝の縁まで行き、斜面を少し降りた。彼らは裂溝の壁に溶岩の層が何層も重なっているのを見て写真に撮った。これははるかな過去に月ができ上がる時、活発な火山活動があった確かな証拠である。彼らは岩石と土壌の標本を採取し、三メートルの深さまでの地殻標本を採取した。ファルコンに戻ると、スコットは月面車を少し離れた所に止め、カメラをファルコンの離陸を撮影するようにセットした。

私はベスページの飛行支援室で離陸を見たが、それは驚くべき光景だった。上昇段は引きちぎれた銀色と金色の断熱材を盛大に舞い上げながら、あっと言う間にカメラの視野から上昇して消えた。数秒後に舞い上がった破片は地上に落下し[訳注3]、画面には月着陸船の降下段と月面実験装置群が静かに映っていた。月面にこのまま永遠に残るのだ。

私は月を見上げるたびに、その姿を思い出す。それらは無言でたたずむ見張りの兵士のように、次の月面探検者の到着を待っているのだ。

上昇とランデブーは順調で何の問題も無かった。スコットとアーウィンは司令船のアル・ウォーデンに再会したが、ウォーデンも月の科学的調査に大きく役立つ調査を行っていた。支援船に搭載された科学調査機器は、月面の大部分について写真撮影や計測を行い、月の組成や特性について大量のデータを記録した。アポロ15号は、慎重に選んで採集した標本と情報を大量に持ち帰り、月の起源、そして、近くにあり類似している地球の起源について、人類の知識を増やすのに多大な貢献をした。太平洋上で回収担当の強襲揚陸艦オキナワに無事に乗船すると、宇宙飛行士達は地球の爽やかな空気を呼吸でき、仲間達に再会できた事を喜んでいた。検疫のための隔離は、不必要として廃止されていた。

私はアポロ15号の搭乗員に、数週間後のヒューストンでの晩餐会で会った。スコットとアーウィンは、月着陸船の中で感じたり聞こえた事を詳しく話してくれた。離陸と上昇はエレベータのように滑らかで、月面の景色は三角形の窓の中でみるみる小さくなって行った。わずか数十センチ下で燃焼しているロケット・エンジンの力は、足で感じる安定していて不安を感じさせない振動で分かるだけだった。彼らは。船室の圧力を抜く弁の鋭いバンという音、環境制御装置のポンプやファンのブーンという音、可動式の通信アンテナのきしる音など、月着陸船の船内の音を真似してくれた。彼らは私の質問に喜んで答えてくれ、月の驚くべき美しさを紹介できる事への感謝を何度も繰り返した。彼らの開放的で協力的な対応と、月面車に新しく装備されたテレビカメラの画像で、私はこれまで以上の成果を上げたこの飛行に深く感動した。アポロ15号では、月着陸船がほぼ完全に機能した満足感以上に、私にとってはうれしい事があった。月着陸船に同乗して、宇宙飛行士達と一緒に月面を探検する夢が、初めてある程度達成できたのだ。

中央高地の探検：アポロ16号

一九七二年四月には、グラマン社はスペースシャトルの提案の準備で忙しかった。ＮＡＳＡの提案要求は数週間のうちに出ると予想され、グラマン社では約六百名の技術者が提案のための調査、分析を行い、提案の中核となる部分を作成していた。スペースシャトル計画の副部長として、私は提案について大きな責任を負っていたが、それは長時間の勤務と休日出勤を意味していた。そのためアポロ16号の状況を見ている時間はほとんど無かったが、仕事の帰りに数分間にせよ飛行支援センターに寄って飛行状況を見るように努めていた。何日かは一般のテレビ放送の、飛行状況を短くまとめたニュースで済ませる事もあった。

アポロ16号の着陸地点には、月の赤道の北側で、月の中央部にあるデカルト高地が選ばれた。地質学者達は明るく拡がっている月の高地は、月の海を形成した溶岩流よりもっと前の、初期の火山活動でできたのではないかと考えていた。月の高地の着陸地点を慎重に検討した結果、ＮＡＳＡはデカルト高地周辺は、起伏が激しくクレーターが存在するが、月着陸船の着陸が安全にできる平坦な場所があるとの結論に達した。科学者達は、月の表面のかなりの部分を占める地形の代表的な場所の、初めての探検を熱心に希望していた(注2)。

アポロ16号の搭乗員は全員が、伝統的な南部気質を持つ南部出身者だった。船長はジョン・ヤング、月着陸船操縦士はチャールズ・デューク、司令船操縦士はケネス・マッティングリーだった。彼らは月周回軌道には順調に予定通りに到達したが、そこで予想外の問題が生じて飛行の継続が危ぶまれた。司令船のキャスパーと月着陸船のオリオンが分離した後、オリオンが降下前点検でマッティングリーに見てもらうために回転をした。その後の司令船キャスパーでマッティングリーが行った試験で、問題が生じた。彼が支援船のロケット・エンジンのジンバル制御(注3)の予備系統を点検したところ、支援船のロケットの噴射方向制御用ジンバルが指定された方向を安定して保持せず、周期的にふらついた。主系統のジンバル制御系統は異常がなかったが、飛行規則上では、月着陸船の月面への降下開始を許可するには、二系統とも正常に作動している事が必要だった。飛行管制センターがこの問題を検討している間、キャスパーとオリオンは六時間以上、近い位置を保ったまま軌道上を回り続けた。飛行管制センターは予備制御系統でジンバルが周期的にふらついても、支援船のロケット・エンジンを安全に制御できると判断して、最終的に飛行継続を指示した。

軌道上で待機している間に、月着陸船オリオンでも問題が生じた。ヒューストンの管制官が、姿勢制御装置の燃料タンクの内圧が、徐々に上昇して許容限度を越えた事に気付いた。グラマン社のウイル・ビショッフ、マニング・ダンドリッジ、オジイ・ウイリアムスは、これは姿勢制御装置の圧力調整器からの漏れが原因と考え、姿勢制御装置と上昇段の推進系統との間の燃料連結バルブを開く事を提案した。そうすれば姿勢制御系統の過剰な圧力が、上昇段のずっと大きな燃料タンクに逃げるので、圧力を下げる事ができる(注4)。

ヤングはオリオンを操縦して、高くそびえるストーン・マウンテンの裾野の近くの、起伏が激しくクレーターが多い場所に、滑らかな着陸を行った。ヤングとデュークは三回の月面探査を行い、大きな成果をあげた。最初の二回はそれぞれ七時間を越え、三回目も五時間を越える船外活動だった。彼らは月面車に乗って、ストーン・マウンテンの一五〇メートルの高さの所まで登り、そこから眼下に拡がる、地球とは大きく異なる月の眺望を感嘆しながら眺めた。基地である月着陸船は、ストーン・マウンテンの起伏のある斜面に遮られて、見る事はできなかった。眼下の丸みを帯びた山の形はハドリー山に似ていたが、ストーン・マウンテンはもっと岩が多くごつごつしていた。彼らは白い結晶を含む斜長石を見付けたが、これは「創世記の岩」のように月の古代からの地殻に由来するものだ。しかし、地質学者の予想に反して、彼らは高地で火山活動の跡を発見する事はできなかった。この地域ははるかな過去に、たび重なる隕石の衝突で出来上がったようだった。二人の宇宙飛行士は興奮して、「オー！」とか「あれを見ろ！」とかの驚きの声を上げていた。ヤングとデュークは彼らが見た物や感じた事を、分かりやすい言葉で自由に表現して、中継を見ている多くのアメリカの市民を楽しませた(注5)。

彼らは新記録となる九〇キログラム以上の月面の標本と、それに加えて月面での測定データや写真、軌道上の科学調査機器のデータを持ち帰った。司令船操縦士のマッティングリーは船外活動を行って、支援船の下部の科学機器搭載区画から撮影フィルムを回収した。これは地球と月のほぼ中間の宇宙空間で行われた大胆な船外活動で、マッティングリーの記憶に永遠に残るものだった。

月面着陸の最終回：アポロ17号

私と妻は下の三人の子供を連れて、アポロ計画では初めての夜間打上げとなるアポロ17号の、打上げのカウントダウンが続いているのを、招待者用観覧席で何時間も待っていた。一二月の湿っぽい寒さが深まる中、遠くの三九A発射台のアポロ宇宙船とサターン・ロケットの組合せを眺めていた。サターン・ロケットは明るい照明灯に照らされ、内部に蓄積されたエネルギーで破裂しかけてでもいるかのように、白い蒸気を噴き出していた。子供達はじっとしていられなくなり、駐車場を駆けまわったり、小型の保冷容器から軽食を出して食べたり、草むらで昆虫を探したりしていた。夜中の一二時をかなり過ぎ、秒読みが打上の二〇秒前になると、観衆は静かになり、私は安心させるため妻の手を握った。

目がくらむほど明るい黄白色の排気がサターン・ロケットの底部から噴き出し、白地に黒の線がはいった円筒形のロケットが、打上げ塔を離れて上昇していった。ロケットの明るい排気は大きく拡がり、まるでロケット本体が太陽から突き出しているかの様に見えた。夜の闇は、ロケットの排気の明るい光で消え失せ、砂丘の拡がる平地、湿地、熱帯の灌木が遠くまで見えた。私はこの驚異的な光景を口を開けて眺めていて、間もなく到来する大音響の衝撃と、地面からの揺れを忘れていた。感嘆しながら眺めていると、太陽のようなロケットの焔はゆっくりと明るい星ほどになり、それもだんだん目立たなくなって行った。ロケットのごう音がはるかな低い響きに、遠ざかるロケットの焔がほのかな星の明るさになるまで、何分間も我々の視線はロケットに釘付けになっていた。南フロリダには再び夜の闇が戻ってきたが、目的地である月の光を受けて光る、ロケットの排気が残した白い曲りくねった雲が、先ほど見た奇跡が現実である事を物語っていた。

打上げの後、百万人もの観衆が帰るので帰りのバスは渋滞につかまったが、子供達は打上げを見た事に興奮していつまでも話し続けて、モーテルに帰ってもなかなか寝付こうとしなかった。寝付く前に三男は宇宙飛行士も宇宙船の中で眠るのかと尋ねた。家族全員にとって、この夜は忘れられないものになった。

私は妻と子供が来る前日に、ケネディ宇宙センターの打上げ準備センター内にあるグラマン社の飛行支援室へ、打上げ準備作業の最終段階の状況を見るために行った。打上げを控えたその日の午後、ケネディ宇宙センターのグラマン事業所長のジョージ・スキューラは私にこんな話をしてくれた。ＮＡＳＡのアポロ打上担当の所長で、厳しいことで有名なロッコ・ペトローン大佐は、数か月前にスキューラを事務所に呼んで、ケネディ宇宙センターで働くグラマン社の作業員の士気と規律を保つために、何か特別な事をしているか質問した。アポロ17号が終わると、その後は宇宙関係の仕事がないので、グラマン社の社員は、いわば失業するためにアポロ17号の仕事をしている事になる。その事をＮＡＳＡの上層部は気にしていた。グラマン社の作業員の作業品質と勤労意欲は、それまでの打上げと同じ、高い水準に保たれるだろうか？「グラマンの人間に対する心配は不要です。彼らはちゃんとやります。」とスキューラはペトローンに言ったとの事だった。

打上げの日にペトローンはスキューラを事務所に呼び出して、打上げ塔の宇宙飛行士搭乗準備室と司令船の間の連結通路に貼ってあったポスターを見せた。そこは宇宙飛行士が司令船に乗り込む時に見える場所だった。「君の所の人間はまだ分かってないのかね？　これは規則違反だ」と彼は言った。前回、同様な違反があった時は、ペトローンは違反者を首にする事を要求した（注６）。今回のアポロの最終飛行では、彼はもっと怒っていた。スキューラはポスターを見たが、そこにはグラマン社の打上げ関係者全員のサインが入っていて、「これは私達の、最後だが最高の月着陸船だ！」と書かれていた。ペトローンは苦笑いと共に、彼らの気持ちは称賛に値するとしぶしぶ認めた。

打上げの当日、私は妻と子供に、グラマン社主催の、打上げ前の大規模な昼食会で落ち合った。宇宙飛行士の妻も何人か出席していて、その中にはアポロ17号の司令船操縦士ロナルド・エバンスの妻のジャン・エバンスも含まれていた。妻は彼女と以前の飛行の時にヒューストンで知り合っていた。NASAの幹部も何人か出席していて、その中にはギルルース夫妻やボレンダー将軍夫妻もいた。ギルルースは短いスピーチをして、アポロ計画に対するグラマン社の優れた貢献を称賛した。六月に急死したルー・エバンス社長の妻のジョー・エバンスも、夫の遺志を守って努力してくれたグラマン社の月着陸船関係者に、心がこもった感謝の言葉を述べた。出席者は間もなく行われる打上げに、自信、誇り、開放感と共に、これが最後の打上げになる事への悲しみも感じていた。

アポロ17号の着陸地点のタウルス・リットロウ渓谷は、科学者達が月の起源について、まだ欠けている多くの情報が得られそうだとして選んだ場所だが、複雑で難しい調査地点だった。そこは「静かの海」の北西の縁にある小さな渓谷で、約六キロの幅があり、両脇は北部山地、南部山地と呼ばれる高原までの、二三〇〇メートルの切り立った崖で仕切られていた。研究者達はその場所の地質学的な多様性に魅力を感じていた。多くのクレーターが重なり、岩が散在し、山地のふもとは大きな岩と、崖から地滑りで落ちてきた破片がうずたかく積もっていた。軌道上から撮影した写真では、その明るい色の地表面は、暗い色の物質で薄くおおわれているが、専門家はそれは火山灰か、または隕石の衝突でまき散らされた物ではないかと考えていた。山地のふもとの地滑りの堆積物には、月の内部から押し上げられてきた、古い時代の物質が含まれているかもしれない。この辺りは地質学的な宝庫であり、今回のような月面車と宇宙飛行士を務める地質学者による探査活動を三回行っても、まだ十分に調査しきれない場所だった。

この最後のアポロの搭乗員には、科学者から選ばれて宇宙飛行士の訓練を受けた中でただ一人、ハリソン・シュミットが宇宙飛行を行うのに選ばれて、月着陸船操縦士としてはいっていた。船長はジェミニ9号、アポロ10号を経験したベテランのユージン・サーナン、司令船の操縦士はロナルド・エバンスで、どちらも宇宙飛行士であるのに加えて、現地調査ができる有能な地質学者でもあった。

アポロ17号は、それまで以上に、非常に大きな成果を上げた。サーナン船長は月着陸船チャレンジャーを巧みに操縦して、凹凸が多い狭い峡谷の底の、決められた着陸点に正確に着陸したので、計画した通りの探査ルートを利用できる事になった。二人はこれから調査する、豊かな地質標本の散在する採集場所を畏敬の念で眺めた。シュミットは専門知識を活かして、この膨大な地質標本が散在する中から、時間的に優先順位を付けて標本を採集する事にした。彼らは山地の目もくらむような白い崖と、岩石の破片で覆われた谷間の底がよく見える、驚くほど美しい場所にいた。青と白に明るく輝く地球が三日月の形をして、切り立った南部山地の崖の上にかかっていた。サーナンは感動の声を上げた。

最終回にふさわしく、彼らはそれまでのアポロ計画の記録を上回り、月面滞在時間（三日間と三時間）、探査行動時間（三回で、いずれも七時間以上）、月着陸船から離れた距離（八・八キロ）、持ち帰った月面標本（一一〇キロ）はこれまでで最高だった。円錐形のショーティ・クレーターを探検している際には、オレンジ色の土壌を発見し、多くの標本を採取した。帰還後の調査で、その標本には、オレンジ、緑、青色に加えて、茶色や黒色もある、様々な色のガラスの粒が含まれていた。ガラスの粒の化学的な組成は、チタンや鉄が豊富だがケイ素はほとんど含まれていないユニークなものだった。科学者達はこれは月の火山活動が盛んだった時期に、月の深い所から高圧の気体を含む溶岩が、地上に噴出してできた物だと推定した(注7)。

三度目の月面探査活動で、飛行士達は北部山地の巨大な黒い岩まで行った。この岩はアポロ15号の撮影した写真に、その岩とそれが北部山地の斜面を転がり落ちた時の痕跡が写っていたことで、今回の目的地の一つに選ばれていた。行ってみるとこの岩は五つに割れていて、サーナンはその表面から微小隕石が衝突した跡を採取した。その間、シュミットはその岩を調べ、それについて無線でヒューストンの科学者と話し合った。この岩は非常に複雑な組成で、黄褐色、青緑色の部分に、他の岩や白い結晶質の鉱物がはいり込んでいた。サーナンとシュミットは、この岩が月のドラマチックな歴史を物語ってくれると思ったので、多くの標本を採取し、観察して写真を撮るのに時間をかけた(注8)。

司令船・支援船も月着陸船も、飛行の全期間を通して全く問題無く機能した。グラマン社の打上げチームが約束したように、彼らの月着陸船の最終号機はそれまでで最高のできだった。最後に月面から月着陸船チャレンジャーに乗り込む前に、サーナンは簡単な儀式を行って、世界中のテレビを見ている人達に、前脚に取りつけた記念の銘板を見せ、将来の人々が遠くない将来に彼らの後を追ってここへやって来る事を呼び掛けた(注9)。これは公式のコメントだった。大きな成功を収めた人類による月の探査は、全ての疑問に対する答えが得られたからではなく、時間と資金と決意が尽きたために終わりを告げたのだ(注10)。

ヒューストンの飛行管制センターの関係者用の席で月面探査の様子を見て、私は地球とは別の世界を探検する事の驚異を、あたかも自分が経験しているように感じた。私はアポロの飛行の部外者である事になじめず、クールセン、ビショップ、カービーが指揮を取っている飛行分析室に何度も行った。そこは平和な雰囲気で、対応しなければならない月着陸船の異常はなく、いつもは心配そうな技術者達にも誇らしげな満足感が漂っていた。

私はヒューストンでのほろ苦い式典に、グラマン社やＮＡＳＡの仲間と出席した。これほど長く関係してきた計画も終わったが、幕引きとしてはとても誇らしい式典だった。私は家に帰り、テレビで司令船の空母への回収が安全かつ正確に行われるのを見た。アポロ計画は終わったのだ。それを否定する事はできない。この後、私は何をしたら良いのだろう？　月着陸船のような仕事は、これからの人生で二度と無いだろう事は分かっていた。全く、何と言う年月だったろう。目的を持って仕事に没入し、成果を上げた栄光の一二年間だった。アポロ計画は愛国的感情と国家的な目的意識によって可能になったのに、国を分裂させ、世代間の断絶を生んだベトナム戦争の悲劇が拡大しているこの時期に、この計画が終わってしまうのはなんと皮肉なことだろう。

過去に安住する事無く、グラマン社の宇宙事業を、市場が縮小して行く中で存続させていくと言う、難しい課題に私は立ち向かう事になった。私はこれからの仕事のために、アポロ計画の情熱、団結力、品質が重要との教訓を引き継ぐ事にした。再びアポロ計画が実行される事はないが、そこで学んだ事を。次の世代の航空機や宇宙船の計画に伝えようと、私は固く心に誓った。

第20章――スペースシャトルの失注

一九六九年から一九七〇年にかけての短い期間だが、私は月着陸船の仕事の重圧から解放されて、知識の殿堂である大学で勉学をして過ごした。ＭＩＴのスローン・フェローズ課程に入り、経営工学を学んだが、刺激が多く、有益な一年だった。経営管理の理論と実践について、様々な考え方を学び、広い範囲の人々と面識を得たし、友人もできた。家族全員が私と一緒に、マサチューセッツ州ウインチェスターの大きな木造の家に引っ越した。そこは市が所有している森に隣接していて、ボストン市のボストン・コモン公園から一三キロしか離れていない、緑に囲まれた場所だった。生活のリズムが変わったのは良い事だった。学生生活では勉強は大変だったが、会社で月着陸船の仕事をしている時より時間を自由にでき、家族と一緒に過ごす時間が増え、ボストンやニューイングランド地方を家族と訪ね歩いた。会社との連絡は絶やさないようにし、アポロの飛行を支援するために、会社には頻繁に行っていた。一九七〇年の春に、ジョー・ギャビンとグラント・ヘドリックは私に、六月に帰ってきたら、急激に拡大しつつあるスペースシャトル計画の提案活動を担当してもらう予定だと話してくれた。

スペースシャトル計画はアポロ計画の次の、ＮＡＳＡの有人宇宙飛行の中核となる計画だった。それはＮＡＳＡの中心的な事業として、フォン・ブラウンの宇宙ステーションの構想に代わるものだった。長期計画の担当者は、打上げや帰還にかかる費用を減らさないと、宇宙ステーションのような長期にわたる有人宇宙活動は、費用的に無理になるだろうと考えた。宇宙計画の将来を重視するジョージ・ミラー副長官が担当する将来計画戦略会議で、ＮＡＳＡは宇宙ステーションではなく、再使用可能で、打上げ後の帰還、回収が可能なロケット・システムを開発して宇宙飛行の費用を低くする事にした。

スペースシャトル計画の目標は、宇宙へ行く費用を安くする事だった。完全に再利用可能なシステムであり、打上げの時には、主翼がついた打上げ用ロケットの背中に、軌道船（オービター）と呼ばれる軌道周回部分が取付けられる事が計画されていた。スペースシャトルはロケットのように垂直に打上げられるが、打上げ用ブースター・ロケットと、オービターはそれぞれ飛行機の様に、戻ってきて水平に着陸する事になっていた。ブースター・ロケットは自身のロケットエンジンを噴射して上昇し、オービターと分離して地上に帰還する。分離したオービターは多段式の使い捨てロケットでの場合と同様に、自分のロケット噴射で地球周回軌道に乗るが、打上げから軌道に乗るまで自分のロケットを噴射し続ける点が、多段式のロケットの場合と異なる。どちらにも操縦士が乗り、帰還時は引込式のジェット・エンジンを展開して始動し、着陸用の脚を出して着陸する計画だった。主翼と、ロケット噴射式の姿勢制御装置で、再突入時の軌道修正運動も可能で、着陸場所までの帰還コースを何百キロも変更する事ができる(注1)。オービターには大きな貨物室があり、地球低軌道まで二九・五トンの重量を運べる事が要求されていた。この大重量を打上げる能力により、重量当たりの打上げ費用がさらに小さくなる。この完全再利用可能なスペースシャトルは、巨大で複雑な技術的に難しいシステムだった。打上げに直接必要な費用として軌道投入重量一キロ当たり二二〇〇ドルと言う、ＮＡＳＡの野心的な目標を達成できたとしても、設計と開発には莫大な費用がかかりそうだった。

ＮＡＳＡは一九六九年後半に、スペースシャトルの機体構想と飛行方式の調査研究契約について、契約先を募集した。八〇〇万ドルの調査研究契約には、ノースアメリカン社とマクドネル・ダグラス社が選ばれたが、両社ともこの契約金額に加えて、多額の自社の研究費を投入した。それぞれの調査研究チームでは数百人の技術者が働き、良いと考える設計方針に基づき、詳しい機体構想案をいくつも作成した。

グラマン社は計画設計のベテラン、ラリー・ミードを長とするスペースシャトル・チームを立ち上げ、私がその補佐、フレッド・レイムスが提案作成の責任者になった。ＮＡＳＡのマックス・ファジェのグループと共同して作業を行い、完全再使用可能なシステムの代替案として、より単純で安価なシステムの構想を調査研究する契約を、グラマン社は四〇〇万ドルで受注した。この契約作業は、ＮＡＳＡの主流である完全再使用型のブースター・ロケットとオービターの、次の段階の作業である、より詳しい設計を行う調査研究計画のＢ段階と直接的に競合する作業だった(注2)。

スペースシャトルの構想をより現実化しやすい、それまでとは異なる形態の設計案が一九七一年後半に出現した。私の記憶ではファジェのチームがそれを最初に考え出し、我々に見せてくれたが、グラマン社はＮＡＳＡと密接に連係して作業していたので、グラマン社の技術者には、その案はグラマン社が考えたと言う者もいた。新しい設計案では、ブースター・ロケットは無くなり、オービターには打上げ用の燃料を搭載せず、燃料は全て軽量で大型の使い捨ての外部タンクに積む事になっていた。この外部燃料タンクに、二本の大型の再使用可能な固体ロケットが取付けられる。こうしてシステムを簡素化する事により、製造費用と打上げ時の重量を削減でき、高価な部品のほとんどを再利用できる。固体ロケットは海面にパラシュートで落ちるが、空になったロケットは浮くので、海岸まで曳航し、清掃作業を行い、固体燃料を詰めれば、次回に使用できる。この設計案はグラマン社のオービターの検討で、初期では液体水素用だけの、その次では液体酸素も搭載する切離し式の外部タンクをつけ、そのタンクに固体ロケットを取りつける案を、論理的に発展させたものだ。我々の案でも外部タンクは検討を続けていると、だんだん大型化していた。

この案に私は大きな期待を感じた。この代替案が成立可能なら、競合他社の二年間に渡り多額な費用を掛けて行ってきた調査研究を無意味な物にできる。我々は月着陸船で成功した戦術をもう一度繰り返せる可能性が出てきた。飛行方式を新しい方式に変更し、機体の形態は、他社より我々の方が良く知っている形態にするのだ。グラマン社はまたしても創造的なひらめきで、新しい案を考え出せたのだろうか?

我々はオービターを新しい構想に沿って設計し直した。オービターに極低温の推進剤（液体酸素と液体水素）を搭載するのをやめ、オービターの軌道操縦装置（月着陸船の推進系統と姿勢制御系統に相当）には、高密度の長期保存可能な液体燃料（月着陸船の上昇段と降下段のロケット燃料と同じ）を搭載する事にした。外部燃料タンクは、軌道速度に達する直前に切離され、再突入の熱で分解し、破片となって太平洋上に落下する。オービターは、軌道操縦装置の二基の推力二・七トンのロケットを噴射して、地球周回軌道まで上昇する。空力的な設計としては、主翼は鋭い後退角がついた二重三角翼で、胴体に滑らかにつながり、前縁は再突入時の加熱を抑えるために円みをおびた形になった。この設計では、空軍が要求している、飛行コースの横方向への進路変更可能距離を満足できるだけの、大きな揚抗比（滑空比）が得られる。さらに検討を進めたところ、この設計では再突入を行った後の飛行形態で、ジェット・エンジンを使わなくても、エドワード空軍基地やケネディ宇宙センターに到達できるだけの滑空比と運動性があり、着陸が可能な着陸速度と運動性を確保できることが分かった。ジェット・エンジンが不要なので、設計を単純化でき、オービター内にジェット・エンジン用燃料を搭載しなくてすむ。

こうして新しい考え方を取入れ、これまでの構想を修正する事で、スペースシャトルは設計上では適切な大きさに納まるようになった。新しい設計のオービターは、胴体内に爆発性で、低密度のため大きな容積を必要とする極低温の液体燃料を搭載しないので、ずっと小型で安全な機体になった。こうして出来上がった代替案の機体は、設計、製作、運用のそれぞれの面から見て、より現実的なように思われた。この設計案は、完全再利用可能ではないが、所要費用の目標とその他の技術的な要求事項を満足できそうだった。この案は設計の上では空軍の搭載重量、横方向移動能力、打上げ場と着陸場に関する要求を満足しており、空軍がスペースシャトル計画への支援をやめる理由は何もないように思われた。新しい考え方を入れた設計の全体像がまとまった時、私はこれで設計競争に勝てると感じて、興奮を抑えられなかった。

一九七二年一月五日、ホワイトハウスは、ＮＡＳＡがスペースシャトルを、代替案の「一段半」の方式で開発すると発表した。私は多くのグラマン社の関係者と同じ様に、有頂天になった。我々が検討してきた設計構想が採用され、競合する他社は代替案の構想における技術的な要点を急いで理解しなければならなくなった。他社が力を入れて行ってきた詳細な検討結果や設計案は、大部分が役に立たなくなった。これはまるで月着陸船の時の受注競争を、もう一度繰り返しているようだった。しかも、その時に比べると、グラマン社は月着陸船でどこにも負けない実績を上げ、宇宙関係の経験を積んだ技術者と製造部門の人数は多く、最新の宇宙関連の設備を持っているのだ。

スペースシャトルに対する提案要求は、一九七二年五月に出され、提案戦略を考え、提案書を書き、編集するための休みなしの忙しい作業が始まった。大がかりな提案だが、技術、管理面についてのページ数は四〇〇ページに制限された。しかし、会社の財政見通しと、計画の費用見積りについてはページ数の制限はなかった。提案書は六〇日以内の提出が要求された。ミード、レイムス、私が議長を務める毎日の提案チームの会議では、提案への熱意が高まり、短期間で完成させる必要のある作業が多くなるに連れ、出席者が増え、議論も白熱した。提案要求が出る少し前に、スペースシャトルの提案チームの作業場所は、ベスページの二五番工場の三階から、メルヴィルに新しく借りたビル内の大きな提案活動センターに移った。そこは照明が明るく、部屋の四方に窓、埋め込み型の照明器具、タイル貼りの床、事務所の仕切りと家具があり、会議室の数は多く、全てが新しく、清潔できれいだった。

そんな時突然、なんの前触れも無く、グラマン社のカリスマ的社長のルー・エバンスが亡くなった。家で心臓まひを起こし、即死だった。エバンスは数カ月前にも心臓の発作を起こして数日間入院したが、完全に回復したように見えた。そのためだれも彼の死を予期していなかった。グラマンの社内は救いようが無いほど落ち込み、暗い雰囲気になった。エバンスは社内では愛され尊敬されていたので、グラマンの社員は上から下まで彼の死に落胆した。数千人が通夜と葬儀に参加し、ナッソー郡警察の交通整理をグラマン社の警備部門が手伝った。私は心底からがっかりした。彼とは親しく、彼の前向きで明るい態度は仕事をしていても楽しかった。しかし提案を完成させせねばならないので、個人的に悲しみにひたる事は後回しにしなくてはならなかった。

個人的に悲しいだけでなく、エバンス社長の死はグラマン社のスペースシャトルの提案に関しても、大きな打撃であることに私は気付いた。グラマンの経営者の中でも、エバンスはNASAの首脳陣、特にロウ、ミラー、ギルルース、フィリップスと個人的に親しかった。NASAの首脳陣はエバンスを信頼し、彼が会長である限り会社は適切に運営されるし、頼りにできると考えていた。エバンスの後を継いだジョー・ギャビンも、NASAから信頼され尊敬されていたが、彼はスペースシャトルを受注するための政治的な駆け引きには、エバンスほどは関与してこなかった。

NASAがエバンスが亡くなった事の影響を懸念した事は疑いがない。グラマン社がスペースシャトルの提案を確実に実行できるかだけではなく、独立した会社として存続できるかを懸念したのだ。これはF‐14トムキャット戦闘機の契約を巡る深刻な問題が原因だった。F‐14戦闘機は「一括総合契約」方式を採用した最後の契約の一つである。この契約方式は国防省の首脳部が考え出した良くない方式で、契約相手方に、主要な武器システム全体の開発と製造を一括して請け負わせるもので、何年も先までの生産分の価格も最初に決めてしまう契約方式である。価格には一九六〇年代の低い値上がり率（二パーセント以下）による増額が認められてはいた。しかし、グラマン社が海軍とF‐14の契約をした直後に物価上昇が始まり、一九六九年には六パーセント（ベトナム戦争激化の影響）だったが、一九七三年にはベトナム戦争とアラブ石油危機のため二二パーセント以上になった。物価上昇が激しくなったので、国防省はすぐにそれ以後の契約では一括総合契約はやめたが、グラマン社は巨額の固定価格契約に縛られて、倒産の可能性に見舞われていた。

F‐14の契約問題は、一九七二年四月（NASAがスペースシャトルの提案要求を出す少し前）の上院軍事委員会の小委員会における公聴会でも一番大きな議題で、グラマン社に不利な報道が集中的に続いた。グラマン社は貪欲で肥大化した会社で、過大な利益を得るために政府の緊急援助を求めていると非難された。ウィリアム・プロクシマイヤー上院議員は、グラマン社の管理は不適切で、品質は悪く、納入状況も良くないと繰り返し攻撃した。この攻撃はF‐

14計画についてだったが、それにより社会のグラマン社に対するイメージは悪くなった。政府の大型プロジェクトの受注会社の決定が行われる時期としては、この状況は明らかに我々にとって望ましいものではなかった。一九七二年は大統領選挙の年だったので、国防省と海軍は厳しい態度を貫き、NASAがスペースシャトルの業者選定を行っている期間内に、グラマン社の財政状況が解決する見込みはなかった(注3)。

このような不運な状況に見舞われている中でも、非常に優れた提案書を作り上げたと私は思っている。説明内容、グラフ、図はどれも良くできていた。基本的な主張は、提案を通して一貫しており、技術的、管理的な分野の実績で裏付けされたものだった。つまり、グラマン社は革新的で信頼でき、アポロ計画で示されたように高い品質の製品を送り出してきたし、NASAがスペースシャトルの機体と飛行方式について構想をまとめる上で、その支援に重要な役割を果たしたので、それを設計し製造するのに最も適した企業である事を提案では主張した。システム工学と管理活動の能力が優れている事を強調し、その事は月着陸船や海軍の航空機で実証済みであるとして、スペースシャトルについても綿密な管理計画を提案した。我々の技術作業方針は堅実なもので、成功した月着陸船の方式を踏襲する計画だった。徹底的な技術的解析作業と試験を行う事を提案したが、それは技術的には必要であり、論理的にはそうでなければならないが、費用のかかるものだった。提案書を送り出す前日に、完成した提案書のページを見直してみると、この提案書には最善を尽くしたし、良い提案書ができたと思った。私は疲れ果てて数日間は仕事を休んで家で元気を取り戻して、間近に迫ったNASAの業者選定会議での説明を行うのに備えた。

提案書の説明は、我々の主張を説明するだけでなく、相手方に関心を持ってもらい、提案内容を良く理解してもらえるように、徹底的に事前練習を行い、説明の分担も決めた。ギャビンと私が、提案センターで作成した高品質の画像(三五ミリ・フィルムのスライド)を用いて説明の大部分を行う予定だった。ヒューストンに向けて出発する頃には、私は自分の説明をほとんど暗記していた。

私は自信があり緊張しなかった。私の説明もギャビンの説明もうまく行った。聴衆には満足してもらったと感じた。

聴衆の注意がそれる事はなく、分かってほしい所で、その説明内容を裏付けるしっかりした技術的なデータを見せると、出席者が分かったと言うように笑みを浮かべたり、視線を交わすのが見えた。時計が説明終了時間を告げた時には、私の説明は最高潮を迎えており、普段は無表情な会議のメンバーから称賛の表情が読み取れた。会議室から退出すると、デイブ・ラングと私は一号館の入口の階段を、うれしかったのとほっとした事で、鼻歌を歌いながらダンスの足取りで降りて行った。温かい歓迎的な雰囲気だったので、私も他の人間も、我々の提案書は大当たりで、我々が勝ったと思った。

我々のＮＡＳＡへの最終の費用見積りでは、開発用の試験を減らして、見積額を四〇億ドルから三二億ドルに減らした。最終見積書を提出した後の、ワシントンでの感触は良くなかった。Ｆ‐14の契約金額を巡る交渉では、海軍は一歩も譲らず、プロクシマイヤー上院議員はマスコミで取り上げられるようにグラマン社への攻撃を繰り返していた。私は神経質になってはいたが希望は持っていた。他社と比べて、技術面では優れているし、管理面と財政面でも若干ではあるが優れていると思っていた。基本的な感触として、アポロ計画でのグラマン社の実績が良かったので、それが評価されるはずだと考えていた。提案活動をしている時期に、ドイツのドルニエ社から来た二名の技術者と、夜遅くに話し合った時の事を、私は記憶している。その晩の仕事が終わった後、我々は少し話をした。ドイツ人の一人は私に質問した。「この提案で負けたら、グラマンはスペースシャトルのどこを担当するんですか？」

「何も担当しませんよ。」と私は答えた。

「本当ですか？　提案に負けたからと言って、政府がグラマンの人材や経験を利用しないなんて事はないでしょう。グラマンはどこを担当するんですか？　負けた会社にも取り分はあるでしょう？」

「何も担当しないんですよ」と私は繰り返した。「今回の競争では、勝った会社が全てを担当するんです。」

二人は私を信じられないと言う表情で見つめた。一人が首を振って言った。「アメリカは本当に裕福な国なんですね。でも、裕福な国でもこんな無駄をして良いのでしょうかね？」

ニクソン大統領が再選される少し前に、スペースシャトルの契約はノースアメリカン社に、二六億ドルの原価プラス報奨金付きの金額で与えられた。私は驚くと共に、落胆した。しばらくの間、落ち込んで愚痴をこぼしながら、ああすれば良かった、こうすれば良かったと考え込んでいた。我々はもっと大胆に計画を単純化して費用を削るべきだった。管理体制が複雑すぎたかもしれない。もっと粘り強くノースアメリカン社と協定を結ぶよう努力すべきだった、などなどと後悔した。

私はNASAの業者選定のやり方が理解できなかった。NASAの公式の説明では、ノースアメリカン社が勝利したのは、設計案が優れており、費用も安いからだった。噂では、業者選定委員会はグラマン社を一位に選んだが、業者選定の責任者のNASAのフレッチャー長官がノースアメリカン社を選んだとの事だった。業者選定員会の公式の記録では、ノースアメリカン社が一位に評価され、グラマン社は僅差で二位、マクドネル・ダグラス社が三位だった。業者選定委員会における三社の評価は接近していたので、選定責任者の判断で契約先を選ぶ事になった(注4)。選定責任者は、グラマン社を選んでいたら、F-14の悪いイメージがあるので、議会と一般の人々に対する説明で苦労する事になったと思われる。NASAの首脳部が、エバンス社長が亡くなり、巨額の損失を出す可能性があるグラマン社が、スペースシャトルの提案を確実に実行するのは難しいのではと心配した事は確かだ。ニクソン大統領はカリフォルニア州の雇用が増えるので、ノースアメリカン社の受注を歓迎すると思われるし、ノースアメリカン社の会長のロックウエル大佐は、とかくの噂があるニクソン大統領が下院議員の時代から、長く続けて政治的に支援をし、資金を寄付してきている事を公言していた。

NASAの首脳部には、アポロ計画において、グラマン側が傲慢で自己中心的、勝手気ままのように見えた時の事を覚えている人も何人かいた。こうした人達は、グラマン社がアポロ計画で成功できたのは、NASAがいつもグラマン社を細かく指導してきたためで、そうでなければグラマン社は何をしでかしていたか分からないと感じていた。スペースシャトルでは、NASAは協力的で、議会の反対がある中で計画の存続を可能にできる会社を必要としており、ルー・エバンス社長がいないグラマン社の経営陣には、それができると信頼していなかった。

アポロ１号の火災からアポロ計画を立て直す際に、アポロ計画を救うためにＮＡＳＡとノースアメリカン社は密接に連係して作業したが、それにより両者の首脳陣の間で個人的な関係が深まった。その意味で、悲劇的な火災事故は、後のノースアメリカン社のスペースシャトル受注成功につながったと言える。私はアポロ計画の会議では、ＮＡＳＡの首脳陣はノースアメリカン社との時の方が、グラマン社との時より居心地が良さそうにしていると、最初の頃からずっと感じていた。ＮＡＳＡはノースアメリカン社とは、考え方や好みが共通しており、会社側の予想外の行動を心配しないでも良かった。それに比べて、ＮＡＳＡはグラマン社は独りよがりで、行動が予測できないと感じていた。例えば、完成受領審査における混乱はノースアメリカン社では起こり得なかったと思う。ノースアメリカン社はＮＡＳＡの会議場に関する希望をずっと良く知っていた。ノースアメリカン社のダウニイ工場における会議施設はグラマン社のよりずっと快適で、その差はＬＭ‐１号機の納入からかなり後になるまで埋まらなかった。グラマン社の独善的で顧客を無視する姿勢が、スペースシャトルを失注する大きな原因だったかもしれない。今回の選定で、私はＮＡＳＡと政府の調達手続きに深く失望した。アポロ計画のような巨大で世界に冠たる事業でも、品質、設計、開発の実績は小さくしか評価されないのだ。大事なのは「最近、私に何をしてくれたのか」だけなのだ。

ノースアメリカン社はスペースシャトルの主要部分の外注先を募集し、グラマン社は主翼の設計、製造の下請けをする事になった。これは大きな仕事で、我々はスペースシャトル計画に密接に関与し、最新の宇宙船の設計と製造技術について、技術的なノウハウを維持し続ける事ができた。

私は月着陸船の提案の勝利から、スペースシャトルの失注にいたる一〇年間で、経験を積み視野が広くなった。月着陸船の時は、最も創造的かつ論理的ですぐれた設計と提案内容であれば競争に勝てると私は信じていた。それほど素朴だった。スペースシャトルの提案では、はるかに多くの要因が複雑に関係する事を知った。関係者の個性や感じ方、資金計画、管理能力、そして政治的な要因。技術的に優れているかどうかは、多くの要因の中の一つの要因に過ぎない。現実を知った事で、受注できるかどうかは、私ができる事の範囲を越えている事を知った。月着陸船の提案の時に、そのような現実を知っていなくて良かった。

一九七三年四月に、グラマン会長のジャック・ビエルバースと海軍長官のジョン・ワーナーの間で協議が行われ、F‐14問題はグラマン社が存続できる形で解決した(注5)。私はグラマン社の宇宙部門の事業部長になり、グラマン社が宇宙事業の業界に残れるよう努力をする事になった。事業の存続を可能にするには長い時間がかかり、難しくて、ほとんど報われない事が分かっていたが、NASAや空軍の宇宙関係の仕事に、小規模ではあるが参加する事に成功した。最初のうちは私は批判的な考えと失望感にとらわれていたが、そうした感情は間もなくなくなった。私はもっと現実的に、手持ちの人材と設備を利用する事に集中し、それが現在の仕事に直接的に役立つ場合以外は、過去は考えないようになった。栄光のアポロ計画の時代はグラマン社の過去の歴史の一部となったが、私はグラマン社の現在と将来を担っているのだ。

結び――アポロ計画が残したもの

人を月に送り込む事によって何が得られたのだろう？　疑り深い人は、得た物は数百キロの月の岩石と、隕石がはるか昔から衝突した跡ばかりの、生命の無い見捨てられた場所の現地調査の結果だけだと言うかもしれない。それに加えて、ソビエトと冷戦を行っている中での、宇宙開発における勝利による威信の獲得と、青と白に輝く地球が、乾き切った月面の上空にかかる印象的な写真もある。そう、我々はこうしたものを手に入れたが、私はもっと大きなものを手に入れたと言いたい。それは我々の、世界に対する見方を革命的に変えたのだ。アポロ計画によって、我々の将来への展望と希望は、はるかな宇宙への人類の活動に向けて大きく拡がった。

アポロ計画の経験から、国家や国民としての我々自身の在り方について、様々な事を学んだ。平和的な目的の達成のためのチームワークの大切さと、目標に集中する事の威力を実感した。我々は大規模なプロジェクトを管理運営する方法を開発し、働く人の生産性と創意工夫能力を向上させ、それによりアメリカの世界に対する競争力を長期的に高めた。一般の人々に、失敗を恐れず大胆にアポロ計画の実行状況を公開する事で、アポロ計画はアメリカが自由で繁栄していて、自信に満ち、外向的である事を証明した。それはベトナム戦争の悲劇以前の、第二次大戦後のアメリカの社会の姿だった。

アポロ計画の経験は、世界経済において、アメリカがリーダーシップを発揮するのに大きな役割を果たした。その事実を私は個人の立場でも経験し、一般的な管理手法として普及していくのを見る事ができた。アポロ計画は、全ての活動において、品質、細部にいたるまでの細やかな配慮、システムや手順の徹底的な文書化、チームワークが重要な事を証明した。私はこの教訓を、グラマン社の技術担当副社長として、グラマン社の航空機の仕事にそのまま適用した。こうした考え方はそれ以降、近代的な管理手法の主流として、幾つかの例を挙げれば、総合品質管理、コンピューターを利用した設計と製造、部下への権限の移譲、設計と製造におけるチーム制の採用などに発展して普及した。

アポロ計画により、ＮＡＳＡは二〇世紀の最後の三〇年間において、宇宙の探査と利用を継続して行う事ができた。アポロ計画に熱意と集中力を持って取組んだ事は、以後のＮＡＳＡの宇宙探査活動のお手本となった。アポロ計画で得られた影響の積み重ねで、我々の自分自身への見方と、宇宙における人類の立場への理解は変化する事になった。

宇宙を利用する技術により世界は通信網で結ばれ、宇宙開発から生まれたり派生した技術で、新しい巨大な産業が生み出された。地球規模の通信とテレビ中継は、人工衛星によってごく普通の事となり、過去には考えられなかった近さで世界の人々を結んでいる。携帯電話で世界中の仕事のやり方は変わったし、開発途上国が多額の費用を要する固定電話の回線網の建設に投資しなくても済むようになった。ＧＰＳで地球のどこに居ようと、正確な位置が分かるようになり、全ての交通手段において安全性が向上し、地球上のどこへでも行きやすくなった。宇宙関連の技術の進歩は、「地球は一つの村」との考え方を作りだし、人類の相互依存性と、平和と友愛の必要性への認識を強くした。

宇宙から観察する事で、地球本体と地球環境に関する知識は大きく増加した。天候、気候、海洋、大気、地質学、自然現象、絶滅危惧種に関する理解は、宇宙からの無人、有人の観測や測定で何倍も深まった。こうした情報から様々な現実的な利益が得られた。例えば、気象予報の精度が向上し、自然災害による人命や財産の損失が減少した。地球規模の気象モデルは長期的な自然界の傾向と、環境に対する人類の活動の影響を理解するのに役立ち、オゾンの減少や地球温暖化と言った現象への対応策を立てる事が可能になった。このような問題は、宇宙からのデータが無ければ認識すら出来なかった。地球を様々な波長の光の高解像度の画像で観測する事で、地表の利用状況、作物の発育状況と収穫予想、地表面の浸食と火災による損害の正確な情報が入手できるようになった。こうした有益な情報は、現在では民間会社から販売されており、だれでも入手可能である。

アポロ計画での月の地質学的探査は、それが初めての月面探査だった事を考慮すると、広い範囲に渡って行われたと言える。月面での探査、採取した標本、月面上と月周回軌道からの観測結果により、月の起源と形成過程、地球との関係についての知識が深まった。月は地球と同じころ、太陽ができた直後の約四五億年前にできた。アポロ計画により、月の地質学的な歴史の過程が判明し、地球との類似点と相違点がはっきりした。

アポロ計画では、人間が地球とは異なる、生存が厳しい宇宙環境の中でも十分に作業ができる事を実証して、人類の適応性を証明した。スカイラブとかミール宇宙ステーションは、計画中の国際宇宙ステーションと同じく、宇宙における人類の能力とその限界を明確にするだろう。宇宙空間で長期に渡り生活し作業する事を経験しておくのは、火星やさらに遠くまでの有人飛行や、月や惑星に居住地を作る上で必要不可欠である。高真空度、低重力、太陽からの直射光、地球の美しい展望など、考えられる様々な目的のために宇宙環境を十分に利用するためには、人間が恒久的に地球軌道に留まることも必要だ。国際宇宙ステーションは有人惑星探査の先駆けとなるもので、スタートレックの世界が現実になるための第一歩である。

ＮＡＳＡが行った大規模な太陽系の無人探査により、太陽、惑星とその月、太陽と惑星間の宇宙環境について、詳しい情報が得られた。パイオニア、エクスプローラー、バイキング、マルス・パスファインダーなどの探査により、わずか二〇年の間に太陽系に関する情報は著しく増加した。現在では、地球を他のいろいろな惑星と比較して、なぜこんなにも違っているかを理解する事ができる。火星、木星、土星と、それらの惑星の驚くほど変化に富んだ数多くの月の大写しの画像を見ると想像力をかきたてられ、いつの日かこれらの近づきがたい、不思議な場所を訪れたい願望を強く感じる。

宇宙空間に設置された天文学用の観測機器は、宇宙への窓として、宇宙論と宇宙の起源に関する理論の発展に寄与した。グラマン社が先駆者となった。大型観測望遠鏡を持つ軌道上の天文台は、ハッブル宇宙望遠鏡に引き継がれ、宇宙の観測限界に迫る観測結果が得られている。その他にも軌道上の先進的観測機器は、電磁波の様々な領域を利用して宇宙の観測を行っている。それには、スペースシャトル打上げの赤外線望遠鏡、コンプトン・ガンマ線観測衛星、チャンドラX線観測衛星が含まれている。電磁波のもっと波長が長い領域では、アレシボやプエルトリコに設置された巨大な電波天文台が宇宙での観測結果を補完し、かなたの銀河や恒星の知性体からの信号を監視し続けている。これまでにない大量の観測データを宇宙学者は入手できるようになり、宇宙の起源、恒星、銀河、そして宇宙全体の拡がりと宇宙の将来像について、刺激的で魅力的な展望が生まれた。観測結果で証明できる、宇宙の起源に関する統一理論の追求が盛んになった。

宇宙計画により得られた人類の知識と技術の進歩の積み重ねは、人類の自分自身の存在と周囲の世界に対する見方を革命的に変えた。我々は地球そのものや、太陽系や銀河系に対する地球の関係について、過去の時代の人々よりはるかに正確な知識を持っている。かっての人類が宇宙の中心であるとした考え方は、もっと控え目だが堅実なものに変化した。他の恒星にも惑星があり、宇宙で生命が存在するのは地球だけではない事の証拠が集まりつつある。統計的な分析では、宇宙には何百万もの生物が住む世界があり、そこには驚くほど多様な生命体が存在するであろうし、知性的な存在についても様々な想像や憶測をする事ができる。こんなにも短期間のうちに、宇宙探査は何と大きな世界への扉を開いてくれた事か！

この宇宙に関する知識と理解の拡大に少しでも貢献できた事は、非常にうれしく達成感を感じる。二〇世紀最大の技術的な冒険に参加できた事は、とてもうれしい事だった。この様な機会に恵まれた事と、この偉大な事業の成功に力を貸してくれた、多くの友人や同僚に深く感謝している。私は、自分の子供や孫の世代以降も、この興味深い宇宙の探求を、楽しみながら続けてくれる事を期待している。彼らが、魅力的に輝く月を見上げる時、我々の大きな努力を思い浮かべてくれるとうれしい。おそらくは技術の進歩で、彼らはコンピューターの画面上に月面を大写しに表示し、かって月面基地があった場所の、宇宙飛行士の足跡が残る月のほこりの上に、いつまでも孤独にたたずむ月着陸船の姿をズームして眺めるかもしれない。しかし、私は、今この瞬間でも、月着陸船の姿を、自分の目の前にありありと思い浮かべる事ができるのだ。

注

第1章　納入までの苦しみ

1　指摘事項の分類は、無効（誤認）、説明により解決、文書の修正が必要、再試験または再取付けが必要、処置未定、に分けられる。
2　ケリーの会議記録ノートより。第六巻、一九六七年六月二一日　150ページ。月着陸船の会議記録ノートは著者が保有。
3　右と同じ資料　152ページ
［訳注1］　ギャビンは一九二〇年に生まれた。この時点では四一才。後に五二歳でグラマン社の社長に就任している。

第2章　月へ行けるかもしれない

1　「The Grumman Story」Richard Thruelsen 著　286ページ。「This New Ocean」Loyd Swenson Jr. James Grimwood. Charles Alexander 著　NASA SP-4201　137ページ
2　「Chariots for Apollo」Brooks 他著　26～29ページ
3　「Apollo: The Race to the Moon」Murray 他著　75～83ページ
4　「月旅行船（ＬＥＭ）」の名称はＮＡＳＡで一九六七年まで用いられた。広報部門が「旅行」ではイメージ的に軽すぎると考え、名称を「月着陸船（ＬＭ）」に変更したが、発音はレム（ＬＥＭ）のままだった。本書では、記述の単純化と一貫性を考慮して、有人月着陸船は月着陸船（ＬＭ）で統一して記述している。
5　月周回軌道ランデブー方式の考案者で、最も一貫して（しかも効果的に）推進したのはジョン・フーボルトである。私は彼にこの会議で初めて会った。優れた先見性を持つファジェは最初は反対だったが、後にその利点を信じるように

なった。この会議の時点では、ファジェもギルルースも、全面的に月周回軌道ランデブー方式の賛成側に回っていた。
[訳注1]　NASAは月の探査を行いたいと考えたが、最初は月面の着陸まで行うのか、月周回軌道からの観測だけにするかを決められないでいた。この説明会はまだ月面着陸が決定されていない時点なので、打上げと月周回軌道飛行に関する提案に絞って募集している。
[訳注2]　アポロの次のスペースシャトルでは、耐熱タイルを使用する事で、このリフティング・ボディ形状を採用できた。
[訳注3]　スペース・テクノロジー研究所（STL）は、当初は宇宙関係の研究、コンサルティングをしていたが、NASAのジェット推進研究所（JPL）のロケット技術者も加わって、ロケット・エンジンの開発も行うようになった。月着陸船では、降下段の推力が調節できるロケット・エンジンの開発を担当した。

第3章　月着陸船の提案

1　「Project Apollo—Lunar Excursion Module Proposal」グラマン社　一九六二年九月四日　1～51ページ
2　同じ資料　1～51ページ
[訳注1]　NASAのケネディ宇宙センターはまだ完成していなかったので、一九六八年一〇月のアポロ7号までは、隣にある空軍のケープ・カナベラル基地の発射台から打上げられた。

第4章　最終決定

1　一九六一年にグラマン社は二五番工場を一〇〇〇万ドルを投入して建設した。この建物はF-111の生産又は月着陸船の仕事が入ってきた時に（どちらも受注した）、技術部門用に十分なオフィスのスペースを確保するためのものだった。
2　グラマン社の敷地のすぐ南にある良いレストラン
3　ジョセフ・G・ギャビンJrから著者への情報　一九九七年五月
4　「Chariots for Apollo」Brooks 他著。Ⅲ～14ページ
5　一九六七年九月に、ノースアメリカン航空機社はロックウエル社に買収され、ノースアメリカン・ロックウエル社に社名が変わった。その後、現在のロックウエル・インターナショナル社の一部になった。一九九六年後半に、ロックウ

エル・インターナショナル社は航空宇宙部門をボーイング社に売却した。現在はボーイング社としてアポロ計画を担当していたカリフォルニア州ダウニイとシールビーチで操業している。
6 「Chariots for Apollo」Brooks 他著。41～42ページ

第5章 難しい設計に挑む

1 四人のルームメイトは後にその家を購入し、他のルームメイトが結婚して出て行くと、ラスクは彼らの権利を買い取って自分の家にした。グラマン社で知り合った女性と結婚してその家に住み続けた。
2 TFXのキャンセルで、ミサイリアー計画のグラマンの主任技術者だったビル・ラスクも月着陸船に投入できることになった。
3 司令船では打上げ時の4G、再突入時の8Gに耐えるため、横たわった姿勢用の、体に合わせた形状の長椅子型の座席が装備されている。
4 「Chariots for Apollo」Brooks 他著 137ページ
5 「Carrying Fire」Collins 著 339ページ
6 ギャビンの話では、アポロ計画全体を通して一万四〇〇〇以上の試験での不具合が記録されていて、そのうちの二二だけが最後まで原因不明だった。著者のジョセフ・G・ギャビンJrへのインタビューより。一九九八年五月 ワシントンDC
7 ケリーの会議記録ノート 第一巻 一九六四年一月一七日 27ページ
8 「Chariots for Apollo」Brooks 他著 159ページ
9 ノースアメリカン社は一九六一年後半から、公式ではない連絡書の通知に基づき作業していた。一九六三年八月、七か月に及ぶ契約交渉の結果、契約金額九億三四四〇万ドルが確定した。「Carrying Fire」マイケル・コリンズ他著 132ページ
10 同じ資料 56ページ
11 同じ資料 136ページ
12 ケリーの月着陸船会議ノート 第一巻 一九六四年一月一六日 21～26ページ
13 例えば上昇用推進システムのレベル2の図表には、タンク、ロケット・エンジン、バルブ、調圧器、配管、電気的制御入力信号と出力が示されている。

第6章　モックアップ

1 「Chariots for Apollo: The Making of the Lunar Module」Pellegrino 他著　57ページ
2 「Chariots for Apollo」Brooks 他著　162ページ

第7章　図面発行に苦戦する

1 「Apollo」Murray、Cox 著　61～165ページ
2 ケリーの月着陸船会議ノート　第一巻　一九六四年五月一三日　122、123ページ
3 ケリーの月着陸船会議ノート　第二巻　一九六四年九月二二日　43、44ページ
4 「Grumman Story」Thruelsen 著　241ページ
5 ケリーの月着陸船会議ノート　第四巻　一九六六年四月一八日　127ページ

［訳注1］プラグのピンが同時に抜けない事を、ロケットが傾いたまま上昇しようとしていると解釈して、安全のためにロケット・エンジンを停止させる設計になっていた。

［訳注2］原図：設計図面から現物を製作する際に、その基準となる外形線図などは高い精度が必要になる。温度、湿度により伸縮しないマイラーなどの用紙に、実物通りの寸法で描かれる線図などを原図と呼び、一旦原図が作成されると、物作りに関してはその原図が基準になり、機体製作用の治具などが製作される。今ではコンピューターにより形状を数値的に精密に定義するので、原図は必要なくなった。

第8章　重量軽減の闘い

1 ジョンソンのアイデアにはかなり思い切ったものも入っていた。例えば、月着陸船の搭乗員を一人に減らすとか、システムの冗長性を無くすることが含まれていた。月軌道でのランデブーで月着陸船側から司令／支援船に近づく操作はしないことにして、ランデブー用のレーダーを省くアイデアも有った。こうしたアイデアは多分、本気で採用するつもりはなかったと思うが、NASAが月着陸船の重量問題をどれほど深刻に受け止めているかをグラマン社に感じさせ、設計や飛行計画の全ての前提条件を疑って考えさせる効果があった。

2　ケリーの月着陸船会議ノート　第二巻　一九六四年一〇月二日　56～574ページ、一九六四年一一月九日　77～80ページ
3　同じ資料　一九六五年三月　152ページ
4　同じ資料　一九六五年四月三日　18～19ページ
5　外注または購入品目のサブシステムの技術的性能に関して、「適格」な（つまり必要な知識、能力を持つ）技術者
6　ケリーの月着陸船会議ノート　第二巻　一九六六年二月二六日　139ページ
7　「Chariots for Apollo」Brooks 他著　173～174ページ
8　接近率は相対距離を続けて測定することで計算できる。

［訳注1］　打上げ時のサターンV型ロケットの重量は、アポロ宇宙船を含めて二九七〇トン。それに対して、月周回軌道に達した時の司令船・支援船と月着陸船を合計重量は、燃料消費量によるが約三五トン程度である。月着陸船の重量は一五トン弱で、打上げ重量の僅か〇・五パーセントに過ぎない。サターンV型は当時の最先端技術を用いた驚異的な大きさのロケットで、これ以上の重量増加はできない。この状況で月着陸船の重量増加はとても許容されるものではなかった。

［訳注2］　恒星追尾装置はスター・トラッカーとも呼び、特定の恒星を望遠鏡で自動的に追尾し、その時の正確な時間と、望遠鏡の角度（方位角と迎角）から自分の位置を求める装置。慣性航法装置が実用になる前は、電波に頼らず地球上のどこでも自機位置を求める事ができ、電波航法のように妨害されることもないため、大陸間巡航ミサイルやＳＲ - 71戦略偵察機などに使用された。

［訳注3］　ケミカルミリングは、金属材料を酸性の液で浸食する事により材料を削り取る工作法。浸食されてはならない部分は保護被膜を塗って保護する。浸食する深さは液に浸漬する時間でコントロールする。通常の機械加工に適さない薄い板材でも、局部的に不要な部分を除去する事ができる。

［訳注4］　月着陸船の船内の与圧圧力は〇・三気圧程度で、一般的な旅客機の半分程度なので、外板はかなり薄くて良いことになる。旅客機の外板では、機体にかかる荷重を負担するのに加えて与圧の繰り返しによる疲労を考慮して、本来の強度より応力を低いレベルに抑えて耐久性を確保する。月着陸船は疲労を考慮しなくて良いので、計算通りの薄さになっていると思われる。

第9章　問題に次ぐ問題の発生

1　海面上の温度、気圧の下で、ヘリウムが一日当たり角砂糖一個分の体積だけ漏れるのに相当する量。
2　「グラマン鉄工所」と呼ばれるのは、グラマン社の機体が戦闘で弾が当たって大きな穴を開けられても、撃墜されずに基地まで安全に帰投したことが良く有ったことにちなんだ呼び方。グラマン社の機体の頑丈さは鉄工所製と呼ぶのにふさわしいと思われたための呼び方だった。「純正スターリング銀貨」の呼び名は、海軍のある将官が「飛行機でグラマンの名前は、純正のスターリング銀貨に相当する。」と口癖の様に言っていたことに由来する。
3　「Chariots for Apollo」Brooks 他著　256～260ページ
4　「Apollo」Murray、Cox 著　146～151ページ、179～180ページ
5　比推力は燃料消費率当たりの推力に等しい。ロケット・エンジンの効率の指標で、自動車のエンジンの一リットル当たりの走行距離に対応する指標（一キログラムの燃料が、一キログラムの推力を何秒だせるかとも言える）。
6　「Chariots for Apollo」Brooks 他著　245～246ページ
7　同じ資料
8　同じ資料　171～172ページ、211ページ
9　アポロ18号はキャンセルされ飛行しなかった。アポロ計画はアポロ17号をもって終了した。
10　ケリーの月着陸船会議ノート　第八巻　一九六八年一〇月五日　55ページ　一〇月八日　57ページ　一〇月一二日～一一月八日　59～69ページ、一九六九年五月二二日　93～94ページ

［訳注1］　システムを設計した時、そのシステムが設計通り作動するかを確かめるために試験を行うが、初期の段階では使用する構成品は実機とは機能は同じでも、航空宇宙用ではない物や、他の機種用の物を使用し、重量は考慮に入れず、機能的（できれば性能的）な作動確認を目的に試験をする事がある。そのためここでは「実機重量を模擬しない」と表現した（原文ではボイラー・プレート・モデル）。開発が進めば実機用の構成品で確認するので、「実機と同じ重量」の試験装置になる。
［訳注2］　上昇段の重量は燃料込みで地球の重力下では約四・八トン、その内の搭載燃料は二・三五トン。月面では重力が六分の一なので重量も六分の一になり約〇・八トン。それに対して上昇段のロケットの推力は一・六トンなので、地球上では離陸できないが、月面上では離陸できる。
［訳注3］　アポロ計画でＮＡＳＡは大規模開発を指導する要員不足を解消するため、ミサイル開発を指導した経験のある

軍人を軍から派遣してもらった。フィリップス将軍（当時は少将）もその一人で、空軍のミニットマンＩＣＢＭの開発を指揮した経験を買われて、ＮＡＳＡ（ジョージ・ミラー副長官）が派遣を要望した人材。後に大将、システムズ・コマンド司令官になった。極めて優秀な人材であった。

［訳注４］　電源容量としては、降下段は四一五アンペア・アワー、上昇段は二九六アンペア・アワー。

第10章　日程とコストの重圧

1　後年、ＮＡＳＡの長官だったジェームズ・ウェッブは、議会に提示した予想費用は二二五億ドルだったが、この金額はアポロ計画の指導者や他のＮＡＳＡの専門家から彼に上げられた八〇億ドルの推定値を三倍したものだった事を明かした。彼は有人月面探査計画の費用をいくらに見積ったら良いのか、誰も分かっていない事を確信していた。

2　「Chariots for Apollo」Brooks 他著　167、177、189ページ

3　「Grumman Story」Thruelsen 著　323～324ページ

4　ジョー・バクストンは私に、エバンスが調査団の総括報告を聞いた後、彼とギャビンがエバンスに呼ばれた時のことを話してくれた。最新の月着陸船の組織図を持ってこさせると、エバンスは彼の前の机の上にそれを拡げて、一番上の「ジョー・ギャビン、副社長、月着陸船担当取締役」から始めた。エバンスは残す人間の所にはチェックマークを入れ、外す人間は横線で消し、新しく担当する人間と彼の組織内の位置を書き込んだ

5　クリティカルパスとは、ＰＥＲＴのネットワーク図で、日程を最も長くさせている経路（つまりどのような作業の連なりが全体日程の必要期間を決めているか）のことである。時に「テントの中央の長い柱（long pole in the tent）」とも呼ばれる。

6　「Chariots for Apollo」Brooks 他著　201ページ

第11章　悲劇がアポロを襲う

1　「Chariots for Apollo」Brooks 他著　224ページ。

2　宇宙飛行士のエリオット・シー、チャールス・バセット、テオドール・フリーマンはＴ‐38練習機の事故で死亡した。前者の二名は、ジェミニ計画の打合せで、マクドネル・ダグラス社のセントルイス工場へ、悪天候の中を着陸進入している時の事故だった。

3　この飛行はアポロ・サターン（ＡＳ）２０４と名付けられていたが、命名法の変更が検討中で、ＡＳ‐２０４はアポロ1号となることになっていた。火災の後にこの命名法がＮＡＳＡに採用された。計画の変更により、アポロ2号と3号は無くなり、次の飛行はアポロ4号となった。

4　絶対圧力は圧力ゼロを基準にした圧力で、差圧はその場所の気圧（標準的な海面上の圧力は一気圧）を基準にした圧力である。従って、差圧の定格が二〇〇気圧のタンクは、真空中（周囲の大気圧力はゼロ）では二〇〇気圧の圧力の、海面上では二〇一気圧の圧力の酸素を入れる事ができる。

5　宇宙飛行士側からの提案で、シェイは打上げ時の外部からの電力切り離しを模擬した「プラグ切り離し」試験に、宇宙飛行士の椅子の下に潜り込んで立ち会う事を計画していた。試験チームが、短時間には彼が使う臨時の四番目の交信チャンネルとヘッドセットを用意できないことが分かり、彼はこの計画を取り下げた。

6　「Apollo」Murray、Cox著　209～212ページ、215～220ページ

7　空軍のキャロル・ボレンダー准将がアポロ宇宙船計画室の月着陸船担当課長に、一九六八年初頭に就任した。以前にＮＡＳＡのマーキュリー計画の課長だったケネス・クラインクネヒトが、アポロ宇宙船計画室の司令船と支援船担当の課長だった。

8　「Chariots for Apollo」Brooks他著　224ページ

［訳注1］　宇宙飛行士達が司令船に乗り込むために、打上げ塔からの通路になっている可動式のアームを通り、その先端の部屋まで行く。その部屋は司令船のハッチにつながっていて、宇宙飛行士達は装備の最終確認をして一人ずつ支援要員に補助されて司令船に乗り込む。この宇宙飛行士搭乗準備室は白い色をしているので、「ホワイト・ルーム」とも呼ばれる。

［訳注2］　ジョージ・ミラーは有人宇宙飛行担当の副長官。彼は電気工学の博士号を持ち、ベル研究所、オハイオ州立大学、ＴＲＷ社に勤務。ＴＲＷ社でタイタン・ミサイルの開発に参加。アポロ計画推進のためＮＡＳＡの長官のウェッブに請われてＮＡＳＡの副長官に就任。一九六〇年代に月着陸を実現するため、サターンロケットとアポロの打上げを、それまでの常識だった逐次実証型から一括試験型、つまりサターンの全段を初めから作動させて試験する方法を決断した。合理的であり勇気ある決断であった。ミラーの経歴から考えて、このライターの炎で可燃性を調べたのは、ＮＡＳＡの真剣さをデモンストレーションするためだったように感じる。

［訳注3］　マーチン社は第二次大戦中は爆撃機、飛行艇などのメーカー。戦後はタイタンＩＣＢＭの開発を担当した。タイタンは人工衛星の打上げにも使用された。ミラー、シェイなどもタイタンの開発に関与している。タイタンはアトラス・ミサイルより重い人工衛星を打上げる事ができたので、ＮＡＳＡのジェミニ計画でも使われている。

第12章　自分が設計した宇宙船を作る

1　ケリーの月着陸船会議ノート　第六巻　一九六七年二月一七日　82ページ

2　アポロ18号の飛行は最終的にはキャンセルされ、一九七二年一二月のアポロ17号が最後の月着陸を行った。

3　ケリーの月着陸船会議ノート　第七巻　一九六八年二月一九日　67、68、132ページ

［訳注1］　ジョージ・スキューラ（一九二一年～二〇〇一年）はアポロ計画後は生産部門に移り、F‐14などの生産管理を担当。一九八五年にジョー・ギャビンの後を継いでグラマン社の社長を務めた。

［訳注2］　ロッコ・ペトローン（一九二六年～二〇〇六年）は陸軍の軍人の時にレッドストーン弾道弾の開発に関与。退役後はＮＡＳＡに入り、アポロの打上げ作業を行うケネディ宇宙センターの所長になり、アポロ11号の飛行後にアポロ計画全体の責任者になった。ＮＡＳＡを退職後、スペースシャトルを製造するロックウエル社（元のノースアメリカン社）に入り、宇宙事業を担当。悲劇のチャレンジャー号の事故の際には、打上げに反対したと言われている。陸軍のウエストポイント士官学校に在学中は、アメリカン・フットボールの選手で、一九四五年には全米大会で優勝している。

［訳注3］　組立と試験には、工具を使用するための高圧空気や電源が必要だが、それらは大抵は床に設置されたピットから供給される。それ以外に電線の導通、配管の漏えい検査、酸素や窒素の充填などのために、様々な装置が必要で、それらの大きな物はカートに搭載して動かせるようにしている。

第13章　宇宙飛行を行った最初の月着陸船　アポロ5号

1　これはアポロ計画の全ての飛行において、飛行管制の引き継ぎの標準的な方式だった。

2　「Chariots for Apollo」Brooks 他著　241～244ページ。

［訳注1］　コンベア社はアメリカ最初のＩＣＢＭであるアトラスの製造会社で、アトラスは人工衛星の打上げにも多数、使用されている。

［訳注2］　この時代は地上局の位置と数の制約で、宇宙船は地球と通信できない場合があった。現在では中継用の人工衛星を利用して、飛行中はいつも通信可能になっている。

第14章　最終的な予行練習　アポロ9号と10号

1　これはピート・コンラッドが私に行ったように、義務的と自発的の差である。朝食のベーコン・エッグについて言えば、豚にとってベーコンは義務だが、卵はニワトリが自発的に提供するものである。
2　「Chariots for Apollo」Brooks 他著　290〜291ページ
3　「Chariots for Apollo」Brooks 他著　256〜260ページ
4　月は均質ではなく、内部に質量が集中している場所が何か所かあり、そのため月の近くの重力場は非常に複雑である。
5　「Chariots for Apollo」Brooks 他著　244〜246、286〜287ページ
6　宇宙船通信士と宇宙飛行士に間には、専用の保護された回線があり、乗組員の体調が悪かったり、その他の問題が生じてプライバシーが必要な時には、いつでもその回線に切り換える事ができる。
7　NASA SP-350「Apollo Expeditions to the Moon」Cortright 編集
8　奇妙な宇宙用語だが、バックパックは携帯式生命維持システムまたはＰＬＳＳ（プリスと発音）とも呼ばれた。
9　「Chariots for Apollo」Brooks 他著　299ページ
10　「Chariots for Apollo」Brooks 他著　299〜300ページ
11　「Chariots for Apollo」Brooks 他著　303〜312ページ

第15章　人類にとっての大きな飛躍　アポロ11号

1　「Chariots for Apollo」Pellegrino、Sroff 著　168〜169ページ
2　「一人の」の部分は、アームストロングは言ったと主張しているが、地球側では聞き取れなかった。「A Man on the Moon」Chaikin 著　209ページ
3　この上昇時の感覚は、アポロ15号の飛行の後、一九七一年九月ころ宇宙飛行士のデイブ・スコットとジム・アーウインとの会話の中で聞いたものである。
4　「Chariots for Apollo」Brooks 他著　353ページ
5　「Chariots for Apollo」Brooks 他著　340ページ
6　「Carrying the Fire」Collins 著　412ページ

[訳注1] 降下用ロケット・エンジンは、降下経路を調節し、最後に穏やかに着陸するために、推力を一〇パーセントから百パーセントの範囲で自由に調節できる事が要求されていた。このような広い範囲で推力を調節できるロケット・エンジンはそれまでになく、STL製のエンジンの開発が成功しなければ、月着陸は実現しなかった。

第16章 巨大な火の玉! アポロ12号

1 司令船は電源を電池に切り換えたが、電池は再突入の時だけ使用するので、電力量は少なかった。
2 「A Man on the Moon」Chaikin 著 235～239ページ
3 アポロ11号の成功の後、宇宙飛行士のジム・マクデビットはジョージ・ロウの後任として、アポロ宇宙船計画室長になった。ロウはNASAの副長官になった。
4 「Apollo」Murray, Cox 著 372～382ページ
5 ドップラー偏移は、移動物体から出される光、音、電波の周波数の、静止している観測者から見た場合の、見かけ上の変化分。走っている汽車の汽笛の音は、近づいて来る時には高く、遠ざかる時には低くなる。
6 この視界が無い状態での着陸成功は、月着陸船の開発の最初から、グラマン社とNASAが月面での埃が舞い上がる影響を考慮して、月面が見えない状況でも計器の指示に従って、三〇メートルの高度からの着陸に耐えられるようにした事の正しさの証明である。
7 「A Man on the Moon」Chaikin 著 250～260ページ
8 「A Man on the Moon」Chaikin 著 279～280ページ
[訳注1] 月着陸船が月面から帰還する時には、重量の制約上、上昇用や姿勢制御用の燃料の量を最小限にとどめる必要がある。アポロ11号から14号は月周回軌道を二周しながらランデブーしたが、実績を積んだアポロ15号からは、月面から上昇してそのままドッキングする方式を採用した。こうした方が必要燃料が少なくて済む。これを実現するには、司令船の位置を正確に把握し、そこへ正確に飛行するよう、航法と誘導で高い精度が必要で、ジェミニでその基礎研究としての試験が行われた。

第17章 宇宙からの救出 アポロ13号

1 これは一九六四年初頭に、NASAのためにグラマン社が主導したアポロ飛行計画作成チーム(AMPTF)の功績

の一つである。
2 「Lost Moon: Perilous Voyage of Apollo 13」Lovell, Kluger 著 250～257ページ
3 「Lost Moon: Perilous Voyage of Apollo 13」Lovell, Kluger 著 282～285ページ
[訳注1] 司令船も月着陸船も、船内には純酸素が供給される。しかし乗組員が呼吸して二酸化炭素を出すので、船内の空気は供給された純酸素に二酸化炭素が混じったものになる。そのままでは二酸化炭素の濃度がだんだん大きくなるので、船内の空気を吸い込んで、水酸化リチウムで二酸化炭素を除去して戻す空気浄化系統が装備されている。酸素タンクからの弁を開いて酸素を導入すると、その酸素が船内の空気を引き込み、それを水酸化リチウムのキャニスターに通す事で二酸化炭素を除去する。

第18章 不屈の宇宙飛行士の勝利 アポロ14号

1 「A Man on the Moon」Chaikin 著 337～341ページ
2 スレイトンの健康上の問題は心房細動（不整脈）だった。
3 スレイトンの非公式の方式では、予備搭乗員は次々回の飛行の正規搭乗員になる。
4 こうした努力については、宇宙飛行士達は過去の偉大な探検者達の伝統をお手本にした。私は宇宙飛行士達の個人教授による月の地質学の勉強と、メリウェザ・ルイスがルイジアナ準州北西部の探検に乗り出す前に、一八〇三年に博物学者、生物学者、植物学者、航法士になるための個人教授を受けた事との類似性に感銘を感じる。（ステファン・アンブローズの「Undaunted Courage」第七章参照）
5 「A Man on the Moon」Chaikin 著 347～352ページ
6 「A Man on the Moon」Chaikin 著 352～354ページ
7 ハンダの粒は、密閉式のスイッチや計器では珍しいものではない。ケースに差し込んだ細いチューブで空気を抜き、不活性な窒素ガスを充填するが、充填後にチューブをつぶしてハンダで密閉する。このチューブの密閉作業の際に、ケースの内部の圧力が外より低いと、ハンダの粒が吸い込まれる事がある。製造工場でスイッチを振動させたり、ゆするとハンダの粒が入っている事が分かることがある。
8 「A Man on the Moon」Chaikin 著 357～360ページ
9 「A Man on the Moon」Chaikin 著 374～375ページ
10 ケリーの一九七一年二月の、アポロ14号の飛行計画のコピーへの個人的な書き込み。著者所有。

[訳注1]　S‐ⅣBの推進剤は極低温の液体水素と液体酸素なので、タンクに太陽光があたり温度が上がると、残っている推進剤は蒸発し内圧が上昇する。そのままではロケットが破裂するので、安全弁で圧力を逃がすが、それにより推力が発生し、S‐ⅣBとそこに取付けられている月着陸船が回転する事になる。

[訳注2]　月では空気がないため、着陸の際の地形の見え方が地球と違うので、目視では操縦士が高度を把握しにくい。そのため、月面からの高度を電波で測定する着陸用レーダーを装備している。アンテナから下方に四本の電波ビームを発射し、その反射波を受信する事で、月面からの高度、降下率、水平方向の速度を測定する。

[訳注3]　減速過程の前半では、降下段のロケットを前向きに噴射して減速するため、月着陸船はほぼ月面に平行の姿勢で飛行する。目的地に近付き、最終的な降下を行う際は、機体の姿勢を直立に近くするので、その時になって初めて着陸地点が目視で確認できる。

[訳注4]　シェパードは六番アイアンのヘッドを持って行き、岩石採集用の道具の先端に取り付けて即席のゴルフクラブを組立て、それでボールを打った。

第19章　大いなる探検　アポロ15号、16号、17号

1　「Man on the Moon」Chaikin著　412～415ページ

2　月の表面は、それまでの探査で分かったように、三八・五億年前の巨大な溶岩流で形成された暗い「海」と、その起源が不明な明るい「高地」から主として構成されている。どちらも様々な大きさの隕石が衝突してできたクレーターがあり、衝突でまき散らされて物質（岩や石）が散らばっている。「Man on the Moon」Chaikin著　452～456ページ参照。

3　ジャイロを使用する制御装置が、支援船の大きなロケット・エンジンの噴射方向を制御するため、ロケットのノズルを支持するジンバルの方向を電動アクチュエーターで動かす。ロケットを噴射しているときに安定した飛行を行うには、ロケットの推力の向きは宇宙船の重心位置に合っていなければならない。

4　「Man on the Moon」Chaikin著　456～462ページ

5　「Man on the Moon」Chaikin著　463～475ページ

6　スキューラはペトローンの怒りが収まるまで、担当の人間達を職場に出て来させなかった。

7　科学者達はガラス質の粒を三五億年前のものと判定した。これは月の巨大な「海」が形成された三八・五億年前の、広範囲な溶岩流から、地質学的時間で言えば、あまり遠くない時期である。

8　科学者達はこの石を何年も調べて、そこから「静かの海」に巨大隕石が三八億年前に落ち、タウルス山脈と山地を隆

起させ、周囲数千キロに破片をまき散らした、恐るべき事件を導き出す事ができた。

9　記念の銘板に書かれたのは、「ここに人類はその月の最初の探査を、一九七二年一二月に完了した。我々がここに来る事ができた平和の精神が、願わくは全ての人類にも及ぶ事を。」

10　「Man on the Moon」Chaikin 著　516～530、535～545ページ

[訳注1]　月着陸船の重量は、基本型は一五・二トンだったが、後期の滞在期間延長型では一六・四トンまで増えている。このうち、月面車の重量は二一〇キログラムである

[訳注2]　科学的調査なので、標本をただ採取するだけでなく、標本の外観などの説明を行い（送信され録音される）、写真を撮って記録した。

[訳注3]　断熱材は軽いので、地球上ではゆっくり落ちるが、空気がない月面では、空気の抵抗がないので、重い物体と同じようにすぐ落ちる。

第20章　スペースシャトルの失注

1　この能力は、宇宙船が当初の軌道で降下していくコースに対して、それと直角の方向（横方向）に軌道をどれだけ変更できるかを示す能力なので、「クロス・レンジ（横方向機動能力）」と呼ばれる。

2　B段階の設計検討に続いて、C段階がある予定だった。C段階では、NASAは宇宙船の設計競争に関して、設計指針を示し、それに続いて、各社の設計コンテスト（D段階）がある予定だった。

3　「Grumman Story」Thruelsen 著　372ページ

4　NASAの業者選定手続きでは、業者選定委員会は選定する業者を推薦する事はせず、各社の提案内容の評価を行い、技術的観点と管理的観点から採点を行って順位をつける。価格についても、その妥当性と実現可能性を評価する。業者選定責任者は、業者選定員会の報告は、選定を行う上での重要な参考情報にはするが、政府としての綜合的な観点から選定を行う。

5　「Grumman Story」Thruelsen 著　372ページ

訳者あとがき

この本はアポロ計画の月着陸船を設計した主任設計者が、研究、提案段階から、設計、製作、実際の月着陸の支援活動について、自分が経験した内容を詳しく述べたものです。月着陸船の設計や、製作がどんなに難しく、大変だったかを知るのに、この本以上のものはないでしょう。

アポロ計画による人類初の月着陸は、一九六九年七月一六日に行われました。最初の人工衛星スプートニクがソ連によって打上げられたのが一九五七年一〇月四日、ソ連のガガーリン飛行士が人類最初の宇宙飛行を行ったのが一九六一年四月一二日でした。アメリカがマーキュリー計画でアラン・シェパード飛行士による短時間の軌道飛行に成功したのが一九六一年五月五日でしたから、それからわずか八年でアポロ計画によりアメリカは月着陸を実現した事になります。マーキュリー計画、ジェミニ計画で有人宇宙飛行の知識と経験を蓄積すると共に、巨大なサターン・ロケットも開発しながらですから、驚くべき短期間と言えます。宇宙飛行と言っても、数百キロの高度の地球周回軌道飛行に対して、月までの距離は三八万キロもあります。地球を周回する飛行と、月まで行き、着陸して、再び離陸して戻ってくる飛行には大きな差が有ります。アポロ以後、国際宇宙ステーションが実現しても、月着陸はアポロ以後行われていないのは、それがいかに困難かを示しています。それをケネディ大統領が一九六〇年代末までにアメリカが月着陸を実現すると号令をかけたとは言え、短期間に実現させたＮＡＳＡとアメリカの航空宇宙産業の底力は、今から考えても信じられないほど高いものです。

月着陸を実現するために、打上げ時の重量が三〇〇〇トンと驚くほど巨大なサターン・ロケットや、三名の宇宙飛行士が乗り込んで打上げられ、地球へ帰還するための司令船、航法、誘導用のデジタル・コンピューターなどが新しく開発され、こんな早い時期でも燃料電池が用いられるなど、さまざまな面で最先端の技術が用いられました。アポロ計画のどの部分をとっても、非常に難しいものでしたが、月着陸船の開発は特に難しいものでした。サターン・ロケットはこれまでのロケットの、司令船はマーキュリー計画、ジェミニ計画の宇宙船の拡大版とも見る事ができますが（だからと言って開発がやさしいわけでは全くありませんが）、月着陸船はそれまで全くなかったものです。月着陸の方式すら、本書に述べられているように、アポロ計画がスタートした時には決まっていませんでした。地球から打上げられた宇宙船がそのまま月に着陸して帰還する方式や、地球周回軌道上で月着陸船を発進させて月に着陸させ、再び地球周回軌道上で司令船とドッキングさせて飛行士を司令船に移して帰還させる方式が考えられました。重量的には月周回軌道で月着陸船を発進させる方式が有利ですが、地球から遠い月周回軌道上でのドッキングが可能かどうか、何らかの不具合があった時に地球に帰還できないのではなどの不安があり、当初は候補になりませんでした。しかし月着陸の方法を具体的に検討していくと、この方式しか実現性がなく、冒険を承知で踏み切ったものです。結果的にドッキングは問題なくできる事が実証され、無事成功するのですが、月着陸船がどんな構成でどんな機能を持つべきか、なかなか決まりませんでした。サターン・ロケットや司令船は、月着陸船の構想が確定するのを待つ事なく、先に開発されて行きます。司令船は最初は月着陸船とのドッキング機構がない型で作られたほどです。

著者のケリー氏が勤めるグラマン社は、当初からこの月軌道ドッキング方式を有望とみて、自社研究を進めてNASAからの受注に成功します。グラマン社は第二次大戦中は米海軍の戦闘機や攻撃機で有名で、第二次大戦後も米海軍の戦闘機などを何機種も開発した名門でしたが、宇宙開発はあまり担当できていませんでした。グラマン社は宇宙用の施設に巨額の先行投資を行い、宇宙プロジェクトの受注を目指します。その一環で、アポロ計画にも乗り出すのですが、本書にもあるように、最初はなかなか成功しませんでした。そこで、最後に残った月着陸船の受注を目指した社内研究を行い、NASAに提案します。この社内研究のリーダーが本書の著者のトム・ケリーです。受注に成功した時、ケリーは弱冠三五歳でした。グラマン社は念願かなって月着陸船の受注に成功すると、大規模な開発をスタートします。普通なら主任設計者は実績のある年配の技術者が適当だと思われますが、グラマン社はそのままケリーを主任設計者にして開発をスタートさせます。ケリーはそれまで推進系統の設計しか経験がなく、全体を取りまとめる経験がないのに、あえてグラマン社はケリーに担当させました。このプロジェクトは当初の受注金額が約四千億円、最終的には費用が膨らんで二兆円を越える（二〇一六年換算）巨大プロジェクトで、設計チームも三千人と言う、グラマン社にとって社運のかかる計画でした。それを三十代半ばの技術者に託したのには驚かされます。彼の上司で副社長のギャビンもまた、副社長と言いながら四十代前半なのです。このように若い技術者を抜擢し、それを周囲も支えて開発を行わせた、会社の上層部の勇気と決断には感心します。なかなかできない事です。

月着陸船の開発は難航します。月着陸船がどうあるべきかは、手探り状態で、NASAと共同で検討しながら設計を進めるので、時間がかかるのは当然です。例えば、宇宙飛行士が立ったままで操縦するなどは、最初は思ってもいなかった事でした。設計が難しかったのは、二つの要因が大きく影響します。本文にもあるように軽量化と信頼性です。サターン・ロケットは打上げ時の重量は宇宙船も含めて約三〇〇〇トンもありますが、月着陸船の重量は一六・四トンしか許されません。そのうち七割は推進剤の重量が占めるので、本体の重量としては四・九トンしか許されません。これはF‐86セーバー戦闘機の自重と同じ程度です。それだけの重量に、降下用と上昇用の二台のロケット・エンジンとその付属系統、宇宙空間で二名の宇宙飛行士が数日を過ごすための環境制御系統、通信、航法、誘導用の装備、電源装置（バッテリー）、月面や船外活動用の宇宙服や酸素、水などの必要な消費物資、月面に設置する科学観測機器も含まれるのです。図面が三万点も必要な複雑な設計を短期間で完成させながら、徹底的な軽量化を追求しなければならなかったのです。航空宇宙関係ではどの製品についても軽量化は重要ですが、その実現には知恵と労力と、しばしばコストがかかります。日本の零式戦闘機も軽量化のために、量産性を犠牲にして部品に軽減孔を多用しましたが、月着陸船では全く新しい製品なので、材料、加工法、部品、機器などあらゆる構成品を対象にさまざまな手段で対応しなければなりませんでした。しかも、月に着陸し帰還するために、絶対的な信頼性が必要なのです。司令船から離れて月に着陸し、離陸して司令船とドッキングするまでは、外部からの支援は通信しかないのです。故障はそのまま宇宙飛行士の死亡につながりかねません。それも重量的に可能なら、余裕がある設計、多重化された設計ができますが、ぎりぎりの軽量化をしながら絶対的な信頼性を確保しなければならないのです。例えば、月面からの上昇用のロケット・エンジンは、一度使用すると熱で損傷を受けるので作動確認試験ができません。月面での離陸がそのエンジンの初めての運転になるのですが、完璧に作動しなければならないのです。推進剤や酸素などのタンクも高い圧力がかかっていますが、漏れたり破損してはならないのです。月着陸船の外観は着陸用の脚が大きく張り出し、アンテナやタンクがむき出しで、何だか複雑で格好良くは見えません。設計者は機能が見えるので格好良いと思える様ですが、一般の人はそこまで見えないので、格好悪く見えてしまいます。しかしその外形は全てを考えた末にたどりついた形なのです。設計者が苦労しただけでなく、製造部門も、繊細で複雑な宇宙船を製作し、試験を行って機能、性能を確認していくのに、大変な苦労があったのは本書に記述されている通りです。完璧な品質で、完全に検証されていなければ、月着陸に使用できないのです。出来上がった月着陸船の設計を見ると、その設計は必然的で、ごく当たり前に出来上がったように思えます。降下段と上昇段を分離する事、立ったまま操縦する事、窓が三角形な事、ドッキングは上を向いて行う事など、初めから分かりきっていたように思えます。これは月着陸船の設計がそれだけ良く考え抜かれた証明であり、今から見てもここをこうすれば、などとは言えないほど練り上げられているからでもあります。この設計は、最初から簡単だった訳ではなく、全く逆に、果たすべき機能、性能を突き詰め、創造力を発揮した成果なのです。優れた設計は、後から見れば当たり前に見える事が多いものです。試行錯誤ができない状況の中で、全く新しい宇宙船の設計を、ここまで煮詰めたグラマン社とＮＡＳＡの設計者には敬意を感じます。

このような複雑で巨大なシステムを開発するのに、システム工学的な手法が用いられました。私はアポロの月着陸の頃から航空機の設計に従事していましたが、システム工学的な管理が入って来た事を記憶しています。システム工学は大規模な開発ではとても有益な手法で、アポロ以後は必須の存在になっていると思いますが、それでも万能ではありません。考慮すべき事項に抜けがあると、大きな問題を生じてしまう事はアポロ1号の事故で明らかになりました。システム工学の適用と共に、様々な人々が蓄積した知識、経験の集約が開発では重要です。システム工学の考え方は、仕事でも経験しましたが、個人的な問題を考える際にも有効な様に感じました。もちろん、個人では小規模な問題ですが、いろいろな見方をして頭を整理するには役に立ちます。さまざまな問題があり、開発費も超過して苦しみますが、何とかケネディ大統領の設定した一九六〇年代末までの月着陸の目標は達成されます。そのためには、何万人もの関係者の、個人の生活を犠牲にした努力がありました。本書はグラマンの社員のそれぞれの持ち場での努力を描いていますが、それはグラマンに限らず、NASA、ノースアメリカン社、MITをはじめとするアポロ計画の全ての関係者に共通した事でした。グラマン社はアポロ月着陸船の開発と並行して、F‐14戦闘機の開発も行っていますので、グラマン社の経営者は人員、施設、資金で非常に大変だった事と思われます。

また、数十万点ある部品についても、それぞれが高い品質を持たないと、全体のシステムが目的を達成できない事から、品質保証も進みました。米国に比べて日本の品質が高いと思われていますが、米国は必要とあれば高い品質を達成する能力が有ります。品質保証面では、アポロ13号で形態管理と試験のミスから重大な不具合を生じ、図らずも月飛行の難しさを示す事になってしまいました（その救出活動は素晴らしく、宇宙飛行士は無事生還でき、NASAとそれを支える宇宙産業の対応力を実証しましたが）。

アポロ計画の飛行状況は、飛行士の個人的な事項を除いて、基本的に音声は公開され、画像も公開されました。これはNASAが国家プロジェクトとして、国民に公開する必要があるとの認識からなされたわけですが、非常に勇気ある決断でした。国民はアポロの月着陸をかたずを飲んで聞き入り、月の画像を見て感銘を受けました。私も放送を聞いていた記憶があります。

この本は若い技術者が自分の持つ能力の全てを傾けて開発した物語であり、それを実現させたグラマン社とNASAをはじめとする関係者へのオマージュでもあります。それを実現したケネディ大統領のいた一九六〇年代はアメリカにとって、良い時代でもありました。大きな目標があり、参加する人が協力して努力するとどんなに大きな成果を上げる事ができるかを、この開発は実証しています。月着陸船の開発はもうかなり以前の事ですが、技術開発の難しさと、それを成し遂げる喜びは、全く変わっていません。この開発は現在でも大規模開発に従事する人にとって、参考になると共に、勇気づけてくれるものです。

アポロ計画が月着陸を成功させた実績はまだ乗り越えられていません。いずれ人類は再び月に行き、月面に残された月着陸船を訪れるでしょう。アポロ計画は終わっても、その成果と精神、人類の宇宙に対する挑戦と成功の記憶は、二〇世紀最大の成果として人々の心に残っています。

著者のケリー氏の言うように、いずれ平和目的にために再び月に人類がおもむく事を、そこに日本の宇宙技術も貢献できる事を、そしてそれがより遠くの宇宙探査にも拡大して人類の知識を夢を拡げていく事を、訳者も祈っています。

メ

メイナード，オーウェン　32，55，57，58，98，113，114，116，118，119，127，156，157，277，**288**
メイヤー，コーウィン　148，150，320，321
メッシーナ，フランク　143

モ

モラン，ラリイ　140，205，206

ヤ

ヤング，ジョン　282，283，341，342

ヨ

ヨハンソン，ジョン　8

ラ

ライカー，ノーム　51，65
ライト，ハワード　227，228，238，240，250，251，253，254，281，282，307，308
ラスク，ビル　5，43，70～72，100，104，108，127，143，198
ラッセル，ジャック　82，83
ラドクリフ，リン　172，173，175，249，250，251，254
ラベル，ジム　308，316
ラング，デイブ　53，58，62
ランズクロン，ロルフ　133～136

リ

リー，ウイリアム　156，157，160，220
リーズ，エバハード　4
リグスビイ，ジョン　84，85，117，121，335
リチャード，ルイ　88

ル

ルーサ，スチュアート　324，326，333
ルカ，ボブ　20
ルスマ，ジャック　268

レ

レイムス，フレッド　351，353
レインズ，マーチン　273
レクター，ビル　53，54，116，117，118

ロ

ロウ，ジョージ　4，6，18，177，183，205，220，221，253，276，277，287，291，292，301，336
ロマネリ，マルセロ　88，89，94，325

ワ

ワーナー海軍長官，ジョン　359
ワイアット，デマーキス　18
ワジェンセル，ボブ　135
ワトソン，ボブ　24
ワルゼッカ，ラディスラウ　29

ドラム，フランク　190，192
トリップ，ラルフ　5，240
トル，クリントン　25，27，159，199
ドンネル，ラルフ　320，321
トンプソン，ボブ　182

ニ

ニール，ジム　58

ハ

ハームス，ジーン　84，85，86，117，118，122
バーンズ，トム　101
パイランド，ボブ　32，49
ハットン，リチャード　26，27，63，142
バトラー，ポール　254
ハニガン，ジム　291
ハリントン，ジム　245，246

ヒ

ヒーリイ，ジョン　221
ビーン，アラン　268，299～305
ビエルワース，ジャック　359
ビショッフ，ウイル　86，176，248，335
ヒルダーマン，ディック　91，158
ピンター，ジョージ　291

フ

ファジェ，マックス　20，21，32，44，57，116，127，220，351
フィリップス将軍，サミュエル　178，183，215，287，302
フーボルト，ジョン　35，58
フェルツ，チャールス　65
フェルド，デイブ　181，183
フェルドマン，サウル　38，39，44，46，47，201
フォン・ブラウン，ヴェルナー　30，126，127，179，253
フランクリン，ジョージ　88，117
フリック，チャールス　52，53
ブリューニング，ビル　144
フレージャー，クライン　163
フレッチャー長官，ジェームズ　357

ヘ

ベアード，ブルース　194，195
ペイジ，ヒリアード　29，211
ヘイズ，フレッド　315，318，331
ペック，ハワード　245
ヘドリック，グラント　26，63，148，149，158，160，192，193，276
ペトローン大佐，ロッコ　223～225，248，261，301，344
ベルゲン，ウイリアム　221
ヘロー，バスティアン　221
ヘンリー少佐，ディック　64

ホ

ホーグ，デイブ　106
ポープ，ジョン　65
ボーマン，フランク　220，221
ホームズ，ブレイナード　35，100
ポールスラッド，レン　86，158
ボレンダー准将，キャロル　220，272，281，345
ホワイテイカー，アーノルド　43，54，76，77，78，94，105，106，108，147，198，203，**289**
ホワイト，エド　120，122，124，127，209，210，211
ホワイト，ジョージ　272

マ

マークレイ，トム　198，201，220
マクディビット，ジェームズ　268，269，271，274，301
マクラウド，スコット　121，267
マッティングリー，ケネス　341，343

ミ

ミード，ラリー　351，353
ミッチェル，エドガー　268，323，324，326，328，330，331，332，333
ミュニアー，アル　14～17，24，27，38，39，45
ミラー副長官，ジョージ　54，98，145，178，185，186，215，216，217，246，287，322

ム

ムーアマン，テオドール　99
ムラネイ，ボブ　43，48，127，130，132，134，136，198，199，203

グレン，ジョン 116，118
グロス，アート 51，52，142
グロスマン，ハーブ 259
グロスマン，ボブ 74，75

ケ

ゲイロ，ベン 82，83
ケネディ大統領，ジョン・F 2，23，110，111，319
ケリー，トーマス 3，5，6，14，53，70，72，97，101，104，107，108，129，**151**，**152**，161，164，198，215，218，227，253，254，275，276，**288**，**289**，306，307，349，355

コ

コウルス，ローガン 29
ゴールド，トーマス 89
ゴードン，リチャード 268，298，299，305
コタンチック，ジョセフ 149，193
コリンズ，マイケル 289，296
ゴルツ，ジーン 244
コンラッド，チャールズ 120，123，124，127，268，298～306

サ

サーナン，ユージン 281，283，345～347
サニアル，トム 16，17，18，23，25，27，28，31，34
サリーナ，サル 158，215

シ

シイサー，エミル 303
シーラ，ウォリイ 116，118，267
シェイ，ジェセフ 35，100，101，104～107，114，133，145，146，150，**151**，157，163，197，198，201，215，216，217，218
シェパード，アラン 116，118，319～326，327，329～333
シビドー，ガイ 183
シャーマン，ハワード 84，117，121
シュウェンドラー，ウィリアム 25，26，48，51，142
シュミット，ハリソン 323，345，346
シュレーゲル，ドン 313
シュワイカート，ラッセル 164，268，274，278，279
ジョルネビック，ウェズレイ 201，202，204
ジョンストン，ロバート 213
ジョンソン，コールドウエル 32，57，156，157
ジョンソン副大統領，リンドン 23，319
シルバー，リー 337，338

ス

スキューラ，ジョージ 223～225，248，261，344
スコット，ウォルター 19
スコット，デイヴィッド 268，274，278，279，336～340
スターン，エリック 22，30，50，54，59，94，110，215，262
スタッフォード，トム 282，283，321
スチュリアル，ビルジリオ 88，89，94，325
ステフェンソン，ジャック 121，267
ストームズ，ハリソン 221
ストラコッシュ，ジョン 190，310，335
スピナー，ディック 59，135
スマイリイ，エド 313
スレイトン，ディーク 116，119，120，164，220，321，322
スワイガート，ジャック 308，314，318

タ

ダルヴァ，エドワード 135
ダンカン，ロバート 163
ダンドリッジ，マニング 80，81，181～184，291

チ

チャフィー，ロジャー 126，127，209，211
チャンドラー，ロス 142，143

テ

ティタートン，ジョージ 4，5，7，26，27，51，117，150，159，202，203，226，227
ティンダル，ビル 303
デビュス，クルト 4
デューク，チャーリー 282，292，341，342

ト

ドコモス，スティーブ 183
トビン，エド 159，160
トムソン，ジェリイ 179，180

人名索引

ページ数の表記で太字は図，表中に出てきた場合を示す。

ア

アーウィン，ジム 335～340
アーサー，ジョージ 29
アームストロング，ニール 8，288～293
アーロン，ジョン 300，301
アイセル，ドン 87
アイルス，ドン 328
アトリッジ，トム 249
アベイ，ジョージ 220

ウ

ウィーデンヘーファー，ポール 159，160，161
ウィージンガー，ジョージ 82
ウィット，レイノルド 99
ウィリアムズ，ウォルター 116，117
ウィリアムズ，オジー 74
ウィルソン，ビル 183
ウェッブ長官，ジェームズ 23，100，217
ウォーデン，アルフレッド 268

エ

エガース，アルフレッド 20
エバンス，ブライアン 203，204
エバンス，レベリン(ルー) 159，200，201，202，203，249，281，287，**289**，345，353，354
エバンス，ロナルド 345
エルヴラム，ゲリイ 291
エルムス，ジム 104

オ

オッド，トニイ 136
オルドリン，バズ 8，289，293，295

カ

カーウィン，ジョー 314，317
カー，ジェリー 300
ガーディナー，フランク 34，61，82，110
カービー，ボブ 43，54，76，77，82，119，125，127，130，131，140，161，198，262，**288**
カーペンター，スコット 116
ガガーリン，ユーリ 22
カステンホルツ，ポール 179，180
カラマニカ，アル 143
カルトン，ダニエル 204

キ

ギャノン，ディニィ 236～238
ギャビン，ジョー 2，5，16，24，25，28，38，39，43，62，96，104，107，109，117，132，134，135，**151**，161，173，176，183，198，199，240，277，354
ギルマン，シェラー 260
ギルルース，ボブ 4～8，32，54，57，104，116，117，118，126，**151**，199，217，301，345
キングフィールド，ジョー 188

ク

クーパー，ゴードン 116，298
クールセン，ジョン 135，136，141，198，215，262，**289**
クラインクネヒト，ケネス 220
クラフト，クリストファー 4，98，119，127，220，301
クラフト，ビル 131，144
グラフ，ヘンリイ 191
グラマン，ルロイ 26，159
クランツ，ジーン 265，279，290，291
クリアー，ハワード 142，143
グリソム，ガス 116，209～211
グリフィン，ジェリー 300
グレイ，エドワード 5

納入前完成審査　3～9，66，246，336
ノースアメリカン社　2，31，98，99，100，101，220，221，350，357，358
ノバ・ロケット　30

は行

爆弾試験　180～184
爆破装置　88，93，94
発電機（放射性同位元素）　304
ハッブル宇宙望遠鏡　363
ハドリー裂溝　337～339
ハネウエル社　24，28，104
ハミルトン・スタンダード社　61，207，313

ピーターパン装置　121，122，298
ビーチ航空機社　162，190
飛行管制センター　261
飛行適合性評価委員会　177
飛行中整備　97，98
飛行評価室　207，273
被雷　301

ファランド光学社　270
ブラント・ボデイ形状　20，21，25
フラマウロ平原　329
プラットホーム　122
プラット・アンド・ホィットニー社　61，112，162
プローブ・アンド・ドローグ方式　92，283，296，325，326
分離（上昇段と降下段）　93

平均故障間隔（MTBF）　104
米国航空宇宙協会（AIAA）　63
ベータ・クロス　213，214，243
ヘクセル社　89
ベスページ工場　3，5，8，246，251，293，308，312
ヘリウム検知器（スニファー）　171，175，176
ベル社　180～184，189，190，207

防護服　172
ポゴ振動　149，221，284，286
ポラリス弾道弾　104，105，106，139
ホワイトサンズ試験場　133，172，174，175，177，250

ま行

マーキュリー計画　16，20，84
マーキュリー・セブン　116
マーシャル宇宙センター　30
マクドネル航空機社　16
マクドネル・ダグラス社　84，350

ミール宇宙ステーション　362
ミサイリアー　76，78
ミニットマン弾道弾　104，106

無重力状態　27，84，86

モックアップ　60，115～129
モックアップ，M－1号機　116～119
モックアップ，M－5号機　125～129，138
モックアップ，TM－1号機　120～124

や行

有人宇宙センター　4，270
有人飛行用通信網　273
誘導・航法・制御系統（GNC）　20，21，103，104

揚抗比（L／D）　20，21

ら・わ行

ラングリー研究センター　18，32
ランデブー　35，296，305，332
ランデブー用センサーのオリンピック　163
ランデブー用レーダー　163，164，296
リフティング・ボデイ形状　20，21

レッドストーン・ロケット　137，138

ロウ付け　171，174，176
ロケットダイン社　179，183，184

ワイヤー・ラッピング　83，166

ゼネラル・ダイナミック社（GD）　53，158
船外活動　84，112

総合後方支援（ILS）　135
ソビエト連邦（ソ連）　14，22

た行

タイタン大陸間弾道弾　35，104，106
ダウニイ工場　65，99
タウルス・リットロウ渓谷　345
タンク，超臨界ヘリウム　162，191，275
タンク，破損　189～195

チーム長　221
地球周回軌道ランデブー方式　32
蓄電池　112，113，162，163，186～189
地質学者　323
地上支援機材（GSE）　25，56，132～136，202
チタン　165，166，190，191，192
着陸用レーダー　329
超臨界ヘリウム　156，162，191

月周回軌道投入点検　301
月周回軌道ランデブー方式　2，30，32，34，35，283
月着陸船（LM）　1，2，186
月着陸船（LM）1号機　2，8，66，175，223，224，225，231，232，233，242，244～248，253，259，264，265
月着陸船（LM）2号機　175，218，232，233，254，271
月着陸船（LM）3号機　205，266，267，268，271，272，273
月着陸船（LM）4号機　242
月着陸船（LM）5号機　9，248，272，286～296
月着陸船（LM）6号機　299～305
月着陸船（LM）7号機　308～317
月着陸船（LM）8号機　325～333
月着陸船（LM）10号機　335～340
月着陸船，アポロ1号事故対策　212～215
月着陸船技術部　70～114
月着陸船「救命ボート」　103
月着陸船供試体（LTA）　60，99，233，241，248，249
月着陸船，グラマン社受注　48～51，64，65
月着陸船，グラマン社提案　41～47
月着陸船，結合作業　**230**，235
月着陸船，現場事務所　228，229，231
月着陸船，最終形態　**128**
月着陸船，試験用機体（TM）　60
月着陸船シミュレーター　270
月着陸船収納部　42，65，79，80，286，301
月着陸船，重量増加　154～168
月着陸船，信頼性設計　94～96
月着陸船設計会議　108
月着陸船，全備重量（目標重量）　72，77，79，96，112，156
月着陸船，提案書設計案　41～43，79～82
月着陸船，提案要求（RFP）　24，25，38～44
月着陸船飛行プログラマー（LMP）　244，253，264，265
月着陸船，微小隕石よけ兼断熱シールド　**237**
月着陸船誘導計算機（LGC）　239，327，328

提案要求，スペースシャトル　353
低温保証試験　192，193
デカルト高地　341
電源系統　79，112，113，114
電磁干渉　60
電子機器実装方法　82～84
伝導冷却　83

搭乗員システム　84～88
動力降下開始前点検　302
ドッキング　122，123，280，296，305
ドッキング機構　92，93，283，325，326
ドッキング（前方ハッチ）　122～124
ドップラー偏移　303

な行

二五番工場（宇宙技術センター）　50，70，140，141，202
日程管理　137，139，140
日程計画　137，139，140，144，226
人間工学班　84

燃焼不安定　178～184
燃料電池　61，112，113，162

軌道上天体観測衛星　14, 15, 18
基本設計審査　138
基本設計部　13, 14, 16, 39
脚　79, 80, 88～92
業者選定委員会　357
緊急用誘導装置　282, 332

クリスマス・プレゼント計画　98, 99
グラマン社　15, 16, 19, 28, 31, 36, 37, 38, 51, 56, 60, 62, 63, 65, 98, 100, 104～107, 145, 146, 196, 197, 199, 202, 206, 207, 224, 351, 354, 355, 357, 359

ケープ・カナベラル　42
経営レベル技術査察委員会（ETRB）　159
形態管理　109, 137～139
形態変更管理委員会（CCB）139, 143, 253
契約交渉　51～62
月面車（LRV）　114, 334～336
月面人力車　329
月面接地灯　303
ケネディ宇宙センター（KSC）　244, 247, 248, 259～264, 271～273
ケブラー　213
ケミカルミリング158, 162, 165, 166, 184

降下段　79, 235, 236
降下段投棄スイッチ　327, 328
降下用推進装置　79, 93
コーニング・ガラス社　213
コーン・クレーター　330, 331
国際宇宙ステーション（ISS）　362
国防省（形態管理）　109
五番工場　13, 50, 232, 251, 310
コンベア社　19, 35

さ行

再突入　19, 20, 21, 315, 316
サターンIBロケット　2, 209, 210
サターンS－1Cロケット　179
サターンVロケット 2, 30, 221, 285, 300
作動確認試験　239
作動確認試験手順書　153
作動確認プログラム(OCP)　239, 246, 248
三五番工場　142
ジェミニ計画　84
支援船（SM）　2, 25, 65, 277, 278, 279, 287, 310, 317
支援船ロケット・エンジン　222
システム分析・統合グループ　110
姿勢制御装置　15, 41, 74, 75, 93, 172, 177, 189, 190, 310
指摘事項　4～8
指摘事項連絡票　4
自動試験機　56, 61, 153, 229, 239
従業員番号　62, 63
集積回路（IC）　82
重量軽減　154～168
上院軍事委員会　354
上昇段　41, 79, 80, 81, 235, 236
上昇用エンジン（不安定問題）　178～184
上昇用推進装置　79, 93
冗長性　95, 96
消費物資　25, 41, 314
司令船（CM）　2, 25, 65, 277, 279, 310, 317
深宇宙追跡ネットワーク　315
シンガー・リンク社　269
振動試験（受領検査）　96
振動試験（全機）　242
信頼性　94～97

推進系統の漏洩　223, 224
スーパー重量軽減活動（SWIP）　159～162, 164, 167, 168, 184, 192
スカイラブ　362
スノウマン・クレーター　304
スプートニク　14
スペースシャトル　349～358
スペース・テクノロジー研究所（STL）　24, 291
図面発行計画　130, 131, 141
図面発行管理　143
スローンズ･フェローズ課程　306, 308, 349

生産技術部材料・工程グループ　132
設計基準飛行　102, 103, 155
設計審査　335
設計担当者会議　108, 109
接地時の条件　90, 91
ゼネラル・エレクトリック社（GE）　2, 19, 21, 28, 29, 30, 31, 56, 61, 65

索　　引

ページ数の表記で太字は図，表中に出てきた場合を示す。

英字

ETRB（経営レベル技術査察委員会）　159
F－1エンジン　179，180
F－14トムキャット　354，356，359
MIT 計測研究所　65，98，100，101，104～107
NASA（米国航空宇宙局）
35，40，41，43，44，49，51，52，53，100，102，104，147，148，196，197，212～215，349～351，353～355，357，358
Oリング　171，176
PERT　137，139，140，153，160，205
RCA 社　34，60，61，163，164，206
TFX ミサイルシステム　76，78

あ行

アポロ１号　209～220，231
アポロ４号　221
アポロ５号　253，259，260，262，263
アポロ７号　205，267，272
アポロ８号　177，184，205，266，272
アポロ９号　184，208，266～281
アポロ10号　208，266，281～284
アポロ11号　8，208，285～297
アポロ12号　298～306
アポロ13号　103，307～318
アポロ14号　319～333
アポロ15号　334～340
アポロ16号　341～343
アポロ17号　343～347
アポロ宇宙船計画室　53
アポロ計画（ケネディ大統領）　2
アポロ計画総合日程計画　98
アポロ計画（費用）　196
アポロ月面実験装置群（ALSEP）　304，329，333
アポロ月飛行計画作成チーム　101～103，155
アリソン社　176，192，193
アルミ・ハニカム　89

イーグルピシャー社　163，187，188
一括総合契約　354
インセンティブ契約　197，199

受入検査センター　236，237
打ち上げ時脱出装置　65
打ち上げ準備センター（O&C）　259
宇宙船組立・試験　3，175，215，216，218，227，232，238，240，241，242，249～254
宇宙船通信士　282，317
宇宙船分析室　273，283
宇宙任務グループ　20，21，32，57
宇宙ロケット組立ビル（VAB）　260

エアライト社　191，192，193
エアリサーチ社　162，191，192，275，276
エアロジェット・ゼネラル社　81，176，192，194
液体系統（重量軽減）　166
液体系統（漏洩）　170～177

応力腐食割れ　184～186

か行

開発試験用計測装置　231，244，245
可燃性試験供試体　219
ガラス繊維製品　213
環境制御系統（ECS）　41，61，163

機器運搬車　329，330
機構的装備　88，94
機材・工程職場　132

◉著者略歴

トーマス・J・ケリー（Thomas J. Kelly）

1929年6月14日にニューヨーク州で生まれた。高校卒業時にグラマン社の技術系学生のための奨学金の受給者に選ばれ、コーネル大学に進学した。大学卒業後、グラマン社に入社。一時、米空軍、ロッキード社に勤務したが、グラマン社に復帰後は30年以上、宇宙関係の仕事に従事し、1992年に退職した。退職後は航空宇宙関係やコンピューター関係のコンサルタントをしていたが、2002年に亡くなった。

◉訳者略歴

高田　剛（たかだ つよし）

1944年中国東北地区（旧満州国）生まれ。
名古屋大学工学部、同大学院（修士課程）で航空工学を専攻。
1968年川崎重工業㈱に入社。設計部門を主に、飛行試験部門での技術業務も経験（約890時間の試験飛行に従事）。設計部門では対潜哨戒機、輸送機などを担当。救難飛行艇の開発にも参加。子会社で航空機の製造にも関与。現在は航空機の技術資料の英訳アドバイザーを担当。
趣味はグライダーの飛行と整備。自家用操縦士、操縦教育証明、整備士、耐空検査員。飛行時間は約1,100時間。

月着陸船開発物語

2019年3月1日　第1版第1刷発行
2024年8月23日　第1版第3刷発行

著　者　トーマス・J・ケリー
訳　者　高田　剛
発行者　麻畑　仁
発行所　㈲プレアデス出版
〒399-8301　長野県安曇野市穂高有明7345-187
TEL 0263-31-5023　FAX 0263-31-5024
http://www.pleiades-publishing.co.jp

組版・装丁　松岡　徹
編集協力　林　聡美
印刷所　亜細亜印刷株式会社
製本所　株式会社渋谷文泉閣

落丁・乱丁本はお取り替えいたします。定価はカバーに表示してあります。

Japanese Edition Copyright © 2019 Tsuyoshi Takada

ISBN978-4-903814-92-6　C0098　　Printed in Japan